JN336162

## 世界極上
# アルチザン
# チーズ図鑑

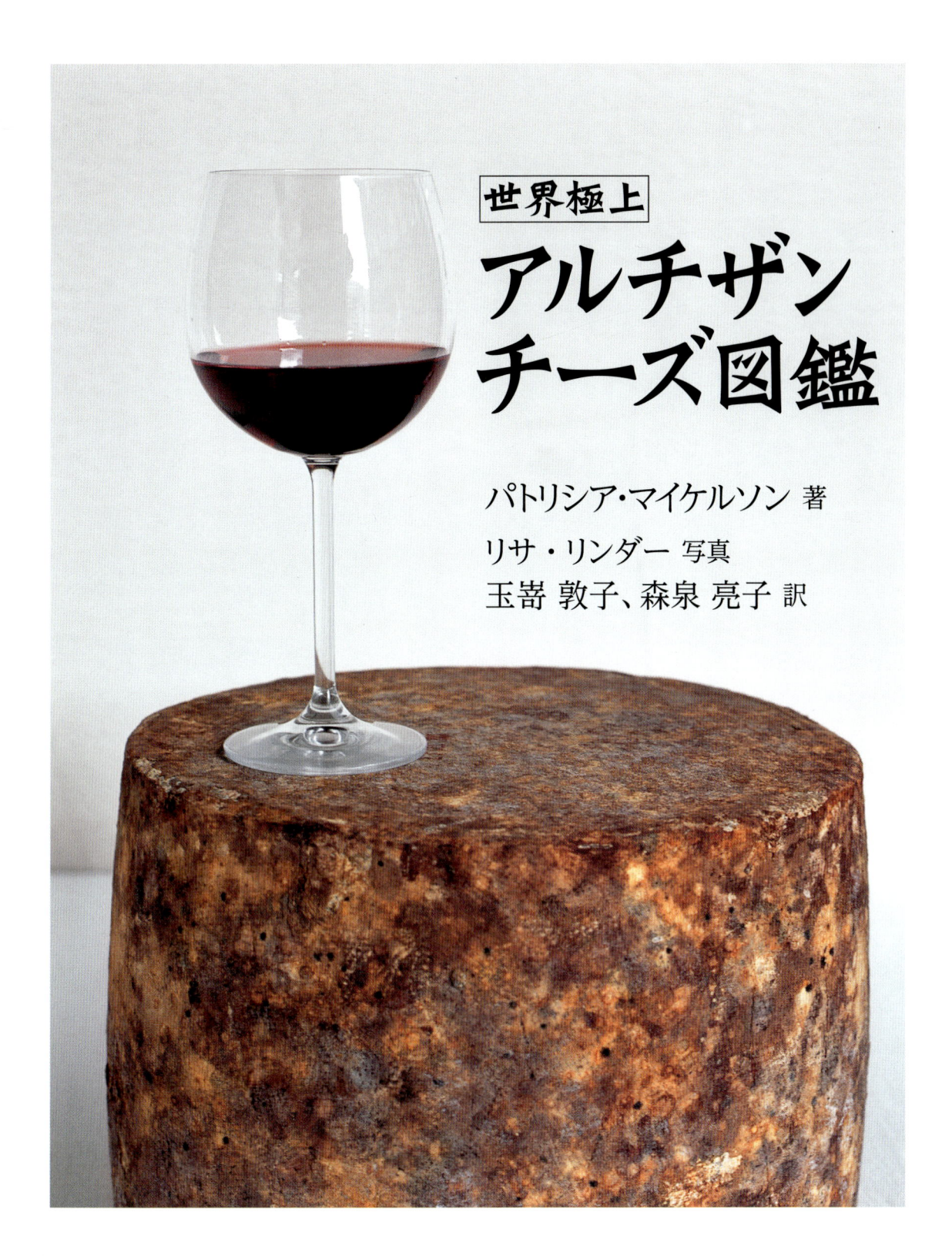

パトリシア・マイケルソン 著

リサ・リンダー 写真

玉嵜 敦子、森泉 亮子 訳

本書を、農産物への愛と大地への敬意の奥に光る、ユニークな才能と目的を遂げる強い意志、
そして自分の知識を分かち合おうとする寛大な心の持ち主、ローズ・グレイに捧げる。

# CHEESE

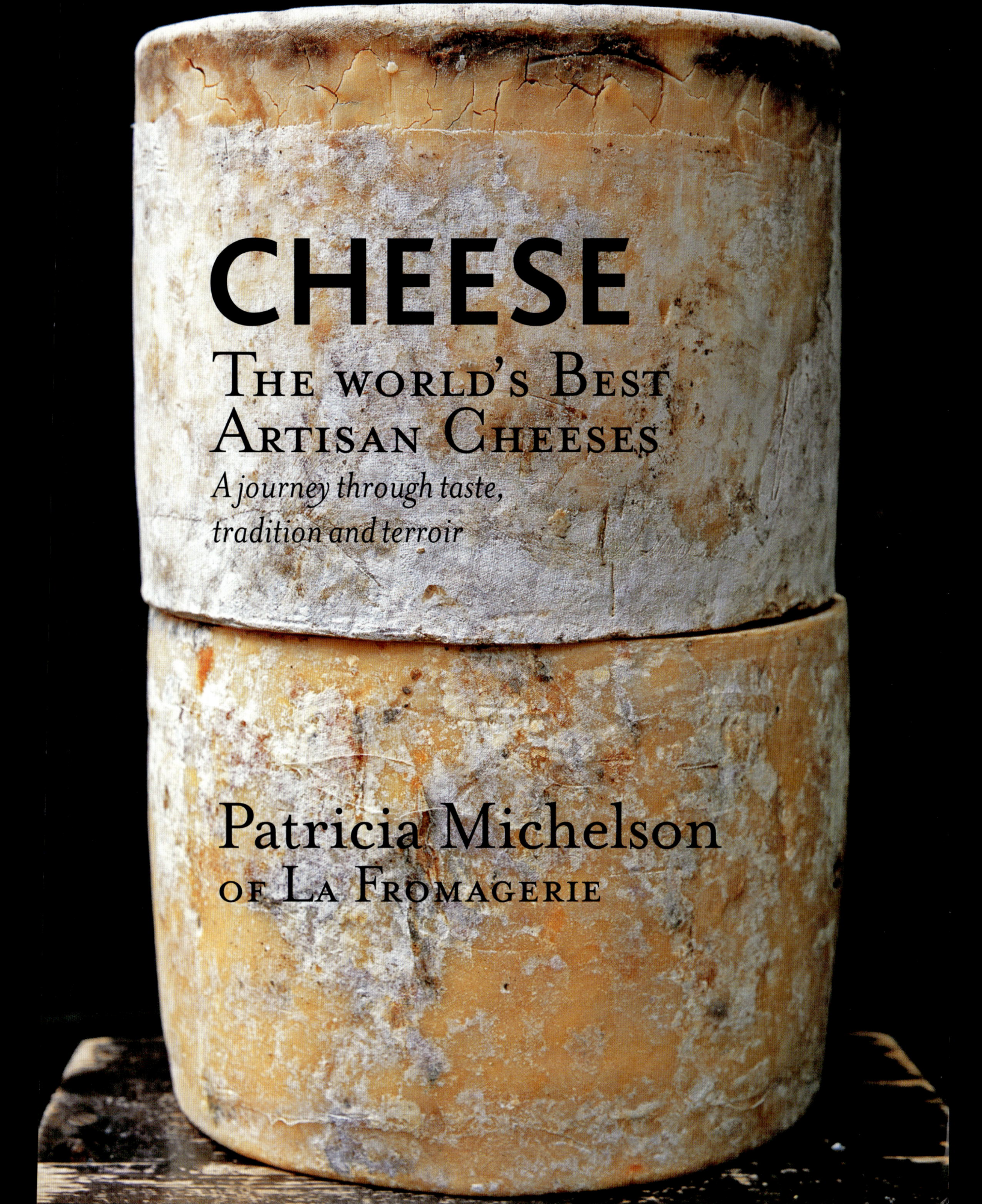

## The World's Best Artisan Cheeses

*A journey through taste, tradition and terroir*

### Patricia Michelson
OF LA FROMAGERIE

First published in 2010 by Jacqui Small,
7 Greenland Street, London NW1 0ND

Text copyright © 2010 Patricia Michelson
Photography, design and layout copyright
© Jacqui Small 2010

The author's moral rights have been asserted.

All rights reserved. No part of this book may
be reproduced, stored in a retrieval system
or transmitted, in any form or by any means,
electronic, electrostatic, magnetic tape,
mechanical, photocopying, recording or
otherwise, without prior permission in writing
from the publisher.

Publisher Jacqui Small
Editorial Manager Kerenza Swift
Art Director Lawrence Morton
Production Peter Colley
Main photography Lisa Linder/Wil Edwards
Illustrator Kate Michelson

# 目 次

まえがき 6

はじめに——チーズとは何か？ 8

## ブリテン諸島とアイルランド 14
南西イングランドと南イングランド 16
イングランド中部地方とウェールズ 24
北イングランドとスコットランド 32
アイルランド 38
  主なチーズ：
    キーンズ・ファームハウス・チェダー 20
    モンゴメリーズ・チェダー 20
    コルストン・バセット・スティルトン 28
    スティッチェルトン 29
    アードラハン 42
    デュラス 43
    ガビーン 43

## フランス 44
北フランス 46
中央フランス 58
南フランスと南西フランス 72
  主なチーズ：
    ミモレット 50
    エポワス 60
    スーマントラン 61
    ラミ・デュ・シャンベルタン 61
    ラングル 61
    フルール・ド・シェーヴル 64
    サンドレ・ド・ニオール 64
    モテ 64
    ボンド・ド・ギャティヌ 64
    シャビシュー 64
    サレール・デスティヴ 70
    カンタル・ライオル 70
    ロックフォール・カルル 77
    パピヨン 77

## アルプス 82
フランスアルプス 84
スイスアルプス 94
イタリアアルプス 98
ドイツとオーストリアのアルプス 106
  主なチーズ：
    ボーフォール・シャレ・ダルパージュ 86
    フォンティーナ 104

## イタリア 110
北イタリア 112
中央イタリアと南イタリア 124
  主なチーズ：
    ゴルゴンゾーラ・ナチュラーレ 119
    ゴルゴンゾーラ・ドルチェ 119
    パルミジャーノ・レッジャーノ 122

## スペインとポルトガル 134
北スペインと北東スペイン 136
中央スペインと南スペイン 142
ポルトガル 146
  主なチーズ：
    ピコス・デ・エウロパ 140
    マンチェゴ 144

## ヨーロッパのその他の国々 150
オランダ 150
スカンジナビア 152
ポーランド、ギリシア、ドイツ 154

## 米国とカナダ 156
米国西海岸 158
米国中部 172
米国東部 184
カナダ 204
  主なチーズ：
    アンダンテファーム：カヴァティーナ、ケイデンス、メヌエット、フィガロ 164
    ブルー・モン・デイリー：ブルー・モン・クロス・チェダー、リル・ウィルズ・ビッグ・チーズ 172
    カプリオールファームステッド：オールド・ケンタッキー・トム、ジュリアナ、ソフィア、オバノン、モント・セント・フランシス、パイパーズピラミッド、ウォバシュキャノンボール 181
    ジャスパー・ヒル・ファーム：コンスタントブリス、ベイリー・ヘイゼン・ブルー 185
    ローソン・ブルック・フレッシュ・シェーヴル 196
    スリーコーナー・フィールド・ファーム：バッテンキルブレビス、シャスハンスノー、フェタ 200

## オーストラリアとニュージーランド 208
オーストラリア 209
ニュージーランド 212

## チーズを楽しむ 214

## レシピ 224
チーズ作りと風味付け 226
ソース、ディップ、スープ 234
軽い食事 242
メインの食事 250
キッシュ、パイ、タルト 264
サラダとサイドメニュー 274
デザート、パン、ビスケット 286

## チーズディレクトリ 296

---

注：本書には低温殺菌をしていない乳、生の卵、ナッツ類を含むチーズやレシピが掲載されています。妊娠中あるいは授乳中の女性、病気を患っている人、高齢者など、体の脆弱な人や、アレルギーがある人は、低温殺菌をしていない乳、生の卵、ナッツを使った料理を食べないことをおすすめします。

本書に記載されるチーズの重量は、販売時の重量であり、チーズ本来の総重量でない場合があります。

# まえがき

ジェイミー・オリヴァー

　本書を買った、あるいは買おうとしているあなたは、良質な食べ物が人生にもたらす喜びを、すでに理解している人かもしれない。僕の親友パトリシアは、もちろんそのような人である。別の人生があったとしたら、僕たちは結婚して、今ごろ100人のチーズ好きの子どもがいるかもしれない！　彼女がチーズを探し、仕入れ、熟成させ、販売し、良質なチーズの宣伝をすることにかける熱意は、決して弱まることはない。僕は、彼女の顧客（僕もその1人である）は、世界でもっとも幸運な人間の1人だと心から思う。

　この50年あまりの間、伝統的なチーズ作りにかつて注がれた職人の愛情や手間ひまは、世の中の流れが大量生産に向かう中で、どんどん失われ始めた。しかし、パトリシアのような人のおかげで、伝統的な英国のチーズや優れた輸入チーズは、食料品市場でなんとかその存在を保ち、さらには注目度を高めようとしている。この美しい本が、その流れの継続に一役買うことを願っている。

　チーズの世界はとんでもなくエキサイティングだ。大げさに聞こえるかもしれないが、プラスティックのように加工されたチーズを毎週のように食べ続けて、短い人生を無駄にすべきでない。もしあなたが、チーズの種類が多すぎて戸惑い、不安に思っているなら、この本はうってつけである。あなたが次に充実した品揃えのチーズ売り場に立ったとき、美しい写真とチーズに関連する充実した情報が載っている本書が、必ず役立つだろう。パトリシアはチーズがそれぞれどんな動物から作られたのか、またどこでどのように生産されたのかを教えてくれる。さらに優れた生産者を詳しく説明しているため、あなたがその生産者の作るチーズを探すのに役立つだろう。何より特筆すべきは、それぞれのチーズがどんな味がするのか、そのチーズを使ってどのような料理ができるのかが分かることだ。まさに本書は、チーズの百科事典である。素晴らしいチーズの世界の案内人として、パトリシアより適した人は他にいない、と心から思う。

　僕は本書のページを読んだとたん、すぐに車に乗って、ラ・フロマジェリーに向かい、掲載されているチーズをいくつか手に入れたくなった。もしあなたがロンドンに住んでいなくても、あるいは英国国内にさえいなくても、メイルオーダーやインターネットで、本書に掲載されているチーズの多くを手に入れることができるのは素晴らしいことだ。チーズの生産者は、ぜひあなたに食べてみてもらいたいと思っているし、あなたも試してみて後悔しないと僕は保証する。

　チーズはワインと同じように、それぞれ独特の個性をもっている。あなたがわざわざ遠回りして家に持ち帰ったブルーチーズに、親友が臭いとか不快だとか言うかもしれない。しかし僕がチーズを愛するのはそのような点で、パトリシアがよく理解していることでもある。つまりチーズは、非常に個人的なものだということだ。本書を読み終わったとき、あなたはどんな特徴のチーズであれ、自分のお気に入りのチーズを手に入れて、人生の一部にする力を身につけていることだろう。

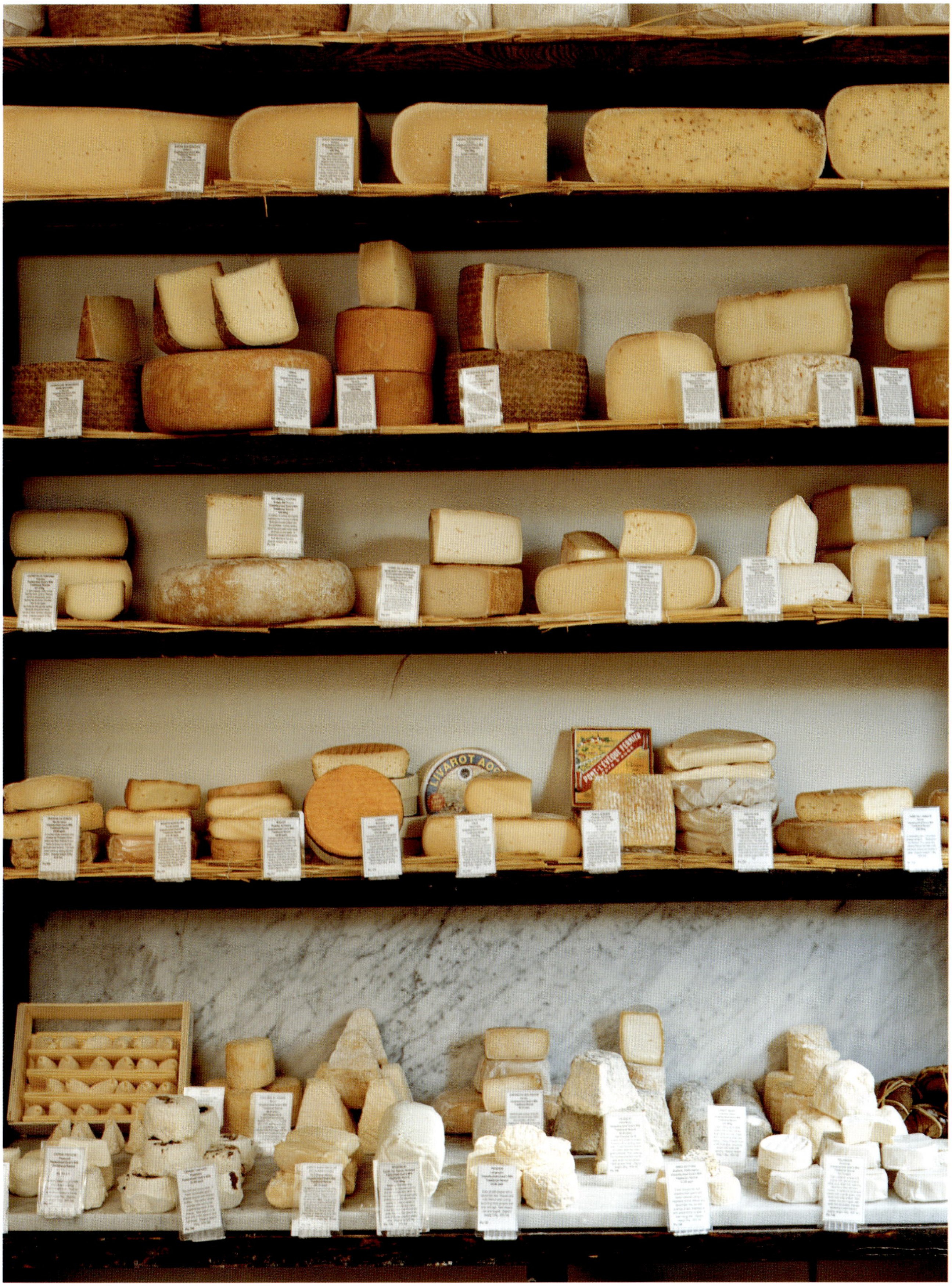
LIVAROT AOC
PONT-L'EVEQUE FERMIER

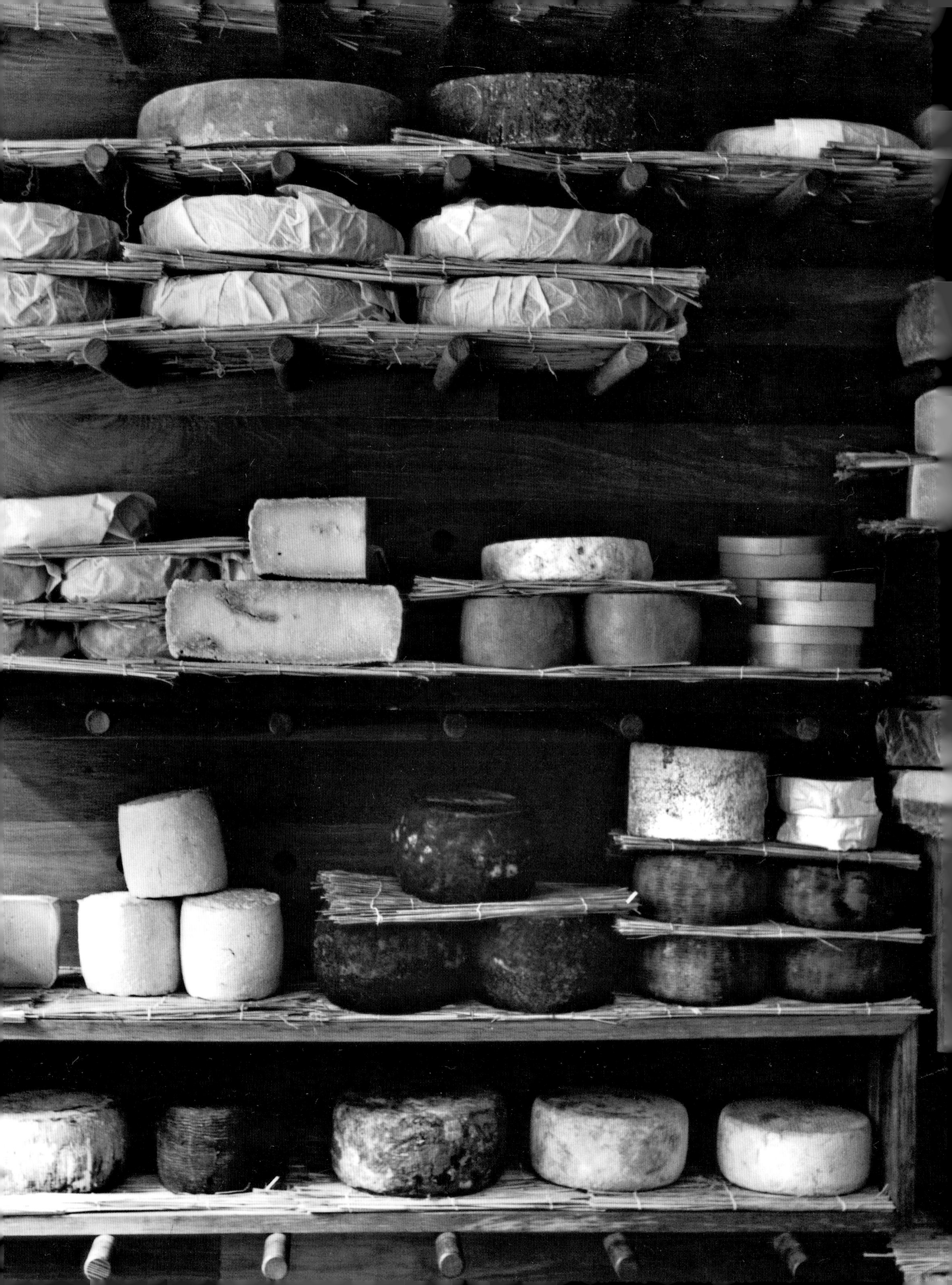

## はじめに
# チーズとは何か？

　私がチーズを愛するようになったのは、何年もかけて深く考察した結果ではなく、山を転げ落ちるように下り、その日の最後にひときれのチーズを食べたことがきっかけだった。それはフランス語で言うならば「coup de foudre（ひとめぼれ）」に近いだろう。私は自分が、スキーがうまくなくて、パートナーを見失い、山を降りざるをえなくなった事実に、いつも感謝している。苦労してサヴォアのメリベル村にたどりついたとき、私は疲れ果て、空腹だった。そしてチーズショップの金色の光に引きよせられ、シャレーに戻る道中でかじるために、ひときれのボーフォールを買った。その美味しいひときれのチーズが、私の人生と暮らしを変えたのだ。現在も、ボーフォール・シャレ・ダルパージュは、ラ・フロマジェリーを代表するチーズである。

スキーで休日を過ごした後に、たった1つのチーズを持ち帰ったことがきっかけとなって、私はビジネスを始めた。最初は庭の倉庫で売り始め、その後はカムデン・タウンの市場で売り、ハイバリーで小さな店を構え、その向かい側にあるより大きな店に移り、ついにはメリルボンに美しい店とカフェを手に入れた。もちろん、今の場所に至るまでに20年近くかかった。その間に、私は取引について学び、鍛えられ、多くの素晴らしい人たちに出会い、そして何よりも、大地が私たちに多くを与えてくれるという事実に感謝するようになった。私は自分が愛する仕事をすることができて、そして良いものを食べること、大地、動物、そして何よりも未来に敬意を払うことを私と同じように望む人々に、私の熱意を伝えられることができて幸運だ。私の店は、私の分身である。

　「チーズ・ルーム」は低温と湿度が保たれた、人が入れるユニークな部屋で、熟成を促し、品質を維持できる温度の室内で、チーズを見たり試食したりできる。チーズの味が書かれたラベルを見ながら歩きまわれるので、チーズの図書館、とよく表現される。本を取り出してパラパラと目を通すかわりに、チーズをほんの少し取って試食したり、熱心なスタッフと次に試したいチーズについておしゃべりしたりできる。

　本書は、チーズを発見する旅という設定で、チーズが見つかるおおよその場所を地図に示している。あなた自身が旅をしているつもりで読んでもらいたい。私が旅の途中でとった写真は、その多くが本書全体にちりばめられている。私がチーズ探しの旅に出るときは、1つの地方を選び、格子状に分け、町を見つけて、そこから旅を始める。マーケットがあるかどうかを確認し、地元のチーズ職人の住所を知るために、観光局に電話をすることもしばしばである。しかるべき人に電話をしたり訪問したりすれば、素晴らしい情報を手に入れることができるのだ。

　チーズとは何か？　答えは簡単だと思われるかもしれない。それは凝固させた乳だと。しかし、チーズ生産者が最終製品にたどりつくために踏むべき手順は、それほど単純ではない。

　乳は丁寧に温めて、活性化した酵母菌のようなスターターを、適切なタイミングで加えなければならない。そうしてレンネットで凝固出来るレベルまで酸度を上昇させる。レンネット（子牛の胃袋の内壁＊か、植物性の代替物で作る。いずれも酸度が高い）は、凝固した乳から液状のホエイを分離させるのに役立つ。凝固部分は小さく切り分け、型に入れるか圧搾し、塩をまぶすか塩水に浸してから、熟成させる。

　熟成の過程で、チーズにカビ菌を添加し、粉状の白いカビがついた表皮か、ねっとりとしたオレンジ色の膜、青い筋、炭の粉、ペニシリウム・ロックフォルティというカビ菌を混ぜた炭の粉、あるいは洗浄してピンク色になった堅い表皮を作る。チーズ作りは、秘術と科学にスキルが加わって行われる。しかしいずれも、自然の素晴らしい恵みである乳がなければ、役に立たない。

---

＊子牛の第4胃の内壁が使われるのは、母親の乳を吸う子牛は第4胃の酸度が高いため。1頭の乳牛に対する雄牛が多すぎると、農家は子牛を間引いて肉用牛として売る。去勢牛として育てる牛もいるが、それ以外は解体して、肉は売り、第4の胃はレンネット用に保存する。肉牛用の雌牛にも同様のことが行われる。かつて動物の胃に乳を入れて持ち運んでいた頃、内壁の酸と乳が混ざって液状の乳が凝固することに気がついたことが、チーズの歴史に関係していると思われる。

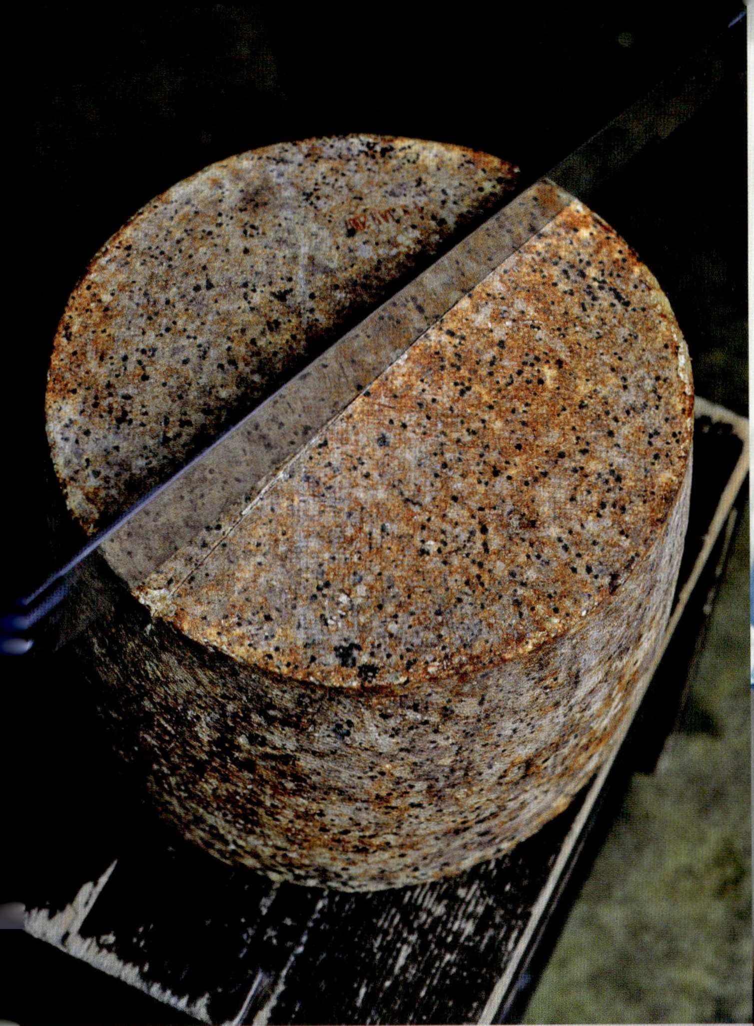
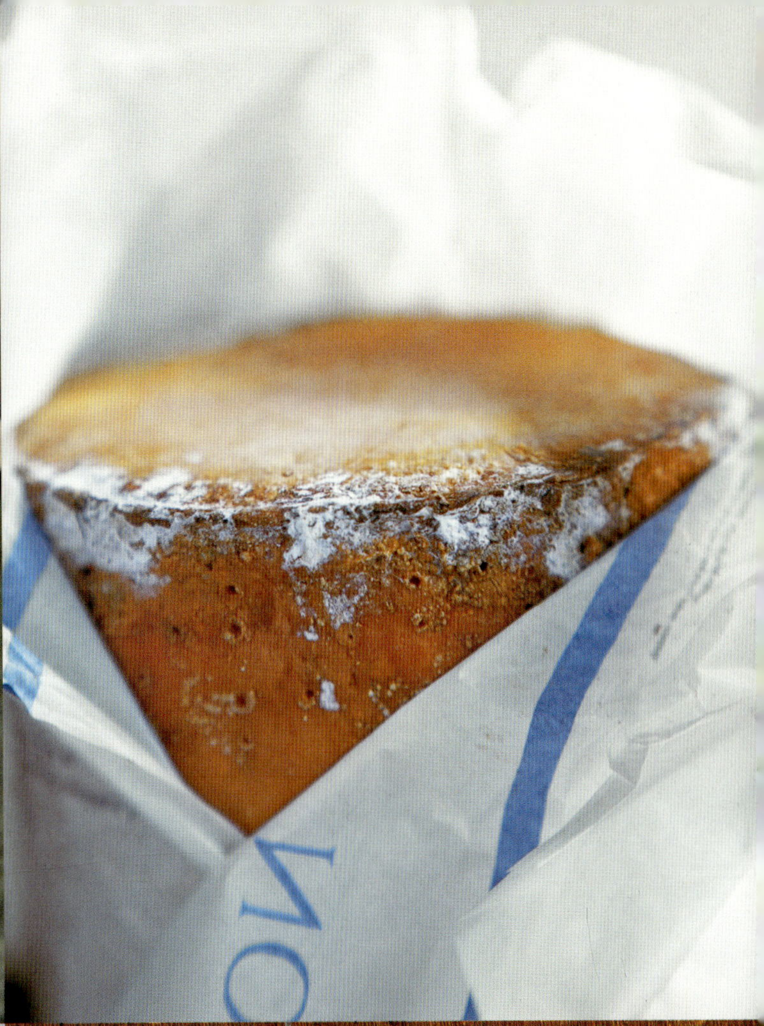
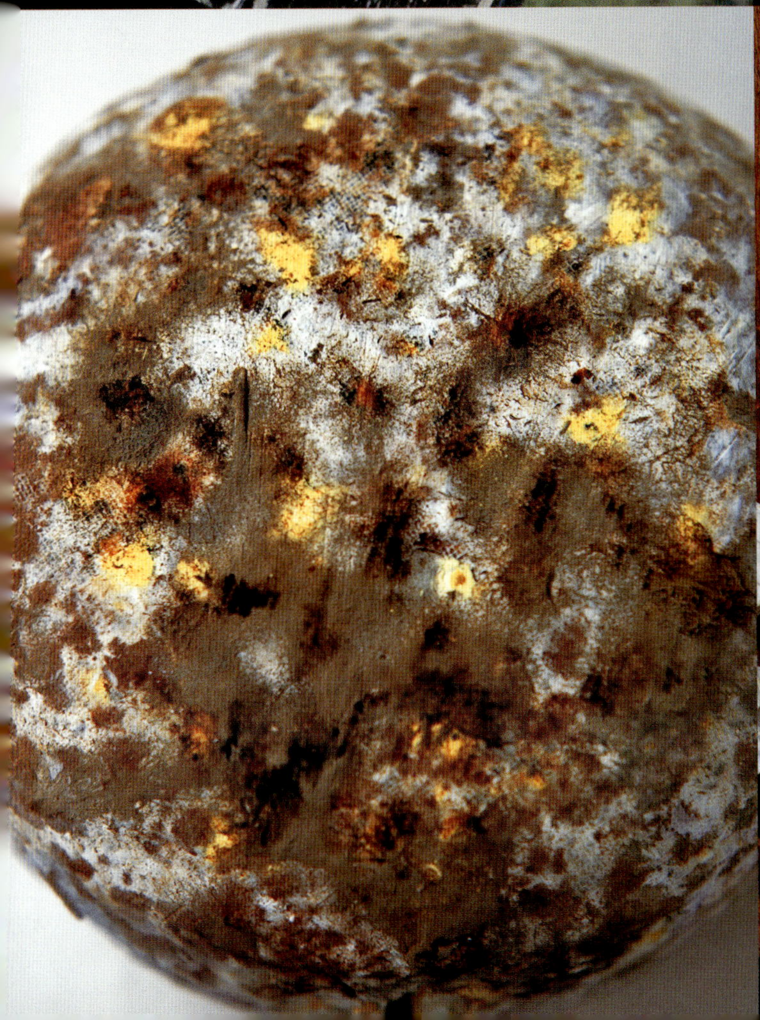
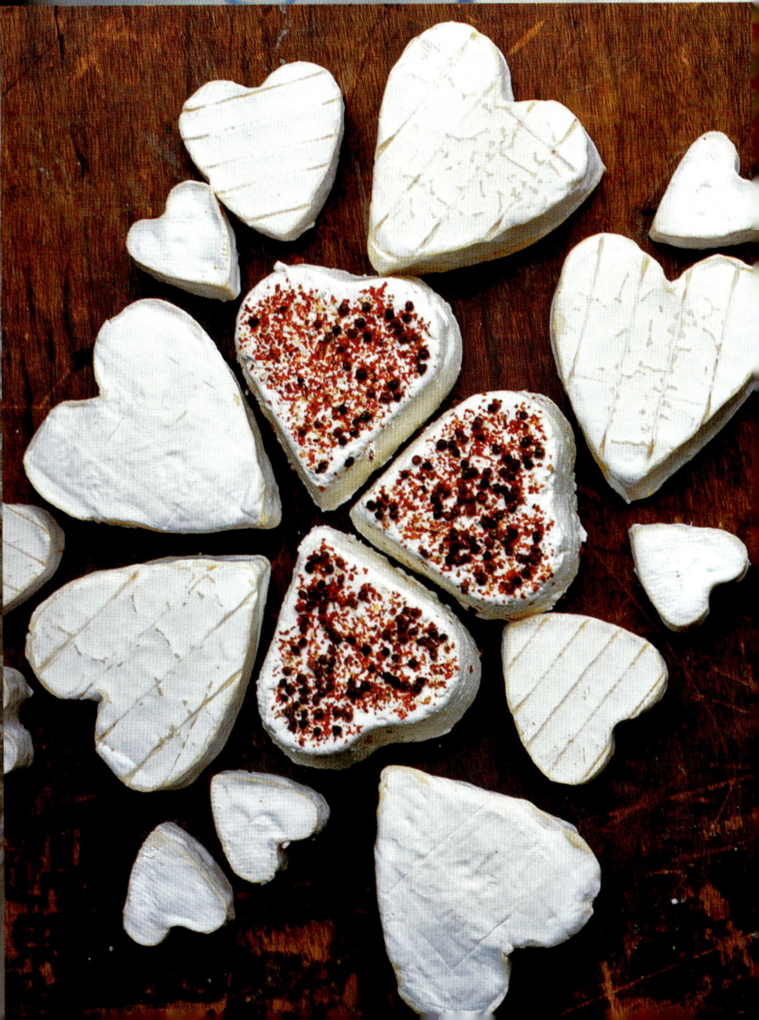

# カビ

ゲオトリクム・キャンディダム（*Geotrichum candidum*）は、表面熟成チーズの熟成の初期段階で発生するカビである。サン・マルスランなどのチーズでは、白と灰色のまだら模様のカビが均一に広がる。カマンベールなどのソフトタイプのチーズや、サン＝ネクテールなどのセミハードタイプのチーズでは、このカビがペニシリウム・キャンディダム（*Penicillium candidum*）が優勢になって苦みが生じるのを防ぐ。ウォッシュタイプのチーズでは、チーズの表面が酸化するのを防ぎ、Bリネンスが増えるのに適した環境を作る。

ブレビバクテリウム・リネンスまたはBリネンス（*Brevibacterium linens*）は、ウォッシュタイプのチーズの表面で熟成をスタートするために培養される複数のバクテリアで、表面がオレンジかピンク色になり、強い香りが生まれる。Bリネンスは酸度が低く、湿度と酸素が豊富な環境を必要とする。

ペニシリウム・キャンディダム（Pキャンディダム）は、Pカマンベルティ（*P. camemberti*、典型的な白い粉状のカビで、数日たつと白色から灰色に変わる）の一種である。Pキャンディダムは白いままで、白カビチーズのトレードマークである。

この表面につくカビは、適量の塩と湿度を得ると、表皮から内側に入り込み、軟らかさを増し、時間の経過とともにバターのような食感を作り出す。

ペニシリウム・ロックフォルティまたはPグラウカム（*Penicillium roqueforti*）は、チーズを圧搾して成形する前にカードに加えられる。このカビは毒素を分解する性質を持ち、空気に触れることによって活性化する。熟成過程でチーズを針で刺して空気に触れさせると、内部の胞子が発育して放出する。

---

# チーズのタイプ

**ソフトタイプ**：はっきりとした外皮がなく、水分が多い。リコッタ、クワルク、カッテージチーズ、カード、マスカルポーネなどが代表的。ソフトタイプのチーズはとてもデリケートなため、購入後すぐに食べるべきである。

**フレッシュタイプ**：はっきりとした外皮がないが、ソフトチーズよりしっかりしている。乾燥を防ぐために水分が多く、賞味期間は短い。とても軽く薄いプリモサーレ、フレッシュな山羊乳のチーズ、樽で熟成させていないフェタなどがあげられる。

**白カビタイプ**：ペニシリウム・キャンディダム（*Penicillium candidum*）の働きで、表皮はふわふわとした白カビに覆われている。ブリやカマンベールは、カードに少量のこの培養菌を入れる。さらに、型に入れる、あるいは成形するときに、上部に培養菌を加えて、表皮の形成を助ける。ブリヤ・サヴァランはノルマンディー産のトリプルクリームを用いたチーズで、白カビは外側にゆっくりと発生するため、カビがチーズに定着しつつも、増えすぎないよう、注意深く見守る必要がある。表皮が乾燥しすぎたり、水分が多すぎたりすると、香りや風味が低下する。これらのチーズを買うときは、表皮の状態が良好かどうかを確かめてほしい。熟成のすすんだ山羊乳のチーズの場合、白い表皮に金色のまだら模様のカビがついていることがあるので気をつけること。

**ウォッシュタイプ**：リネンス菌をぬったソフトチーズで、塩水、白ワイン、マール・ド・ブルゴーニュ（ワインを作った後のブドウを蒸留して作る。非常にアルコール度数が高い）で洗って熟成させる。洗って約3週間たつと、その反応として表面の色が白からオレンジになる。代表的なウォッシュタイプのチーズは、エポワス、ラングル、マンステール、リヴァロ、タレッジョである。
表皮のブレビバクテリウム・リネンスは人間の皮膚で見つかる細菌と同じで、体臭の原因となる。

**セミハードタイプ（非加熱）**：形成前に水分を絞り出したもので、ミモレット、チェダー、オッソー、チェシャー、ペコリーノなどがあげられる。オッソーなどピレネー山脈の羊乳のチーズから作ったチーズは、チェシャーと同様に、細い針を刺してホエイを排出する。

**セミハードタイプとハードタイプ（加熱）**：大型のチーズを作るために、乳を高温に熱して水分を排出して作られる。カードを輪、あるいは型に入れ、その重みで水分の排出を促す。このタイプに含まれる大型のチーズには、パルミジャーノ、グリュイエール、コンテ、ボーフォール、ゴーダ、フォンティーナなどがあげられる。

**パスタ・フィラータ・タイプ**：カードを練って作ったチーズで、プロヴォローネ、モッツアレラ、プローヴォラ、ブッリーノ、スカモルツァなどがあげられる。水分を出したフレッシュチーズをしばらくおいて、熱湯に入れてから、のばしたり練ったりして、軟らかさと弾力のある繊維質なチーズを作り出す。

**ペルシエまたはブルーチーズタイプ**：ペルシエ（persille）とはパセリのことである。昔は、空中細菌がチーズの中を通りぬけられるように、チーズに穴をあけ、羽毛状の青カビを生えさせた。ロックフォールの場合、チーズの外側にサワドーパンの細かい粉をこすりつけ、カビを生えさせ、水分を取り除いた。これは現在も利用されている手法だが、ほとんどのブルーチーズが、より合理化されたペニシリウム・ロックフォルティの注入法を取り入れている。

# 脂肪分

チーズの脂肪の量は、「乾燥物質」(脂肪と脂肪以外の固形と定義される)の中に含まれる脂肪の100分率で示される。熟成後のチーズは、脂肪の比率が一定であるが、チーズ全体に対する脂肪の比率は、熟成がすすむにつれて水分が蒸発するために高くなる。したがって消費者に、全体量に対する脂肪の比率を正確に定義できないということになる。

脂肪45%のチーズには、実際に脂肪が45%含まれていない。脂肪の比率は、チーズの成分全体から水分を取り除くと算出できる。特にフランスのチーズにこれがあてはまる。しかしその他の国のチーズでは、水分を含むチーズの全体量に対して脂質の比率を計算する。チーズの栄養価を計算するときには、右の表を参考にされたい。

| チーズ | 実際の脂肪分(%) |
|---|---|
| フロマージュ・フレまたは脂肪0%のフレッシュカード | 0 |
| フロマージュ・フレまたは脂肪20%のフレッシュカード | 3 |
| フロマージュ・フレまたは脂肪30%のフレッシュカード | 5 |
| フロマージュ・フレまたは脂肪40%のフレッシュカード | 8 |
| フレッシュ・セミソルト・チーズ(プリモサーレ・フレッシュ・チーズなど) | 13 |
| 発酵チーズ(カマンベールなど) | 16-22 |
| 発酵ウォッシュタイプチーズ(リヴァロなど) | 20-23 |
| 発酵圧縮非加熱チーズ(カンタル、ルブロション、ミモレット、チェシャー、チェダーなど) | 20-26 |
| 発酵圧縮加熱チーズ(コンテ、グリュイエール、フォンティーナ、パルミジャーノ) | 26-30 |
| 発酵ブルーチーズ(ロックフォールなど) | 34-35 |
| フォンデュなどクリーム状にした脂肪分45%のチーズ | 22 |
| 山羊乳のチーズ | 15-25 |

# 栄養価

チーズの水分を排出して圧力を加え熟成させると、堅くなり、熟成するほど、栄養価も高くなる。右の表から栄養価を算出する場合、30-40gのチーズを想定してほしい。厳密に低カロリーの食事をする必要がある場合は、チーズを食べない方が良い。しかしたいていの人にとって、チーズからカルシウムを得ることは重要だ。毎日摂取するカルシウムの量を知るためには、ダイエット中であっても、右の表を使うか、フロマージュ・フレか山羊乳のチーズなど、低脂肪のチーズだけを食べるようにするとよい。

| チーズ | たんぱく質(%) | 脂肪(%) | カルシウム(mg) |
|---|---|---|---|
| 白カビチーズ | 15-20 | 16-22 | 180-200 |
| ウォッシュタイプ | 20-30 | 20-23 | 200-500 |
| 圧力をかけた非加熱チーズ | 25-30 | 20-26 | 650-800 |
| ブルーチーズ | 24 | 34-35 | 500-700 |
| フォンデュのようなクリーム状のチーズ | 18 | 22 | 750 |
| 山羊 | 16-35 | 15-25 | 180-200 |

# グルテン不耐性

**堅い熟成したチーズ**
グルテンが含まれない。熟成の時間の経過とともに、乳にもともと含まれていた糖分と塩分が放出され、消化しやすいたんぱく質とカゼインが残る。チェダー、パルミジャーノ、ペコリーノにその傾向があり、同じタイプのその他のチーズも同様である。

**ブルーチーズ**
ロックフォールなどにはグルテンが含まれている。パンを使って、カビ菌の青い筋を作るためである。

**山羊や羊の乳のチーズ**
比較的消化しやすいほか、やわらかく、クリーミーである。ただし表皮の白カビは細菌の構成に問題を引き起こすことがあるので気をつけること。

**フレッシュタイプ**
フロマージュ・ブラン、フロマージュ・フレ、プティ・スイスなどは、ゴムなど添加物や防腐剤を加えて濃度を高めていないか、ラベルを確認すれば問題はない。

# ブリテン諸島と
# アイルランド

　ジャーヴォー修道院の修道士とウェンズリーデール・チーズの共通点は何か？ 11世紀のノルマン征服は、英国の人々の生活に大きな影響を与えた。規律、富、土地の所有、農業にまでおよんだともいわれる広範囲にわたる変化が、それまで無秩序に治められていた島にもたらされたのだ。ノルマンディーとフランドルのジャーヴォー修道会の修道士たちが英国、特にヨークシャーにやってきたのも、この頃だった。彼らは自給自足を目指し、信仰を積極的に伝えた。彼らには羊の飼育、チーズ作り、馬の繁殖を行う能力があった。ウェンズリーデール・チーズの最初の生産者として、広く認められている。

　ヘンリー8世の治世下で、修道会が廃止されると、ジャーヴォー修道院も崩壊した。しかし修道士の技術は伝えられ、現代の英国において私たちが知り、愛している伝統的なチーズの多くに今もその影響が残されている。

　ここでは、ブリテン諸島とアイルランドのグループが、農業とチーズを含む伝統的な食品の生産技術の歴史において、どのようにおおその定義ができるかをまとめたい。この地域は、伝統的な技術の多くを、何世紀にもわたる戦争と紛争にも関わらず、何世代にもわたって伝えてきた。それは言い換えると、ヨーロッパと新世界におけるチーズ作りの歴史にも影響を与えてきたことになる。

　ブリテン諸島とアイルランドには、文字通り数百種類のチーズがあり、チーズ業界は現在、工業革命が始まって以来の活況と繁栄をみせている。2度の世界大戦は、英国における酪農をほぼ壊滅したが、フィリップ・オリヴィエが戦争によって破壊されたチーズ作りをノルマンディーで復活させたように、英国ではニールズ・ヤード・デイリーのランドルフ・ホジソンが、チーズ作りの専門家を支援し、その知名度と名声を世界中に確立するのを手助けした。

　ブリテン諸島のチーズについては、私には一家言ある。ぽろぽろと砕けやすく、しっとりとしていて、草の香りがする伝統的な製法のウェンズリーデール・チーズ、ナッツのように濃厚なチェダー、鋭い風味のチェシャー、ミネラルが豊富で苦みのあるスティルトンほど、素晴らしいものはない。これらのチーズは、英国のチーズの素晴らしさのすべてを表している。私はその地域を表すチーズを選ぶのが好きで、土壌、気候、ミネラルの多様性によって生まれる特徴に魅了される。スティルトン (p.28) やスティッチェルトン (ジョー・シュナイダーがランドルフ・ホジソンとともに開発した新しいチーズ) を味わうときに経験する風味の驚くべき幅広さは、魔術のようだ。

　ダービーシャーといえば鉱物の香りを思い出す。このクリーミーで濃厚なチーズは、ゆっくりと熟成して、石のようにザラザラとした表皮を形成する。味を左右するこの熟成のプロセスは、おそらく湿度が保たれた涼しい熟成室のおかげだろう。アイルランドでは、微気候と軟質で甘みのある南部の水が、濃厚で香り高いウォッシュタイプとハードタイプの両方のチーズを作り出す。ライフィールド (p.39) は、軽くて、空気を含み、塩気のあるさっぱりとしたチーズで、朝食のトーストにのせて食べると良い。

　ブリテン諸島には、ウェールズには、ケルフィリー (p.30)、スコットランドには美味しいダンサイア・ブルー (p.34) というように、各地域におすすめしたいチーズがある。アイルランドにはさまざまなスタイルのチーズが数多く存在し、何を選んだらよいか分からないほどだが、私が心を奪われているのは、荒涼として迫力のあるケリーの海岸で作られた、比較的新しいチーズである。ディリスカス (p.41) というそのチーズは、マヤ・ビンダーが作っており、ディリスクという海藻をカードに入れる。独特の風味をチーズに与える伝統的な技術を持っていることは、この地域の強みだ。農場は海に近く、塩分を含む水しぶきが牧草を介して乳に入る。熟成のための貯蔵室は、古い石作りの農場の建物の中にあり、年季の入った木製の棚がある。このような要素のすべてが、優れたチーズの味と食感を作り出している。

　ブリテンもアイルランドも島国で、他の国や大陸に比べて小さい。さまざまなタイプのチーズを生産するには、気候が穏やかすぎる。しかし品質は他にまったくひけをとらず、それは大きな国に匹敵するほど高い価値があると認識されている。

　次のページから紹介するのは、ブリテン諸島全域から集めた、それぞれの地域を代表するチーズである。ささやかなセレクションに見えるかもしれないし、私ももっと多くのチーズを掲載出来たらと思うが、これがチーズを通して真の人生を見つめる私の旅の始め方だ。イングランドの各地方には、週末になるとファーマーズマーケットがたくさん登場する。直接地元の生産物を見て試食するのに良いチャンスだろう。私はどこであろうと旅で最初に訪れるのはいつも市場である。生産者に合い、話し、商品を試食するのに、とても良い方法だからだ。地元で作られたビールとひとかけのチーズを持って市場のある広場に座り、その土地の雰囲気に浸るのは、なかなか良い時間の過ごし方だと思う。

ブリテン諸島とアイルランド　15

# 南西イングランドと南イングランド

　南西イングランドと南イングランドの気候は1年中穏やかで、農場は家畜を放牧できる。南イングランドで作られるチーズは何かと聞かれたら、たいていの人はチェダーと答えるだろう。南西イングランドはイングランドで最大の地方で、グロスターシアとウィルトシアからコーンウォール、さらにはシリー諸島におよぶ。壮大なドーバーの白い断崖は南東に広がり、ここが水はけのよい砂地であることを示している。南東部のチーズは南西部ほど知られていないが、小規模なチーズ生産者がスタイリッシュなチーズを数多く作っている。山羊、牛、羊の乳に加えて、ハンプシャーやその他の州が開発した水牛の乳のチーズもある。南西部の風景はロマンチックで、岩の多い海岸線、ごつごつとした荒野、なだらかに起伏する緑の丘陵地が広がる。それに対して南東部は平坦で、高地や牧場に区切られ両地方はワイン畑があり、受賞ワインを生産している。また地元のチーズに完璧に合うビールのための、ホップも栽培されている。

### デヴォン・ブルー(Devon Blue)、ビーンリー・ブルー(Beenleigh Blue)、ハルボーン・ブルー(Harbourne Blue)

デヴォン、トットネス

　ロビン・コンドン氏の農場は、デヴォンの景勝地ダート・ヴァレーを見下ろしている。この農場で作られる3つのブルーチーズは、牛乳で作ったデヴォン・ブルー、羊乳で作ったビーンリー・ブルー、山羊乳で作ったハルボーン・ブルーである。いずれのチーズも重さは約3kgである。

**デヴォン・ブルー**　低温殺菌をしていないジャージー種の牛乳を使用していることが、デヴォン・ブルーが草、土、バターの新鮮な香りを持つ理由の1つである。濃厚でクリーミーできめの細かい食感を持ち、ピリリとする青い筋が、チーズの中をゆるやかに流れている。

**ビーンリー・ブルー**　低温殺菌をしていない羊乳と植物性のレンネットで作られる。ロックフォールよりかみごたえがあり濃厚で、青い筋は全体によく広がっていて、ビーンリー・ブルーは穴よりも糸状の組織が目立つ。鉱物の甘みがあり、やや強めの塩味が効いている。ブリテンでは非常に珍しいタイプのブルーチーズである。これほど独特のスタイルをチーズに取り入れたロビンの評価は高い。ビーンリー・ブルーは、夏の半ばから冬の半ばまでが食べごろである。

**ハルボーン・ブルー**　低温殺菌していない山羊乳と植物性のレンネットで作られる。ぽろぽろとくだけやすく、雪のように白いカードと、インクのように青い筋がコントラストをなし、優美でデリケートな質感をもたらしている。しかし、その風味は繊細さとほど遠い。口に入れたとたん、強さと力が感じられる。

　多くの人が、これぞロビンの最高のチーズだと信じている。食べるのに最適な時期は初夏から晩秋にかけてである。初夏のチーズの、鋭く、ピリリとした風味は驚くほど素晴らしい。暖かい夏の夜に、キリリと冷やした辛口の白ワインにハルボーン・ブルーを添えてみてほしい。このチーズを楽しむのにこれほど理想的な方法はない。

　ラ・フロマジェリーでは、カリンのチーズペーストをすべてのロビンのチーズに添えておすすめしている。この2つはお互いにとてもよく合う。

右ページ　**上：デヴォン・ブルー　中：ビーンリー・ブルー**
**下：ハルボーン・ブルー　上左：ケントの田舎　上右：デヴォンの牧草地**

16　ブリテン諸島とアイルランド

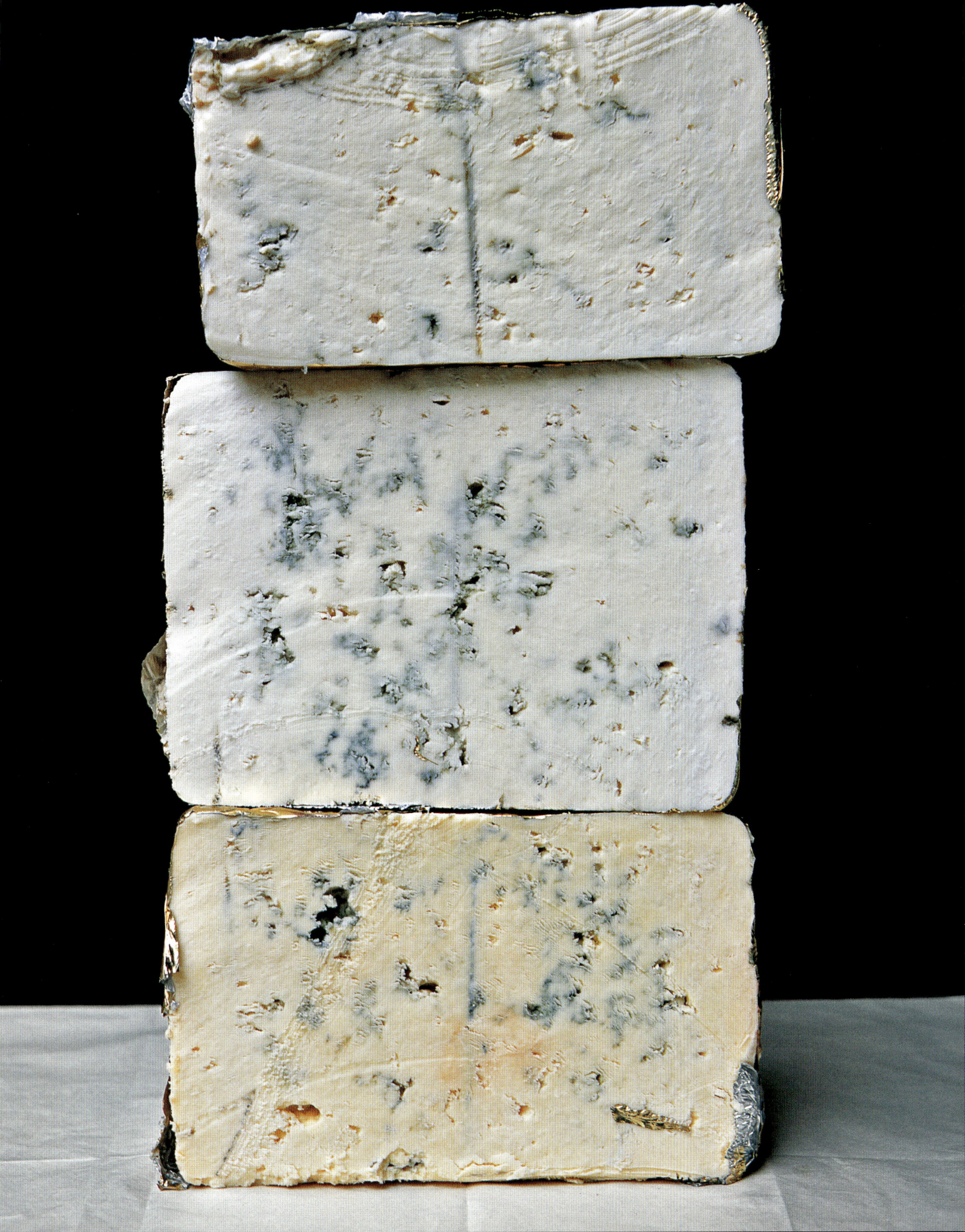

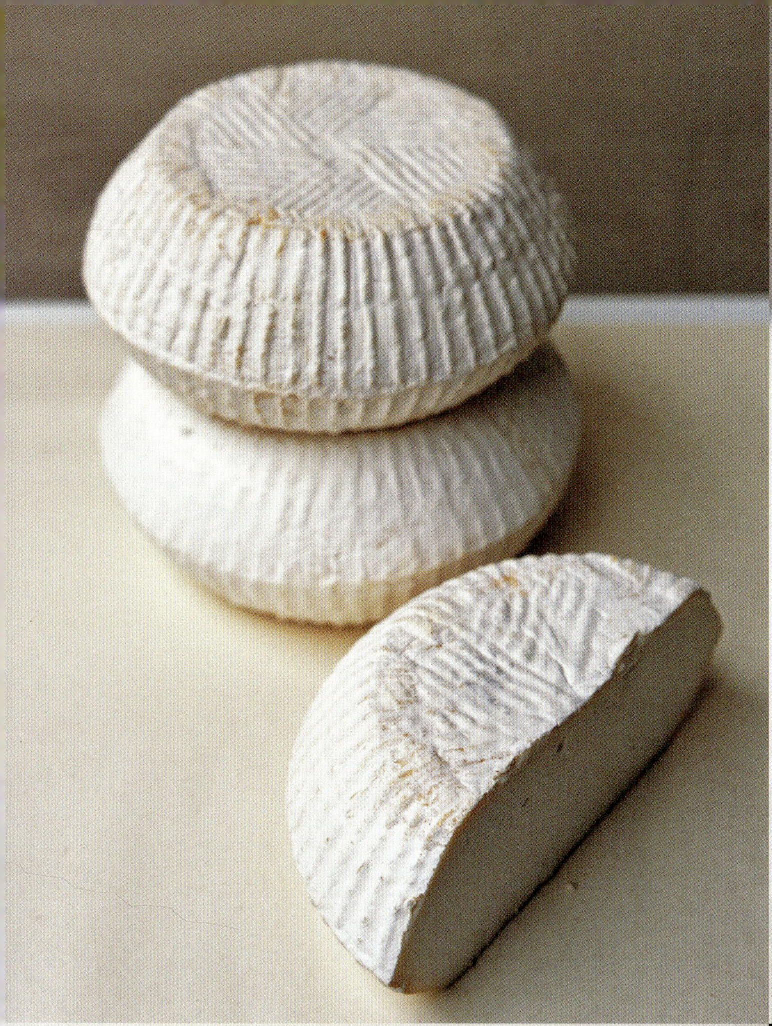
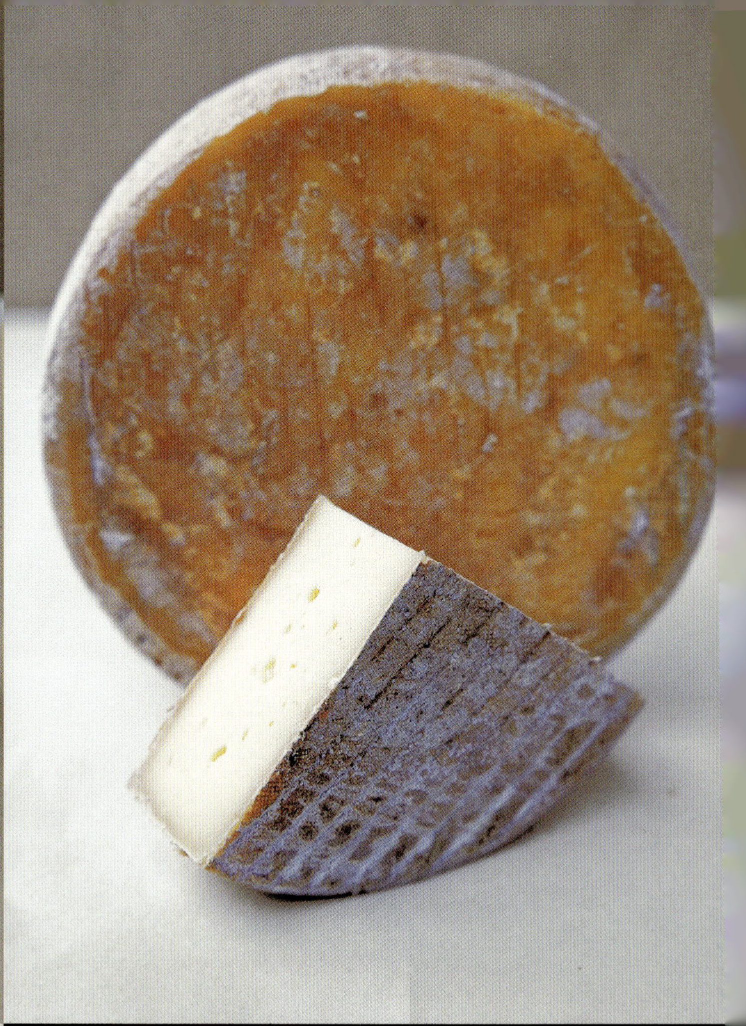
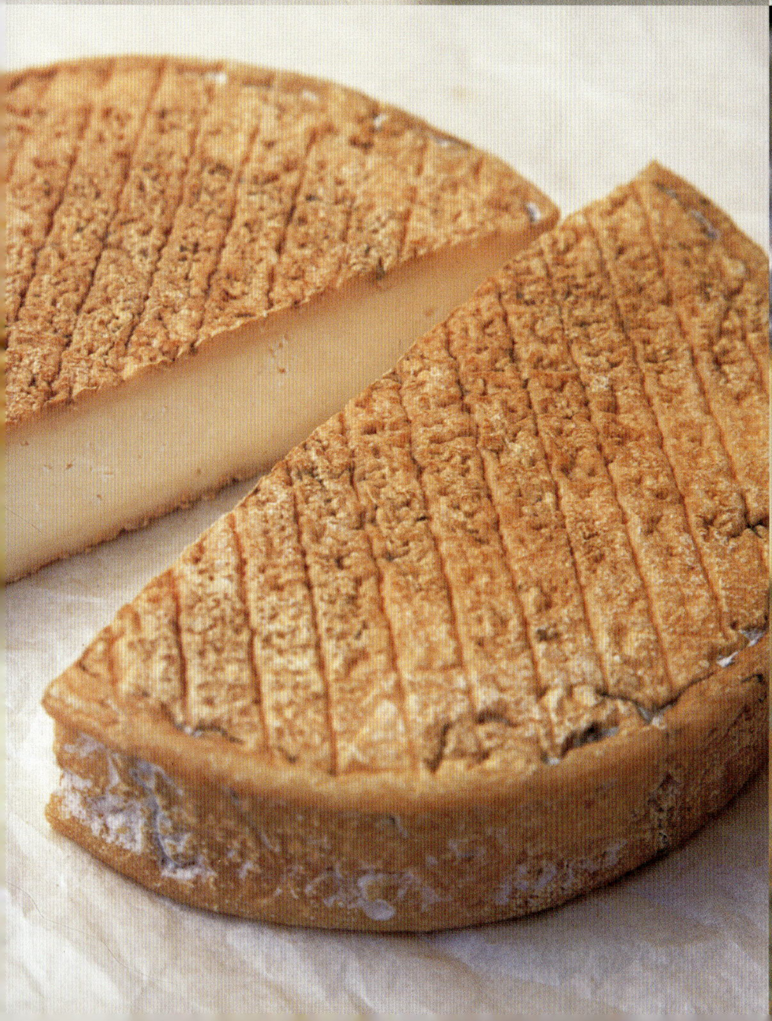
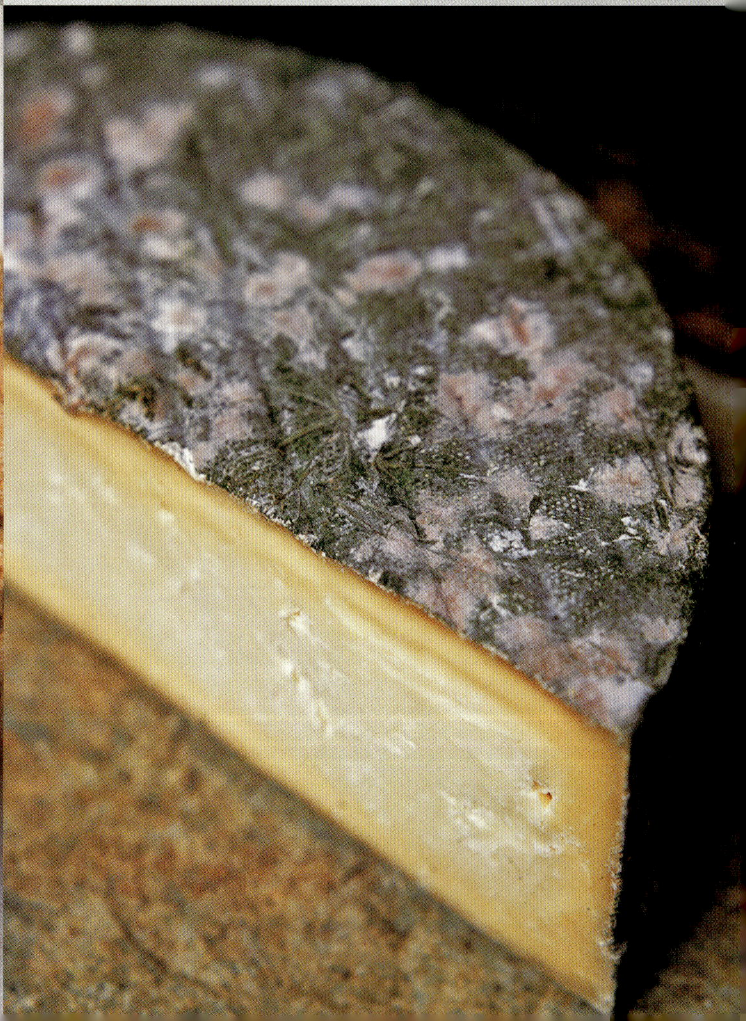

## コーニッシュ・ヤーグ
(Cornish Yarg) 🐄 コーンウォール、リスカード

このチーズを最初に作ったのは、アラン・グレイとジェニー・グレイ（英文表記のGrayは後ろから読むとヤーグYargになる）である。1980年頃に初めて市場に登場した、コーンウォール新しい特産チーズの1つである。彼らの故郷ウェールズに伝わる昔ながらのケアフィリー・チーズの製法がベースで、チェダーチーズの影響も受けている。外側に表皮を形成させるかわりに、この地域に自生するネトルの葉で覆う。フタのないバットに地元のホルスタイン・フリージアン種の低温殺菌牛乳と植物性のレンネットを入れて、手作業で作る。圧搾とブライニング（塩水にチーズを浸す）の後、野生のネトルの葉で包んで仕上げる。ネトルの葉の、青と緑の美しいレース模様が浮き彫りのようにみえる独特の外見ができあがる。ネトルがチーズに加える柑橘系の風味は、熟成とともにまるみを帯び、やわらかでかすかな香りだけが残る。とても人気が高いチーズで、特にマイルドな味を好む子どもにぴったりだ。消化しやすいため、妊娠中の女性にも喜ばれる。

## ティクルモア(Ticklemore) 🐐 デヴォン、トットネス

このチーズを最初に作ったのはロビン・コンドンで、彼はこの地方におけるハンドメイドのチーズ作りの変化を本当に理解している。そこで彼は、シャープハム・クリーマリーのデビー・マンフォードに、チーズ作りの技術とレシピを伝えている。デヴォンのこの地域は、ダート川が農地と丘の間をぬうように流れ、その後ろから緑の草原が水ぎわに向かってなだらかに続く、本当に美しい土地である。ティクルモアは低温殺菌をしていない山羊乳と植物性のレンネットで作る、セミハードタイプのチーズで、ボウル型をしているのは、実はキッチンのコランダー（水切り）にカードを入れて作るからである。表皮の白カビは熟成過程でできる。層状になった上部には小さな穴があいていて、それがチーズ全体にちらばっている。そのため熟成が浅いと、空気を含んだ食感が感じられるが、熟成が進むにつれて密度が高くなり、よりはがれやすくなる。味わいはフレッシュで、軽く、やさしい。ほのかに草の生えた林の、爽やかな香りがする。山羊乳の匂いはほとんど感じられない。チーズボードに並べてもよいし、料理に使っても素晴らしい。

## オルダーウッド(Alderwood) 🐄
ドーセット、アッシュモア

オルダーウッドの生産者であるクランボーン・チェイス・チーズは、ドーセット北部アッシュモアの丘の上の村にあるマナー・ファームの一角にある。この地域の微気候は周辺地域とまったく違う、温かい風がさざ波のように吹いている。牧草に甘みと良い香りをもたらすミネラルが、牛乳とチーズに影響を与え、オルダーウッドを英国のこの地域で作られるチェダーとまったく違うものにしている。ベル・パエーゼまたはサン・パウリンの製法がベースで、低温殺菌をしていない牛乳と伝統的なレンネットを使い、とてもマイルドで、甘みがあり、ナッツのような風味のあるチーズである。塩水で洗った表皮には、アプリコットのような色のカビがあり、風味を強めている。

クランボーン・チェースとブラックモア・ヴェイルの美しい地所には、良質な牧草が広がる。比類ない自然美をもつこの地域は、つい20世紀までノルマンディー征服の統治者の狩猟場として保護されていた。18世紀から2007年まで、この地所は同じ家族が所有していたが、新しい所有者にかわると、畜産業が全体的に改革され、最新式の手法が取り入れられた。農場の石英、石、レンガの建物は、チーズ作りと熟成のために改築され、オリジナルのレシピには少し手が加えられた。しかし現在も、すぐ近くで飼育されているホルスタイン・フリージアン種の牛の乳を使った手作りのチーズに必要なものは、すべて残されている。

1日目にカードを型に入れ、2日目に塩水に浸し、3日目に最初の洗浄を行う。それから熟成室に入れて、低温と高い湿度を保ち、表皮の形成を促す。約12週間の熟成期間のあいだに、自然にカビが生えて、オレンジ色と茶色の斑点が表皮にできる。石造りの熟成用の建物は、空気中から独自のミネラルと微生物をチーズに与え、風味に変化をもたらす。

若いオルダーウッドも食べられるが、私はいつも地元のシードルで何度か洗浄して、数週間後に風味が強まってから食べる。

## カルド(Cardo) 🐐 サマセット、ティムズバリー

このセミハードでウォッシュタイプの山羊乳のチーズは、カルドン（アーティチョークの一種）のとげを凝固剤（レンネット）として使い、ホエイからカードを分離する。表皮に塩水を刷毛でぬって洗浄し、ベタベタとした薄い膜を作って、自然な白カビを生えさせる。香りは強すぎないが、土と苔のような植物性の匂いがする。味はフルーティでクセがない。乳と洗浄の組み合わせから生まれた、ハーブのようなミネラルの風味も魅力的である。この素晴らしい比較的新しいチーズの生産者はマリー・ホルブックである。彼女は、フランスの山羊乳のチーズ「ヴァランセ」の製法に従って作ったピラミッドの上部を切り取ったような形のチーズ、ティムズボロ(Tymsboro)で、大変な成功をおさめ、ブリティッシュ・チーズ・アウォード(British Cheese Awards)で数多くの賞を受賞した。カルドについては、凝固剤として植物のとげを使う、ポルトガルの山のチーズからインスピレーションを得たという。しかし私は、フランスのヴァンデのコルシカン・カジンカまたはトム・ド・クレオンにも似ていると思う。マリーは山羊に、休息と遊び、そして子育ての時間をたっぷり与える飼育法を行っているため、カルドを試食する機会は非常に限られている。

左ページ
上左：**ティクルモア** 　上右：**オルダーウッド**
下左：**カルド** 　下右：**コーニッシュ・ヤーグ**

ブリテン諸島とアイルランド　19

上左：ジェイミー・モンゴメリー氏
上右：ムーアヘイズの牛
右ページ　上：キーンズ、下：モンゴメリー

# サマセットのチェダーチーズ

サマセット低地の穏やかな気候、湿地帯、そしてメンディップスの石灰岩は、青々とした牧草を育て、
抜群の風味と食感のチェダーチーズを生産するのに、理想的な条件である。

## キーンズ・ファームハウス・チェダー
## (Keen's Farmhouse Cheddar)
サマセット、ウィンカントン

キーン家は、1899年よりムーアヘイズで農業と酪農の両方の農場を営んでいる。16世紀に丘の上に建てられた荘厳な母屋は、水分を多くふくむサマセット低地の農地を見下ろすように、堂々と立っている。ここでは低温殺菌していない牛乳と伝統的なレンネットを用いて、手作業でチェダーチーズを生産している。この農場のチェダーと他のチェダー、たとえばモンゴメリーズとの違いは、その食感である。キーンズは、よりずっしりとした食感を持ち、スパイシーで味わい深く、舌にピリリと刺激を与え、ナッツの風味、強い果実味が続き、豊かで力強い後味が残る。加熱や圧搾の方法もモンゴメリーズ・チェダーと違う。しかし私は、サマセットの小さなポケットのようなこの地域のテロワールこそが、この違いを生みだしていると思う。また私は、キーンズのずっしりとしたかみごたえと、料理用のチーズとしても優れているところが好きだ。

## モンゴメリーズ・チェダー
## (Montgomery's Cheddar)
サマセット、ノース・キャドベリー

ジェイミー・モンゴメリーは、卓越した技術、低温殺菌していない牛乳、伝統的なレンネット、そしてチーズ作りのすべての工程を彼自身が監督することで、最高の農場製チェダーチーズを作る。私がこのチーズを愛するのは、複雑な果実味とエレガントな味わいだ。サンドイッチにするととても美味しい。青い草の香りは、まろやかで濃厚な味わいに相殺され、それが舌の上にやさしく長く残る。ワインは、最初が厳しく、少しずつフルボディの鉱物のような味わいが立ち上がる、ボルドーがぴったりだ。ボルドーとサマセットは、地域の特徴がとても似ている。

ノース・キャドベリーにあるマナー・ファームは、キャメロット地方の中心で、チェダーチーズのメッカとして存在している。ジェイミーの家族はここで、3代に渡ってチーズを生産してきた。当初はエアシャー種系の牛乳を使っていたが、最近では泌乳量が多いフリージアン種の牛乳に切り替えている。彼はエアシャー種の特徴をなるべく残せるよう、慎重に牛を繁殖させている。

モンゴメリーズ・チェダーは、納屋の木製の棚で12ヵ月以上熟成させる。14-18ヵ月、あるいは24ヵ月というように、長く熟成させるほど、風味も深まる。チェダーの作り方はとても複雑で、水分をきり、切断し、ミリング（細かく切る）し、最終圧搾するといった、いくつもの工程を要する。ジェイミーがミリングの工程で使うのは古いペグ・ミルで、均等に細かくならないため、口の中でぼろぼろと崩れる食感が生まれる。ジェイミーのチーズが、他のウェストカントリーのチェダーチーズの食感や風味と違うのは、彼が脂肪とタンパク質のレベルを慎重に監視しているからだ。いずれも多すぎると味わいが鋭くなりすぎる。彼は常に、より水分が少なく、干し草の良い匂いがして、土の風味があるチーズをめざしている。いくつかに切り分け、オーク・チップの上で燻製するスモーク・チェダーは、果実と木の香りがとても強い。豊かな香りとピリリとした味を兼ね備えた、素晴らしい風味のチーズである。

ウェスト・カントリー・グループのメンバーが、すべての生産工程で伝統的な手法を用いて生産している（自分の乳牛を所有していない場合は地元の牛乳を使う）チェダーチーズは、現在、原産地名称保護制度（PDO）に認定され、世界の他の地域で作られるすべてのチェダーチーズと区別されている。チェダーという名称を保護することはできなかったが、少なくともウェスト・カントリー・グループのチーズ生産者は、保護認定を受けている。

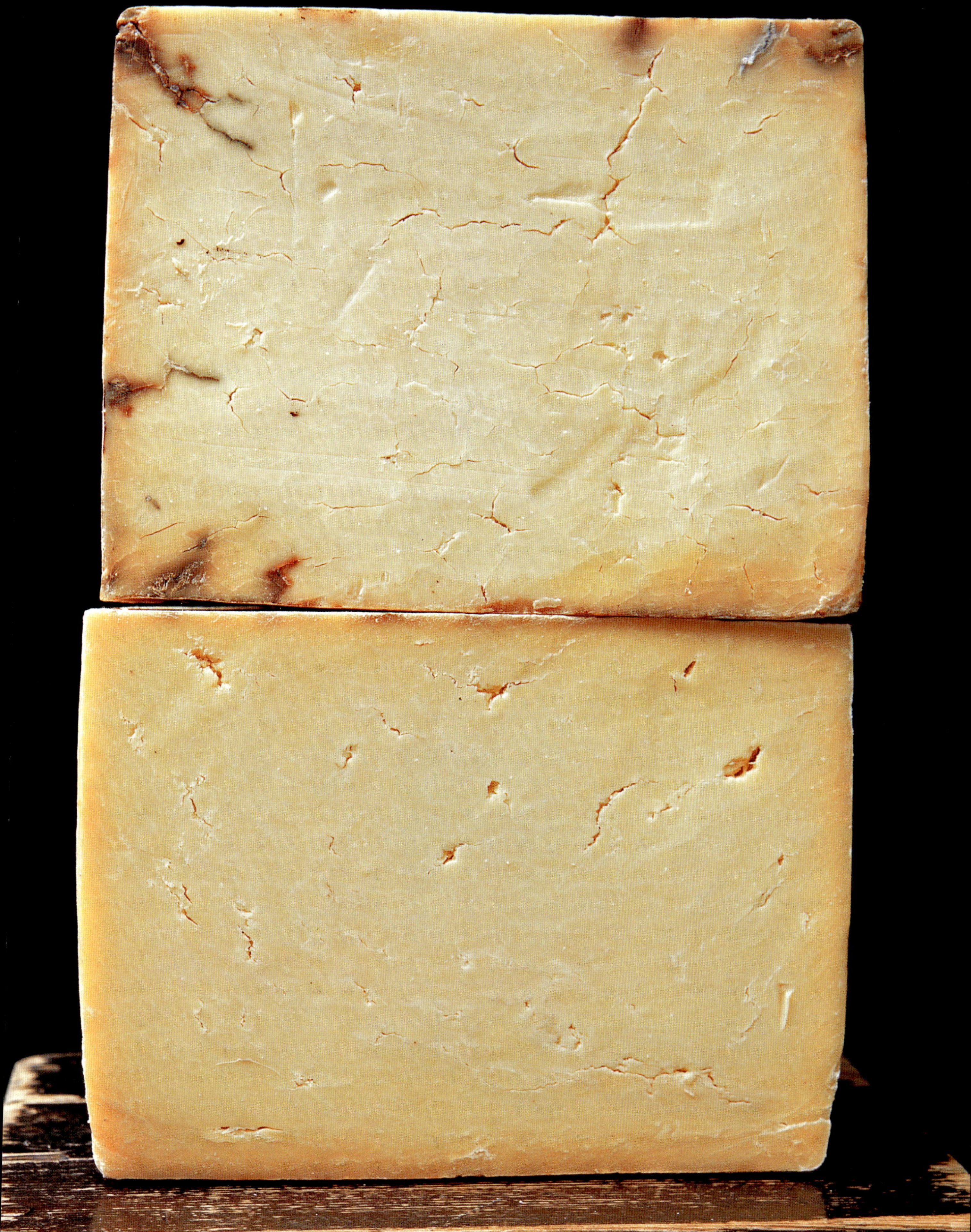

## ワーテルロー（Waterloo）、ウィグモア（Wigmore） 🐄 🐑 バークシア、リズレー

私はよく、手作りのチーズはなぜ大規模な酪農工場で作られたチーズとこれほど違うのか、と聞かれる。その違いは、乳の取り扱い方と、生乳をチーズに変える方法に関する特別な知識にある、と私は思う。複雑な製造工程は魅惑的で、芸術であると同時に科学でもある。ウィグモアとワーテルローはどちらもウォッシュド・カードチーズ（カードを洗浄する）で、ウォッシュド・ラインドチーズ（表皮を洗浄する）とは対照的なものである。

ウォッシュド・カードチーズの製法には、ホエイと水分を取り除き、カードを洗って、スターターのバクテリアと糖分（ラクトース）の数を減らす工程が含まれる。これは乳酸値を下げ、適度な水分を保つのに役立つ。スターターのバクテリアは、カードの形成を助けるヨーグルト状の混合物で、ラクトースをとりいれて、乳酸に変える。乳酸はチーズの最終的な味や食感に大きく影響を与える。

しかし、もっとも大切なのはバランスだ。洗い流されるスターターのバクテリアが十分でないと、そのカードは乾燥し過ぎるうえに酸度が高いチーズになってしまうが、洗いすぎると、とても柔らかく、水っぽく、風味がほとんどなく、酸度が低いチーズになってしまう。また、酸度が低いと有害なバクテリアの増殖を許してしまいかねない。そのため、ワーテルローもウィグモアも、適度な酸度を保つことが何より大切だが、塩を加える前に完璧なバランスに到達し、やわらかい食感と風味の良さを保つには、かなり時間がかかる。

カードに塩を加える段階では、ペニシリウム・キャンディダム（*Penicillium candidum*）の調整品が、白いふわふわとした（ブリやカマンベールのような）カビの生えた表皮を作るために使われる。しかし、繰り返すが、白カビを適切に生えさせるためには、適切な酸度またはpHにすることが必要不可欠である。カビは酸素がないと増えないため、熟成の期間中は毎日チーズの上下を返し、均一にカビがつくようにするのも大切である。そこではリファイナーまたはチーズ熟成係なる人が仕事を引き継ぎ、その特異な技術でチーズの表皮を返し、柔らかなサテンのように美しく仕上げる。

アン＆アンディー・ウィグモア夫妻は、ウィグモアとワーテルローを18年以上も作り続けているが、今もチーズの風味と食感をより良くするために、さまざまな微調整を続けている。もともと彼らは低温殺菌しない乳で作っていたが、軟度を改善するためにサーマイズ（約65度で15秒間加熱する低温殺菌）を始めた。現在はフランスやその他のヨーロッパの国々で、低温殺菌したチーズを、カマンベール、リヴァロ、ポン・レヴェックなどのような表皮を持つチーズ作りに使うのが、以前より一般的になっている。乳は冷やす前に低温殺菌して、生乳にいる可能性のある有害なバクテリアを死滅させ、パスチャライズ（約72度で15秒間加熱する低温殺菌）では通常は死滅してしまう良質な乳酸や酵素を生成するバクテリア（サーモフィルス）の多くを残すことができる。

ワーテルローはジャージー種の牛乳で作られ、ウィグモアは羊乳で作られる。ウィグモアは果実味と鉄の風味があり、熟成がすすむにつれてベルベットのようになめらかになるチーズだ。それに対してワーテルローは、バターのような、やや塩味のきいた味で、中心部分がより酸味がきいているため、全体としてバランスがとれている。

## タンワース（Tunworth） 🐄
ハンプシャー、ハリアード

サウス・ダウンズは、ずいぶん前からホップの栽培と農業が盛んな土地だが、現在は新しいビジネスとしてブドウの栽培も始めている。サウス・イーストにはチーズ生産者がとても多く、山羊や羊の乳を使ったチーズなど、さまざまなスタイルのチーズを生産している。タンワースは牛乳の白カビチーズの産地として、大変注目を集めている。

上左：**タンワース**
上右：**ウィグモア**
下：**ワーテルロー**

ジュリー・チェイニーとステイシー・ホッジは友人で、近くの農場の乳を使って一緒にチーズ作りの仕事を始めた。最初はつつましく、台所でチーズ作りをしていたが、自分たちの望むチーズ作りの環境を得るために、古い丸太作りの納屋を近代的な酪農工場に変えた。

2人は、やわらかくて芳醇な味と、白カビの生えた薄い表皮を持つチーズを作り出す。牛乳をあたためている間に、ペニシリウム・キャンディダム (Penicillium candidum、白カビ) を少し加え、すばやくホエイを取り除き、手作業でチーズを成形し、乾燥室で数日間ねかせる。まるで魔法がかけられたように、うぶ毛のように柔らかなカビが現れ始めると、それが継続するように、温度と湿度を慎重に保つ。この工程で、とけそうに柔らかい表皮がねっとりした中心部分を囲むチーズができあがる。

タンワースは、フランス・スタイルでありながら、英国独特の風味をもつチーズである。これは英国のチーズ生産において大躍進といえる。タンワースは全脂肪乳を使っているため、カマンベールほどナッツや土の風味がせず、やや重めの食感。5-6週間は、チーズボードに並べて楽しむことができる。ハンプシャーのファーマーズ・マーケットのほか、チーズ専門店やレストランで、見つけることができる。

### スティンキング・ビショップ (Stinking Bishop) 🐄
グロスター、ダイモック

　このチーズはとても人気が高い。限られた量しか生産されないことが、そのおもな理由だろう。農場は小規模で、グロスター種の牛にこだわって育てている。そのため、たとえばホルスタイン種ほど、牛乳の泌乳量が多くない。

　スティンキング・ビショップは、エポワス (p.60) やヴァシュラン (p.90) などのフランスのチーズと、いくつかの共通点がある。香りはつんと刺激的だが、必ずしも風味が強いわけではない。一方、カードは、水分をきって小さく切り、塩を加えたりしない。そのかわりに、スティンキング・ビショップと呼ばれる梨の1種で作った梨酒で洗う。それがこのチーズの名前の由来だ。

　ヴァシュランのように、カードをすくって型に直接入れ、水分を増やし、バクテリアの活動を高める。型から出すと、やはりヴァシュランのように、筒状の樹皮で包む。

　このチーズの風味は、若いうちはそれほど強くないが、湿度が高く涼しい熟成室で少し熟成させると、より複雑で濃厚な味になる。

### シングル・グロスター (Single Gloucester) 🐄
グロスター、チャーチャム

　ダイアナ・スマートは、60歳になってからチーズ作りを始め、自分の農場のグロスター種の牛乳を使った、ごく伝統的なレシピを守ろうとした。しかし彼女の元にいた牝牛の数は少なく、チーズ作りのためには、「シングル・グロスター」(グロスター種だけ) というわけにいかず、ホルスタイン種の牛乳を手に入れざるを得なかった。彼女は最初、煮沸して滅菌処理した古いシーツを切り分けて型に敷きつめるなどして、台所でチーズ作りをした。このチーズはほどよく軽い食感で、良いナッツの香りがして、若者に好まれる。

上：**スティンキング・ビショップ**、下：**シングル・グロスター**

　シングル・グロスターのレシピは脱脂乳も使う。ダイアナのチーズは、このタイプの伝統的なチーズを実際に作った例である。夕方に絞った乳からクリームを取り除き、朝に絞った全脂肪乳と混ぜる。ごく少量のスターターを使用し、その30分後にレンネットを加える。乳が凝固したら、カードを切り分け、たえずかき混ぜながら熱し、ホエイが流れ出すまで置いておく。それから16個の角型に切り分け、上下を返し、さらに置いてから、より小さく切り分ける。これをカードがエンドウ豆大になるまで繰り返したら、最後に塩を加え、細かく挽き、圧搾し、最低3週間は熟成させる。最大4ヵ月熟成すると、よりきめ細かく、ほろほろと崩れる食感のチーズになる。

　昔から、シングル・グロスターは、家庭用だけに作られたため、ダブル・グロスターほど有名ではない。チェダーと似たより人気の高いダブル・グロスターとは、その大きさ、風味、食感が違うのがおもな理由だ。

　1997年にシングル・グロスターは、原産地名称保護制度 (PDO) に認定された。したがって現在は、グロスター種の系の牛を飼育する、グロスターにある農場でしか生産できない。

　シングル・グロスターは、とても英国らしい味わいを持っており、英国のリンゴやナシと実に相性がよく、このチーズをより楽しむことができる。

ブリテン諸島とアイルランド　23

# イングランド中部地方とウェールズ

　中部地方は、ミネラルが豊富な石炭層が牧草地の下にあるため、優れた酪農と畜牛、そしてこの地方独特の素晴らしいチーズを生む。ロンドンとつながる最初の主要道路グレート・ノース・ロードが、この地方に未来をもたらしたが、産業革命と製造業や鉱業が流入すると、牧草地は減少し、土壌の基礎構造に影響を与えた。しかし、土地の改良と養分の供給により息を吹き返し、酪農と畜産は繁栄し続けている。ウェールズは中部地方の西の半島に位置し、1,200kmもの海岸線と、山、澄み切った美しい川の流れに区切られた、天然の素晴らしい自然公園といった、さまざまな風景を誇る。雨が多く、風が強く、しばしば冬の寒さが厳しくなる気候は、農業より畜産に向いている。このような気候が、独特のミネラルの風味と柔らかく崩れる食感を持つ、美味しいケアフィリー・チーズを生みだしている。

## バークスウェル（Berkswell）
ウェスト・ミッドランド、バークスウェル

　ラム・ホール・ファームは、木造骨組を石で埋めた「ハーフティンバー造り」の家々と、中世の教会、そして青々とした緑の牧草地に囲まれた、なんとも美しい英国中部地方にある。シェイクスピアがいた地方からもさほど遠くない。

　フレッチャー家のシェイラ、ステファン、テッサは、1980年代中ごろに、ケアフィリー・チーズのレシピで羊乳のチーズを実験的に作り始め、改良を重ねて独自のレシピを完成させた。カードは加熱し、植物性のレンネットを加え、休ませる。乳はすぐに固まりはじめ、やわらかなブラマンジェのような状態になる。それを切り分け、もう一度加熱して、ペコリーノやマンチェゴで使われるような、カゴの形の型に入れる。それから表皮が薄くて堅い状態を保てるよう、チーズの外側にホエイを塗って仕上げ、熟成室に入れる。

　食べたときの第1印象はフレッシュだが、口の中で温まるにつれて、フルーティでナッツのような香りが広がる。私たちは甘みのある若い状態が好きだが、私たち自身が売るのをがまんして5ヵ月間熟成させれば、食感がより濃密になり、風味の複雑さが強まるのを楽しむことができる。

左：バークスウェル
上：ウェスト・ウェールズのタリリン湖

### イネス・バトン（Innes Button）
スタフォードシャー、タムワース

このチーズのポイントは、シンプルなことだ。フレッシュ・軽い・酸味がある。これだけの言葉があれば、イネス・バトンという山羊乳のチーズを表現できる。酪農と農場はステラ・ベネットと息子のジョーが細心の注意を払って運営しており、現在はジョーが指揮をとっている。私にとってもっとも印象深いことは、何度か朝早くに店を訪れたとき、チーズの配達する前のモジャモジャの赤いカーリーヘアのジョーが、陽気に接客してくれて、明るく1日の始まりを迎えられたことだ。

レシピはシンプルで、手順は搾乳後すぐに始まる。低温殺菌をしていない温かい乳に、手早く植物性のレンネットを加えることによって、軟らかくて崩れやすいカードを作るとともに、イネスのチーズに欠かせない風味を保たせる。1987年に農場を始めた当初は100頭だった山羊は、現在は350頭に増えた。その大半はザーネン種とトッゲンブルク種の交配種である。約220頭の雌山羊から朝と夕方に搾乳するが、1頭あたりの生産量は1日平均3リットルである。チーズの生産を続けるために、繁殖はほぼ1年中行われ、餌は最高品質の乳が出るよう綿密に計算され、添加物や農薬は一切使われていない。素晴らしくフレッシュで、ムースのようなこの小さなチーズには表皮がない。種類は、プレーン以外に、炭の粉か生のローズマリーで覆ったもの、またはピンク・ペッパーをトッピングしたものがある。

左上：イネス・バトン・ピンク・ペッパー　左中：イネス・バトン・ローズマリー
左下：イネス・バトン・フレッシュ・ソルテッド・アッシュ
右上：イネス・ボスワース・アッシュ・ログ　右下：イネス・ボスワース・リーフ

## アップルビーズ・チェシャー
(Appleby's Cheshire)

シュロップシャー、ウェストンアンダーレッドキャッスル

　緑濃い牧草地、分厚い生け垣、うねるように続く丘、はてしなく続く林と森。シュロップシャーの美しさには、誰もが圧倒されずにいられない。農場はディー川のほとりのマーシー盆地にある。表土は砂だが、下にいくにつれて泥灰土や砂岩になり、岩塩の層につながる。これらはすべて、この地で作られるチーズの特徴を作り出している。

　チェシャーは、英国でもっとも古いチーズと考えられている。その起源はローマ時代にさかのぼり、ドゥームズデーブック（11世紀の土地台帳）にも記載が残っている。記録によると、チェシャーのチーズは、17世紀中ごろに道路や水路を使って、英国の主な都市のすべてに輸送されたという。また18世紀の戦時中は、船乗りたちの食糧に選ばれたチーズだったそうだ。（ネルソン提督の船の記録『ヴィクトリー』には、サフォークというチーズについて書かれている。これもチェシャーと同様に、堅くて酸味のあるチェダースタイルの定番のチーズである。フランスのオーベルニュのカンタル（p.70）にとても似ているが、それはおそらく11世紀から12世紀の十字軍の聖戦中に、チェシャーのレシピがフランスやスペインに伝わったからだろう。

　アップルビー家の農場で作られるチェシャーは手作りで、布でくるまれていて、低温殺菌していない乳と植物性のレンネットを使用する。アナトー（天然の食品着色料。下記のシュロップシャー・ブルーの項を参照）を添加しているため、美しいサーモンピンクである。ほろほろと崩れる食感で驚くほど軽く、熟成が浅いとマイルドで柔らかな味わいだが、熟成が進むと風味が増し、ハーブの香りが強まる。軽くて甘みのあるシングルモルト・ウィスキーとも、驚くほど合う。

## シュロップシャー・ブルー
(Shropshire Blue)

ノッティンガムシャーとレスタシャー

　このチーズの名前は実際の生産地を示していない。もともとは1970年代にスコットランドで作られたチーズだが、スコットランドの酪農場が閉鎖すると、生産地はレスタシャー、チェシャー、そしてノッティンガムシャーに移った。オレンジ色なのは、南米産のベニノキの実の果肉からとれる、アナトーという天然の着色料を加えているからだ。そもそもスティルトンと区別するために着色料を加えたと思われる。鋭く、金属のようにピリリとした風味の青い筋が入るスタイルは、スティルトンととても似ている。しかし風味はスティルトンよりやさしく、1日のうちのいつでも食べやすい。特にセロリスティックとよく合う。

左：アップルビーズ・チェシャー
右ページ
シュロップシャー・ブルー

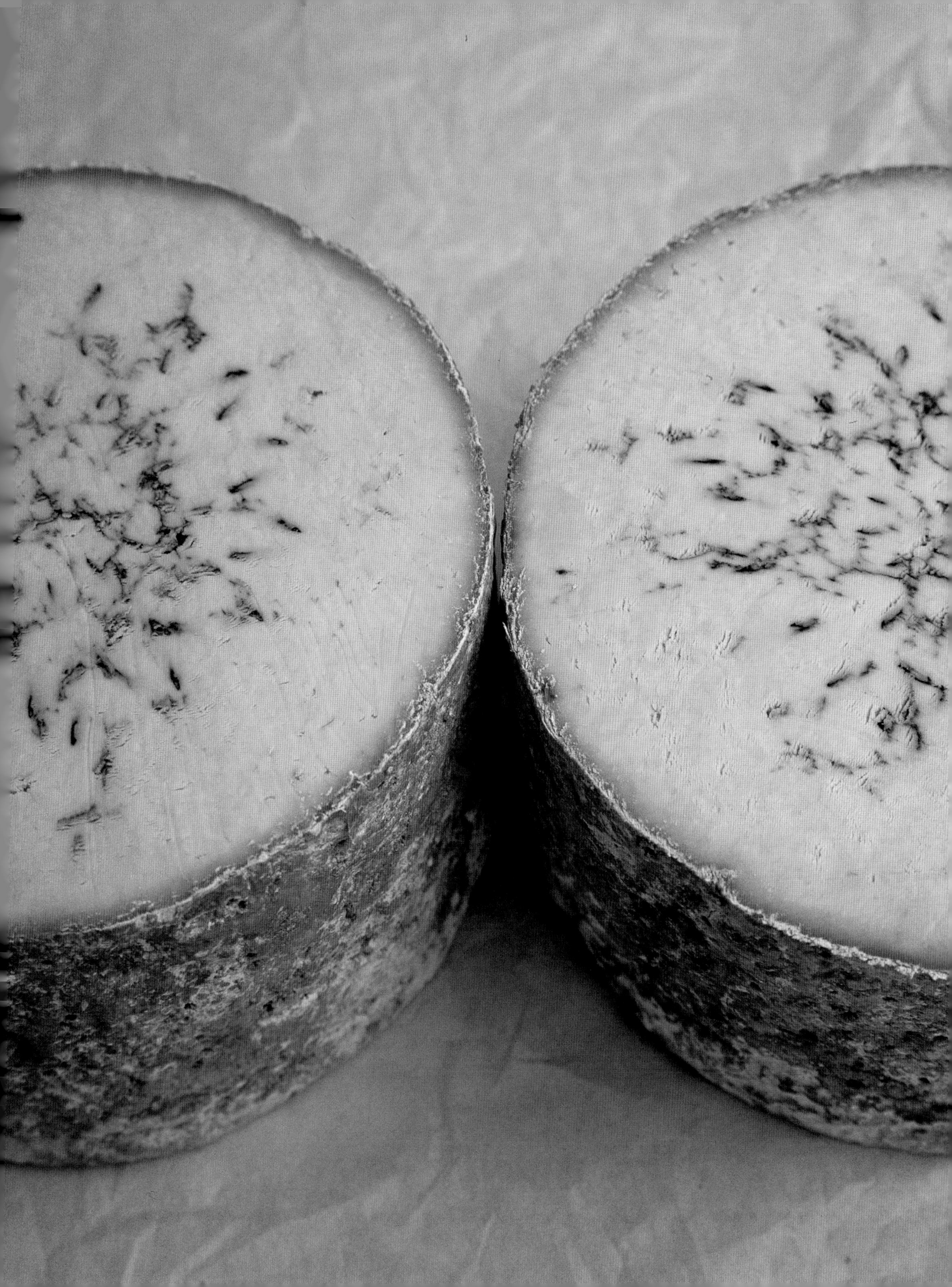

# スティルトンとスティッチェルトン

ミネラルが豊富なノッティンガムシャーの土壌はスティルトンの青みをおびた色を促し、水はけの良い牧草地が、
濃厚でクリーミーな乳となるのを助けている。それらが一緒になって、この地方は素晴らしいスティルトンチーズを生みだしている。

## コルストン・バセット・スティルトン
**(Colston Bassett Stilton)**

ノッティンガムシャー、コルストン・バセット

　この有名なチーズは、最初は馬車宿で旅人に出されていたが、18世紀になるとロンドンに進出したことが、ジャーミンストリートの有名なチーズ店パックストン＆ウィットフィールドの記録に残されている。この店は、スティルトンの販売をてがけていた。

　コルストン・バセットの周囲の土地は、牧草地として使われている。土壌はミネラルが豊富で、まちがいなく乳の風味に影響を与えている。チーズは低温殺菌していない牛乳を使い、伝統的なレンネットか植物性のレンネットを加えている。私は、伝統的なレンネット（動物性のレンネット）の方が好きだ。動物性を使って凝固させて、ゆっくりと熟成させる手法の方が、より複雑な風味とどっしりとした食感を生むと思うからである。

　また伝統的なレンネットで作ったチーズは、植物性で作ったチーズと少し違う取り扱いを受ける。手を加えずにより長くねかせ、12週間

上：コルストン・バセットの試食

上：コルストン・バセットの加塩

くらいたったら、細いステンレス製の針で穴をあける。通常は5-7週間でこの作業を行う。穴の中に空気が通ると、添加後に休眠中だったペニシリウム・ロックフォルティ（*Penicillium roqueforti*）が増殖を始め、スティルトンの典型的な青筋を形成する。

この手法は、チーズの食感にも影響を与える。密度が高くべたつく食感ではなく、ほろほろと崩れやすく、バターのように濃厚な理想的な食感を作るのだ。まさに金属のようなミネラルの風味を持つ青筋は、チーズのクリーミーさをほどよく引き立てている。

チーズに穴をあけると、外側の表皮も変化し始める。チーズの内側からカルシウムが放出されて、表皮のカビ菌と混ざり始めるのだ。

ていねいにブラシをかけ、カビの増殖をコントロールすると、表皮がごつごつとした岩肌のようになってくる。その時点で熟成段階にある

左ページ：コルストン・バセット・スティルトン
下：スティッチェルトン

このチーズの香りは、しめった地下室に似ている。

穴をあけるタイミングを少し遅くするため、青筋が広がる前に、チーズはすでに熟成の過程に入っている。これが濃厚な風味にスパイシーな苦みを加える。

青カビチーズの出来は、天候のパターンに大きく左右される。スティルトンについては、草原が乾燥して甘みを増し、日中の空気が暖かく、夕方以降は冷え込む、初秋が完璧に条件を満たしている。牛は、1年のうちでもこの時期は、ずっと外にいて、風雨を避ける必要がないため、満足している。私たちがクリスマスを楽しみにしているのは、その時期のスティルトンが人気のある伝統的なごちそうの1つとなるからだ。

スティルトンはポートワインが最高のパートナーとされて、一緒にサーブされることが多い。しかしフランス南西部のワインやプリオラートなど、ずっしりとしたスペイン産の赤ワインも、とてもよく合う。

## スティッチェルトン（Stichelton）
ノッティンガムシャー、ウェルベック・エステイト

ジョー・シュナイダーという米国人が、トルコ向けのギリシアチーズを作るために、最初にオランダに向かったが、最終的に落ち着いた先は英国だった。そこでチーズの神様といわれるランドルフ・ホッジソンの助けと友情を得て、やがてパートナーとなり、一緒に生乳でブルーチーズを作り始めた。彼らのレシピは、乳を温める段階で少量のスターターを使い、それからごく少量の伝統的なレンネットを使う。そのため、酸度はゆっくりと上昇し、とてもこわれやすいカードができあがる。カードをすくうことを含めて、すべての工程は手作業で行われる。乳が凝固した翌日に、細かく切り分け、塩を加える。圧搾は行わないが、温かい部屋で輪状の型に入れて5日間放置する。チーズの外側は、ナイフを使って手作業でなめらかにととのえられ、最低3ヵ月間たってから3本の突起があるフォークをつかって穴をあける。スティッチェルトンとスティルトンを同時に食べて、その違いをあげてみると、スティッチェルトンはあきらかに濃厚で、濃密かつクリーミーなペースト状で、青筋はよりスパイシーである。さまざまな生産や熟成の工程のあやうさは、市場において他にはない風味と食感を得ることにもなる。季節の変化も同じように特異性を生むが、毎回このチーズが作られる工程を眺めるのは、本当にエキサイティングだ。

ブリテン諸島とアイルランド　29

## ゴーウィズ・ケアフィリー
(Gorwydd Caerphilly)

ケレディジョン、トレガロン

　トッド・トレソワンの家族は、サセックスからウェールズに移住した。彼は大学時代の夏休みに、ドゥーガル・キャンベルの農場で働き、チーズ作りに夢中になった（p.31リンカンシャー・ポーチャー参照）。大学を卒業すると、チーズについてさらに勉強することを決意し、サマセットのクリス・ダケットのもとで過ごした。トッドのケアフィリーチーズは、スターターを含め、このクリス・タゲットのレシピに基づいている。ケアフィリーがサマセットで作られることはそれほど不思議ではない。このチーズは最初に、南ウェールズの炭鉱地域の近くで作られたからだ。とても人気が高かったために、時を経るにしたがって、ブリストル海峡を越えて、エイヴォンやサマセットに伝わったのである。チーズ生産者たちは何と寛容だったことだろう！

　他の若いチーズ生産者と同様に、ニールズ・ヤード・デイリーのランドルフ・ホッジソンの影響力は大きく、トッドは必要としていた刺激を大いに受けた。そして1990年代半ばより、彼はチーズ開発の援助と助言を行っている。

　ゴーウィズ・ファームは、午後の日差しが牧草に降り注ぐ、テイフ渓谷を見下ろしている。穏やかな気候の中で育つ牧草は、10時くらいから14時くらいがもっとも良い状態である。太陽にあたためられた土壌の栄養分を草の葉が吸い上げて、甘い香りとうまみを得るからだ。農場はかなり田舎にあり、牧草地の下には、鉛、石炭、石灰石の層がある。トッドは近隣の農場から牛乳を購入し、チーズ作りのすべての工程を手作業で行う。地元の鍛冶屋が作った型は、伝統的なブリキ製のケーキ型で、取り外し可能な金属製の円盤状のフタがついている。

　ケアフィリー作りの最初の工程は、約4時間かかる。まず生乳を温めてからスターターを加え、やや高めの温度でもう一度温める。2時間放置して熟成させ、もう一度温めてからレンネットを加える。45分間放置してカードが固まったら、切り分けて煮沸する。そしてさらに45分間、なめらかで弾性のある食感になるまでかきまぜる。その状態になると、酸度が適正なレベルに達し、カードの水分を排出する準備が整っている。いくつものブロックに切り分けて積みあげてから細かく切るチェダーと違って、このチーズはひとまとまりにしてから、5㎝角、さらには2.5㎝角に切り分ける。その後に塩を加え、モスリンをしいた型に置き、30分間圧搾してから、最上部にさらに塩を加える。最終工程は16時間圧搾した後、塩水に24時間つける工程である。農場で約2ヵ月間熟成させてから販売するが、もっと長く熟成させることもできる。

　ダケットとトッドのケアフィリーの違いは、表皮である。ゴーウィズはより柔らかく、ベルベットのような灰色のカビがつく。フランスのサンネクテールに似ている。このカビは、湿度が高く涼しい熟成室で作られる。石灰岩、鉛、石炭などのミネラルも、表皮の変化に一役かっている。ほろほろと崩れる昔ながらの食感で、フレッシュでクリーミーな味わいに、土の香りがやわらかにたちのぼる。用途が広いチーズで、オーブン料理に使ったり、くずして野菜にのせたりできるほか、シャキシャキとしたラディッシュと少々の海塩を添えて、チーズボードのメンバーに加えても良い。

　すっきりとした酸味があり、シャブリやリースリングなどの白ワインと相性が良い。私は、ぽろぽろと崩れる山羊乳のチーズ、コンテ・デスティヴ（p.84）、バヴァリアン・ブルーなど、濃厚な風味を持つチーズと組み合わせることが多い。ゴーウィズの素晴らしいところは、その汎用性で、ソフトタイプ、ウォッシュタイプ、ハードタイプのどのチーズとも組み合わせても、チーズボードにサーブできることだ。現代的なケアフィリーはチェダーのスタイルに向かいつつあるが、昔ながらの軟らかくて砕けやすいこのケアフィリーには、本来の姿が見られる。

左：ゴーウィズ・ケアフィリー
右ページ：リンカンシャー・ポーチャー

### リンカンシャー・ポーチャー
（Lincolnshire Poacher）

リンカンシャー、アルフォード

　フェンズ（リンカンシャーのウォッシュ湾付近の低地）は、そのほとんどが耕作可能な土地なので、あきらかにチーズ生産地に向いていない。ジョーンズ家のサイモンとティムの農場は、リンカンシャー・ウォルズ最南部に位置する。そこは通常の平地となんらかわりない土地である。白亜質の石灰を含む土壌は、チーズの風味に良い影響を与えるが、英国のこの地域では、降雨量が少ないという事実がその利点も打ち消してしまう。したがって夏に生える草の質はあまり良くない。そのため、チーズ作りは秋の中頃から春の終わりにかけて行われる。降雨量が比較的多いほか、おもな牛乳販売業者に売られる夏の牛乳の量が少なくなるからだ。

　牧草には、硝酸肥料、農薬、成長剤などを噴霧しない（これらは乳やチーズにそれとはっきり分かる苦みを残す）。カーペットのように茂るクローバーは、土壌に自然に窒素を定着させることにより、良質な草を育て、その他の養分を土壌に含ませるので、牛にも良い影響が生まれる。彼らの総じて有機的なアプローチと土地の管理は、野生動物と植物相を豊かにし、環境はもちろん土壌の品質にも、さらに良い影響を与えている。

　春に作られたチーズはより甘い牛乳の味がする。4-5ヵ月熟成させたものと18ヵ月以上熟成させたものを食べ比べると、いかにチーズが、甘みと酸味のある味から、舌に長く残るフルーティーな風味に変化していくかを知ることができる。

　サイモン・ジョーンズは、晩年のドゥーガル・キャンベルからチーズ作りをおそわった。彼の作った有名なウェールズ産のチーズ、ティン・グラグをもう一度食べたいものだ。ティン・グラグはチェダーとスイスのグリュイエールの中間のようなチーズで、サイモンのチーズに大きな影響を与えている。ポーチャーは、低温殺菌をしていない牛乳と伝統的なレンネットで作られる。外見はチェダーにそっくりだが、切り分けると、割れて崩れるところが違う。これは、ゆっくりと反応するスターターを使用するウェスト・カントリー・チェダーとは違って、素早く反応する培養物と一緒に牛乳を加熱するからだ。さらに、切り分けてバットに入れられたカードは、こってりとした風味のほかに、独特の美味しい甘みと酸味を持つ。これは、牧草にしみ込んだ白亜に富むミネラルから得られる。またオーベルニュのカンタルというチーズに使われる牛乳と同じ、ホルスタイン種の乳からも、濃厚な味わいが生まれる。私はいつも言っているのだが、18ヵ月以上熟成させた、ストラクチャーのバランスと風味の深みに優れたチーズは、ビールに最高のパートナーとなる。

ブリテン諸島とアイルランド

# 北イングランドとスコットランド

岩の多い地形のデールズで、昔から採石が行われていることは、土壌、ひいてはこの地域で生産されるチーズのストラクチャーや風味に、はっきりと影響を与えている。また気候のパターンが果たす役割も大きく、たとえば春の訪れとともに起きる気候の突然の変化は、チーズにも直接現れる。スコットランドのチーズのスタイルは、移住してきたチーズ生産者の出身地であるサフォークや、アイルランドと関係が深い。この地の地形と気候は、より堅めのブルーチーズの風味と食感を作り出している。それは、鋭くてピリリと刺激があり、時には舌に攻撃的に感じられることもある。

下：ドディントン
左：切り分けたドディントン
右：リチャード3世
　　ウェンズリーデール

ブリテン諸島とアイルランド

### リチャード3世ウェンズリーデール
### (Richard Ⅲ Wensleydale) 🐄
ノース・ヨークシャー、ビデール

　デールズにはチーズ作りの長い歴史がある。スザンヌ・スタークが作るウェンズリーデールは、ほろほろと崩れる食感と、地元の土壌である石灰岩のミネラルの風味がピリリと感じられる素晴らしいチーズである。彼女はチーズ作りを始めるまで、歴史の教師をしていた。最初、自分の農場の山羊乳でチーズ作りをしていたが、十分な量の乳を得るのがほぼ不可能だと分かると、近隣の農場の牛乳に切り替えた。

　ダブルカードのランカシャーととても似ている、このセミハードタイプで崩れやすいチーズは、ナッツのようなクリーミーな食感と味わいがあり、また塩味がピリリときいている。まだ若いこのチーズとフルーツケーキのスライスを合わせると、素敵なティータイムのお伴になる。

　しっとりとしつつもホロホロと崩れる特徴的な食感を得るために、カードを熱して水分を取り除いた後、ブロック型に切り分けて積み上げ、さらに水分をきる。そして小さく切り分け、塩を加えて、手作業で細かく砕く。それから型に入れて、1日ねかせ、上下を返して、布でくるむ。さらに1日おいて、再び上下を返し、塩水につけて、モスリンできっちりとるみ、カビの発生を予防する。私はそれから3週間たったチーズを受け取っている。熟成の浅いこのチーズはとても美味しいからだ。もっと熟成させたものが欲しい場合、スザンヌは私たちのためのチーズを別に分け、カードの水分をきった後に、ブロック型に切り分けて積みあげず、すぐに小さく砕き、2日間塩水につけて、表皮にカビを発生させてくれる。このようにすると、チーズはしっとりとしつつも、くずれやすい食感を残す。

　リチャード3世という名前がついているのは、彼が幼少時代に過ごしたミドルハム・キャッスルが近くにあるからだ。

### ドディントン (Doddington) 🐄
ノーサンバーランド、ウーラー

　マックスウェル家は、フリージアン種とノルマンド種の牛の群れとともに、農場で12年間チーズを作り続けている。最初は台所のシンクで細々と作っていたが、その後レスター・チーズの製法をもとにしたオリジナルレシピを、チェダータイプに変えて、本格的に生産を開始した。その結果生まれたのが、ドディントンである。使用する牛乳はフリージアン種よりたんぱく質の比率が高いノルマンド種が適しているが、フリージアン種の脂肪分が、全体のバランスを整えるのに役立っている。

　セミハードタイプのこのチーズは、低温殺菌をしていない牛乳と動物性のレンネットを使って、伝統的なレシピにいくつか工夫を加えて作られている。その工夫の1つは、レスター・チーズのように牛乳を加熱した後、チェダーチーズのように、カードを切り分けて積みあげて、モンゴメリーズ・チェダー (p.20) によく似た酸味を作ることだ。きめが細かいがホロホロと崩れる食感で、ほどよい柔らかな香りがあり、味わいは最初はフレッシュで塩味があるが、やがて土と果実の香りのする芳醇な風味になる。

　塩辛さとスパイシーさがピリリと効いているのは、農場が海岸にとても近く、塩を含む海風が牧草地にしみ込んでいるからだ。味や食感がオランダのゴーダチーズに似ているとよく言われるが、それはおそらく、朝に搾乳した非加熱の全乳を使っているからだろう。ドディントンの甘みは、熟成がすすむにつれて強まり、熟成したゴーダチーズに近くなる。特に、春、夏、9月の最後の牧草を食べた牛の乳から作ったチーズにその傾向がみられる。長い熟成期間に表皮に産毛のようなカビがつかないように、オランダから持ち込まれた、ビーツのような赤い色の通気性のあるワックスで覆う。

ブリテン諸島とアイルランド　33

### カーカムズ・ランカシャー
(Kirkham's Lancashire)

ランカシャー、プレストン付近、グースナロー

　カーカムズ家は3代続く農家である。グースナロー地域は、プレストンという都市部に近く、農場から車道まで3kmしか離れていないが、なだらかな緑の田園風景がそこなわれておらず、農業が深く根付いている。

　草地には野生の花々やハーブがたくさん生えている。湿地が好きなシモツケソウや、タンポポやクローバーなど、いずれもそれを食べた牛の牛乳の酸度を保ち、ひいてはチーズの風味や食感を高める草花が生えている。酸度が高いと、最初の加熱時に加えるスターターがごく少量ですむからだ。これらの植物の香りは、出来あがったチーズにも感じられる。またレモンのようなピリリとした軽い刺激は、工場製のチーズとはまったく違う。伝統的な手法で作られたチーズは、(2日間で搾乳された) 6種類の牛乳を混合して使うため、くだけやすく風味が良く、鋭さや酸味が強すぎない、独特の風味と食感を作り出すからだ。若いチーズは、濃厚な塩味のクリームにして、パイ生地に敷き、リンゴを重ねてパイを作るか、チーズを削ってリンゴにかけ、パイ生地のフタをすると良い。熟成がすすんだチーズは、薄いきつね色になってグツグツというまでグリルで焼くと、本当に美味しい。

　チーズ作りは、朝と夕方の乳を温めることから始まる。カードが固まったら、角型に切り分けて立てておく。それから布を敷いた漉し器に、手でくずし入れて水分をきる作業を3回、1時間半かけて行う。次の日は、そのうちの一部を前日に作ったカードに加えて、粉砕し、塩を加え、型に入れて、圧搾し、モスリンで包む。表皮が乾燥したら、溶かしバターで軽く拭いて封をし、好ましくないカビが発生するのを予防する。

　このチーズは、いつも生産が追いつかないほど人気が高かったため、カーカムズ家は2008年に、酪農の規模を拡大しようと計画した。これについて、とても皮肉な話がある。彼らは何年もの間使い続けてきた古い石造りの酪農場のかわりに、ひと財産をかけて、最新式の酪農場を建築した。しかし、チーズは新しい環境に悪い反応を起こし、苦みのある風味と不快な粗い食感が生まれた。

　興味深いことに、彼らは伝統的なレシピにもとづいて作られるチーズが、新しい建物に慣れるまで、時間を必要とすることを知らなかった。フローラ(微生物叢)やバクテリアが、空気中に発生する時間は与えられず、チーズルームの内部の温度は低すぎて、どんな微生物の培養をも台なしにしていたのだ。

　新しい建物には、寝床を作る時間が必要だった。そこで、建物内部を温めて、新しいフローラとバクテリアを迎えるための、抜本的な対策がとられた。その年の末には、おおよそ正常な状態に戻り、チーズはまたもとのように、バターのようになめらかで、草の甘みと柑橘系のさわやかさのある風味になった。この話は、自然がどれほど変動的であるかを理解し、それに反するのではなく、寄り添うことがどれほど大切かを示す、良い例である。

### ダンシャー・ブルー(Dunsyre Blue)

ラナークシャー、カーンワス

　本当のスコットランド・チーズの復活をみたのは、1960年代以降にすぎない。特に、より軟らかくてクリーミーなスタイルは、国境の南のチーズとはまったく違い、独自の味わいを持っている。ハンフリー・エリントンはその功労者の1人で、古いレシピを採用し、25年間根気強く、自分の手法の完成をめざしたチーズ生産者である。

　彼の120haの農場は、飾りけのない辺びな風景が広がるペントランド・ヒルズを見おろしている。その風景を砂岩、泥炭、ヒース、豊かな水が縁取っている。そのいずれも土壌と牧草の独特な品質を生みだし、酪農に貢献している。

　ハンフリーはまた、生乳製品の生産者と製造者に援助や助言を提供する、ヨーロピアン・アライアンス・フォー・アルチザン・アンド・トラディショナル・ロウ・ミルク・プロダクツ(EAT)の設立に尽力したことでも知られている。

　ダンシャー・ブルーは、エアシャー種の牛乳を使った、円筒形の濃厚でクリーミーな食感のチーズである。風味は強すぎず、塩辛くない。使用されている伝統的なレシピは、1826年に発行されたメグ・ドッズ著の『The Cook's and Housewife's Manual』に掲載されている。しっとりとした白い表皮の下には、青緑色のスパイシーな筋がチーズ全体に通っている。生産の過程で、フォイルに包まれて6-12週間熟成する。重さは約3kgである。

　ハンフリーのチーズはすべて、生乳と動物性レンネットで作られる。ダンシャー・ブルーの他に、有名な羊乳チーズでスコットランド版ロックフォールのような(ただし味はより力強い)ラナーク・ブルーや、ほろほろと崩れる食感の牛乳のチーズで、ブルーチーズを食べないハンフリーの義母の名前にちなんで名づけられたメイシーズ・ケバックも作られている。圧搾しないこのチーズは伝統的なスコットランドの

上：**ダンシャー・ブルー**
左ページ：**カーカムズ・ランカシャー**

チーズのスタイルである。ウェンズリーデールを思い出させる乳酸のピリリとした鋭い味や、ピートのような味と香りがあることから、合わせる飲み物はウィスキーがぴったりである。

ハンフリーはチーズのほかに、チーズの製造工程の副産物であるホエイで作った、ファラカン（ゲール語で「失われた財宝」という意味）という、とてもユニークな発酵アルコール飲料（13％）を作っている。もともとブラーンドと呼ばれていたこの飲み物を復活させたレシピは、伝統的な手法に従い、オークの樽で1年間熟成させる。味はドライシェリーに似ており、彼が作るチーズととてもよく合う。

ブリテン諸島とアイルランド　35

### カボック（Caboc） 🐄 ロス・アンド・クロマーティ、タイン

15世紀より作られている、スコットランド最古のチーズ。スコットランドのハイランド地方で最初にこのクリームチーズを作ったのは、スコットランド西部の島々をおさめるマクドナルド一族の首長の娘マリオタ・デ・アイルだった。マリオタは12歳の時に、マリオタを一族の者と結婚させて領土を得ようと企んでいたキャンベル一族に誘拐されそうになった。マリオタはアイルランドに逃れ、女子修道院に逃げ込み（一族はカトリック教に傾倒していた）、そこでチーズ作りを学んだと伝えられている。島に戻ると、マリオタは結婚し（政略結婚だった）、娘にチーズのレシピを伝えた。その娘は自分の娘にレシピを伝えた。それ以来ずっと、チーズのレシピは秘儀として母から娘へと伝えられている。現在の一族の子孫としてレシピを守っているのは、スザンナ・ストーンである。

カボックは深いバターのような色と、酸味のある風味を持つ。製造途中で丸太型に成形し、トーストしたオートミールの上で転がす。

伝説によると、カボックにオートミールをまぶすようになったのは偶然だったという。ある牛飼いが、その日に食べるためのチーズを箱に入れたが、その箱は同じ日の早い時間にオート麦のビスケットを入れて持ってきた箱だった。彼がチーズを食べようと箱を開けると、チーズはオートミールのかけらに覆われていた。彼はそれがとても気に入り、その日以来、カボックをオート麦でコーティングするようになったという。

自家製のカボックを作る場合は、全脂肪牛乳のカードチーズか、トリプルクリームのエクスプロラトゥール、または羊の乳のカードチーズをつぶし、少量のクレム・フレッシュを加えて、軽く、柔らかくして、マルドンの塩を指先でつぶして加えて味をひきしめ、小さなボール状に丸めて、トーストしたピンヘッドタイプの（つぶさずに1粒を2-3個に切ったもの）オートミールをまぶす。

### アイル・オブ・マル（Isle of Mull） 🐄

マル島、トバモリー

スキーブローア・ファーム（スキーブローアは、ゲール語で赤いわだちを意味する）は、スコットランド西部のマル島にある。農場主のリード家は、風、雨、海水が吹きつけるこの土地でも、出身地のサマセットとあまり変わらない手法で農場を営んだ。牛の品種はおもにフリージアン種で、ジャージー種とエアシャー種はわずかである。その他に最近になって、個性的なチーズを生みだすブラウンスイス種を導入している。

16年も見捨てられていた農場の建設や再興には、多くの試練がともなった。自分たちで建て直しや修繕の作業をするなかで、地下に革新的なチーズルームを考案した。その屋根は現在、草の生えた土手のようにみえるが、1年のうちの半分は過酷な気候にさらされているこの島で、湿度と温度を保つのに役立っている。

牛たちは天気の都合で1年のうち7ヵ月は家畜小屋の中で過ごしている。しかしその小屋は普通の小屋ではなく、とても暖かい小屋である。床は厚いラバー製の敷物が敷かれ、その上には通常の藁のかわりに、シュレッダーにかけたリサイクルペーパーがまかれている（島全域から集められている）。

農場は冬の餌になるサイレージ（サイロで発酵させる飼糧）をつくるために、干し草用の草を栽培している。

春から初秋は、牛たちは外で牧草を食べる

上：アイル・オブ・マル　左ページ：カボック

ことができる。リード家はもともとサマセットで牛乳だけを販売していたが、クリスが移住してチーズ作りをすることを決意し、引っ越す前に、チェダーチーズ生産者のもとでチーズ作りを学び、実践した。私はよく、暖かい時期に作られて複雑な風味を持つサマセットのチェダーチーズを探すが、マル島の冬に作られたチーズは、より色が薄く、風味が良い。干し草と地元のウィスキー蒸留所から提供されるつぶされた大麦の残滓がよく管理されて餌にされているため、独特のスパイシーでハーブのアルコールのような風味がいきている。夏のチーズは、草の鋭い匂いが強烈で、あまりに風味がきわだっているために、さまざまなチーズをならべたチーズボードに加えても、口にするのが難しいことさえある。私はこの夏のチーズを、少量の水を添えたウィスキーと一緒に食卓に出す。両者は実に相性が良い。このチーズは、低温殺菌していない牛乳に伝統的なレンネットを加えて作られている。

リード家の熟練されたチーズ作りは、サマセットにおけるチェダーチーズから始まったが、彼らはマルをチェダーとみなしていない。このチーズはチェダーより色が薄く、ややだけやすく、塩味とピリリとする独特の風味を持ち、時おり青筋が少し表皮の端からチーズ内部に向かって通っている。これはチーズが熟成し、楽しむべき時期にきたことを示している。

ブリテン諸島とアイルランド　37

# アイルランド

　アイルランドは、チーズの世界であなどりがたい存在になっている。フランスのブルターニュ地方や西海岸の地形は、アイルランドの西部と南部海岸の土壌にむすびつきがある。ケリー県の砂岩でできた尾根やカラントゥーアルという高い山は、キラニー湖のアッパーレイクとともに、雨水を集めて排水し、牧草地を肥沃にするのに役立っている。土壌には花崗岩と石灰岩が含まれており、高地を覆う泥炭岩（ピート）と養分の多い粘土は、西海岸を暖めるメキシコ湾流といっしょになって、明るい緑色の美しい景観を作り出している。南部と南西部のより岩の多い海岸線は、高地よりも畜産業に向いているため、チーズの生産地は南部に集中し、ハードタイプ、ソフトでクリーミーなチーズはもちろん、ウォッシュタイプのチーズも作られている。空気は澄んで美しく、優しい雨がふり、気候は温暖である。泥炭質の湿地は3段階の蒸留過程でウィスキーに軽い風味を与える（スコットランドでは2段階である）。そうしてできあがった、より甘みがあり、飲みやすい美味しいウィスキーは、表皮をウォッシュしたセミハードタイプのチーズや、デズモンドとガブリエル（p.41）がとてもよく合う。

手前：**セント・トラ**
奥左：**ライフィールド**
奥右：**キャッシェル・ブルー**

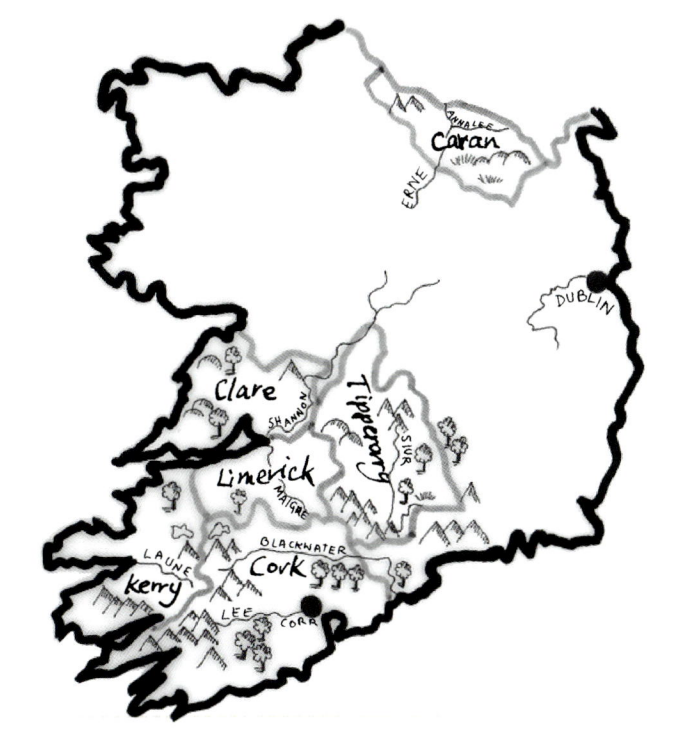

## ライフィールド(Ryefield)　カバン県、ベイリーバラ

ライフィールドは、地元の酪農家が所有し運営する、ファイブマイルタウン・クリーマリー・コーポラティヴ（協同組合）が作る、表皮のない山羊乳のチーズである。この協同組合はカバン県のゆるやかに起伏する丘と湖のある地域にあり、チーズ生産施設は海抜250mのストーン・ウォールの頂上の、カバン県のほぼ半分を視界におさめる素晴らしい眺望をのぞむ。乳をゆっくりと低温殺菌させることで生まれる、軽くてふんわりとした食感と、ごくわずかなミルクとナッツの風味を持つ新鮮なチーズが、毎日作られている。ライフィールドは子どもが初めて食べるのにぴったりなチーズである。その他にサラダ、スープのトッピング、パスタやパンケーキのフィリングに使用することができる。

## セント・トラ(St Tola)　クレア県、インアー

アイルランドの天候は、特に微気候の南部で、草を独特の鮮やかな緑色に変える。雲はあっというまに走り去り、柔らかでシルクのような雨が降る。これらはすべて、上質なチーズ作りに役立っている。

メグ&デリック・ゴードン夫妻は、セント・トラの最初の生産者で、1999年に近所のSiobhan Ni Ghairbhith（シボーン・ニ・ゲルビス）が農場を引き継ぎ、最終的にすべての有機基準を満たす農場にした。農場は西海岸から約16kmでさほど遠くはなく、泥炭（ピート）と砂からなる土壌が、青々とした牧草地を作り出している。メグは、ザーネン種の山羊と数頭の茶色のトッゲンブルグ種の山羊を使う唯一の生産者だ。彼女の小さなチーズ生産設備は、新品のように清潔で、きちんと維持管理がされている。乳はオーガニックで低温殺菌がなされておらず、植物性のレンネットが使用される。

セント・トラのベストシーズンは春の半ばから冬の半ばまでだが、店に届く初春のチーズは、カビが生えておらず、私たちが低温で湿度の高い部屋で数週間おいておくと、しわがよった白い表皮になっていく。

このチーズは軽く、ベルベットのような食感で、きめこまかく、なめらかである。山羊の香はほとんどしないが、かすかに甘みのあるピートと海の風味が感じられる。山羊は歩きまわって食料を探すのが好きで、美味しい草をいたるところで食べることができるが、シダ、野生の植物、低木の葉などを特に好んで食べる。とてもエレガントで上質なこの山羊のチーズは、辛口の白ワインや軽めの赤ワインに合う。

## キャッシェル・ブルー(Cashel Blue)

ティペレアリ県、フェサード

ルイス&ジェイン・グラップ夫妻のチームは、由緒あるフリージアン種の牛の濃厚な乳を、100年もたった銅製のバットの上で、まずゆっくりと温めることで、独特の全脂肪乳のブルーチーズを完成させた。この低温殺菌させた乳はすぐに冷まして、スターターのペニシリウム・ロックフォルティ（Penicillium roqueforti）を加えてから再加熱する。レンネット（伝統的あるいは植物性）を加えて、固まるまで1時間おく。できあがったカードを切り分けて、さらに1時間おいて、バットから麻の布に移し、水をきる。

それからカードを型に入れ、2日間、時々返しながら水分をきる。十分に水分をきったら、塩を加え、針で穴をあける作業に入る。

この時点でチーズはクリーミーな白色だが、低温の部屋で2週間おくと、表皮にカビが現れ、青くなり始める。この外側のカビを洗いおとし、乾燥させ、ホイルで包んでさらなるカビの増殖を抑える。それからとても温度の低い部屋で2-3ヵ月以上ねかせる。4-5ヵ月たつともっとも美味しくなる。

キャッシェル・ブルーは濃厚でクリーミーな食感を持つ。ナッツの香の青いカビがマーブル状に入り、甘みと土の香りのする塩気がある。チーズセラーのもっとも温度の低い場所で湿度を高くして熟成させると、流れだしそうにやわらかくなり、とても美味しい最高の味となる。

ブリテン諸島とアイルランド　39

クロウジャー・ブルー

下：ガブリエル、中左：セント・ゴール、中右：クーリア、上：デズモンド

### クロウジャー・ブルー(Crozier Blue) 🐑
ティペレアリ県、フェサード

　これは比較的新しいチーズで、石灰質の牧草地で最近定着させたフライスランド種の羊の乳を使い、季節ごとに生産されている（そのため冬半ばから春半ばまでは入手できない）。搾乳期を通じて、羊はティペリアリの肥沃な草地で自由に草を食べ、独特の香りをもつ乳を作り出し、クロウジャーになめらかなバターのような食感をもたらす。それは青カビの塩気のある力強さと相殺される。

　ヘンリー＆ルイス・クリフトン・ブラウン夫妻は、キャッシェル・ブルーの生産者であるルイス＆ジェイン・グラップのいとこで、実は農場も隣にある。クリフトン・ブラウン夫妻は、グラップス夫妻の生産工程の監督のもとでチーズを作りながら、日々の運営を行っている。

　クロウジャー・ブルーの歴史は、ヘンリーが6頭の羊の乳からブルーチーズを実験的に作ったことに始まる。その後5年以上にわたって、レシピの改良にとりくむと同時に、泌乳量の多いフライスランド種を英国から輸入するなどして、羊の数を増やした。その後、チーズ作りは伯父と叔母にまかせた。

　この低温殺菌乳に植物性のレンネットを加えて作ったチーズは、ロックフォールに似た風味と食感を持つが、やや鋭く、ドライである。クロウジャーはゆっくりと熟成する。熟成の浅い約2ヵ月頃、ほろほろとくだけピリリとする刺激が生まれると食べることができるが、より強い風味とクリーミーな食感を求めるなら、最低でも4ヵ月は低温の部屋で熟成させると最高の状態になる。

### セント・ゴール(St Gall) 🐄 コーク県、ファーモイ

　グードルーン＆フランク・シニックス夫妻のチーズ作りの技術は、スイスで得られたものだ。アッペンツェルの近くにあるセント・ガレン修道院にちなんで名づけられたこのチーズは、塩水で洗った低温殺菌をしない牛乳のチーズで、塩味、キャラメルのような風味、フルーティーな甘みなど、優れたスイスチーズの特徴をすべて備えているうえに、アイルランドの田舎の濃厚で土の香りのするクリーミーな味わいを持つ。伝統的なレンネットと脱脂乳を使うレシピが、より堅い食感を作る。また伝統的な方法で圧搾している。

### クーリー(Coolea) 🐄 コーク県、マクルーム

　オランダのリンブルフ出身のヘレン＆ディック・ウィレムズ夫妻は、1970年代に自分の農場でチーズ作りを始めた。またオランダやドイツでは頑強、長命、泌乳量が多いことで知られている、マース・ライン・アイセル（MRI）種の牛を、1970年代に初めて英国に導入した。この農場のある場所はとても田舎で、主要道路であるキラーニー・ハイウェイから分かれた、まがりくねった道を数マイル進んだところにある。そこには谷間を見下ろす素晴らしい風景が広がる。ヘレンとディックは引退してチーズ作りを息子のディッキーに譲った。その後、彼の妻のシネイドもチーズ生産業に参加している。

　クーリーは、低温殺菌しない牛乳と伝統的なレンネットを使い、酸化を早めるために、切り分けたカードを2回洗って、ラクトースをある程度取り除く。

ブリテン諸島とアイルランド

これがチーズに、より甘くて深みのある風味をもたらす。カードは2時間に2回、機械でたえずかき混ぜながら加熱し、型に入れて、6時間以上圧搾し、約4日間塩水に漬ける。ゴーダタイプのチーズがすべてそうであるように、外皮にカビが生えてはいけない。熟成を促しつつカビを生えさせないために（チーズは外側から内側に向かって熟成する）、乾くと堅くなりつやが出る、食品等級の溶かしたパラフィン蝋をスプレーして全体を覆う。

このチーズは通常、小型なら最低6ヵ月、大型なら最大2年間は熟成させる。実際には、さらに長く熟成させるほうが美味しい。

## ガブリエルとデズモンド
(Gabriel & Desmond) 🐄 コーク県、シュル

ビル・ホーガンとシーン・フェリーは一緒に、驚くほど素晴らしい2種類のチーズを作り出した。昔、私はシュルの郵便局に電話して、局員の女性にこのチーズの注文を受けてもらったものだ。現在はもっと便利に注文できるようになったが、チーズは今も伝統的なスイスのレシピに基づき（レシピを開発したのは、ビルのチーズ作りの指導者であり、スイスチーズの専門家であるジョーセフ・ドゥバッハとジョーセフ・エンズである）、専門家が輸入した銅製のバットその他の道具を使って作られている。低温殺菌しない、夏に搾乳した牛乳と、伝統的なレンネットを使い、1年以上熟成させる。

アイルランドの南西部の微気候は、青々と育つ牧草とともに、このチーズに独特の風味をもたらす。ガブリエルは、スプリンツやパルミジャーノのように、堅く、粒々のある食感で、深みのある美味しさと、ハーブの風味がある。デズモンドも乾燥して堅いチーズだが、粒々が少なく、ねっとりした食感を持つ。ガブリエルよりフルーティで、やや酸味の刺激がある、本当に魔法がかけられたようなこれらのチーズは、アイルランドの他のチーズとまったく違う。

何年か前にロンドンでビル・ホーガンに会った時のことを思い出す。ティーンエイジャーだった1960年代にマーティン・ルーサー・キングの事務所のアシスタントを務めたという彼は、普通よりかなりスケールの大きい人物だった。彼はフォンデュを作って、彼のチーズを使った料理法をデモンストレーションした。フォンデュには白ワインがたくさん入っていたが、その中にも塩味と軽い刺激が感じられる、素晴らしい一品だった。私はアルザスワインがとても合うと思う。希少なジュラの白ワインも良いだろう。

## ディリスカスとキルカミン
(Dilliskus & Kilcummin) 🐄
ケリー県、キャッスルグレゴリー

ディリスカスとキルカミンの外見は、かわいらしいとは言えないが、いずれも香りをたっぷりつめこんだチーズである。チーズ生産者のマヤ・ビンダーズ・ファームは、ディングル半島を見下ろす場所にある。大西洋の荒々しい海から吹きあげる海水が、付近の牧草にかかり、チーズに野性味と草の風味をもたらす。ディリスカスはカード全体に、ディリスクという海藻が混ぜてあるが、これは特に効果を得るためではなく、アイルランド料理に伝統的に海藻が使われることの延長線にある。信頼できる人の話によると、スモークしたディリスクは、今もアイルランド中のパブで、クリスプのかわりに食べられているという。そして私も、ディングル湾の小さなパブで、手作業で注がれたグラス一杯のギネスと一緒に食べるディリスカスチーズとソーダブレッドほど、美味しいものはないと思っている。

マヤは朝起きるとすぐに、近くの農場の搾乳所に、まだ温かい乳を取りに行く。そして朝のうちに、チーズを作ってしまうのだ。まず乳を26℃に温め、スターターが乳を凝固させると、植物性のレンネットを加える。1時間くらいでカードを小さく切り分けて再加熱し、ムスリンの布を使って、銅製のバットにカードを広げる。それから水分をきり、型に入れて、一晩おく。翌日、チーズを型から出し、塩水に数時間漬けて、熟成室に入れる。

銅の容器で温めた乳には独特のフルーティな香りがあり、野生味のある複雑な風味は、熟成期間中に塩水でブラッシングしたり拭いたりする間に生まれる。表皮は愛らしい穴のあいた濃い色で、セラーの香と土とピートの香りが混じり合う。包装は、チーズ作りと同じくらいていねいに考え出された。分厚い茶色の紙でチーズのまわりにひだを作るように重ね、ひもで結ぶ。こうするとチーズは呼吸することができ、表皮に湿気がまわらず、アンモニア臭を逃すことができる。

味や外見は繊細でないチーズだが、その風味から生産地らしさが感じられる。またチーズを作る工程で、陸と海を一つにして、ためらわず新境地を開いた彼らの手腕を、称賛すべきである。

左：ディリスカス、右：キルカミン

## コーク県のチーズ

コーク県は美食家が集まる場所とされており、美味しいチーズを数多く生産している。
この地域にはレストランが点在し、中心部には有名なバリーマローハウスとバリーマロー料理学校がある。

上左：ガビーン・スモークハウスのフィンガル・ファーガソン　　上中：ガビーン・スモークハウスのジャンナ・ファーガソン
上右：ウォッシュタイプチーズのガビーン　下左：デュラスのジェファ・ジル　下中：デュラスで草を食べる牛　下右：デュラスの農場

### アードラハン（Ardrahan）　コーク県、カンターク

アードラハンのレシピを最初に開発したのは、ユージン＆マリー・バーンズだったが、農場は現在、マリーとその息子のジェラルドが運営している。使用する乳はフリージアン種系で、アイルランドで最初に登録された群れである。アイルランドのこの地域で生産される他のチーズと同様に、チーズを作る過程で魔法がかけられたかのような、素晴らしい味と外見の製品を生産している。

アードラハンは、表皮がピンクがかったベージュのウォッシュタイプで、風味が豊かで、他のウォッシュタイプに比べて、表皮が堅く、しわが多い。ポイントは熟成過程で、熟成させすぎると表皮が乾燥して苦みが出るため、難しい。アイルランドの南西部は、ウォッシュタイプの表皮の細菌叢、またはBリネンス（*B linens*）の成長を促すのに完璧な、大気条件を持つ。（これは、酵母菌と細菌の培養物で、水を加えてチーズの表面にブラシか布でこすりつけ、チーズの乳酸の刺激によって、赤みがかった粘性のある表皮を作り出す）牛乳は低温殺菌を行い、植物性のレンネットを加えて再加熱する。カードは手で切り分け、ホエイを取り出して、そのかわりに水を加え、加熱する。

型に入れる状態になったカードに、最終工程として海塩の塩水につけ、その後3日間で2回洗う。マンステール（p.47）やリヴァロ（p.52）でも伝統的な手法を使うが、アイルランド南西部では大気の中で生きているすべての微生物叢によって熟成が早く進むため、アードラハンはあっというまに土の香りやピリリとした刺激を持つチーズに変化し、地域の特性がとても強く現れる。

42　ブリテン諸島とアイルランド

奥：アードラハン、左：デュラス
右：ガビーン

### ガビーン（Gubbeen）
コーク県、シュル

トム＆ジャンナ・ファーガソン夫妻の農場は、海にとても近く、コーンウォールや、もっといえば南フランスにみられるような、草木豊かな地域に囲まれている。ファーガソン家は5世代にわたる農家で、ハンガリー人の血をひきスペインで育ったジャンナは、食物に関して興味深いバックグラウンドを持ち、子どもの頃からすでにフレッシュチーズカードを作っていた人である。彼女のチーズ作りの技術は、この地域の他の生産者とはまったく違い、それが特徴のある、複雑な味のチーズを生みだしている。牛乳は、ジャージー種、フリージアン種、シンメンタール種、そして地元の希少な黒いケリー種が混在する牛の群れから搾乳している。低温殺菌はせず、植物性レンネットを使う。

ガビーンとその他のウォッシュタイプのチーズの違いは、カードを洗うのではなく、ホエイを薄めて、つまりホエイの水分の一部を排出して、細菌の増殖を遅らせることだ。熟成過程では湿度と気温を厳密に管理し、Bリネンス（*B linens*）以外の好ましくない細菌が一切増殖しないように頻繁に表皮を洗うなど、とても慎重に監視する。できあがったチーズはやや堅めですき間があいていて、フランスのベツマルにとても似ているが、さらにしわを増やし、表皮を堅くし、ピンクがかったベージュ色をより濃くしたような外見だ。味はより素朴で力強く、ハーブと草の香りがする。

### デュラス（Durrus）　コーク県、デュラス、クームキーン

これはウォッシュタイプのチーズで、ジェファ・ギルがスイス風の製法で作っている。彼女は、ステンレス製ではなく銅製のバットと、カードを切るための垂直の刃がついたフォークのような形の道具「ハープ」を使う。近所の農場の低温殺菌しない乳を使い、植物性のレンネットを加える。ジェファは、アードラハンと同様にカードを洗うが、空中の微生物叢に頼らず、Bリネンス（*B linens*）の培養物をスプレーする。そのため、力強いアードラハンに比べて、やや穏やかで繊細になる。表皮はよりなめらかで、食感はやわらかく弾性があり、味は芳醇でかすかにリンゴの香りがしてフルーティである。デュラスは熟成が浅くても美味しいが、熟成させると活性化してとても力強くなる。赤ワインまたはトラピストビールがよく合うと思う。

ブリテン諸島とアイルランド　43

# フランス

　フランスでは、各地域の独自性と多様性に大きな敬意が払われているが、どの地域も食品に対して共通するアプローチを持っている、と私は思う。つまり、どの地域の人々も、よく食べ、よく飲み、地元でとれた旬の伝統的な食材を消費する。

　チーズに関しては特にその傾向がある。羊や山羊で作るチーズは、1年中出回るものではないが、小規模な職人のチーズ生産者は、乳が出ない時期にチーズの供給を増やすために乳を冷凍したり乾燥させたりすることなど考えもしない。チーズ、とくにフレッシュタイプのチーズは、乳を保存したり乾燥させて1年中同じ風味を作ろうとはせずに、動物たちが草を食み、自由に餌を探し回る1年のうちの申し分のない時期に楽しむからこそ、食べたときの満足度がより高まる。

　フランスは、さまざまな気候と天候のパターンに恵まれており、それが各地域で生産されるチーズの特徴に大きな影響を与えている。北部は、1年中青々とした牧草地で餌を食べる牛の乳から作った、かみごたえのある濃密な食感のチーズを作る。東部はウォッシュタイプのクリーミーなチーズから、アルペンスタイルのハードチーズまで幅広く生産するが、山羊乳のチーズは西部でよく作られる。大西洋沿岸に沿って南に旅をすると、堅くて砕けやすい、牛や羊乳のチーズや、さまざまなブルーチーズを目にする。暖かい南部では、山羊や羊の小さなチーズが豊富だ。またカットして風味をつけたチーズには、スパイシーでくだけやすいものから、クリーミーでハーブの香りがするものまでさまざまある。

　気候に加えて、地形や土壌も、フランスで作られる何百種類にものぼるチーズに影響を与える。石灰岩は、フランス全土に存在する基本的な鉱物で、北部の青々とした牧草地であろうと、岩がちな南西部であろうと、中央部の重い粘土であろうと、石灰岩を含む土壌は農業、特に乳やワインの生産を、色々な形で助けている。

　丘、谷、山、そして気候のバリエーションは、全国のさまざまなチーズを作り出している。その土地の地形、硬度、土壌、気候の魔法のような組み合わせから生まれる、無数のテロワールのバリエーションは、フランスのチーズの大きな多様性の理由である。それらのチーズの中には、地元の市場でしか手に入らないものもあれば、世界中に輸出されているものもある。農業に対する根深い信念と、土地と土地が与えてくれるものに対する敬意が、この主要産業の存続を可能にしている。

　フランスの地方を訪ね、チーズを味わいながら旅をすると、その土地の文化、人々、状態を少し理解することができる。まがりくねった道を行くと、丘の上の村に着くこともあれば、狭い小道の脇の早い流れの川やせせらぎをたどっていくと、隠れた村落が見つかることもある。人々の生活は市場がたつ日を中心にしており、その日たまたま市場に出た農産物やチーズは、まちがいなく試す価値がある。

　フランスのチーズの中には地元でしか売られていないものがある。それらの多くは、独特の特徴を持つ。例えば、葉に包まれているものもあれば、ハーブで分厚く覆っているもの、あるいは塩水とアルコールで洗うものもある。チーズの名前が地元と結びついていることは多く、作られた村、特定の丘または山を表す。このような素晴らしい場所の名前は、芸術や文学的作品と関係があることもある。

　私たちは、フランスが美食の国であり、その土地その土地の農産物を使って、昔ながらの仕事や生活を営む、小さくて特別な場所が今もたくさんあると考えている。

　本章では、フランスの各地域をめぐり、地元のチーズに注目して、フランスの味を知っていただこう。豊かな料理の歴史と各地方への影響に浸る、フランスの旅を楽しんでほしい。

上：ロックフォール・カルルの羊

右ページ
上左：熟成中のチーズ（南西フランス）
中左：小屋の中にいる羊（南フランス）
下左：ピレネーのボナセール・ファームの牛乳缶
上右：ピレネーで移動放牧する牛
中右：ピレネーのブドウ畑
下右：小さな熟成室の棚（西フランス）

フランス 45

# 北フランス

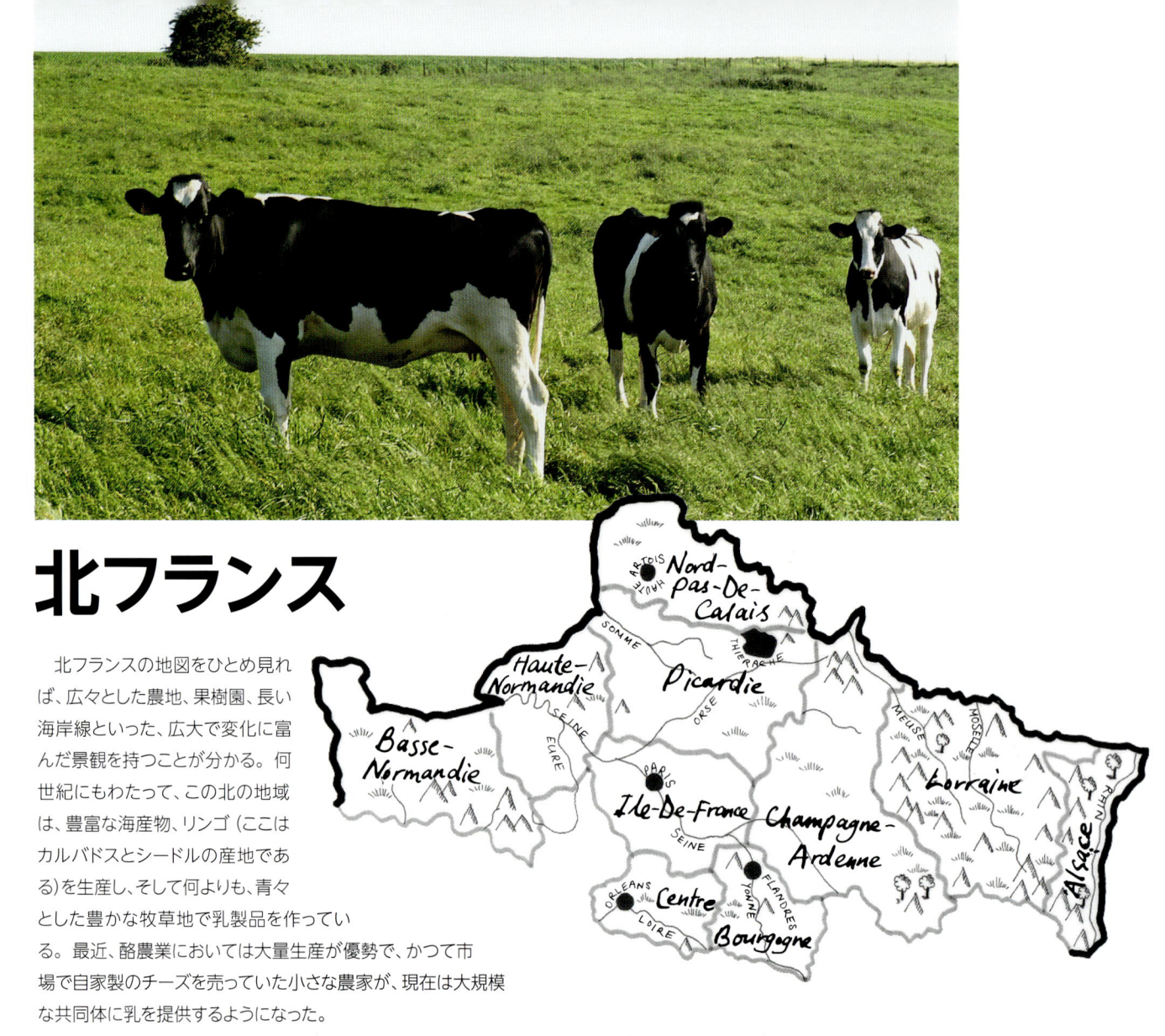

　北フランスの地図をひとめ見れば、広々とした農地、果樹園、長い海岸線といった、広大で変化に富んだ景観を持つことが分かる。何世紀にもわたって、この北の地域は、豊富な海産物、リンゴ（ここはカルバドスとシードルの産地である）を生産し、そして何よりも、青々とした豊かな牧草地で乳製品を作っている。最近、酪農業においては大量生産が優勢で、かつて市場で自家製のチーズを売っていた小さな農家が、現在は大規模な共同体に乳を提供するようになった。

　北フランスは、幅広い種類のチーズを大量に生産しており、スタイルや風味が犠牲になることがある。そのため、独立した小規模な農場やチーズ生産者を保護することが、ますます大切になっている。北フランスはチーズの代名詞のような地域で、バス・ノルマンディー地域圏ではカマンベール、リヴァロ、ポン・レヴェック、オート・ノルマンディー地域圏ではヌーシャテル、ブリヤ・サヴァラン、プティ・スイス、フロマージュ・ブラン、そしてパリ周辺の地域であるイル・ド・フランス地域圏では、ブリ・ド・モー、ブリ・ド・ムランが有名である。

　東寄りのピカルディやフランドルでは、ウォッシュタイプで、匂いが強く、歯ごたえのあるチーズを作っている。近隣国のベルギーで作られるチーズもそれに非常に似ている。リールで作られるミモレット（p.50）は、オランダのゴーダチーズのフランス版である。フランドル内陸部のすぐ南にあるアルトア地方はビールで有名だが、そこで作られるチーズはビールと特に相性が良い。おそらくビールでチーズを洗うからだろう。アルデンヌの森の近くのアヴェノア（ティエラシュ）地域で作られるチーズは、アルザス（ドイツ）のチーズの風味やスタイルを採り入れている。

　この広大な地域の中心にパリがある。フランスの首都であると同時に、素晴らしい食品文化の都市である。カマンベールが18世紀に登場した当時から珍重され人気が高かったのは、ノルマンディーが首都に非常に近かったことに、少なからず起因している。

右：ロロ
左ページ：マンステール

### マンステール（Munster）　アルザス

　アルザス地方はフランス国内だが、ドイツに影響を受けている。アルザスで作られるマンステールは、国境の向こうで作られるものより個性が強い。フランスの熟成技術がその理由の1つではあるが、ドイツのチーズと違うものを作ろうとしたからでもある。ナッツのような味わいとなめらかな食感で、夏の牛乳を使うとより土の香りがするし、冬の牛乳を使うとバターの風味が加わる。塩水をすりこむ、というよりブラッシングした表皮は、オレンジがかった黄色で、ピリリと刺激がある。それが食感に少し粗さを加えているが、適正に管理しないと乾いてしまう。乾燥した場合は、薄い塩水（煮沸してから冷ました水に海塩をひとつまみ加えたもの）を指先でぬると良い。ワックスペーパーで包み、冷蔵庫で保管する。マンステールは辛口でフルーティな白ワインか、ピルスナータイプのビールによく合う。

### ロロ（Rollot）　ピカルディ

　低温殺菌しない牛乳で作ったこのチーズは、17世紀にソンム川近くにあるマロワール・アビーの修道士たちが最初に作った。有名になったのは、ルイ14世がリフレッシュのためにオービルの村を訪れてチーズを試食し、自分の認証を与えたことがきっかけだった。1970年代になると、ロロはマロワール（p.48）の人気でほとんど姿を消したが、大変な尊敬を受けている博識のチーズ専門家フィリップ・オリビエの影響で、マルシェルポ村のディディエ&シルヴィ・ポテルがロロを作ることを決断した。ピリリとした刺激のある、軟らかいウォッシュタイプの表皮と、土の香のするマッシュルームのような味わいは、それにふさわしい名声と敬意をすぐに得た。ロロは約4週間熟成させると、独特の塩味が生まれる。とても美味しいこのセミソフトタイプチーズは、辛口の白ワインと一緒に楽しんでほしい。

### マロワール（Maroilles）　🐄 ティエラシュ

　大量生産のチーズと農家が作るチーズの違いは、風味である。マロワールが風味を得るには時間を必要とするが、香りが強いため、商業的な生産者は、香が強くなりすぎないように、素早く熟成させて店頭に並べることを好む。
　このチーズは、気温が低く、湿度が高く、換気の良い洞窟で、何度も塩水で洗いながら、長い時間をかけてゆっくりと熟成させる必要がある。熟成室の空中の微生物叢には、このチーズに独特の味を生みだす、好ましい細菌が生きている。分厚くて四角いチーズの側面には、置かれていたワイヤーラックのあとがうねのようにつき、強く刺すような香りがある（公共の輸送機関を使用しない方が良い）。その香はたいていの人に、力強い味のチーズを想像させる。しかしマロワールは、おどろくほどまろやかで、ナッツや土の味がして、歯ごたえがあり、苦みは一切ない。
　熟成が浅いうちに食べるのも良いが、じっくりと熟成させたものは、

上左：マロワール
上右：ブーレット・タヴェーヌ
下左：ヴィユー・ブローニュ

右ページ
**クライユ・ド・ロンク**

まったく味が違う。どっしりとしてこくのある風味には、ビールか果実とタンニンが感じられる赤ワイン、例えばボーヌ、シャトーヌフ・ドゥ・パープ、コート・ロティが、まるでチーズに寄り添うように相性が良い。

ロワール、コート・ドゥ・レオンの白のデザートワインを合わせると、強い風味に甘い後味が感じられる。

この地域の多くのチーズがそうであるように、マロワールを作り始めたのは、12世紀頃からマロワールの村に修道院を設けていたベネディクト会の修道士だった。村の生活は修道院を中心に行われ、人々は修道士たちがチーズ作りに使うに牛乳（そして自家製のチーズも）を寄進するよう促されていた。

## ヴィユー・ブローニュ（Vieux Boulogne）
パ＝ド＝カレー

これは、比較的新しいブローニュの牛乳のチーズで、アントワーヌ・ベルナールというチーズ生産者が、フランス北部のチーズ作りを復興させた伝説をもつフィリップ・オリヴィエの助けを得て作り出した。1982年7月初め、ブローニュの町の中心にあるシャトー・ミュゼでの、フォーマルでない食事の席で、ベルナールとフィリップはチーズコースに、このチーズを登場させた。とても評判が良く、誕生の地にちなんで「ヴィユー・ブローニュ（ヴィユーとは古いという意味）」という名前が提案された。

現在、生産者は3つに限られており、その特徴を保つために、ブローニュ地域でのみ生産されている。牛は海岸から遠くない牧草地で草を食べているため、その乳にヨードと草の香りが感じられる。あざやかなオレンジ色の表皮は、サン・レオナールで作られた地ビールで定期的に洗われ、7-9週間熟成されたものだ。チーズが熟成すると、香りがより際立ち、土の匂いになり、表皮は野生のマッシュルームのような香りになる。味も強すぎると感じる人がいる。しかし実は、この濃厚なチーズは力強いというより、バターのようにまろやかな味である。このようなチーズは、はちみつような甘みを持つコート・ドゥ・レオンなど、ロワールの白のデザートワインととても相性が良い。

## ブーレット・ダヴェーヌ（Boulette d'Avesnes） ティエラシュ

柔らかな円すい形の牛乳のチーズ、ブーレット・ダヴェーヌは、表面にパプリカがまぶされているため赤みがかった金色で、独特の風味を持つ。手で成型し、マロワール（左ページ）と同じカードを使い、タラゴン、パセリ、つぶしたクローブ、塩、胡椒を加えて、とても強く、はっきりとした味を作る。このチーズには、ビール、あるいはジンもよく合う。

イルカの形に作られることもあり、ルイ14世の王室の王太子を象徴するという言う人もいるが、イルカは聖書にも強い関係がある。こんな話がある。マロワール・アビーの修道士たちが修道院から追放されることになり、彼らが持てるだけの物を持って去るとき、ハーブ園にチーズをいくつか落とした。チーズを拾いに戻った時、落としたチーズがハーブに包まれていたが、そのチーズを食べるとハーブの香りがしみこみ美味しくなっているのに気がついた。修道士たちは、イルカの形に成形してハーブの香りをしみこませたこのチーズを、王太子に献上することにしたという。

## クライユ・ド・ロンク（Crayeux de Roncq）
オー・アルトワとフェラン・ヴェップ

これは現代的なスタイルの、ウォッシュタイプのチーズで、リールから遠くない場所で家族経営の小さな農家が作っている。フェルム・ドゥ・ヴィナージュのテレーズ＝マリー＆ミッシェル・クーブレイが、フランス北部でのチーズ生産の復興を自分の使命としている、フィリップ・オリヴィエの助けを得て、このチーズを考案した。

じめじめとしたこの土地には、たくさんの水路と支流があり、ベルギーやオランダのある地域によても似ている。パッチワークのように広がる田畑の景観に、水車が点在してさえいる。

レンガのような形のチーズは、バターのように濃厚な牛乳から作られる。まったく個性のないチーズにもなりえる。しかしアフィナージュ、つまり熟成の過程で、豊かな風味が生まれる。このチーズは、ひんぱんに水と塩と地元のビールを混ぜたもので洗いながら、低温で、湿度が高く、換気の良い地下室で、最大8週間熟成される。熟成が進むと、表皮がオレンジ色になり、香りはフルーティになる。

このチーズは生きた酵母の香りがするビールのシメイと相性が良い。軽くて花のようなタッチが、クライユ・ド・ロンクの豊満な風味にとても合うのだ。

私たちはクライユにいつも驚かされる。ラ・フロマジェリーには、表皮が柔らかく、薄いピンク色で、マッシュルームのような味のものが到着することもあれば、表皮の色が濃く、乾燥して、力強い味のものが到着することもあるからだ。

# フランドルのミモレット

青々とした豊かな牧草が広がるフランドルでは、美味しいチーズが作られている。
ミモレットは興味深い歴史を持つチーズで、それがこのチーズの風味の発展に影響を与えている。

## ミモレット（Mimolette）　フランドル

　ミモレットは、伝統的なオランダチーズのフランス版で、シャルル・ド・ゴール大統領が、好きなチーズはミモレットであると語り、それが1966年のフランス政府官報に掲載されたために、人気を得た。この記事を受けて、フランスとオランダはどちらも、彼が言っているのは自分たちのバージョンのミモレットだと主張した。

　ミモレットは言うなれば2つの人生を生きている点が面白い。若いときは軟らかく、朝食にぴったりなチーズである。しかし、より熟成が進んだもの、あるいは超熟成級のものは、上質なワインによく合うチーズとして、ワインやチーズの専門家に選ばれる。ロウのようにきめ細かいながらも砕けやすいクリスピーな食感は、熟成してタンニンの渋みのあるワイン、そしてドライシェリーにも合うからだ。熟成したミモレットをワインとともに味わうと、口をすぼめてしまうほどの鋭さと渋みが生まれ、まさに魔法のようにワインの果実の風味を引き出す。

　ミモレットはルイ14世の治世下で誕生した。彼はオランダのエダムのフランス版を欲しがった（オリジナル版を作っているオランダからすぐに批判を受けた）。エダムとのはっきりとした違いを持たせるために、フランスのチーズ生産者は、カードをニンジンジュースにつけてオレンジ色に変えた（おそらくオランダ王室を象徴するオレンジ色を皮肉ったのだろう）。その後、南米産のベニノキの実のまわりのやわらかな果肉からとれる、アナトーという天然の着色料を使用した。当時、オランダのチーズはフランスの消費者に非常に人気があり、それがルイ14世をいらだたせ、輸入禁止に発展したとされる。

　ミモレットの元々の名前はブール・ノードまたはブール・ド・リールで、北フランスでは今でもこの名称を時々使う。ミモレットは、軟らかいとか、しなやかな様子を意味するフランス語のmolletから生まれた。このチーズは、カードをボール型に成形した時は軟らかく、堅い表皮ができて内側もどんどん堅くなっていくのは、熟成工程を経た後だけだからだ。

　ただしミモレットは、他にもオランダのチーズとは違う特徴を備えている。その大きさが直径20cmであること。またエダムの生産地方は限定されていないが、ミモレットはチーズの名産地であるムーズ川の流れるフランドルトヴェップにはさまれた地域で、伝統的なレシピに従って作られる。メゾン・ロスフェルドのミモレットが秀逸である。

　このチーズの堅い外皮が魅惑的なのは、外皮にぬりつけられた微細なチーズダニが、小さな穴をあけるため、チーズが呼吸して熟成を進めることだ。熟成するにしたがって、外皮には小さな穴があいて乾燥する。ブラシをかけたり、軽くたたいたりして、増え続けるチーズの粉をできるだけとりのぞくなど、目を離せなくなる。これを怠ると、チーズダニがどんどん内側に掘りすすみ、外皮が厚くなり、粉っぽくなる。長く熟成したチーズは砲弾（キャノンボール）のような外見なので、それがニックネームにもなっている。もっとも評価が高いのは、このように熟成度の高いミモレットである。風味が良いだけでなく、ビール、ワイン、あるいはマデイラやポートにまで合うからだ。ミモレットは、真に洗練された味のチーズである。

下：草をはむフランドルの牛たち
右ページ：ミモレット

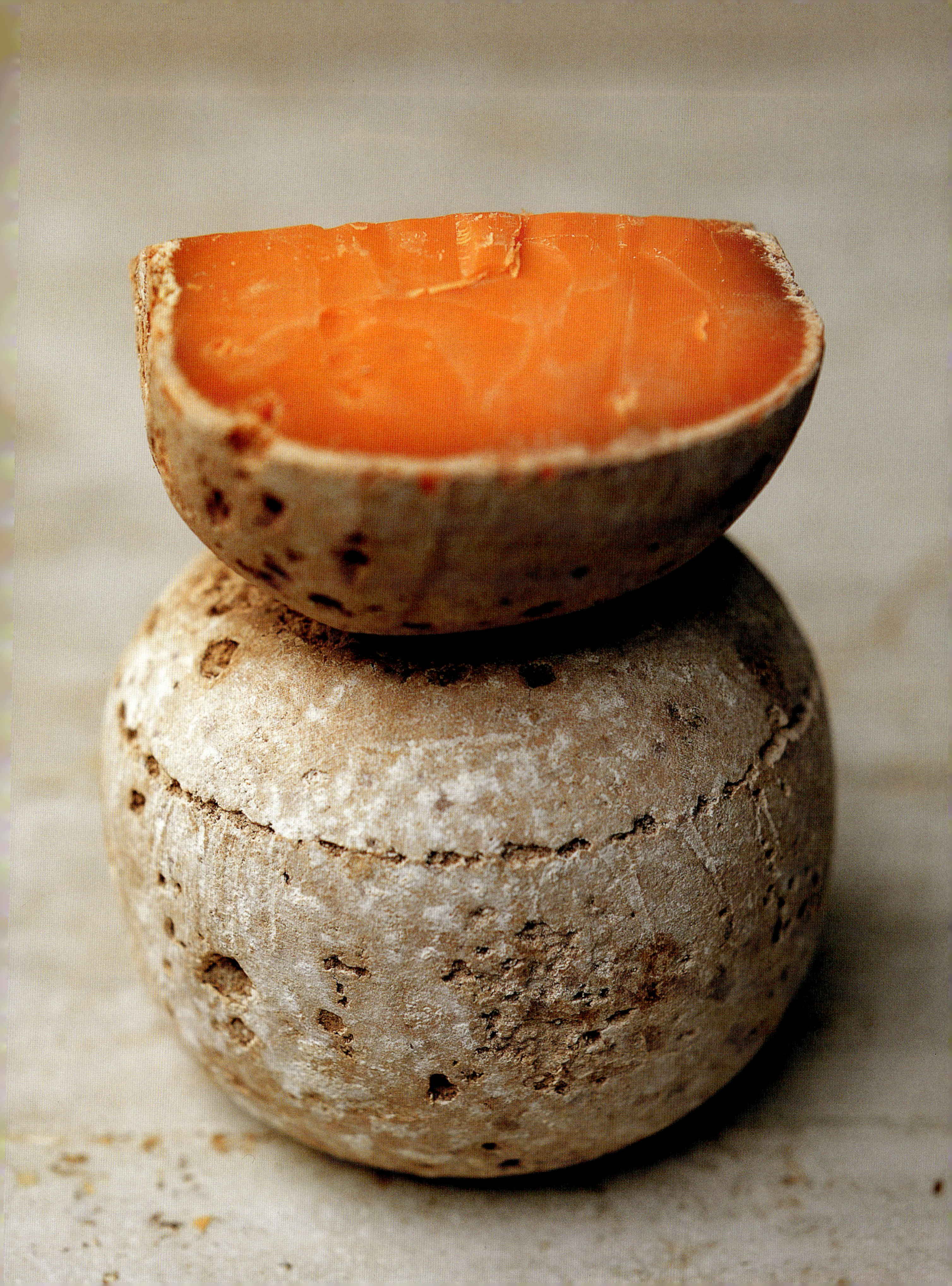

左：クール・ド・ヌーシャテル
右ページ
上左：カマンベール・フェルミエ・デュラン
上右：ブリヤ・サヴァラン
下左：リヴァロ　下右：ポン・レヴェック

### クール・ド・ヌーシャテル
(Coeur de Neufchâtel)　ノルマンディー

　ハートまたはタイルの形に作られた牛乳のチーズで、表皮はうぶ毛やビロードのような白カビが覆い、内側はきめがこまかく、軟らかくくずれ、やや塩味がする。とても古いレシピに従って、カードの水分をゆっくりと排出し、前日のカードのごく少量を、翌日のカードに加える。クール・ド・ヌーシャテルはごく若いうちに食べるのがベストで、フレッシュのマッシュルームの香りや軽いナッツの風味が感じられる。熟成し過ぎると、鋭くて攻撃的な味になる。
　フォルジュ＝レゾー周辺の、なだらかに起伏する田園地方は、このチーズを探すのに最良の場所である。昔は、チーズ作りは女性の仕事で、男性は家畜の世話をしていた。女性は愛と献身のしるしとして、ハート型のチーズを作った。特に男性が戦地に赴くときには、このチーズをていねいに包んで、戦地に旅立つ兵士の胸ポケットに入れた。

### カマンベール・フェルミエ・デュラン
(Camembert Fermier Durand)　ノルマンディー

　伝統あるこのチーズは、オルム地域のカマンベールの村で搾乳し低温殺菌しない牛乳で、手作業で作られる。生産者であるフランソワ・デュランとその妻子は、カマンベール村に残る、最後の個人カマンベール生産者で、このチーズを生産するその他の農場は現在、この地域の数多くの農場から牛乳を集める共同体や、より大きな生産者の一部となっている。私たちのラ・フロマジェリーに送られてくるこのチーズはとても若いが、温度と湿度を管理する部屋で2週間熟成させると、素晴らしく軟らかくてしなやかな食感と、驚くほど軽く、ナッツのような風味が生まれる。
　フランスのこの地域には、シードルやカルヴァドスの生産者が多く、辛口のシードルがこのチーズと相性が良い。軽めのガメイ系の赤ワイン、そして実は地元のブロンドビールも、負けないくらいよく合う。また、食事の最後の素晴らしいしめくくりとして、カマンベールをカルヴァドスに浸してからパン粉をかけて食べることもある（p.231）。

### ブリヤ・サヴァラン
(Brillat-Savarain)　ノルマンディー

　この牛乳チーズの名前、ブリヤ・サヴァランは、チーズの巨匠と呼ばれるとても有名なアンリ・アンドルゥエが名づけた。ノルマンディーの中心にある美しい場所、フォルジュ＝レゾーの近くの、小さな家族経営の生産者デュバックが、1970年代初頭まで作っていたマグナムに代わって誕生させたチーズだ。ブリヤ・サヴァランは、ノルマンディーとイルドフランスで作られているが、クリームを加えた全脂肪乳と、白い粉状の表皮とフレーク状でバターのような内部を作り出すペニシリウム・キャンディダムを使う、マグナムと似たレシピで作られている。このチーズは乳の土の匂いがする若い時は、濃厚でシルクのようになめらかである。熟成させると、食感はより密になり、ナッツの風味が強まる。ヴィンテージのシャンパンと特に相性が良いが、ブロンドビールもチーズのクリーミーさとよく合う。

### リヴァロ (Livarot)　ノルマンディー

　セミソフトタイプの牛乳チーズで、ウォッシュされたオレンジ色の表皮には、ワイヤーラックでできた筋が軽くついており、側面には5本のラフィアのひもが結ばれている。このラフィアは実用目的よりむしろ装飾目的だが、昔はこのように結んでチーズが割れるのを防いだ。
　小さな穴が散らばり、ふんわりとした食感、鋭い香りとスパイシーな味を持つ。この風味は、乳を大きな桶で自然に24時間熟成させてから加熱し、それからレンネットを加えることで生まれる。カードは大きくて簡単に水がきれる。型に入れたら、すぐに加塩や塩水に漬ける工程を行い、3-4週間熟成させる。リヴァロはノルマンディーのペイドージュ地域で作られているが、ここはカルヴァドスの産地でもあり、リヴァロと相性が良い。しかし特別に合うのは、バーガンディ地方のどっしりしたワインだ。

### ポン・レヴェック (Pont l'Evêque)　ノルマンディー

　ノルマンディー地方で今も作られているもっとも古いチーズ、ポン・レヴェックの現代版は、比較的色が薄く、マイルドな傾向がある。軟らかな牛乳のチーズの食感を持ち、堅い表皮には筋がついており、ピンクがかったベージュ色のこまかい粉状のカビが生えている。歯ごたえのある食感だが、砕けやすく、土のような匂いがする。
　最上のチーズを味わうには、より小さな生産者のチーズを食べるとよい。自分の育てる牛の乳しか使わないフェルム・デュ・ボワのポン・レヴェックを探してほしい。生産は小規模に維持し、最初から最後まで完全に手作業で、加塩は時期や、乳のクリーミーさによって調整している。
　ポン・レヴェックは、チーズボードの一品として優れているうえ、軽めのワインやビールの両方にとてもよく合う。

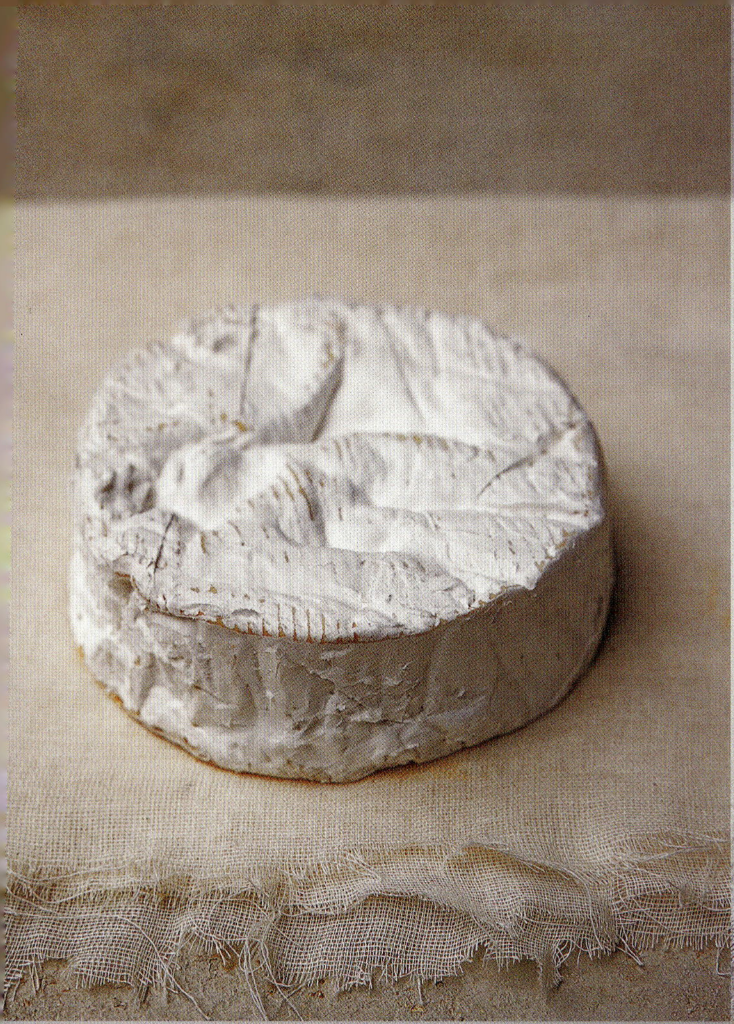
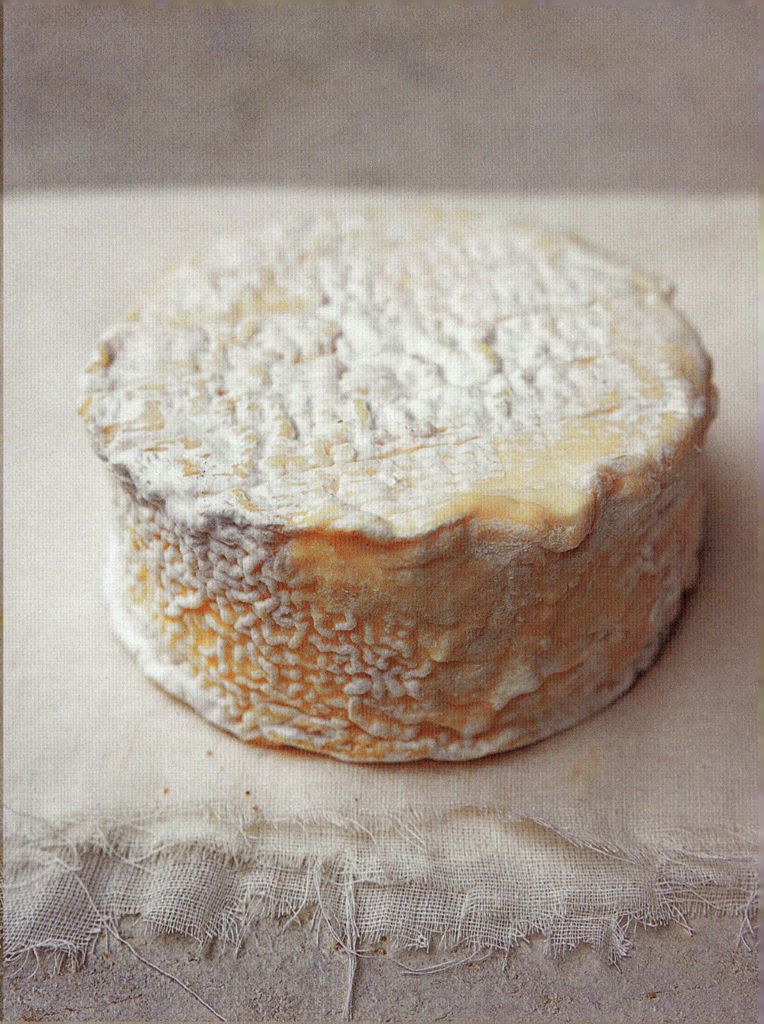
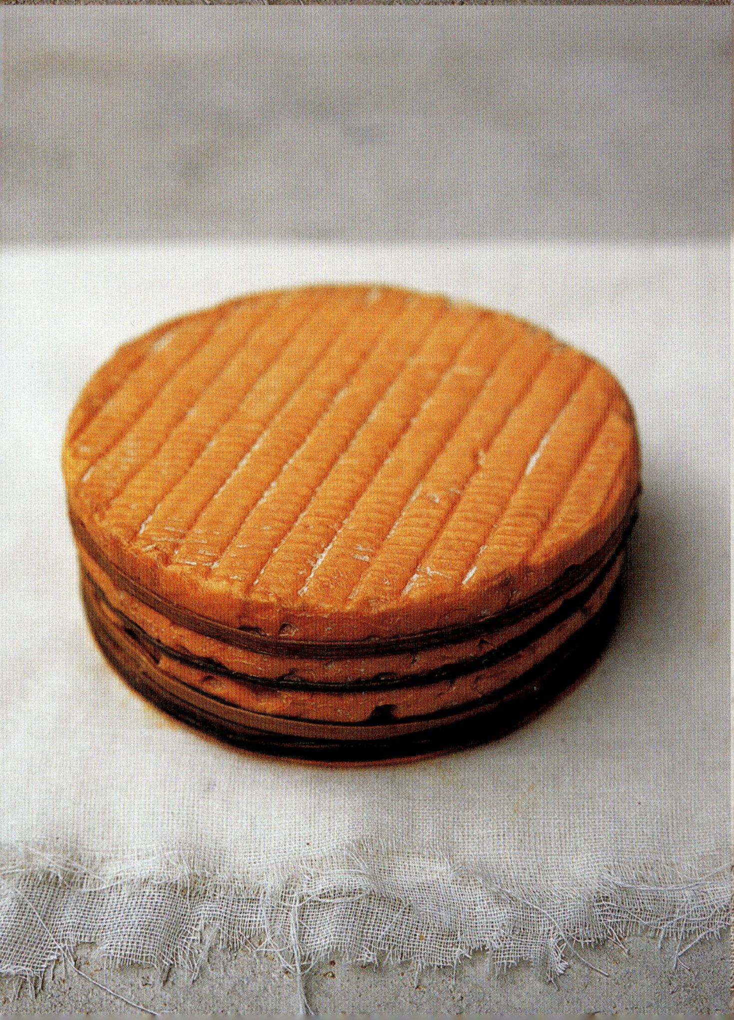
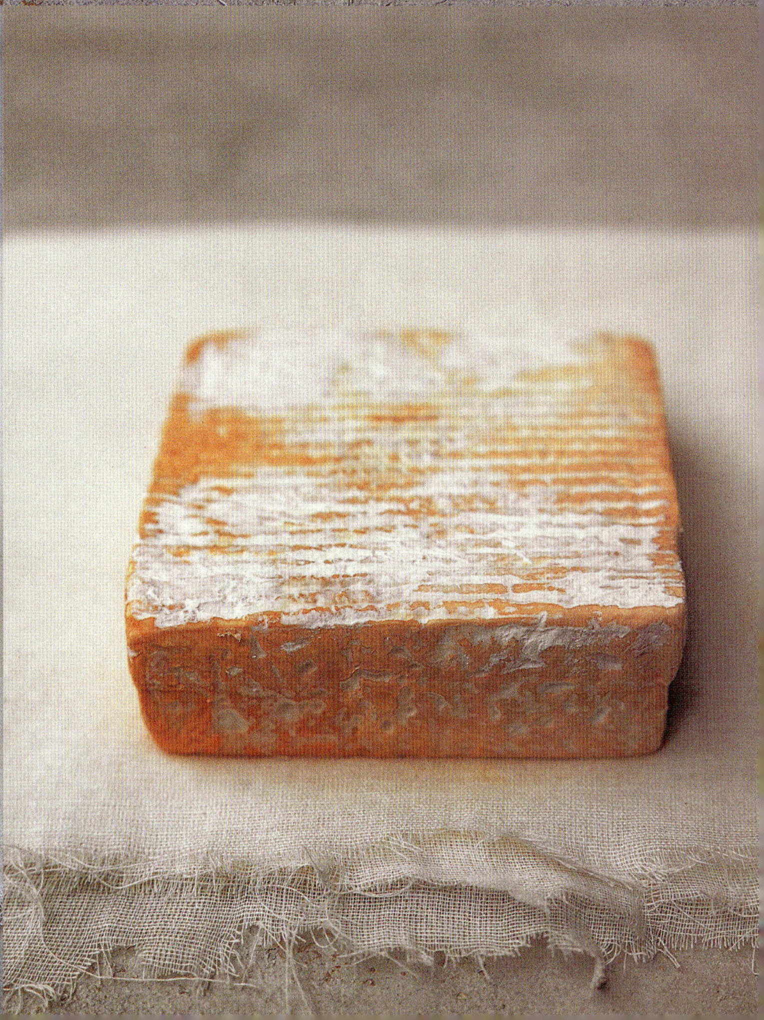

### アベイ・ド・トロワ・ボウ
（Abbaye de Trois Vaux）　オー・アルトワ

　このチーズはアベイの修道女が低温殺菌しない牛乳を使って、手作業で作るチーズである。彼女たちは、モン・デ・カにある近所の修道院のトラピスト会修道士とともに働いていた。歴史書やタペストリーによると、チーズの生産は修道院の主な収入源であったという。その理由はおもに、修道会がその農協共同体に、穀物の栽培の他に、たんに牛乳を売るのではなくチーズを作ることを推奨していたからである。トロワ・ボウはモン・デ・カの古いレシピから発展した、ブティック・チーズである。そのレシピは、宗教コミュニティが自給自足において磨いた専門知識として、非常に興味深い。濃い赤茶色の表皮は、地元産のビールで洗われる。やわらかく、なめらかな食感は強すぎず、また苦みもないが、かすかにホップの風味が立ちあがる。味はナッツの風味と塩味があり、堅いパンを添えると素敵な軽食やスナックになる。

　大切なことは、このチーズは、収入が第1の目的のため、熟成のために長くおいておけないことだ。この修道院のチーズが力強く、まるで肉のような味がするのは、塩水、スピリッツ、シードル、ビールで何度も洗い、力強い味を与えるからである。またそれによって、熟成も早まる。できあがったチーズは商業的に売られるほか、修道院に寄付される。修道院の通常の食事はとても質素で、チーズは食事のハイライトであるため、まちがいなく大変感謝される。このチーズの風味はワインに勝ってしまうため、私はこくのある地元のビールを合わせることをおすすめする。

### エクスプロラトゥール（Explorateur）
イル・ド・フランス

　とても濃厚でクリーミーでありながら、軽く、やわらかなファッジのような食感で、うぶ毛のようなふわふわとした白い粉状のカビが表皮を覆っている。エクスプロラトゥールは、探検家ベルトラン・フロールノイを讃えて1960年代に考案された（エクスプロラトゥールは探検者の意味）。彼はクロミエの町の市長で、チーズを愛する人物だった。ま

左：アベイ・ド・トロワ・ボウ
上：エクスポラトゥール

た彼は、ラ・カペルで毎年開催されるフォワール・オー・フロマージュ（チーズ市）の創設にも力を貸した。この市はチーズ愛好者をひきつけ、フロマージュ・ブランをもっとも多く食べた女性にシャンパン30本が贈られる競技会も行われた。

　土とややマッシュルームの風味のあるこのチーズの味は、材料の牛乳にクリームを加えることで、さらに強まる。それと同時に乳脂肪率は75％にまで高くなる。ハードタイプでフルーティなチーズと共に盛りつけると良い。冷えたシャンパンとは特別に相性が良い。

### フージェル（Fougeru）　イル・ド・フランス

クロミエと同じ形態だが、フージェルはより分厚く、食感や風味はフレーキーで濃厚だ。この厚さや大きさは、慎重に熟成させなければならないことを表している。ふわふわの粉状のカビがついた表皮は軟らかくなり過ぎると、表皮にもっとも近い部分が流れ出しそうになるのに、中心部分はまだ堅過ぎるといった状態になってしまうのだ。低温殺菌しない牛乳で作ったフージェルは、風味がより良いが、カマンベールほど強くない。ふちが溶け始め、中心部分までほぼ軟らかく、かつフレーキーなのが、食べるのに最高の状態である。上にワラビまたはフージェル（シダの意味。そこからこの名前がついた）がのせられており、パーティでテーブルに置くと見栄えがする、素敵なチーズである。

### オリヴェ（Olivet）　ノース・オルレアネ

この小さな（カマンベールの半分の大きさ）、白い粉状のカビがついた、軟らかくてクリーミーな牛乳のチーズは、プレーンなタイプと、灰、干し草、黒コショウのいずれかがまぶされているものがある。味やスタイルはシンプルだが、ボジョレーと合わせると、本当に素敵なランチタイムの軽食になると思う。特に、灰に覆われたものは、ざらりとした食感の後に、内側のチーズが現れて楽しい。

1年中生産されているが、特に注目すべきは春のチーズで、新鮮な草が風味をほどよく軽くする。濃密で土の香りがするブリ（p.56-57）やクロミエ（p.57）よりおすすめだ。

上：フージェル
右：オリヴェ（干し草、胡椒、灰）

## ブリ・ド・モー
**(Brie de Meaux)** 🐄 イル・ド・フランス

　ブリは、濃密な牛乳製カードでできたホイール型のチーズで、もともとは、ほんの少し白カビが現れたくらいで、フレッシュなまま食べるのが好まれた。名前が知られ、賞賛を受けるようになると、チーズ生産者はさらに腕を磨いた。少量のペニシリウム・キャンディダム(*Penicillium candidum*)をカードに加え、型に入れ、水分を漉し、塩を加えたあと、さらにペニシリウム・キャンディダムを上部にブラシで塗る。低温で湿度の高い地下室で数週間熟成させると、白カビが外側を覆い始める。この繊細なカビには注意が必要で、表皮の水分が多すぎて見た目の悪い黒い斑点が出ないように、湿度を調整する。外側の白カビの生えた表皮はこのチーズのとても重要な部分で、水分が多すぎると苦みが出るし、乾燥し過ぎるとそっけない味になる。表皮を取り除くのを好む人もいるが、チーズは外から内にむかって熟成が進むので、風味の変化が分からなくなってしまうことになり、残念だ。ただし、表皮が完璧な状態でなければ、取り除いた方が良い。

　ブリを2つに切り分けると、カードがやわらかに切れて、むっちりとしたひと切れとなり、熟成がすすむにつれてだんだん溶けてくるのが分かるだろう。カマンベールのカードは、容器からただすくって型に入れるのに対して、ブリのカードは水分をきり、切り分けてから、型に並べる。2つを比べるとチーズの生地のスタイルの違いが分かるだろう。これは2つのチーズの味の違いも示している。カマンベールは独特のマッシュルームや土の風味があり、まろやかなクリームのような食感

だが、ブリはよりシャープである。
　乳の発酵過程で生まれる（葦のマットの上で熟成前の最後の水きりを行うことでも生まれる）果実の風味は、その匂いからアンモニアだとよく誤解される。この2つに違いはある。発酵による軽い酸性の匂いで涙は出ないが、アンモニアだと涙がたっぷり出る。

## ブリ・ド・ムラン
### (Brie de Melun) 🐄 イル・ド・フランス

　ブリ・ド・ムランは、ブリ・ド・モーとともに、1980年8月にAOC（原産地呼称統制）を獲得し、チーズの作り方や生産地が管理されている。しかし、厳しい規制により、ガイドラインに正確に従って生産しない限り、そのチーズを「ブリ」と呼べなくなってしまったために、この地方の昔ながらの、より深遠な生産者が姿を消してしまった。これは少し残念だ。チーズ生産者は、独自のスタイルで印象に残るチーズを作りたいと考えているものなのだから。
　ブリ・ド・ムランはAOCのレシピに従うと、ときに塩辛すぎることがある。1年のうち何度か、特に冬から春の餌に変わる頃、チーズ生産者にとって問題のある乳ができ、塩を調整しなければならなくなる。もし調整しないと、できあがったムランは、軟らか過ぎて塩辛くなる。基本的に問題が起こるのは、白カビとカードである。表皮は早く乾きすぎてはいけない。しかしこのチーズは、浅い円盤状の軟らかいカードのため、熟成するか、乾いて堅い固まりになってしまう。春より冬のチーズが成功しやすいのは、餌に干し草と豆が多いからだ。春の餌には生の草が含まれるため、乳の品質にばらつきが生じ、熟成しづらくなってしまう。取り扱いがいくらか容易なのは3kgのものだが、1.5kgのものを手に入れて、外と中が軟らかくてビロードのような食感を得ようとしても、うまくいかないことが多い。

私は、アイロニングでチーズをテストしない限り、やや熟成が浅く、中心部分がまだフレーキーなものをいつも選ぶ。アイロニングとは、鉄を長く引き伸ばした道具で、チーズを小さな筒状に切り取り、その一部の味を試し、残りをもとに戻すことである。ムランの風味は、モーよりナッツの香があり、強い味だ。ボジョレーのワインと特に相性が良い。

## クロミエ (Coulommiers) 🐄 イル・ド・フランス

　低温殺菌しない牛乳を使って手作業で作る、フェルミエ（農家）のクロミエと、共同体や大規模な生産者が作るクロミエは、比較にならない。軟らかく白カビの生えた表皮がぴったりと覆うチーズの中は、むっちりとしてジューシーで、風味は濃厚でバターのようだが、モーやムランほどフルーティではない（左）。チーズボードの上で、他の6つか7つのチーズとおさまりよく並ぶ、パーティにぴったりの大きさである。あるいは8-10人が集まるディナーで、薄く切ったくるみのパンと一緒にこのチーズだけを出すのも良いだろう。
　白カビのチーズには、少し注意が必要だ。乾きすぎて角にひびが入ったものは、内側も良い状態ではない。逆に、表皮がべったりとして、黒か茶色のカビの斑点が出た場合も、チーズに影響が出る。つねに表面がビロードのようで、香りが土やマッシュルームのようかどうか、表皮やクラストを確認してほしい。やや酸っぱいアンモニアのような匂いは、チーズが熟成中であることを示しており問題ないが、その匂いが強すぎる場合は、最高の状態を過ぎている。
　このチーズを購入して家に持ち帰ったら、ラップで覆わず、二重のワックスペーパーあるいは分厚い耐油性の紙で包み、さらに新聞で包んで、冷蔵庫の底か、野菜室に入れるとよい。新聞はチーズの保存に適していて、湿度を保てるため、チーズを良い状態で保存できる。

左ページ
**ブリ・ド・モー**

下左：**ブリ・ド・ムラン**　　下右：**クロミエ**

中央フランス

後：シャウルス　前：シャロレ

支流、運河、水路は、中央フランスを旅するのに楽しい手段で、今でも家畜、穀物、農産物の輸送手段として、生活の重要な一部を占めている。またこれらの輸送方法は、動物に関わる仕事において、便利でストレスの少ない輸送手段であると同時に、チーズの生産という観点からも興味深い。牛を草原から草原に水路で輸送すると、あるいは同じ農地内を移動すると、乳に変化が現れ、できあがったチーズにも影響が出る。場所によって違う牧草の要素が、乳の特性に影響を与えるからだ。

私たちも、かつて誰かがそうしたように、川の流れに沿ってジグザグに、中央フランスの地を旅しよう。川には、その地方がどうやって生き残り、発展したか、どのような経緯でチーズが作られるようになったかを知る、大切な鍵が隠されているからだ。フランスの中央に位置するバーガンディやベリーといった地方では、クリーミーな食感のチーズを、すぐに消費するか、数週間または数日間以内に売る前提で作られた。たとえばオルレアネでは、チーズの繊細なクリーミーさを保護するために、灰、わら、葉で覆った。この地方のチーズ生産者は、人気の高いカマンベールを手本にして、独自のオルレアネ版カマンベールを開発した。

フランシュ=コンテ地域圏、サヴォワ、ドーフィネに入ると、大きなホイール型のハードチーズが、長く厳しい冬を過ごす人々の食料として、いかに必要なものかがわかる。チーズは食品であると同時にかつては貨幣でもあった。今でも長期熟成したチーズは、その味はもちろん、チーズ生産者の努力に対する高い利益をもたらし、喜ばれている。

フランスの豊かで波乱万丈な歴史は、他の国のチーズ作りのスタイルに影響を受けたフランスのチーズにも表れている。たとえば、サヴォワやフランシュ=コンテにはスイスと北イタリアのスタイルが、ピレネーには南イタリアとスペインのスタイルが見受けられる。

## シャウルス(Chaorce) 🐄 シャンパーニュ

ドラム型の堅い牛乳のチーズで、フレーキーな食感、白カビの表皮を持つ。バーガンディ地方との国境のごく近くで生産されている。シャウルスは、ナッツの殻に似た苦みと、この地で作られるワインを思い出させる土の匂いがして、それらの相性がさぞ良いだろうと思わせる。ただし、このチーズには塩辛さもあるため、最高のパートナーを見つけるには、非常に注意が必要だ。かっちりとした形はチーズが十分に熟成していない場合が多く、熟成を早まらせようとすると、表皮に苦みが出て、まだ無傷の中心部分がその風味に圧倒されてしまうことがある。これはチーズに原因があるのではない。生産の最初の段階で、乳は自然に熟成してから、レンネットを加えられてカードを分離される。本物のシャウルスと辛口でキリリとしたシャンパンは、本当に素晴らしい組み合わせである。

## シャロレ(Charolais) 🐐 バーガンディ

この山羊乳のチーズは、ずんぐりした円筒形で、きめがこまかく上部が砕けやすい。自然にできた表皮はやや乾いた食感で、灰色、青色、白色のカビが斑点状にはえている。味は濃厚で洗練されており、すっきりとしたミネラルとナッツの風味が素晴らしい。塩味が軽く感じられ、舌の上でおだやかに広がる。シャロレは塩辛くて新鮮なハーブの香りがする西海岸の山羊乳のチーズとはまったく違う。このチーズの素晴らしさは、より熟成が進み、乾いて砕けやすくなる頃に現れる。上質な白の辛口のワイン、サントネイなどこの地方の赤ワイン、年代物のシャンパーニュと、とても相性が良い。このチーズの生産指定地域にチーズ生産者は多くないが、農場で直売するところもある。ヌーリー=グランシャンでシルビー&ジル・オロソーが経営するアール・デ・ギヨマン農場は、シャロレとおそらくあと1種類の小さなチーズだけに絞って生産している。

## フロマジェリー・ゴーグリー

ゴーグリー家は1946年以来のチーズ生産者である。牛の生乳を使い、昔と現代の技術を融合させて、チーズを作っている。

### エポワス（Epoisses）　バーガンディ

　フロマジェリー・ゴーグリーは、エポワスとラミ・デュ・シャンベルタンの、2大認証大規模生産者のうちの1つで、スーマントランと、上部がラングルのようにクレーターの形をしたプティ・クルーも独自の製法で生産している。バーガンディの中心で作られる、表皮を洗ったこれらのチーズは、シャロルの肉牛、ディジョンのマスタードや上質なワインなどと同じくらい、この地方で重要なものである。軟らかな牛乳のチーズで、塩水とマール（ブランデー）で洗った表皮は、最後に濃いアンズ色になり、しわができる。

　このチーズの楽しみ方には2つの方法がある。1つは流れ出そうになるほど全体的に熟成させて食べること。もう1つは、とけそうだが中心部分は変化してしない状態で食べることである。カマンベール（p.52）よりは小さいが、ラミ・デュ・シャンベルタン（右ページ）ほどどっ

60　フランス

左上：ラングル
右上：ラミ・デュ・シャンベルタン
下：スーマントラン

左ページ：エポワス

### スーマントラン（Somaintrain）
バーガンディ

　この地方のチーズの特徴は、バターのように濃厚で、ミネラルの酸味が風味に少し感じられることだ。この地方のワインにもよく合う。このような親密な組み合わせに出会うと、食品の相性を学ぶ過程が楽しくなるだけでなく、いつまでも探究したいテーマとなる。なぜこのチーズとあのワインを合わせるのが好きなのか、他のものとなぜ合わないのかを考えてみよう。

　この牛乳チーズ、スーマントランは、エポワスと同じくらいの大きさだが、自然にできたカビにアナトーまたはロクー（南米産のベニノキのからとれる天然のオレンジ色の植物性の抽出物）の斑点がある。この天然の抽出物は、他のチーズの内部と外部の着色料として使われている。またその風味は少し胡椒に似ていて、甘い温かみがある。チーズの外側にスプレーすると、やわらかな白カビが生えてチーズの色が美しく変化し、内側の風味は濃厚で、まろやかで、フルーティになり、まるでクレーム・フレッシュを固めたようになる。

### ラミ・デュ・シャンベルタン（L'ami du Chambertin）　バーガンディ

　独特のぬれたように光り、しわがよった、オレンジ色の表皮と、エポワスよりふっくらとした形の、この牛乳のチーズは、端はとけそうにやわらかく、中心はファッジのような食感である。このチーズは1950年にレイモンド・ゴーグリーの手で完成された。エポワス・スタイルのチーズで、ほろほろと砕ける食感のチーズが、バーガンディの上質で希少なワインにより合うとみなされた。外側はマール・ド・ブルゴーニュで洗われて、鋭い香りがあるが、内側はバターのように濃厚。少し塩味があって感覚を鋭くしてくれる。上質な赤ワインが間違いなくよく合う。オレンジ色なのは、低温で湿度の高い地下室で、偶然にマールが乳の酵素とまじりあってできた結果である。

### ラングル（Langres）　シャンパーニュ

　小さなドラム型で、ファッジのような食感のこのチーズは、フロマジェリー・ゴーグリーで購入できる。ラングルはやわらかく、自然にできた明るいオレンジ色の表皮を持ち、堅くならない程度の低温を維持する必要がある。このチーズの食感と味は濃厚で、くだけやすく、スパイシーな風味は辛いというよりも土の匂いのする樹脂のようである。クレーターのようなへこみがチーズの上部にあり、マールか辛口の白ワインを満たすと、ゆっくりとチーズにしみこんでいく。ラングルに特別に合うのは、この地方の名産であるシャンパーニュである。若いチーズはロゼ・シャンパーニュ、熟成したチーズは辛口のシャンパーニュに組み合わせると素晴らしい。

しりとしておらず、熟成がすすみやすい。ジューシーといってよいほど濃厚な風味は、特別な美味しさだ。塩水とスピリットで洗った表皮は、このチーズの特徴である刺すような鋭い香りがする。乳は手作業ですくってカマンベールのように水をきる。セラーで熟成する期間は4週間くらいである。

　このチーズと旅をするなら、あるいは香りが消えないようにしたい場合は、ワックスペーパーで包んでから新聞を何枚も重ねて包むと良い。こうすることでチーズの香りは層状になった紙の内側にとどまる。

　エポワスはいろいろな風味やスタイルのチーズを並べるチーズボードの1つに最適である。特にサヴィニー・レ・ボーヌのように辛口のワインとよく合う。

　乳をチーズに変化させることと、つややかで湿った表皮を作るために何度も洗うことの間に微妙なバランスを保つことにより、乳の細菌の成長過程に多くのことが起きる。以前は、細菌が生きている表皮に問題が生じて、販売が禁止になりそうになったこともあった。しかし現在はゴーグリー家が所属する協会が非常に力を持っており、生産過程のすべてにおける厳しい検査と監視によって、確実に万全の状態で販売されるようになった。

フランス　61

左：プーリニィ=サン=ピエール
右：ヴァランセ

左：サント・モール
右：セル=シュール=シェール

## プーリニィ=サン=ピエール (Pouligny-Saint-Pierre) ベリー

ポアトゥとの境に近く、ヒースの荒れ野と硬質の水を備えたこの地は、チーズに本物の山羊の特徴を与え、それは熟成とともに強まる。（有名なサンセールという白ワインもこの地方で作られる）。細長いピラミッド型で、先端が四角く切り取られたような形（エッフェル塔を思わせる）のこのチーズの自然な表皮は、熟成が進むと青みがかってくる。食感はきめこまかく、ほろほろと砕け、少し乾いており、ハーブやナッツの香りがする。プーリニィ=サン=ピエールは辛口の白ワインと合わせると完璧である。

## ヴァランセ (Valençay) ベリー／アンドル

ピラミッド型で、上部は四角くて平らなこのチーズは、怒ったナポレオンが切り取ったと言われる。ヴァランセはこの地方の特徴を表す風味すなわち、ナッツ、ほのかな土の匂い、そして酸味を持つ。自然にできた表皮には、チーズが乾燥して熟成するにつれて、炭色と白色のカビが生えてくる。食感は、若いうちは印象が薄く、ファッジのようだが、熟成するときめがこまかく濃密になっていく。1年を通して手に入るが、春から夏のヴァランセは最上の味だ。この地方の白かロゼのワインが、この美味しいチーズに完璧に合う。

## セル=シュール=シェール (Selles sur Cher) ロワール／シェール

チーズボードに並べるのにぴったりな、長さ8cmほどの小さな円筒形で、炭に覆われ、白いカビが点在する。内側のチーズは明るい白色で、砕けやすい食感で、味はフレッシュでレモンのよう。この地方の山羊乳のチーズは、いずれもお互いに共通点がある。たとえばサント・モール（下の項参照）は、より土の香りが強いが、その他の山羊乳のチーズには塩味とナッツの香りがある。しかし、この地方のワインには、これらのチーズへの真の親密さが感じられる。そしていかにテロワールが素晴らしい調和を生みだすかを教えてくれる。

## サント・モール (Sainte-Maure) トゥーレーヌ

細長い丸太のような形が有名なこのチーズは、白ワインで有名な地域で作られており、またロゼで知られるアンジューにもほど近い。土壌にはミネラルがたっぷり含まれ、スレートと石を含むチョーク（泥灰質の層）、砂、石灰岩が、山羊の食事に影響を与えている。チーズの中心にわらが1本入っているのは、生産工程の最初のまだとても繊細で軟らかい状態のチーズを取り扱いやすくするためだ。またカビが生え過ぎるのを避けるために、木炭の粉をふりかけてある。チーズが乾燥するにつれて、白いカビが現れる。カビが厚くなり過ぎると内側のチーズからはがれることがあるので注意が必要だ。やさしく外側のカビをたたくと、うすい表皮がチーズにはりつく。手作りのものは、灰に塩を混ぜている工場生産のものほど塩気が強くない。ナッツのような風味と濃厚な味わいには、辛口の白ワインのソーヴィニヨンがぴったり合う。

## クロタン・ド・シャヴィニョル
(Crottin de Chavignol) 🧀 サンセール

　表面が平らな小さなボール型で、砕ける食感と、濃厚でまろやかな味わいを持つ、山羊乳のチーズ。この地方の近くにはベリー地方が位置し、西のバーガンディや中央フランスとも良い関係にある。すっきりとした味わいで、チョークや石の風味があるロワールの白ワインは、山羊乳のチーズと、真の一体感をかもしだす。この地方の風景は、圧倒的なまでにロマンティックで、ウェディングケーキのように飾られた城が点在する様子は、まるでおとぎ話の中にいるようだ。しかし熟成したクロタンに目を移すと、その姿はまるで山羊の落し物のようでロマンティックとは言い難いが、いちど口にするとナッツ風味が素晴らしい。砕けると、レモンのような酸味が広がり、木の実のようなエッジが残る。用途が広いチーズで、オーブンで焼いてサラダに乗せて食べることが多い。

クロタン・ド・シャヴィニョル
左から、
フレッシュ、
中程度に熟成したもの、
十分熟成したもの

## ポワトゥ＝シャラント

この地方は、ヴァンデ水路が縫うように流れている。
サラセン人のフランス西部と南西部への侵略でもたらされた、
山羊乳のチーズで有名である。中世の頃、軍隊は兵士から
牛や家畜までを携え、文字通り国を征服して、
自らと食料や飲み物の備蓄ごと、その地に入り込もうとした。
サラセン軍が撤退する時、彼らはすべてを置いて逃げたため、
連れてきた山羊が新しいすみかを得て、十分に
水が与えられたポワトゥ＝シャラントの牧草地でよく育った。
この地方のチーズには色々な形やスタイルのものがあり、
村や城の小塔にちなんで名づけられたものがあるが、
理想的な温暖な気候のために、山羊はチーズに使う
美味しいフレッシュな味の乳を、1年を通じて与えてくれる。

左下：ポワトゥの山羊　右上：シャラントの村

### フルール・ド・シェーヴル(Fleur de Chèvre)　ポワトゥ

チーズの生産者は、それぞれのチーズに異なる形と食感を与えることで、その風味を最大限に楽しませてくれる。この軟らかくてドラム型のチーズは、まろやかな自然の表皮が、取り扱いやすいように栗の葉でくるまれている。イル・ドゥ・レの有名な塩田で作られたフルール・ド・セル（塩の花）の、とても微細な塩が加えられているため、通常の山羊乳チーズと全く違って、味にまろやかさがある。

### サンドレ・ド・ニオール(Cendré de Niort)　ポワトゥ

小さくて丸く、表皮に灰がまぶされ、中の山羊乳の白いチーズとコントラストをなしている。フレーキーな食感で、味はフレッシュで草の香り。ほのかに塩気がある。

### モテ(Mothais)　ポワトゥ

厚めのディスク型で、しわのよった自然な表皮は、取り扱いやすいよう栗の葉でくるまれている。ナッツと土の風味があり、熟成が進むとよりコクが出て、青と白のカビが外側に生える。熟成が進むと、赤ワインと相性が良くなる。

### ボンド・ド・ギャティヌ(Bonde de Gâtine)　ポワトゥ

小さくてぽってりとしたドラム型の山羊乳チーズで、木炭に覆われている。白カビと木炭が点在する自然にできた表皮は、この地方で伝統的なタイプのチーズだ。きめがこまかく、砕けやすい食感と、驚くほどなめらかな舌触り、軽い果実のような刺激とミネラルの深い濃厚さは、上質なワインが合う。

### シャビシュー(Chabichou)　ポワトゥ

表皮が自然にできた、セミソフトタイプながら非常にきめのこまかい食感のチーズで、やや先細の円筒型をしている。フレッシュな味わいと素晴らしい香りの表皮を持つシャビシューは、もっとも有名な山羊乳チーズと言えるだろう。適切な条件で熟成させると、土の香りのする甘みがチーズの中心まで広がる。乾燥するにしたがってほろほろと砕ける食感が強まる。

上左：フルール・ド・シェーヴル
上中：サンドレ・ド・ニオール
上右：モテ
下左：ボンド・ド・ギャティヌ
下右：シャビシュー

フランス　65

### ペルシエ・デュ・マレ（Persillé du Marais）
ヴァンデとポワトゥ

　マレ運河は、この地方をまがりくねって流れ、やがて大西洋に出る。その風景は絵のように素晴らしく美しい。バージ船で牛を牧草地から別の牧草地へ移すのが目に入る。羊や牛より気難しくて冒険好きな山羊は、囲いをつけて運ばないと、川岸で餌を探そうとして水に落ちてしまう。このチーズは強烈な味のブルーチーズで、非常に濃いダークチョコレートのような苦みと甘みのアクセントが感じられる。地元の辛口の白ワインに添えるのが完璧な組み合わせだが、甘いワインにも合う。

上：ペルシエ・デュ・マレ
下：トム・デ・クレオン

### トム・ド・クレオン（Tomme de Cléon）
ペイ・ナンテ、ペイ・ド・ラ・ロワール

　このセミハードタイプのチーズの、なめらかで堅い表皮は、ミュスカデで上部にしみこむように洗われ、強い花の香りがする。内側のなめらかな白い生地は、ふくよかな味と果実味があり、デザートチーズとして最高である。特に、シーフードの食事の後に合う。

# オーベルニュ

　マッシーフ高原が広がるこの地方では、表土の下に鉄、銅、銀、金といったミネラルが含まれ、有名な畜牛を生産するなど、優れた畜産地として誉れ高い。バーガンディではシャロレー種、オーベルニュではサレール種の牛が生産されている。チーズは大きくて堂々としており、カンタル・ライオルからニンニクと胡椒の香りをしみこませたガプロンまで、さまざまな風味のチーズが揃っている。この地方こそ真の独創性を持っている。ボルドーや南西部のワインを合わせると、がっしりとしてコクのある力強い風味を楽しむことができる。

上：オーベルニュの牧草地

### サン＝ネクテール
(Sainte-Nectaire)　🐄 オーベルニュ

　このチーズはいろいろな色に覆われている。一見平らな丸い石のような形で、表面を灰色や茶色のカビが覆い、白や時には青または緑のカビが斑点状についている。軟らかくてビロードのような手触りである。香りは湿った地下室、農場の土の匂いが感じられ、濃密な食感の中に、ナッツとミネラルの味がする。不思議なことに、春と秋に食べると美味しい。必ず農場製のチーズを探し求めてほしい。表皮をこすると、風味を生む楕円形の濃い緑の斑点が姿を表すのでそれと分かる。工場製のチーズはもっとあっさりした味である。

### ガプロン・ア・レ(Gaperon a l'ail)　🐄 オーベルジュ

　手の平にこのチーズを置いて、指をまわりにあてて、そっと絞ると、食感がしなやかになり、やわらかくなり、堅くなる。これは農場製のチーズの場合の食べ方だ。このチーズには脱脂粉乳が一部使われて、スモーキーなニンニクと胡椒が加えられている。白カビは、厚くなり過ぎてチーズ本体からはがれ落ちて、空気が入り込み、風味を損なわないように、そっとたたき落とされる。若いチーズはブルサン・スタイル（フレッシュチーズ）で楽しみ、熟成したら、よりきめ細かい食感と果実実のある味を楽しむ。

### トム・フレッシュ
(Tomme Fraîche)　🐄 オーベルニュ／オーブラック

　このチーズは300gの真空パックのものか、1kgの厚板状のものが売られている。カンタル・ライオル（p.70）を作るために、洗って圧搾したカードで作られる。しなやかなゴムのような食感で、表皮はなく、軽い風味のこのチーズは、トリュファードという有名なこの地方の料理（ジャガイモをベーコンの脂身で炒めてチーズを加える料理。p.278）や、アリゴ（チーズを入れて練ったマッシュポテ。p.284）に欠かせない材料である。

左：**サン＝ネクテール**　中：**ガプロン・ア・レ**　右：**トム・フレッシュ**

フランス

左：フルム・ダンベール　右上：ブルー・ドーヴェルニュ
右下：ブルー・デ・コース

## フルム・ダンベール
### (Fourme d'Ambert) 🐄 オーベルニュ

　カプセル型のこのチーズの風味は、他のチーズと調和し、攻撃的な味ではないため、「目利きのブルーチーズ」とよく呼ばれる。

　堅い表皮は薄く、乾いていて、灰色または白のカビが斑点状についている。少し湿っている場合は、風味が鋭くなっている。全体的な食感は濃厚でバターのようで、味はまろやかで、ほのかにナッツの香りがする。チーズボードに是非加えたいチーズで、上質な辛口の赤ワインに合わせると素晴らしい。

## ブルー・ドーヴェルニュ
### (Bleu d'Auvergne) 🐄 オーベルニュ

　クリーミーで濃厚なブルーチーズは、ロックフォールを手本にしているが、牛乳を使用するため、より重い食感で、脂肪質が多く、料理に使っても素晴らしい。力強さがあるが苦みがないため、チーズボードによく加えられている。チェダー・スタイルのハードチーズか、グリュイエールチーズ・スタイルのチーズに組み合わせると、それらを圧倒しないながらも、どっしりとしたチーズの味わいに、ミネラルの爽やかさを加えることができる。

## ブルー・デ・コース
### (Bleu des Causses) 🐄 アヴェロン／オーベルニュ

　このチーズの指定生産地は、アヴェロンとロトの南のロゼールを含む。「ペイルラデ（Peyrelade）」とラベルに、とかかれた製品を探してもらいたい。この名前は、ゴルジュ・デュ・タルヌの切り立った石灰岩の崖に囲まれた谷にある、村の名前にちなんでいる。このチーズは、湿度の高い洞窟で熟成される。洞窟ではフルーリンヌと呼ばれる、天然の空気の流れが、石灰岩の割れ目を通り、ミネラルを通過し、空中に入ってくる。このプロセスがチーズの風味を高める。ラギオール種の牛の乳を加熱し、レンネットを加え、できたカードを大きな角型に切り分け、かきまぜて水をきり、ペニシリウム・ロックフォルティ（Penicillium roqueforti）を加える。水切り室でカードを型にいれて積み上げ、上下を返しながら3-4日たったら、塩をぬりつけ、さらに3日間おく。洞窟に入れる前に分厚い塩を取り除き、酸素が通る針穴をあけて、カビの青筋がチーズの中を通るようにする。洞窟の樫の木の棚の上で定期的に上下を返しながら3-9ヵ月間熟成させる。1つ2.5-3kgのチーズをホイルにくるみ、AOCのマークをつけて販売する。

　切り分けたこのチーズを提示されたら、上部の象牙色（冬は白っぽい）の部分に、ロックフォールのような青カビが十分に入っていることを確認してほしい。食感は軟らかく、舌にのせるととけそうになる。風味は濃厚だが強すぎず、クリーミー。ロックフォールトはしばしば塩気が強すぎるが、このチーズの塩気はほど良い。フランスのこの地域のチーズのストラクチャーは優れており、チーズボードでもよく活躍する。

# ドーフィネとセヴェンヌ

ローヌ・アルプとドローヌを含む、ドーフィネは、広大な中央フランスの南部にある。この地のワインはスパイシーかつ辛口で、おもに山羊乳、それに牛乳を少し加えて作ったチーズに合う。マーケットでは、羊乳チーズやブルーチーズも目にする。この地方で有名な小さなピコドンは作りたても美味しいが、時間をおいて乾燥させると野性味あふれる味になる。一年中手に入るが、山羊が香り高い葉、茂る草花を食べられる夏の初めのチーズこそ、フランスのこの地方の真髄を感じられる。クレストとボルドーの間に位置するサウにて、7月の終わりに毎年開かれるピコドン祭 (Fête du Picodon) に訪れて、地元のすべての農場から集まったチーズを味わい、どっしりしつつも果実味あふれるトリカスタンなど、地元のワインをたっぷりと楽しんでほしい。

### サン=マルスラン (Saint Marcellin) と
### サン=フェリシアン (Saint Félicien)
ドーフィネ／イゼール

最近、このチーズを山羊乳で作ったものはほとんど目にしない。それを口いっぱいにほおばることこそ、本当の贅沢なのに、残念なことだ。この地方では山羊は限られた季節にしか泌乳しないため、チーズ生産者は生活を支えるためにも牛乳チーズを作るのである。しかし、適切に熟成し、外皮を割ると流れ出しそうな山羊乳チーズを手にしたら、その風味の豊かさに目を見張ることだろう。特に美味しいコート・デュ・ローヌのワインとともに味わうと格別だ。いずれのチーズも、カビを生えさせて、好気性の細菌がやわらかいこのチーズに入りこめる程度の、薄い保護膜を張らせることが大切だ。サン=マルスランの風味は濃厚で少しナッツの香りがする。これより大きいサン=フェリシアンはブラックカラントと土の風味がわずかにする。軟らかくしなやかな状態が美味しいが、1年のうちに何度か気候が乳の風味に影響を与えて、熟成しづらく、堅めになることがある。

### ピコドン (Picodon) ドローム

ピコドンの名前はオック語（中世プロヴァンス語）で「ひとかじり」の意味をもつ言葉に由来する。ドローム地方はここ何年も農業が深刻な衰退傾向にあるが、酪農の共同体が小規模な生産者の復興を助け、現在は優れたチーズの供給が十分行われるようになった。ほのかなナッツの香りは、熟成が進むと鋭くなり、自然な白カビと風味とともに楽しむことができる。さらに熟成が進むとデュルフィーと呼ばれる。湿度の高い部屋で洗い、磨くと、表皮がより金色みがかったベージュになり、食感は乾いて果実味が増す。南ローヌのワインが完璧に合う。このチーズを楽しむ最高の時期は真夏である。

### ペラルドン
### (Pelardon) セヴェンヌ

この小さくてぶ厚いメダル型のソフトタイプのチーズは、自然についた傷（やや粗い）のある白くて堅い表皮を持つ。表皮に青いカビが斑点状につくまで少し熟成させる方が、ずっと美味しい。ペラルドンは伝統的な農場製のチーズで、山羊乳とナッツの味がほのかにして、中央はファッジのような食感を持つ。もっとも美味しい季節は晩夏で、濃厚でバターのようなチーズは秋の初めに登場する。完璧なパートナーは軽くてまろやかな白ワインだ。

前列左：サン=マルスラン　前列右：ペラルドン
後列左：サン=フェリシアン　後列右：ピコドン

フランス　69

# オーブラックのチーズ

ミネラル豊富な牧草や火山性土壌など、チーズの風味に影響を与える環境が揃ったオーブラック高原では、セミ・ハードタイプのチーズが作られている。

## サレール・デスティヴとカンタル・ライオル
**(Salers d'Estive & Cantal Laguiole)** オーブラック

サレール・デスティヴやカンタル・ライオルが特別なのは、ライオル種とサレール種の牛乳を使っているからだけではない、オーブラック高原の土壌にもその理由がある。ライオルのための牛の品種は、古代からあるライオル＝オーブラック種で、小さいが頑丈で、薄い金色または薄黄褐色の毛並みと、長くて上向きにカーブを描く角を持つ。この昔からの品種の牛は、泌乳量がそれほど多くないが、チーズの材料として理想的な品質を持ち、天然の植物と栄養豊かな牧草を食べて、自然に繁殖する地元の牛である。

サレール種はもう1つの古代種で、濃厚で風味の良い乳は、サレール・デスティヴと、簡略化したカンタルという、2つの名称のチーズに使われている。

えさ場となる、標高が高く、広々としていて、でこぼこの牧草地は、夏は暑くて嵐が多く、冬は寒くて身を切るような風が吹き、雪が降る。草は、高地では決して刈り取られない。5月から10月の終わりまでの移牧（夏の放牧）のために残してあるのだ。リン酸塩、カリウム、マグネシウムを多く含む花崗岩が基盤である火山性土壌と、豊かな植物相が、チーズの風味を高めている。このチーズに合うワインを選ぶ時は、南ローヌのワインが特別な一体感をかもしだすことを覚えていてほしい。夏の間に高地の草を食べた牛の乳を使ったチーズにはサレール、その他の時期に低地の谷間で草を食べた牛の乳を使ったチーズにはカンタルと表示されている。しかしカンタルは、とても人気の高い家族向けのチーズで、大規模な乳製品工場でも小規模なアルチザン生産者でも作られている。カンタルを初心者向けのチーズと片付けてしまいがちだが、十分に熟成した本物のアルチザン版のカンタルは美味しい。食感はなめらかで果実味とナッツの味わいがあり、主張しすぎない。サレールはより堅い食感で、熟成させると風味に鋭さが現れる。

上：オーブラック高原で草を食む牛

右ページ　左：サレール・デスティヴ　右：カンタル・ライオル

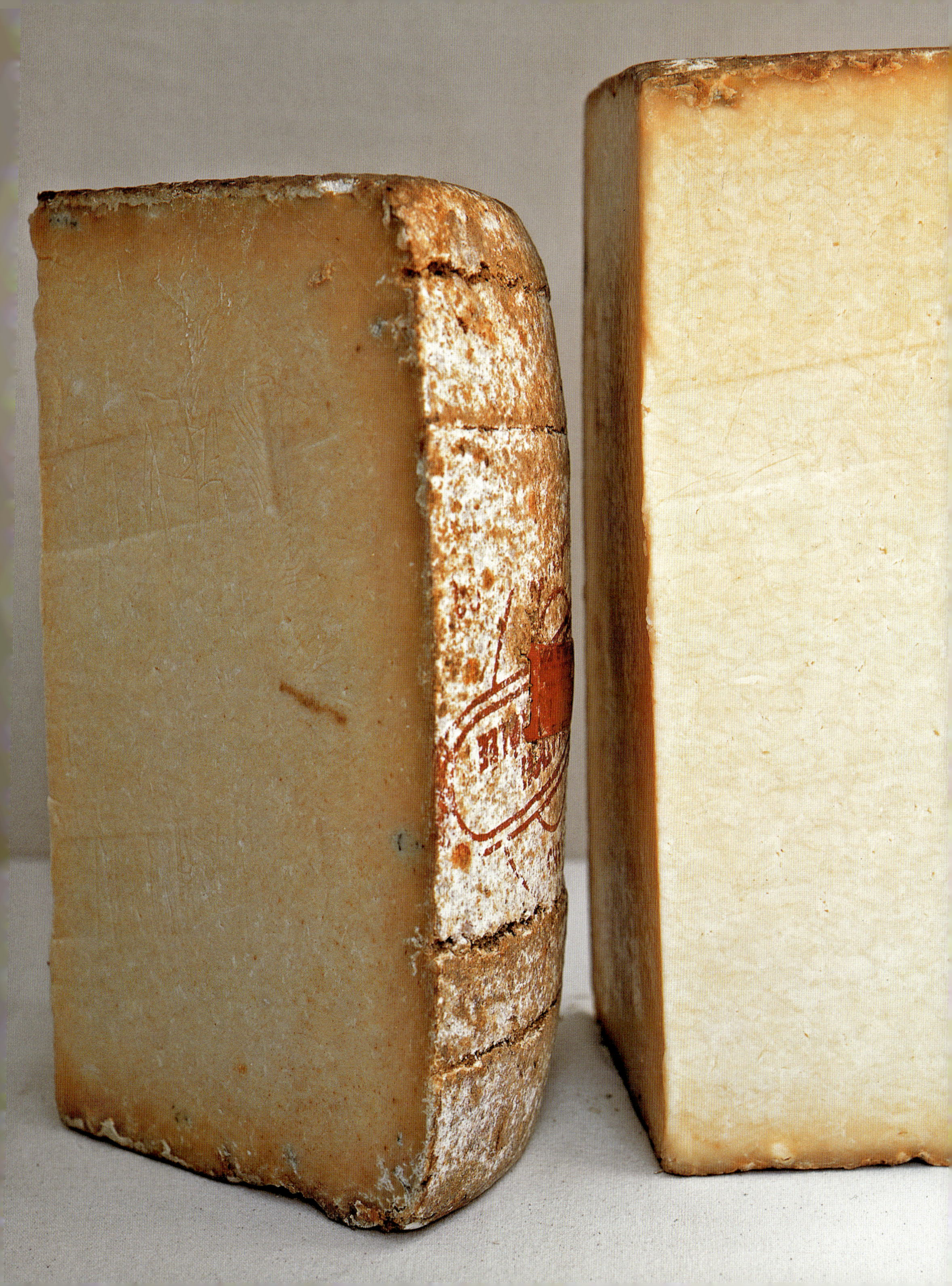

# 南フランスと
# 南西フランス

　プロヴァンス、ラングドック（東部から西部）、ピレネーを取り囲む、広大な地方には、地中海地方の美しさと暖かさがあり、スペインとの国境や大西洋に向かって山や谷が続く。

　プロヴァンスでは数多くの異なるスタイルの山羊乳チーズが見つかる。山羊にとって、簡単に食料が見つかり、夏の暑さに耐えられる場所だからだ。表皮を守るために葉にくるまれたチーズもあるが、その他は乾燥して、スパイシーな香りをたたえている。

　コートダジュールといえば避暑地として知られているが、内陸部はとても素朴な土地で、ラベンダーとひまわりの鮮やかな色が青空に映えている。天国のような場所だけれど同時に厳しい土地だ。この土地のチーズは、スパイシーかつ辛口で果実味のあるワインと完璧な相性である。

ラングドックの西部に向かい、アキテーヌとガスコーニュの南部の縁をたどるように進み、ベアルンとピレネザトランティクに足をのばすと、フランスのまったく違う景色を目にする。ここでは、人だけでなくチーズにも、スペインの影響が感じられる。

　ここには、チーズ用の洞窟が山腹に刻まれている場所がある。酪農家は洞窟にチーズを運んで保存、熟成させる。夏になると農家の人と牛が、ひどく暑くなるふもとの谷から高地の牧草地を目指して移動してくる。古代からのこの伝統は移牧と呼ばれており、夏になるとヨーロッパの山岳地方各地で行われている。先頭を行く牛は首から重たい鈴を下げ、犬は道に迷わないように付き添う。伝統的な行事が今も行われ、土地に敬意が払われているのを目にすることは素晴らしい。

　チーズに合わせるワインはこの地方のものが最高だろう。また地元の料理は本当に豊かで変化に富み、あきることはない。力強く、スパイシーで、土の風味があるワインは、ヘンリー2世がアキテーヌ出身のエレノアと結婚した時代から、グロスターシャーやチェシャーなど、英国風のチーズと一緒に飲まれてきた。マディランやイルレギーなどの南西部のワインはいずれもどっしりとしていて、堅い羊乳チーズ、上質な豚肉加工品、ロースとチキン、鴨のリエットに合う。

### バノン・フォイユ（Banon Feuille）　プロヴァンス

　この丸い羊乳チーズは、オー・ド・ヴィ（蒸留酒）に漬け、軽く胡椒をふりかけて、栗の葉で包み、ラフィアの紐で結ぶ。熟成が進むと風味が鋭く強くなり、自然にできた金色の表皮に青い斑点が現れる。

　リペール氏は、バノンを作るために、1500リットル近くの山羊乳を集めている。彼の農場は「シェーヴル（山羊乳チーズ）」の看板が目につく小さな町、バノンからさほど遠くない。バノン・フォイユはもともと羊乳から作られていたが、チーズの人気が高まるにつれて、羊乳では泌乳量が不足し、何年も前から牛乳を使ったチーズを観光客に売るようになった。しかし、山羊乳のチーズがもっとも人気が高い。そしてリペール氏によると、1960年代より小規模な農場や山羊飼いがこの地域で徐々に増えたため、伝統が守られているという。

　チーズ生産者は、ミストラルと呼ばれる風が吹き抜ける、長く、暑い夏を耐えなくてはならない。小さなメダル型のチーズは、1年中でこの時期ほど早く乾くことはないからだ。チーズが乾燥したら栗の葉で包む。これは効果的でナチュラル、そして熟成を妨げない保護手段である。3-4週間たつと木々とハーブの香り、山羊乳の鋭い酸味が生まれて、食べ頃になる。私は夏の間に数ヵ月、店頭にこのチーズを並べる。このチーズの包みを開けるだけでプロヴァンスが思い出される。

### ブシェット・ド・バノン（Buchette de Banon）　プロヴァンス

　この小さな、丸太の形の山羊乳チーズは、箱に並べられたシガリロ（細い葉巻き）のように、平らな木の台に積み上げられる。自然にできる薄いしわのある表皮には、生のサリエット（夏のハーブ）の枝がのせられている。クリーミーで、ややフレーキー、わずかに果実の苦みがある。この小さなチーズを食べるのに最適な時期は、春の中頃から秋の初めまでである。

左ページ：バノン・フォイユ
右：ブシェット・ド・バノン

フランス　73

左：上から順に　ル・ガビトゥ、ナポレオン・モンレジョ、牛乳のベットマール、山羊乳のベットマール、オー・バリー
上：　奥左：ゼル・コロリア　右：ヴァル・ド・ルビエール
前：アノー・デュ・ヴィック・ビル

### ベットマール（Bethmale）　アリエージュ

素朴な農場製の牛乳チーズ。土のようなマッシュルームの香りが、農場を思い出させる。しなやかな表皮は洗浄されてバラ色に光り、内側はセミハードで、針で開けたような小さな穴があいている。味は個性的で、舌にピリリと刺激があるが、全体的な印象はまろやかでナッツの風味を感じる。このチーズは生産地以外ではめったに目にすることがないが、ペイ・ドック（ラングドック地方）のワインを合わせるのは、この地方を深く知る最上の方法である。

### ベットマール（Bethmale）　アリエージュ

これはベットマールの山羊乳版である。塩水をこすりつけ、ブラシをかけ、軽く洗った表皮の内側は、かみごたえのある食感で、針で開けたような小さな穴があいている。素晴らしい土と花の風味、ナッツの素朴な香りが味に加わる。季節性のチーズで、夏の初めから秋まで手に入る。がっしりとして、フルーティで、タンニンがはっきり感じられる赤ワインと相性が良い。

### オー・バリー（Haut Barry）　ラルザック

生の羊乳を使ったチーズで、表皮は天然のカビが生えるようブラシがかけられる。食感はセミハードで、全体に小さな穴があいている。味はおだやかな土の甘みと乳の良い匂い、そしてフレッシュなヘーゼルナッツの風味が少しする。食事の最後に合う美味しいチーズである。

### ル・ガビトゥ（Le Gabiétout）　ピレネー

これは牛乳と羊乳を混ぜて作ったチーズで、しなやかな食感を持ち、果実味とナッツの風味が少し感じられ、なめらかでも歯ごたえがある。表皮は軽く塩水で洗ってこすり落とされ、薄い黄土色に光り、穏やかな土の匂いがする。熟成がごく浅い時期に食べるのが最上で、熟成するとより尖った味になる。

### ナポレオン・モンレジョ（Napoleon Montréjeau）　オート＝ピレネー

この名前は、農場の正面にある「Le Nez de Napoleon（ナポレオンの鼻）」と呼ばれる、山頂部がナポレオンの横顔に気味が悪いほど似た山に由来する。羊乳で作るこのチーズは、ドミニク・ブシェットの手によって、ごく少量しか生産、熟成されない。彼はこのチーズを、オッソースタイル（右ページ参照）でありながら、食感はより軟らかくナッツの苦みがあるという、きわめてユニークなスタイルで作っている。

### ゼル・コロリア（Zelu Koloria） 🐑 ペイズ・バスク

バスク地方の山岳地方で作られる一風変わった羊乳のチーズ。セミハードタイプで、濃密でまろやかな風味のチーズ全体に青筋が通っている。自然にブラシがかけられたような表皮は、若い時はとても乾燥しているが、熟成がすすむと少し湿気をおび、ぴりりと刺激のある濃い味が加わる。この地方では通常、ブルーチーズが作られないため、とても珍しい品だ。春は味や食感が軽く、季節がすすむにつれて風味がより濃密で食感がどっしりと重くなる。秋を過ぎても作られることがあるが、シーズン終わりにあたる秋になると、完全に熟成し、味が強すぎることがある。

### ヴァル・ド・ルビエール（Val de Loubières） 🐐 アリエージュ

洗浄しブラシがかけられた表皮は、周りに地元の松の木の皮が巻かれている。濃厚でクリーミーな手作りの山羊乳チーズで、甘い樹液のような味は、ヴァシュラン・デュ・モンドール（p.90）にとても似ている。生産は限られているが、とてもユニークなその風味は、待ちわびる価値がある。

### アノー・デュ・ヴィック・ビル（Anneau du Vic Bilh） 🐐 ピレネー

形はルエル（p.78）によく似ているが、はるかに軟らかく、崩れそうになるほどである。山羊乳の風味がとても甘く、香り高く、そこに素朴なナッツの風味が加わり、すぐにパンですくって食べたくなる。高地で作られる季節性の高いチーズで、春の終わりか夏の間だけ、市場に現れる。

### トム・デディウス（Tomme d'Aydius） 🐐 ベアルン

これは、ベアルン山地の雪線（万年雪のある境界線）に近いヴァレ・ダスプで作られる、比較的新しいチーズである。荒々しく岩の多い土地で、山羊は自由に草を食べている。その乳で作られたチーズはなめらかで、セミハードタイプで、塩水をこすりつけた表皮は、素晴らしい薄いバラ色をしている。味には甘みと土やナッツの香りがあり、野生の花やハーブの風味が食欲を誘う。チーズ作りの主な期間は春の初めから秋の終わりまでだが、1年を通して熟成度の異なるチーズを楽しむことができる。

### トム・ド・カブリューレ（Tomme de Cabrioulet） 🐐 アリエージュ

洗浄されて桃のようなピンク色になり、うぶ毛の生えたような表皮を持つ、この山羊乳のチーズは、シンプルで美しい。セミソフトタイプで、ややふくらんだとても魅力的な外見を持っている。内側は白く、小さな穴があり、味はフレッシュで、まるで濃厚なフロマージュ・ブランに、クリーミーなナッツの風味が少し加わったようだ。ほとんど地元だけで売られているが、そのうちのいくつかは、実験的に都市や町で売られている。しかし大変高価である。

### オッソー（Ossau） 🐑 ピレネー

人里離れた山の中の小さなコミュニティーで手作りされている羊乳チーズ。セミハードタイプで、表皮は塩水がこすりつけられている。硬いがなめらかで、表皮の内側は力を加えるとほろほろと崩れる。味は複雑で舌にぴりりと刺激がある。少し熟成させるとフレーキーになり、ナッツの風味が強まり、味がきわだつ。チーズの製法はチェシャーと似たところがある。

左：トム・デディウス　右：トム・ド・カブリオレ　　　　　下：オッソー

フランス　75

# ロックフォール

この地には、ブドウ畑もトウモロコシ畑もないが、幸いなことに、コンバルー山にある熟成用の洞窟で、「ブルーチーズの王」が、石灰岩のミネラルを吸収して独特の風味を高めている。

上：ロックフォール・カルル　下：パピヨン

## ロックフォール・カルル
(Roquefort Carles) 🐑 ルエルグ

　ジャック・カルルが、父親の小規模なチーズの仕事に加わったのは1958年だった。現在は娘と運営している。彼は数千ものホイール型のチーズを、コンバルー山の岩肌を切り開いて作った、湿度の高い4層の貯蔵庫に保管している。作ったばかりのチーズは、オークの分厚くて重い板の上に並べられ、岩から染み出る水でびっしょりと濡れている。オーク材はチーズをのせておくのに最適で、その香りと風味をチーズにとりいれることもできる。鋭く、力強い風味と、ざらりとした食感は、まさに比類ないチーズである。

　ロックフォールの誕生をめぐっては、数々の逸話がある。たとえば、ある羊飼いが昼間の日差しを避けるためにコンバルー山の洞窟の1つの入り口にいたら、美しい女性が目に入ったので、あわててチーズサンドイッチを置いて追いかけた。彼女に夢中になった彼は、その日の午後ずっと、他の事を考えられなくなり、昼食の残りを岩の割れ目に隠した元の洞窟に戻るまでにしばらく時間がかかった。パンは灰色になってカビが生え、ソフトチーズには青くて強いミネラル臭のある斑点がついていた。それでも食べてみた彼は、チーズと青カビの組み合わせが実に美味しいことに驚いた。こうしてロックフォールが誕生し、乾いてカビの生えたパンを、白いチーズにカビ菌を生えさせるベースに使うようになった。

　もちろん、ミネラルが豊富で、気温が低く、湿度の高いコンバルー山の洞窟も、このチーズの独特の風味や食感を作り出すのに貢献している。ジャック・カルルあるいは娘のデルフィーヌは、この洞窟への訪問と、ロックフォールより50kmのマルティン村にあるチーズ生産所を見学する手配を、特別に整えてくれる。おおざっぱに言って卸売業者である彼は、商業目的のツアーは提供しないが、見学者には彼がサワドーブレッドをベースに、秘密の方法で独自のペニシリン・カビを作ったことをフランス語で説明してくれる。それからチーズアイアン（チーズの熟成度を検査する道具）を取り出し、チーズに深く刺して、チーズの端から中心に向かって青カビが広がる様子を見せてくれる。私は（そして私よりも優れた専門家たちも）、彼の作るチーズは、ロックフォールの中でも最高のロックフォールだと思っている。

## パピヨン(Papillon) 🐑 ルエルグ

　1906年、M.アルバート・アルリックはパピヨン（蝶の意味）という商標を作り、羊乳を提供する農家に緊密に働きかけ、高い基準を設けた。彼は羊に市販の飼料を補助的に与えず、有機栽培された干し草や豆などの穀物を、牧草と比較してごく少量与えるよう指示した。搾乳機は最新式のものを使っているが、チーズにカビの胞子をつける作業は、アルリックが発明した機械以外に、いまだに新しい方法は登場していない。この機械は1kgあたり4グラム（1千億子の胞子が含まれる）の比率で、カードにブラシでカビをつけることができる。パピヨンの特徴は、より軟らかくて、大きく穴のあいた青カビ、そしてとても濃厚でバターのような食感を持つ白い生地である。パピヨンの生産は現在は大事業となったが、アルリックは今も、象牙色のチーズに脂肪がたっぷりと含まれ、適度に羊乳チーズらしい味がして、くすんだ青カビが効いている、まさに彼好みの味になっているのを、見守っていることだろう。このチーズにぴったりのワインはソーテルヌである。特にイケム、レイモンド=ラフォン、リューセックといった、おそらく世界で最上のデザートワインが良い。これらのワインは、貴腐（ぶどうを覆う乳白色の膜）が甘みを作り出している。貴腐ワインに、割ったばかりのクルミとパピヨンを添えてみてほしい。

### ブリク・デュ・ラルザック
(Brique du Larzac) 🐑 タルヌ

　薄い長方形のペイヴ型（レンガ型）の羊乳チーズで、自然な表皮と、軟らかくクリーミーでなめらかな食感を持つ。若いチーズは濃厚で甘みがあり、ピリリとした刺激が感じられるが、熟成すると水分が抜けた食感となり、より素朴な土の匂いの風味で満たされる。

### ルー・ブロン (Lou Bren) 🐑 アヴェロン

　これは金色がかった茶色の、天然のクラスト（堅い表皮）を持つ羊乳チーズで、生地はフレーキーでとろけるように軟らかな食感。味はフルーティで、土の良い匂いがたっぷりとし、焦げたキャラメルのような鋭い後味が残る。
　このチーズはとても伝統的な手法を使って職人のチーズ生産者がごく少量作っているため、外見はとても素朴で、なかなか手に入らない。ヴァン・ド・ペイのようなフルーティな赤ワインと一緒に食べると美味しい。

### ローヴ・デ・ガリッグ
(Rove des Garrigues) 🐐 ミディ＝ピレネー、ロット

　この地域は、野生のタイムやハリエニシダなど低木が茂る、美しい乾燥地だ。山羊は自由放牧され、ハーブやクリの実を食べているため、その乳にはっきりとハーブや森の風味が感じられる。
　春の初めに作られたチーズはフレッシュでピリリと刺激があり、季節がすすむにつれて、その風味はより強まる。もっとも美味しいのは夏の初めから秋の初めまでである。シンプルに、まろやかな白ワインにこのチーズを添えてみてほしい。

### ペライユ (Pérail) 🐑 ラングドック

　薄い円盤型のクリーミーなフレッシュチーズ。自然にできた薄い表皮と、濃厚でとろけるけるような生地を持つ。新鮮な羊乳の甘みと土の香りがはっきりと分かる美味しさが特徴だ。果実の程よい渋みがある白ワインがぴったり合う。

### ランゴ・サン・ニコラ・デ・ラ・モナステール
(Lingot Saint Nicolas de la Monastère)
🐐 エロー、ラ・ダルムリー

　山羊乳でできたインゴット型のチーズ。フレーキーで、ファッジのような食感を持ち、表皮にはしわがある。山羊はタイムがところどころに生えている牧草地で草を食べているため、チーズにもそれがはっきりと現れている。軽く、やや土の匂いと、濃い乳の味わい、そして最後にハーブのエッセンスが感じられる。エロー県の中心のラ・ダルムリーの修道院でマルセル神父の監督の下に作られる、完全に手作りのチーズである。食べられる時期は春から秋である。

### ルエル (Rouelle) 🐐 タルヌ

　できたてや熟成の浅い時期は、こわれやすく、クリーミーで、花の香りがする。熟成するにしたがって風味が濃厚になる。ホイール型の山羊乳チーズで、表面に薄く炭がまぶしてあるものと、何もまぶしていない真っ白なものがある。食べ頃は3月から10月である。

### カベクー・デュ・ロカマドゥール
(Cabécou du Rocamadour) 🐐 ロット

　小さなメダルサイズのチーズで、薄い自然な表皮がついている。口に入れると、濃厚な味わいがベルベットのようにとける山羊乳チーズである。最高のアペタイザーで、スパイシーで辛口の赤ワインによく合う。1年中手に入るが、ベストシーズンは夏の終わりから秋にかけて

左上：ペライユ、右上：ブリク・デュ・ラルザック、
左下：ローヴ・デ・ガリッグ、右下：ルー・ブロン

左上：ランゴ・サン・ニコラ・デ・ラ・モナステール　中上：ルエル　左下：ルヴィ　中下：カタリ　右端：カベクー・デュ・ロカマドゥール

で、木の実のような土の匂いが楽しめる。

## カタリ（Cathare）　カルカッソンヌ、ロゲ

　このチーズはコーヒーカップの下皿ほどの大きさで、灰がまぶされた上面には、カタリ派の十字架が描かれている（カタリ派はカルカッソンヌ周辺に住んでいた中世の宗教団体で中世に迫害を受けた）。味はマイルドでややナッツの風味がある。熟成しすぎると山羊の風味が強くなり過ぎるので、フレッシュでクリーミーな間に楽しむべきである。軽くてまろやかな白ワインとよく合う。フランス南西部のマンサン種のブドウを使った白ワインをぜひ一緒に試してほしい。

## ルヴィ（Louvie）　ピレネー

　このチーズは、自然にできた表皮に粉っぽいカビが斑点状につき、ほろほろとくだけ、果実味と木の実の味わいがあり、端のほうは今にもとけそうである。山羊乳の濃厚な味わいをはっきりと感じられるが強すぎない。ずんぐりとした太鼓のような円筒形で、フレーキーな食感のこの山羊乳チーズは、夏から秋にかけて手に入る。この地域は鉄鉱石の採鉱で有名なほか、白大理石が産出することでも有名で、チーズに含まれるミネラルの風味が、味蕾に独特の印象を残す。ロワール、プロヴァンス、アルデーシュの山羊乳チーズとは全く違う。

フランス　79

### ブートン・ドック（Bouton d'Oc） 🐐 タルヌ

　これは、小さなピラミッド型のカクテル・チーズで、取り扱いやすいように上部に棒がさしてある。フレッシュカードをシンプルに水切りし、型に入れる。自然にできた薄い表皮がチーズを完璧に包みこむ。

　アペリティフに最適なチーズで、なめらかでありながらしっかりした歯ごたえがあり、自然にできた表皮は薄い。熟成してやや乾燥すると、木の実の風味が強まり、やや酸味が出る。香ばしい辛口の白ワインあるいはシャンパンが、とても合う。

### ペシュゴ（Pechegos） 🐐 タルヌ

　農場はル・コーズの素晴らしい放牧地域にあり、山羊が天然の草原を生息地として餌を探している。チーズはほどよく軽く、木の実の鋭い風味の中に、花とハーブの甘みがほのかに感じられる。季節性のあるチーズで、春の終わり頃が美味しい。

　香り高い辛口の白ワインと一緒にサーブすると、柑橘系の刺激と草の香りが、チーズの風味をぐっと引き出してくれる。

上：ブートン・ドック
左下：ブラン・ダムール
右下：トム・コース
右ページ：ペシュゴ

80　フランス

# コルシカ

　この島は、フランスをはじめとするいくつかの地中海文化に侵略されてきた。その複合的な影響が、コルシカの料理や食物の生産にはっきりと現れている。東海岸のバスティア南部にあるラパッジオ渓谷でとれるオレッツアというミネラル・ウォーターは、その薬効が高く評価されている。また、東海岸では、上質なチーズがいくつか作られている。その風味は、ミネラル分や、動物たちが餌を食べるマキー（月桂樹、タイム、ローズマリー、サボリーなど低木が密集する場所）の影響を受けている。春の初めには、ブロウショウという、濃いはちみつをかけるだけでデザートになる、あっさりしていて空気を含んだ羊乳のリコッタチーズが食べられる。この島の狭い山道を散策し、その1日の終わりにローストしたイノシシと、シャルキトリー（ハムやテリーヌなど肉の加工品）、噛みごたえのあるパンとチーズを、地元産の香ばしい白ワインで流し込めば、疲れも吹きとぶことだろう。

### ブラン：ダムール(Brin d'Amour) 🐑 コルシカ

　これは比較的新しい羊乳チーズで、マキー（上記参照）を表しているかのようにハーブがびっしりと表面を覆っている。チーズはシンプルで、熟成の浅いペコリーノによく似ており、軟らかく、フレーキーで、青白い色をしている。ハーブにはチリや黒胡椒が加えられている。少し熟成させると、チーズが少し乾き、粉っぽいカビが生え、風味はより甘みを増し、土と森の香りが強まる。山地でよく作られており、牧草が乾きすぎない春の初めから夏までのチーズがもっとも美味しい。

### トム・コルス(Tomme Corse) 🐑 コルシカ

　オリアンタルと呼ばれる地域で作られる。サルディーニャ・ペコリーノあるいはピレネー・オッソーと似ている。もっとも美味しい時期は、冬の初めに降った雨のおかげで牧草地に花や草が茂る、冬から晩春にかけてである。最低3ヵ月は熟成させるが、さらに熟成させたセミハードタイプは、味がミディアムからフルボディーになり、おろして使うことが多い。風味は重厚でピリっとした刺激がある。この本物のアルチザンチーズには、力強いマディラン・ワインか、地元産のどっしりとした赤ワインが合う。

# アルプス

　アルプスの草地や牧草地では、カウベルの音がにぎやかに聞こえる。何か元気づけられる気がするこの音は、長い伝統が今もそこにあること、そして当面はそれが続くことを教えてくれる。広大な山あいの牧草地を探索するには、牧草やハイキングコースが最高の状態の夏が、最適な時期である。

　私たちの旅は、フランシュ＝コンテ地方から始めるのが良いだろう。この地方をまたぐようにそびえるジュラ山脈は、アルザスの端から、サヴォアを経由して、ローヌアルプスや、スイスを通ってドイツのバヴァリアまで広がる。この素晴らしい山の連なり、国立公園、そして山道には、冬になるとスキーヤー達が集まる。農業によってそれらが結びついている様子を目にできるのは、この地が農家に戻ってくる季節だけだ。

　イタリアアルプス地方は、フランスのグルノーブルから、ピエモンテとアオスタに入り、壮大なグラン・パラディッソ国立公園にさしかかる所から始まる。この公園はロンバルディアからステルヴィオに縫うように進むイタリア最大の国立公園で、トレンティノ＝アルト・アディジェあるいはスッドティロル、つまりスイス、ドイツ南部、オーストリアとの国境にまでのびている。

　チーズ作りにも共通する要素がある。銅製の釜を使って大きなグリュイエール・スタイルのチーズを生産するところだ。ただし、人里離れた小さなコミュニティで、ごく個人的に作られるチーズもある。そこには車ではなく自分の足でたどりつかなくてはならない。斜面の下側や丘の中腹は、家族で所有していることが多く、スイスでは銀行の信託が所有して農場やチーズ生産者に貸していたりする。この仕組みはこの地域を保護し、昔と同じように農家が使用し続けることを確実にしている。

　花があちこちに咲くアルプスの牧草地で、幸せそうに牛が草を食む牧歌的な景色はとても素敵だ。しかし現実的には、特に昔は、極寒の冬の酪農業ほど厳しく容赦ないものはない。農家はやっとのことで生活を営み、寒い夜や夏の午後は、孤独でやることもなく、彫り物をして地元の市場で売ったり、観光客やハイカーに売ったりした。18世紀初めになると、これが趣味の域を超え、優れた彫刻作品や小さな花や動物を彫った精緻な作品が、高く評価されるようになった。

　皮肉にも、その彫刻が時計作りにつながり、周辺ですぐに手に入る豊富なミネラルや水晶結晶板を使った、新しい産業に発展した。それは農家の若者の多くが時計産業に移ってしまうことも意味した。そのため、農業はさらなる重荷を負うことになったのである。しかし、最終的に地方政府の役人が判断して、新しい産業からもたらされた富で、農家が力を取り戻すのを助けた。さらに観光業が好景気を迎えると、酪農業も成長し、チーズの生産を発展させることができたのだ。

下：アルプスの高地にあるピラー家のチーズ生産施設
右ページ：カゼライ・ボッシュンホフの牧草地

アルプス 83

# フランスアルプス

　コンテとオー=ドゥーに向かうルートは、農場、ブドウ畑、チーズ貯蔵室をつなぐネットワークになっており、散策する価値がある。農業に深く根ざしたこの地域で、晩秋に曲がりくねった道路で車を走らせていると、秋らしい金色、赤錆び色がかったワイン色、黄土色の景色の中に、すっかり吸い込まれてしまいそうな気がする。モルトー近くのレ・ファンの共同農場（美味しいソーセージと肉加工品で有名）では、定期的にチーズを選びに訪れているうちに、友人としても仕事仲間としても素晴らしい関係を築くことができた。私は夏の終わりのコンテの辛みのあるスパイシーな味わいが好きだ。しかし春の終わりと秋の終わりにも、複雑さのある素晴らしいチーズができあがる。チーズは、選別された後、発送まで熟成室に入れられる。安定した環境で保存することは贅沢だが、その見返りも得られる。送られてくるチーズは、風味に影響を与える環境に大きな変化がないため、最高のコンディションである。

フランスアルプス、シャンルッス

### コンテ・デスティヴ（Comté d'Estive）　コンテ

　コンテでのチーズ作りは12世紀から記録に残されている。しかし濃密なグリュイエールに似た形をとり始めたのは1950年代以降である。それまで、このチーズはエメンタールに似ており、生地に大きな穴があいていた。しかし、モンベリアルド種の牛からとれる濃厚な乳は、エメンタールよりずっと高級な、グリュイエールのように熟成できたため、このスタイルのチーズを作るのが経済的に理にかなっていたのだ。アフィナール（チーズ熟成士）たちは、このチーズをフランスでもっともポピュラーなハードチーズに生まれ変わらせた。長い熟成プロセスのおかげで、低温殺菌しない牛乳で作ったホイール型のチーズを、世界中の国が輸入できる。

　このチーズには、あらゆる特徴を維持するために厳しい標準規定があり、検査官は20点システムに則して規制する。15点以上は緑のラベルがチーズの外側につけられる。12-15点は赤ラベルで、3点未満はコンテと呼ぶことさえ許されない。コンテに合わせる最高のワインは、シャルドネ種で作ったジュラの白ワイン、地元のサヴァニャン種の白ワイン、そしてシェリーのように辛口で、果実味と鋭さを持ち、コンテの素晴らしい引き立て役となる、ヴァン・ジョオーヌである。

下、右ページ：**コンテ・デスティヴ**

# ボーフォール・シャレ・ダルパージュ

冬にスキーヤーが滑走する山の牧草地は、夏になると良い香りのするアルプス草原に戻り、アボンダンス種やタリーヌ種の牛にとって、最高の牧草地となる。

### ボーフォール・シャレ・ダルパージュ
### (Beaufort Chalet d'Alpage)　サヴォア

　ボーフォール作りは、ボーフォルタン、タロンテーズ、モリエンヌの3つの渓谷と、ヴァル・ダリの一部の地域で行われている。これらも、高山の牧草地（アルパージュ）である。1万頭を超えるアボンダンス種やタリーヌ種の牛が、この指定地域で放牧され、28-30kgのチーズを作るのに、約300ℓの牛乳が使われている。ここの牛は過度な搾乳が行われず、1年に約300個のチーズを作るのに必要なだけの乳を産出している。それはチーズの品質を確実にするためだけでなく、同じように重要なこととして、牧草地を疲弊させて、豊かな野生の草花を消滅させないためでもある。

　コンテが塩味とキャラメルのような深い味わいがあるのに対して、ボーフォールは花、甘み、木の実の風味が濃厚に、しかし口に入れたときに強すぎない程度に（熟成タイプでも）、感じられる。シナン種やシャスラ種のブドウを使った、地元の白ワインが最高のパートナーだ。噛みごたえのあるフルーティなチーズに合わせると、その爽やかさがはっきりと、さわやかに感じられる。

上と右ページ：ボーフォール・シャレ・ダルパージュ

左：サヴォアで放牧されている牛

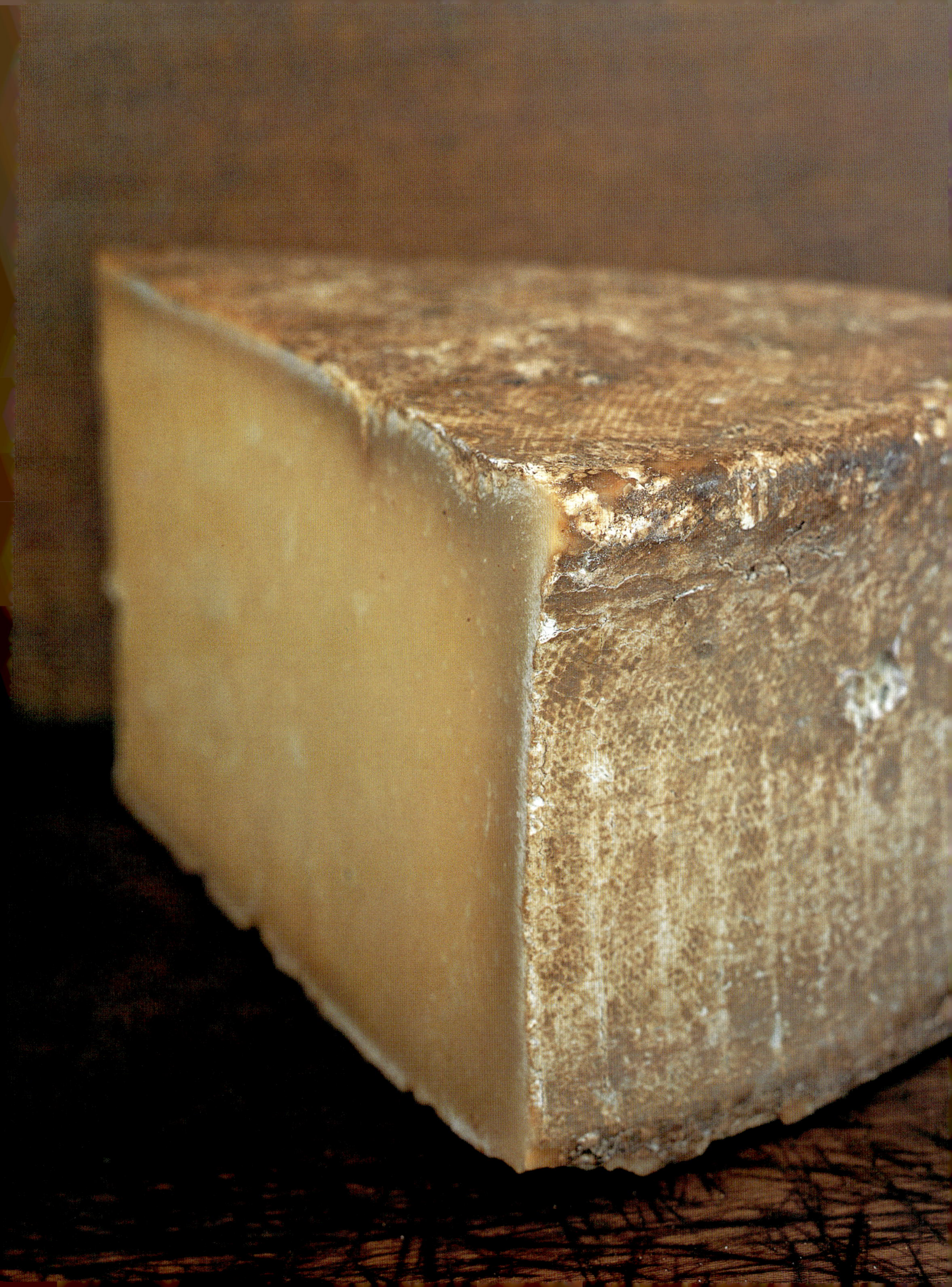

手前下から：**トム・デ・サヴォア、アベイ・ド・タミエ、ルブロション、シュヴロタン・デザラヴィ**
奥：**エメンタール・デ・サヴォア・スーショワ**
右ページ
上：**モルビエ**　下：**ブルー・ド・ジェックス**

### モルビエ（Morbier） 🐄 フランシュ＝コンテ

シャンボン夫人がモルビエを作っているフェルム・デ・テインは、人里離れたところにある。彼女の作るモルビエは、私が今まで食べたどのチーズとも、まったく違う。チーズの中を通る灰の筋は砂粒のように見えるが、これは、かつてこのチーズの原型となったものが、燃えさしの上に置かれた銅の大鍋の底の灰をこすり落として、チーズの生地に混ぜ、すでに入れた半量のチーズの上にぬり広げたことに由来する。このようにして、朝に搾乳した乳のチーズをおいておき、午後のチーズが出来上がると、表面にマット状に広げられた灰の上に入れる。できあがったチーズはマイルドで、熟成が若いと木の実の香りがするが、熟成するにしたがって、より濃厚ではっきりとした味わいになる。

### ブルー・ド・ジェックス（Bleu de Gex） 🐄 オー・ジュラ

この洗練されたブルーチーズは、重さが5.4kgほどあり、生き生きとした味わいと、自然にできたきめが粗くて薄いクラスト（堅い表皮）を持つ。カードは洗浄せずに、ペニシリウム・グラウカム（*Penicillium glaucum*）を加えて青カビを発生させる。それから自然に水をきり、針で全体に穴をあけてから、熟成室に入れる。こうすることで、モンベリアルド種の濃厚な牛乳のチーズが、濃密になりすぎるのを防ぐ。低温の熟成室ではクラストが自然に形成し、2ヵ月すると食べられる状態になる。もっと長く熟成させることもできるが、私はこのチーズを熟成の浅い状態を好む。マイルドな木の実の風味は、チーズボードの上の他のより軟らかい地元のチーズと、とてもよく合うからだ。

### トム・デ・サヴォア（Tomme de Savoie） 🐄 サヴォア

サヴォアで、多くのチーズに「トム（Tomme）」というラベルがつけられているのは、この言葉が「小さな丸い形のチーズ」を表すからだ。そこで「アルパージュ（alpage）」と書かれたチーズを探して欲しい。それは果実と木の実の複雑な風味を持つ、夏の乳を使って作られているチーズである。朝と夕方の乳には、セミ・スキムミルク（半脱脂乳）が加えられる。それによって、酸味がやわらぐとともに、甘い乳の香りが、クラスト（堅い表皮）のカビと土の香りと混ざり合う。地元のガメイ種かモンドゥーズ種のワインと一緒に楽しんでほしい。

### ルブロション（Reblochon） 🐄 サヴォア

セミ・ソフトタイプの円盤型のチーズで、重さは500gある。洗浄して作ったピンクがかった金色の表皮を持つ。なめらかで、むっちりした食感と、土の良い香り、芳醇なヘーゼルナッツあるいはフレッシュなコブナッツ（セイヨウハシバミ）の味が感じられる。表皮は、全体的な風味を構成するものとしてとても重要だが、表皮が硬くなったり、湿ったりした場合は、苦みが出ているので取り除く。ブロションの伝統的な食べ方は、タルティフレット（レシピはp.252-253）だが、私はフォンデュを作る時に、仕上げにこのチーズを2、3すくい加えて、つややかさを出すのが好きだ。

### シュヴロタン・デザラヴィ（Chevrotin des Aravis） 🐐 オー＝サヴォア

このチーズは、ルブロションを山羊乳で作った丸いチーズで、適切に熟成させると実に素晴らしい味になる。重さは約300gで、白い生地はなめらかで弾力があり、流れ出すほど軟らかくなく、また硬くもない。表皮は、洗浄されて薄桃色の粉っぽいカビがつく。山羊乳の風味は、繊細かつコクがあり、花のように華やかだ。春の終わり、夏、秋に食べるのが最高で、モンドゥーズ種の赤ワインか、白ワインのシニャン・ベルジェロンなど、サヴォアのワインに合わせると美味しい。

### エメンタール・デ・サヴォア・スーショワ（Emmental de Savoie Surchoix） 🐄 サヴォア

重さ80kgのグラン・クリュ（格付けが特級）のチーズは、表面に赤の十字架が描かれ、サヴォア産であることを示している。他の圧搾・加熱タイプのチーズ、たとえばグリュイエールやボーフォートととても似ていて、親しみやすい果実味と、濃密で噛みごたえのある食感を持つ。グラン・クリュのチーズは、大量生産版よりも風味や品質が良い。チーズ愛好者にとって、エメンタールチーズの穴の大きさは重要で、大きすぎると切り分けたときに大量のチーズを損なってしまうし、小さすぎると湿気をおびて、べたべたした生地になりやすい。腕の良い熟成士は、穴がちょうどよい大きさになった時を教えてくれる。エメンタールは、フォンデュやスフレのおもな材料であるほか、ソースやトッピングにも使われる。

### アベイ・ド・タミエ（Abbaye de Tamié） 🐄 オー＝サヴォア

このチーズは、中世の時代に、シトー修道会の修道士によって作られた。1861年に大修道院が所有地を増やし、地元の農家に修道士がチーズを作るための乳を売るように促した。現在は、大修道院のためにチーズを作る農家がいくつかあり、その後に市場でチーズを売っている。レシピはルブロションと似ており、濃密で噛みごたえがあるが、やや木の実の風味は少なく、味により力強さと素朴さが加わる。このチーズの風味は季節によって違う。牛が小さな囲いのある建物の中にいて干し草を食べる冬のチーズは、農場の香りと味がする。牛が山で牧草を食べる春と夏のチーズは、木の実や苔の風味がある。

アルプス 89

### ブルー・ド・テルミニョン
(Bleu de Termignon) 🐄 オー＝サヴォア

　オー＝サヴォアで作られている、重さ約7〜10kgのこのチーズは、標高2,000mを超える高地の牧草地で作られる、希少なチーズの1つである。夏の間だけに作られ、山小屋で熟成する昔ながらのこのチーズは、1980年代初めまでほとんど忘れ去られていたが、志あるチーズ店のグループが、生産の継続を援助することを決定した。このチーズは、青カビを生えさせるために、何かを無理に付け加えたり、注入したりしない。熟成用の洞窟の空気中にある天然のバクテリアが、ムスリンでくるまれた木の型に入れたチーズの中に浸透して、青カビを発生させるのだ。一定期間放置したら、カードを圧搾してホエイを取り出し、針で刺して空気の穴を作り、バクテリアがチーズの中を通り抜けるようにする。チーズを型から取り出して木の棚に並べると、自然にクラスト（堅い表皮）ができる。食感は、ウェンズデールに似ているが、青カビの木の実の風味は、他の青カビチーズとまったく違う。青カビには、洞窟を思いおこさせる、わずかなカビの匂いとミネラルの風味があるが、口に入れた時には、口蓋にミルクの甘みとともに、洞窟の浮遊バクテリアの影響を少しずつ受けてできあがった、複数の風味がもつれあう天然の青カビの味わいが感じられる。このタイプのチーズには、重すぎないワインがもっとも合う。もしあなたが、酸味のバランスが良い、やや軽めのローヌのワインを考えているなら、私もそれが正しい方向だと思う。このチーズは、ヴァノワーズ山地の中心という、珍しい産地を思い起こさせる「特別な」チーズである。

### ヴァシュラン (Vacherin) 🐄 オー＝ダブス

　私は、ヴィレ・デュ・ポンという村にある、ル・フリュティエ・デ・ジャロンで、朝からチーズを作ったことがある。この村はレ・ファンにあるコンテ生産地から遠くない。私が着いた時、レネ・ボイセニン氏と3人のアシスタントは、早朝に搾乳して3つのバットに入れた牛乳を加熱するのに、すでに忙しそうだった。

　ヴァシュランの生産に使われる牛乳は、夏の半ばから晩秋の、モンベリアルド種の牛乳だ。秋の終わりまでは、牛乳が特に濃厚で香り高く、チーズを作るのに理想的な時期となる。軟らかく、バターのようなこのチーズは、松の樹皮に巻かれて樹脂の香りと風味をとりこむ。

　半年ほどの短い旬を尊重することは、ヴァシュランにとって重要なことだ。この期間以外の牛乳を使ったチーズは、ヴァシュラン・デュ・モン・ドールと呼ぶことができないが、エデル・デクレヨンなど、他の名称で呼ばれる。こちらは、低温殺菌した乳を使用する、ヴァシュランそっくりなチーズである。

　ヴァシュランの素晴らしい風味は、とろけるように濃厚で、まるでクロテッド・クリームのようだ。渦を巻いたクラストは洗浄されてピンク色になり、土と樹脂の香りを持つ。チーズのまわりに巻かれた樹皮は、この独特の食感と香りを作り出すのに役立っている。

　すっきりとしてピリリと刺激のある白ワインを合わせるととても美味しい。特に最高のパートナーである、オー・ジュラ地方のコート・デュ・ジュラを試して欲しい。

左：ヴァシュラン
左ページ：ブルー・ド・テルミニョン

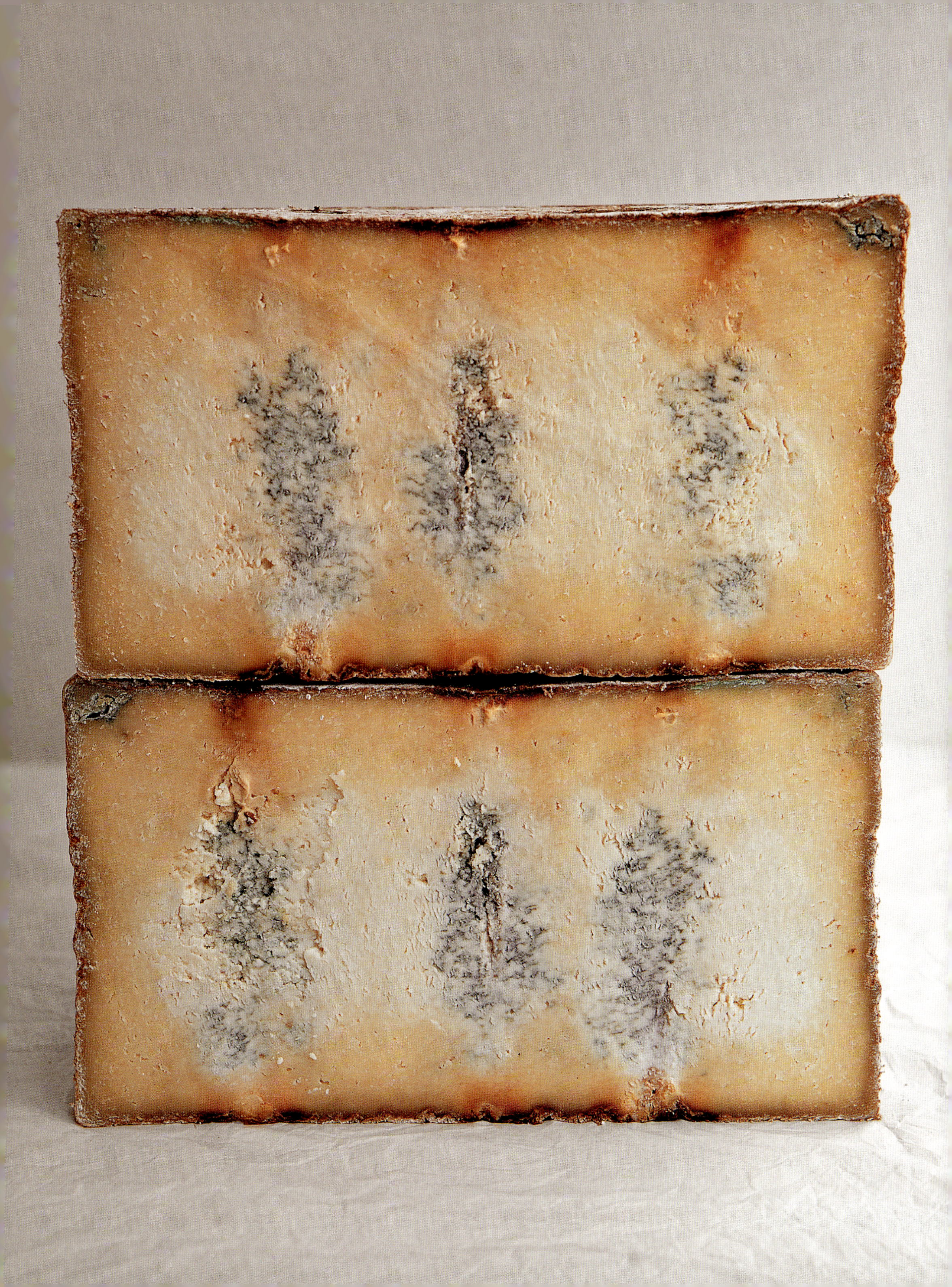

上：タランテ　中：アボンダンス　下：ブサス
右ページ
上左：グラタロン・ダレッシュ
上右：ペルシェ・ド・ティーニュまたはタランテ
中：グラン・コロンビエール
前：ペルシェ・ド・ティーニュまたはタランテ

### タランテ（Tarentais）　🐐 サヴォア

　ドラム型の山羊乳チーズで、重さは200gたらず。自然にできた表皮は、取り扱いに注意が必要である。白と灰色または青色のカビは良いが、最初の段階で特に多くみられる、チーズ全体を覆う濃い黄色または金色のカビは好ましくない。この表皮に現れる反応を見極めることは、時に難しい。湿度が高すぎる場所においておくと風味に影響が及び、苦みが出てしまうが、白と青のカビが金色のカビの表面に出ている場合、きめが細かく、砕けやすく、新鮮な木の実の味わいのある、素晴らしいチーズになっている。山羊は、春の終わりから夏にかけて、農場のまわりに露出した岩肌で餌を探す。このチーズが手に入るのは、秋の初め以降だ。

### アボンダンス（Abondance）　🐄 オー＝サヴォア

　このチーズの名前は、渓谷と使用する牛乳の牛の品種にちなんでいる。14世紀に、スイス国境近くのセント・マリー・ダボンダンス・モナステリーの修道士が作り始めた。スイス国境に向かって広がるオート＝サヴォアの北部にあるアボンダンス谷の高地だけで作られる、アルチザン・チーズである。農場製のチーズは、アボンダンス・デ・サヴォアと呼ばれ、パルメラン山脈の周辺で作られており、タリーヌ種、モンベリアルド種、そしてとても美しいアボンダンス種の牛の乳が使用されている。熟成期間は約12週間だが、さらに時間をかけると、風味は実に豊かでフルーティに、食感はとろけそうに軟らかくなり、そして生のヘーゼルナッツのような苦みのある木の実の味が生まれる。晩春に作られたチーズが食べられる冬の終わりが、このチーズのもっとも美味しい時期である。

### ブサス（Besace）　🐐 サヴォア

　ドーム型で重さが約200g、上質なムスリンの中でカビを生えさせるチーズである。見た目には分からないほどの薄い表皮、フレッシュで刺激のある味、花の香り、ほどよく砕けやすい食感を持つ。若いときは愛らしいチーズだが、熟成して少し乾燥すると濃密になり、まろやかな木の実の味わいが生まれる。晩春から夏にかけてのみ手に入る。

### グラタロン・ダレッシュ（Grataron d'Arêches）　🐄🐐 サヴォア

　ボーフォールタン地域の中心部のアレッシュ村で作られる、ソフトで表皮を洗浄した約200gのチーズである。牛か山羊の乳を使うが、山羊乳で作ったものの方が希少である。
　生産時期は、あちこちで花が咲く牧草を山羊が食べられる、春から秋に限られている。このチーズは軟らかいがはっきりとした風味があり、ピリリと刺激のある白ワインか、軽めのガメイ種の赤ワインが、もっとも合う。

**ペルシェ・ド・ティーニュまたはペルシェ・ド・タランテ
(Persillé de Tignes/Tarentais)** 🐄 サヴォア

山羊乳のチーズだが、不足すると不定量の牛乳を加えて作る。山羊や牛が外で餌を食べられる春から秋にかけて手に入る。重さは約1.5kgで、ウェンズリーデールを小さくしたような形だ。クラスト（堅い表皮）には、ところどころに薄い灰色と白のカビが生えている。ざらりとした食感に、鋭い果実味と、ブルーチーズのような風味が、ごくわずかに感じられる。若いうちに食べると、鋭く、クレーム・フレッシュのような風味が美味しいが、少し熟成させると、より強い味わいが前面に出てきて、ブルーチーズの味わいがはっきりと姿を現す。

**グラン・コロンビエール・デザイヨン
(Grand Colombiers de Aillons)** 🐄 サヴォア

ボーフォールタンとボージュ地方の中心地で、山羊乳と牛乳を混ぜて作られる、もう1つのチーズである。重さは約1.5kgで、表皮は軽く洗浄されている。夏から秋にかけて手に入り、軟らかく、ベルベットのようななめらかさと、まろやかさを持つ。表皮にはかすかにカビの匂いがするが、ベタベタとしていたらチーズに苦みがある。モンドゥーズやピノ・ノワールなど、この地方のバランスの良いワインが理想的なパートナーだ。なぜならチーズの風味に含まれる野菜のようなわずかに尖った味を、これらのワインのすっきりとした味が引き立てるからだ。

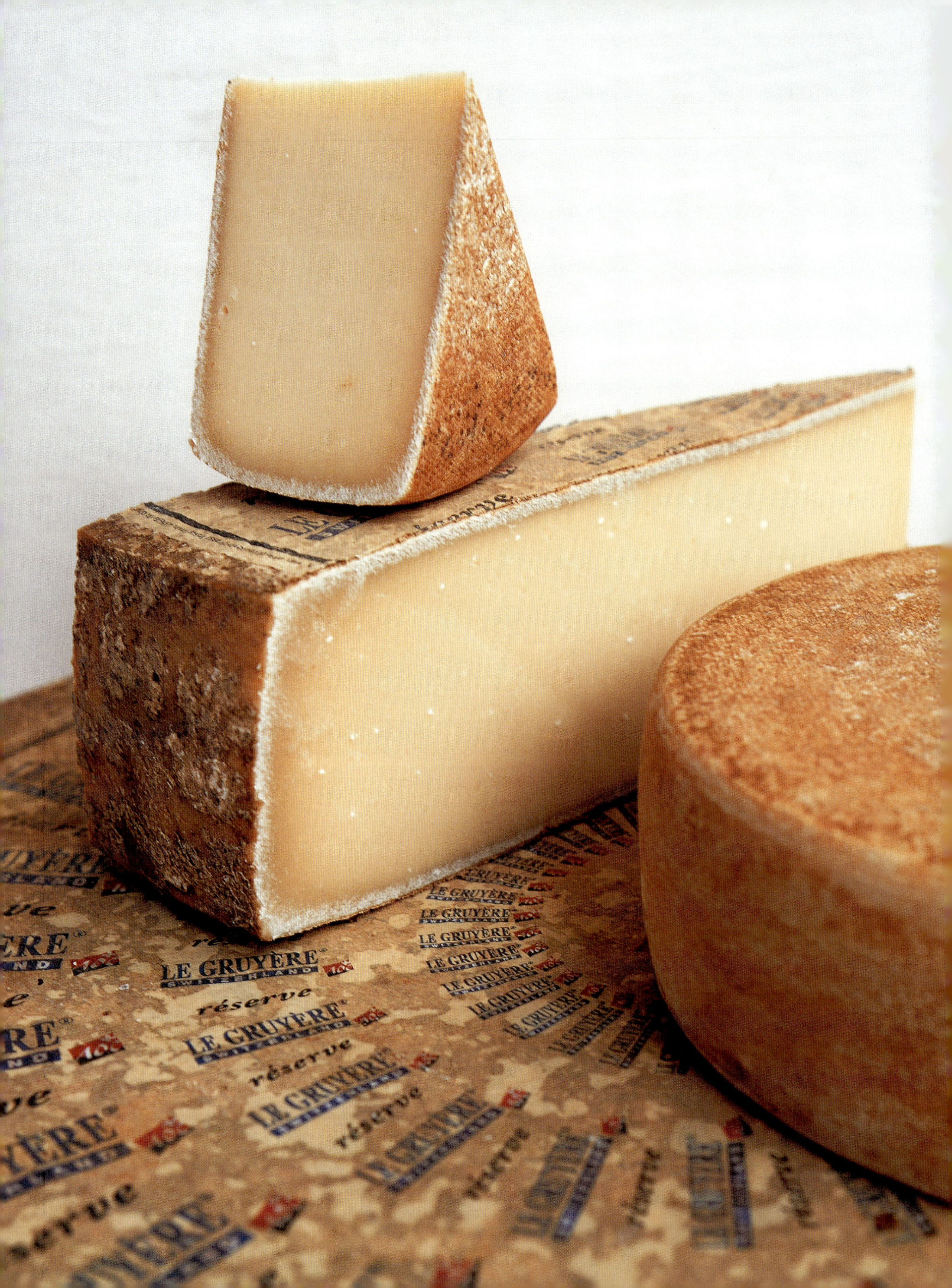
LE GRUYÈRE®
SWITZERLAND
réserve

# スイスアルプス

　高山の牧草地でスイスの牛がつけている小さなカウベルは、それぞれ音色が違い、牧夫がすべての牛の居場所を把握するのに欠かせない。スイスは山岳地帯に囲まれた、地理的に孤立した国だが、岩だらけの断崖は、穏やかな気候をも作り出しており、それはおそらくチーズ作りにもっとも適した条件といえるだろう。山々の浄水システムは、渓谷に水をしたたらせ、貴重なミネラルが土壌の養分となる。夏の間に標高の高い丘陵地で作られる、大きなグリュイエールやエメンタールが特に美味しい理由はそこにあるだろう。13世紀以降、家畜に草を食べさせる権利や通行させる権利が、複雑化し、結果として共有の牧草地が私有化されてしまったため、多くのチーズ生産者が、他のヨーロッパの平地や、アメリカやオーストラレシアに移住を余儀なくされた。高山を使用する権利は、何世代にもわたって一族の中で継承され、単一か2つの家族、あるいはその地域で農業を営む家族全員で運営する、アルプ共同体によって所有されている。すべての高山は「ガイザー（geyser）」すなわち、その土地を守るために、一定の数の牛その他の動物しか、夏の間に草を食べることができないことになっている。

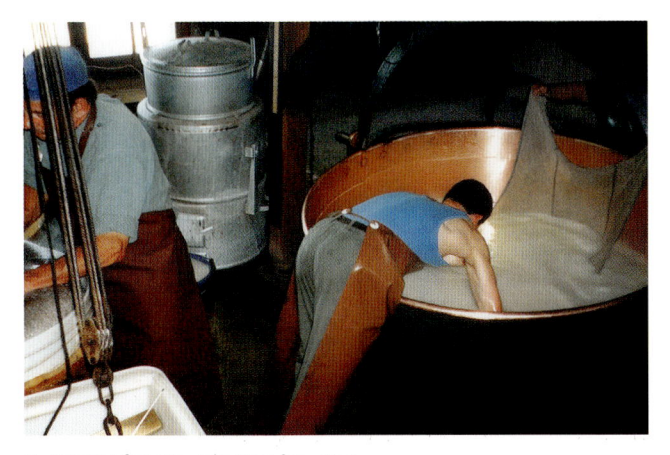

スイスアルプスでチーズを作るピラー父子

フリブール州のシャルメー山地の景色

## グリュイエール（Gruyère） 🐄 フリブール州

　重さ32〜40kgの高山産のチーズで、6月から9月の間に、シャルメーのピラー家など、個人経営の小規模なチーズ生産者が、山小屋で伝統的な手法と道具で作っている。まるでトーストのような風味と良い香りは、低温殺菌していない牛乳を大きな銅製の釜に入れ、薪の火で温めることによって生まれる。1日に作られるチーズの数は2つだけで、熟成期間は12ヵ月以上だが、より長く保存することで、コクと果実味が強まる。グリュイエール村の近くにあるル・クレ・スル・セムサールでは、ジーン・マリー・デュナンドがチーズを最大2年間熟成させて、風味に果実のような力強さと、ざらりとして砕けやすい食感を生みだしている。このチーズは、昔ながらのフォンデュに使われる。あるいは白ワインとともにそのまま食べると、エレガントな食後のしめくくりとなる。

## アルプカーゼ・ルーヴェン（Alpkäse Luven） 🐄 グラウビュンデン州

　ダニー・デュルは、自分の祖父や父のようにチーズを作るために、グラウビュンデン州の高山地域にある故郷の町ルーヴェンに戻ることを決断した。ただし彼は、古い伝統的なハードチーズであるトッゲンブルグのレシピを変えて、彼独自の個性を持ったチーズを作りたいと考えた。ダニーはチーズに特殊な塩水の洗浄を行ってクラスト（堅い表皮）を深い黄土色にしたほか、エメンタールの伝統的な生産者である父から技術を学んだ。そして、これまでよりはるかに硬く、きめが細かく、重さは約5kgで、果実と木の実の風味がより強く、他のスイスチーズよりずっと土の香りが強いチーズのレシピを採用した。その大半は、地元とスイスにある1、2軒の有名レストランに販売されている。願わくば熟成スペースを拡大して、世界の他の場所で販売できるほど十分な量のチーズが作れるようになってほしいものだ。

左ページ
上：アルプカーゼ・ルーヴェン　下：グリュイエール
右：アルプカーゼ・ルーヴェン

アルプス　95

上左:ル・スー=ボワ　上右:アルプ・ベルグケーゼ
中左:エティヴァ・グリュイエール
中右:シャトー・デルゲール　下:エメンタール

い時期が食頃だ。ジュネーブ湖やボー周辺の美味しいワインが、密度が高く濃厚なこのスイスチーズ、特にエンショズ家が作ったル・スー=ボワを、もっともよく引きたてる。

### アルプ・ベルグケーゼ (Alp Bergkäse)
グラウビュンデン州クール

このチーズはルーヴェン（p.95）に似ているが、ルーヴェンが1軒のチーズ生産者が自家農場の牛乳を使って生産するのに対して、アルプ・ベルグケーゼは、複数の農場がクラブを組織し、生産者を雇って夏にアルプス山中の山小屋でチーズを生産するため、手に入りやすい。熟成期間は1年以下の、季節性の高いチーズである。

### エティヴァ・グリュイエール (Etivaz Gruyère)
ヴォー州

この希少なチーズは、銅製の釜を薪の火であたためる、伝統的な手法で生産されている。1930年代に、農場とチーズ生産者の集合体が、グリュイエールチーズの管理の制限から離れ、より古い放牧方法や技術を採用する「本物の」グリュイエールチーズを作ることを決断した。

夏から秋の初めにかけて、乳牛たちはレ・ディアブルレの氷河とジュネーブ湖のブドウ畑の間にある130を超える高山で草を食べる。チーズの熟成は現代的な貯蔵庫で行われる。チーズ作りはすべて山小屋で行い、実に複雑な果実味とコクのある味わいを作り出す。重さは約18kgで、実際の価値に比べて少し値段が高い。

### シャトー・デルゲール (Château d'Erguel)
ベルン州バーニーズ・ジュラ

カンプフ家は、牛が1年のうち8ヵ月も屋外で草を食べることができる、標高1300メートルのシャスラルにある、最高の牧草地を使って放牧し、クルトラリーにあるフロマジェリーでこのチーズを作る。寒い時期になると牛を屋内に入れ、干し草と補足用の乾豆だけを食べさせる。シャトー・デルゲールはこの地方のもっとも古いチーズの1つである。重さは約7kgで、スパイシーな風味が十分に引き出されるまで、5-6ヵ月間熟成させる。

### ル・スー=ボワ (Le Sous-Bois)　ヴォー州

エンショズ家は何世代にもわたって、ペデノー地区ヴォー州の高山にあるロシニエール村で暮らし、働いている。彼らは完全なる有機農場を営むほか、羊の群れを飼っている（スイスでは珍しい）。スイスのヴァシュランを生産するチーズ生産者らは、ル・スー=ボワはヴァシュランにとても似ていると考えているが、ヴァシュランより小さく、表皮に粉のようなカビがついているところが違う。使用する牛乳は低温殺菌されておらず、またエンショズ家は自分の農場の牛乳しか使用しない。

150gほどのこの小さなチーズを包む松の樹皮は、チーズの劣化を防ぎ、まろやかで木の実の香りや、樹脂のような風味を強める。熟成室の湿度は非常に高く、表皮にカビをはえさせるだけでなく、熟成も促す。そのため、風味の刺激や土の匂いがとても強くなる前の、熟成が浅

## エメンタール（エメンターラー）(Emmentaler) 🐄 ベルン州

重さ100kgのエメンタールは、世界最大のチーズだ。高地で作られ熟成したエメンタールは、表皮の色が濃い。ベルン州のアルパージュの乳（高地で放牧した牛の乳）を使い、18ヵ月熟成したエメンタールは、味が力強くスパイシーで、通常のものより穴が少ない。

外見はややぬれているように見える（チーズから涙のような水分がにじむこともある）。食感は濃密で噛みごたえがあり、素晴らしい木の実の風味がある。そのままカットして食べられるテーブルチーズとして最高だが、スイス風チーズフォンデュの欠かせないチーズの1つでもある。やや軽めの、すっきりとして花の香りがする白ワインを併せると、この美味しいチーズの風味がさらに引き出される。

## フルレット・デ・ルージュモン（トム・フルレット）(Fleurettes des Rougemont [Tomme Fleurette]) 🐄 ヴォー州

ルージュモンの美しい谷間を拠点に、チーズを生産しているミッシェル・ベルーは、スイスのチーズ作りの世界で象徴的存在である。彼が作る小さなチーズは成功をおさめ、スイスで作られるチーズがグリュイエールだけでないことを示した。軟らかく、重さ170gほどで、四角の角を取ったような円盤型をしている。低温殺菌しない牛乳を使い、14日間の熟成で粉っぽいカビを軽く生えさせた、ソフトタイプのチーズである。絹のようになめらかで、とけそうな生地は、木の実のような風味があり、軽く土の匂いがする。これとは違うタイプの、分厚く、力強く、重い、スイスチーズのチーズボードに添えるのに最適である。ワインは赤でも白でも素晴らしくよく合う。

## スティルシッツアー・シュタインザルツ (Stillsitzer Steinsalz) 🐄 トッゲンブルグ、ゲーヴィル

ティルジッター・スタイルのチーズで、重さは約4kgある。生産者のステファン・ブーラーは、チーズの熟成や生産方法に独自の生産方法を用いる、反逆者の1人である。チーズ作りのための乳酸菌の培養物を購入するスイスの他の生産者と違い、彼は自家製のスター ター（乳酸菌）とレンネット（凝乳酵素）を使ってチーズを凝固させる。またステファンは、未処理の海塩でチーズを洗浄する。これは高価であるが、チーズに濃厚で深い最高の果実味とややざらりとした食感を生みだす。

## ウンテルヴァッサー（Unterwasser） 🐄 ザンクト・ガレン州

このチーズは、シュタデルマン家がトッゲンブルグ地方ウンテルヴァッサーという地区で作っている。彼らはティルジッター・コンソーシウム（共同体）から離脱して、オーガニックなチーズ作りを目指した。それ以来、幅広くチーズを作っているが、その中の1つがウンテルヴァッサーで、重さは約8kgである。このタイプのチーズはみな同じ味だと思う人もいるかもしれないが、地域が違えば牛乳にも明らかに違いがあるし、チーズ生産者は生産工程で独自のスタイルをとりいれて、個性的な味のチーズを生みだしている。トーマスは、数年前に父親から乳製品生産業を受けつぎ、情熱と熱意を持ってチーズ作りを率いている。

## ラクレット（Raclette） 🐄 グラールス州

スイス産のラクレットはフランス産よりずっと力強く、2つのスタイルがある。トッゲンブルグ産のラクレット・バーゴフは、濃密な食感のしなやかなチーズで、すぐにとける。グラールス州のアルプ・ルーザー＝シュロスリのアルプ・ラクレットは、ミューレバッハあるいはエンギーの高山地方で生産されており、塩水の洗浄と約5ヵ月の熟成で、よりがっしりした食感を持つ。木の実や燻製のような風味を持ち、他のラクレットとはまったく違う食感である。このスタイルのラクレットは、溶ける時の香りもはるかに力強く、より土の匂いがする。

## アルプ・コーシュラッグ (Alp Kohlschlag) 🐄 ザンクト・ガレン州

コーシュラッグは、メルス＝サルガンスのすぐ北、チューリヒより約1.5時間の場所に位置する。このアルプ（高山の放地）は共同体で、真夏の牧草地をチーズ作りのために毎年貸し出す。約50頭の牛が、ふもとの村に散らばる農場から集まり、シーズンの訪れと同時に、半分の高さまで連れて行かれ、のどかな放牧風景が始まる。夏が進むにつれて、チーズ生産者は牛を山小屋とチーズ作りの施設があるさらに高い場所まで連れて行く。数週間後、成形したチーズをふもとのメルズに運び、チーズの熟成に適した高い湿度と安定した気温の環境を持つ大きな洞窟で、冬の間ずっと熟成させる。高山のチーズはザンクト・ガレン州で作られる他のチーズよりやや大きく、熟成3ヵ月より販売される。

上から順に、フルレット・デ・ルージュモン、
スティルシッツアー・シュタインザルツ、ウンテルヴァッサー、
ラクレットの断面、ラクレットの表皮、アルプ・コーシュラッグ

アルプス

写真上、上から：シムディン、フォルマイ・デ・ムット、ブランツィ
右ページチーズ上から：シムディン、フォルマイ・デ・ムット、ブランツィ

左：トレンティーノの田園地帯　右：熟成するチーズ

# イタリアアルプス

　アルプスの山脈にそった各国には、多くの国立公園と保護地域がある。ローヌ・アルプ地方のヴァノワーズ国立公園は、フランスとイタリアの国境沿いにあり、モンブラン・トンネルを抜けるとすぐに、グラン・パラディーソ国立公園につながり、トリノやミラノといった都市も遠くない。ヴェーリャ・デヴェーロ公園は、天然の高山地域で、特に牧草地が保護されている。地元で3種類の高山チーズが生産されているが、ピエモンテや海外にも輸送されている。ステルヴィオ国立公園は、イタリア最大の高山地域で、数多くの村落、小さな町、牧場がある。色が薄く小さな穴があいた生地で、山羊乳を混ぜた、アルバレードの渓谷やソンドリオの高山の牧草地で作られる夏のチーズ、「ビット」から、比類なく美しい地方のヴァルテッリーナの丘陵地で作られるチーズまで、多くのチーズが作られている。

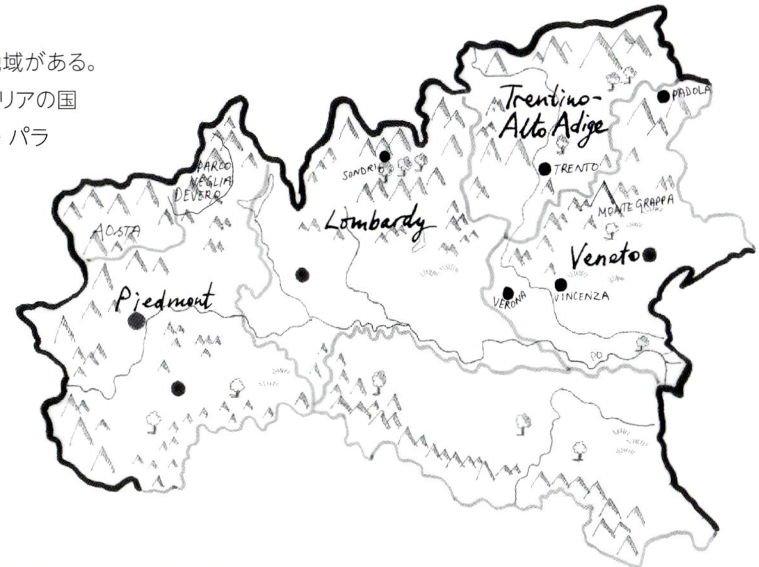

### シムディン
### (Scimudin) 🐄 ソンドリオ

　軟らかくてコクがありクリーミーなこのチーズは、ソンドリオ地方のあちこちで作られているが、コモ湖の北の孤立した場所ヴァル・コデラで山羊乳版のシムディンを作っている農場も数軒ある。重さは約1kgで、乳にクリームを加えて加熱し、ペニシリウム・キャンディダム（Penicillium candidum）を加えて、白いカビの生えた表皮を作る。濃厚でバターのような食感はクロテッド・クリームに似ているが、熟成させると、さらに液体のようになり、木の実の鋭い風味が生まれる。晩秋のチーズがもっとも濃厚でなめらかだ。この地方で作られるヴァルテッリーナのワインか、木の実の香りがほのかにするピノ・ノワールが最高のパートナーとなる。

### フォルマイ・デ・ムット
### (Formai de Mut) 🐄 ロンバルディア

　このチーズの名前は、地元の方言で山や高山を意味する。そしてこの言葉は、ブランツィと似たシンプルで軽い花の風味を持つ、用途の多いこのチーズを正確に表している。熟成が若い時は、厚さが薄く、外皮の色が薄く、打ち延ばすことができるほどしなやかだが、熟成中に塩水をぬりつけると、なめらかな表皮の色が濃く、とても堅くなり、果実の香り高い美味しいひときれとなる。地元地域では、このチーズをグラタンのほか、スープやシチューのトッピングやフォンデュータ（チーズフォンデュ）に使う。長く熟成したものは、食事の最後にテーブルに出される。

### ブランツィ(Branzi) 🐄
### ロンバルディア

　重さ12kgのセミハードタイプのこのチーズは、熟成が進むと砕けやすくなる。夏のチーズは、高い山の上にある酪農場で作られ、塩を加えられるが、冬のチーズは谷間の酪農場で作られ、塩水に漬けられる。冬は牛の餌がよく管理されているため、冬の牛乳は繊細な風味と味を持つ。夏は牛は放牧で草を食べるため、チーズも力強く、草の香りが良い。素晴らしいテーブルチーズだが、ポレンタには単独で添えられる。そのシャープな木の実の香りは、料理の味をぐっと引き立てる。

アルプス　99

### フランツェダス・アルペジオ
(Franzedas Alpeggio) 🐄 ヴィチェンツァ/トレント

このチーズは夏の間にだけ高い山の中で作られる、希少なチーズの1つである。平たい石のような形で、カードを布でくるみ、棚に並べて乾燥させてから、山小屋につるして熟成させる。果実の香りが強く、堅く、結晶化したざらりとした食感を持つ。

### アジアーゴ・プレッサート
(Asiago Pressato) 🐄 ヴィチェンツァ/トレント

ヴィチェンツァとトレントの低地で作られるシンプルなチーズ。甘み、木の実、ミルクの風味を持ち、弾力性があり、穴があいている。重さは約12kg。複雑過ぎるチーズを好まない人にぴったりのチーズである。熟成するにつれて、より乾燥して砕けやすくなるとともに、塩気とざらりとした食感が強まるアジアーゴ・チーズである。

### カルニア・アルトブット・ヴェッキオ
(Carnia Altobut Vecchio) 🐄 パドラ

ベッルーノ県の地方自治体コメーリコ・スペリオーレで作られる、長く熟成させたチーズである。重さは6kgで、熟成が若い時はまろやかで繊細な味わいだが、熟成するにつれて果実と樹液のような風味が加わり、きめのこまかい生地に小さな亀裂が入り始める。塩水が入った桶につけてから熟成させ、熟成中は塩水をこすりつける。保存しやすく、気温の低い季節は冷蔵庫の外でも保管できる。

### グラーナ・ヴァル・ディ・ノン（トレンティングラーナ）
(Grana Val di Non [Trentingrana]) 🐄 トレンティーノ

グラーナ・ヴァル・ディ・ノンは、グラーナチーズの原産地名称保護を管理するコンソーシアムの傘下にあるが、表皮に独自のマークをつけて、トレンティーノ産であることを示している。

パルミジャーノ・レッジャーノとほとんど同じ方法で作られるが、熟成すると小さな「目」がチーズ全体に散らしたように生じる傾向にある点が違っている。またパルミジャーノ・レッジャーノとの大きな違いの1つは、牛が自由に放牧されていること、特にトレンティーノ地方の高山の牧草を食べており、パルミジャーノのように餌に関する規定が厳しくないことである。

グラーナ・ヴァル・ディ・ノン（トレンティングラーナ）の風味は濃厚で、砕けやすく、果実味があるが、パルミジャーノ・レッジャーノほど強くない。用途が広く、料理用にもテーブル用にも使える。鋭い辛口の白ワインが完璧なパートナーだ。辛口の発泡酒プロセッコもよく合う。

下：フランツェダス・アルペジオ

右ページ：上左：**フランツェダス・アルペジオ**　上右：**アジアーゴ・プレッサート**　中左：**カルニア・アルトブット・ヴェッキオ（断面と表皮）**　中右：**アジアーゴ・プレッサート**　下：**グラーナ・ヴァル・ディ・ノン**

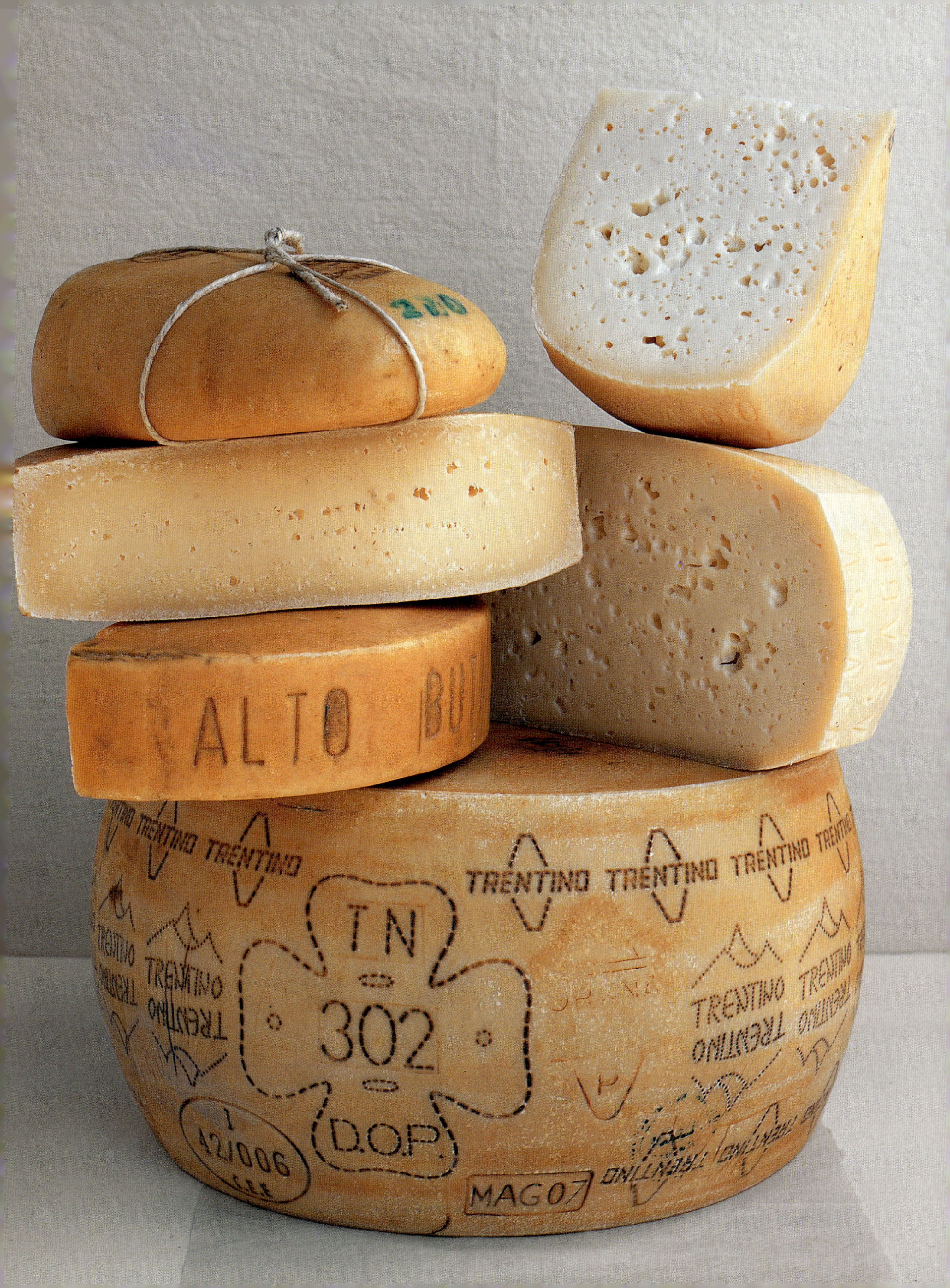

280
ALTO
TRENTINO
TN
302
D.O.P.
42/006
MAG07

## グラッソ・ダルプ・ブカーニャ
(Grasso d'Alpe Buscagna) 🐄 ヴェーリャ・デヴェーロ公園

　グリュイエールに似たトーマ系のチーズである。グラッソ、ロドルフォ、アルペジオは、アルチザンチーズらしいきめの粗いクラスト*を持つ。

　高山の牧草地「アルプ」には必ず、乳をチーズに変えるチーズ生産者がいて、そのチーズはアルプの名前がつけられている。このチーズが作られる特別な放牧地域（ダルプ・ブカーニャ）は、絵のように美しい高山地域で、スキーよりスノーシューが盛んである。また小さな村落が道沿いに点在し、その風景は何百年も前からほとんど変わらない。オッソラーナとスタイルが似ているが、よりなめらかな食感で、アルチザンスタイルの表皮の粗さも控えめである。軽食によいほか、フォンデュータ（フォンデュ）またはグラタン用に熱して使っても良い。

## トーマ・オッソラーナ・アルペジオ
(Toma Ossolana Alpeggio) 🐄 ヴェーリャ・デヴェーロ公園

　重さ約5-7kgのもう1つのトーマである。ただしアルペジオは生地の色が濃く、果実の風味が実にきいている。それは山腹で手作業で搾乳するという、もっとも基本的な条件で作られたチーズだからだ。

　噛みごたえのある食感はスイスチーズと似ているが、より油分が感じられるほか、小さな穴が散らばっているところが違う。放牧の権利を厳しく監視して草花が消失するのを防ぐ保護地域で生産されている。

## トーマ・オッソラーナ・ロドルフォ
(Toma Ossolana Rodolfo) 🐄 ヴェーリャ・デヴェーロ公園

　このチーズは、高山で作られるトーマで、熟成期間が長く、アルペジオとは少し違う作り方がなされている。生産地はヴァルドッソラの山の牧草地で、金色のワラのような色をした生地は、アルペジオよりやや軟らかく、かみしめると旨味があり、粗いクラスト*を持つ。

　重さは約5-7kgで、シンプルな味わいを持ち、食後にフルーツではなくクルミかヘーゼルナッツを添えて食べると良い。

## バスタード・デル・グラッパ／モルラッコ・デル・グラッパ
(Bastardo del Grappa/Morlacco del Grappa) 🐄 モンテ・グラッパ山地

　トレヴィーゾ県、ベッルーノ県、ヴィチェンツァ県にまたがるモンテ・グラッパ山地や、グラッパ川に名前の由来があるチーズである。この地方に牧草地は乏しく、このチーズに利用されていたブルリーナ種よりも、泌乳量の多いフリージアン種またはブルーナ・アルピナ種の牛が多くなった。そのため、牧草地が乏しいために、1年に何度かモルラッコ地域以外から牛乳を調達しなければならなかった時のチーズをバスタードと呼ぶ。一部脱脂乳を使用しているが、以前には脱脂乳だけを使い、クリームはバター作りに利用していた。きめがこまかく、堅くて乾燥した表皮は、塩水で洗われ、こすられる、通常の山のスタイルで、ぎっしりつまった生地には、針先ほどの穴が散らばっている。熟成期間は6ヵ月以上だが、より熟成させたものは（最大2年）、味が力強いため、少量ずつ、あるいはおろして食される。

　熟成の若いチーズには、ヴァルポリチェッラの赤ワインが合うが、私はより熟成させたチーズに、シェリーのような甘みをもつデザートワインのレチョート・ディ・ソアヴェか、深い複雑さを持つ上質なアマローネを合わせるのが好きだ。

## モンテ・ヴェロネーゼ・グラッソ
(Monte Veronese Grasso) 🐄 ヴェローナ

　重さ約6-9kgで、脱脂乳を一部使ったグラッソ・チーズは、6ヵ月以上熟成したものが、優れたテーブルチーズとして、北イタリア一帯でよく知られている。

　美しく熟成が進み、味が強烈過ぎたり苦みがあったりせず、砕けやすい食感、果実味、木の実の風味がある。ヴァルポリチェッラの軽くてフルーティな風味が、この美味しいチーズに素晴らしくよく合う。

左上から順に：トーマ・オッソラーナ・アルペジオの断面、表皮、トーマ・オッソラーナ・ロドルフォ、グラッソ・ダルプ・ブカーニャ
右ページ　後列上から：バスタード・デル・グラッパ、モンテ・ヴェロネーゼ・グラッソ、グラッソ・ダルプ・ブカーニャ、モンテ・ヴェロネーゼ・グラッソ
前列上から：モルラッコ・デル・グラッパ、スタンゲ・ディ・ラグンド

＊クラスト：堅い表皮

### スタンゲ・ディ・ラグンド
### (Stanghe di Lagundo) 🐑 トレヴィーゾ

　表皮を洗った、セミハードタイプのシンプルなチーズで、トレヴィーゾの丘陵地の高地に位置するヴェロウ、リオ・ラグンド、ラブラ、パルチーネス、テーブル・マウンテン、ソーレ・ディ・ナトゥルノの農場で生産されている。重さ約2kgの断面が四角いローフ型で、ウォッシュされた軟らかなピンク色の表皮は、不快ではないカビの香りがあり、他のウォッシュタイプの表皮と違って、農場のような匂いはしない。ミルクの味には甘みさえ感じられ、薄く切ってサンドイッチにしたり、パスタやポテトにのせてとけたところを食べると最高で、ボリュームのある食事となる。このチーズの登場は、より硬いものが多い高山地帯のチーズの喜ばしい変化である。
家族用に人気が高い。

アルプス　103

# フォンティーナ

ヴァッレ・ダオスタでもっとも有名なチーズが、フォンティーナである。
この地域には美しい岩場、雪を頂いた山々の景色、農場やぶどう畑に適した肥沃な谷間がある。

### フォンティーナ（Fontina）　アオスタ

　アオスタで作られるとても有名なチーズで、弧を描く「ウェストライン」や、塩水で軽くこするように洗ったクラストが、フランスのアボンダンス（p.92）に似ている。非常に人気が高い大量生産品もあるが、山の酪農場で作られたものの評価はさらに高く、ただし作るのが難しい。

　単一の搾乳で得られたヴァルドスターナ種の牛乳を使用するため、チーズは1日に2回作られる（搾乳は通常、1日2回行われるため）。脂肪を取り除かず（このチーズを作るのが難しい理由の1つは、高い脂肪率だろう）、36度以下で加熱し、天然のレンネットを加える。それから約50分おいて凝固させ、できあがった軟らかなカードをまぜて、ざっと形をくずし、静置する。それから再び細かく切り、バットの底に入れてもう一度静置する。この時点でカードは、まだ加工できるほど温かい。バットから取り出す準備が整ったら、ムスリンの布を広げてカードの中に入れてすくいあげ、木製の枠に入れる。最初は手作業でホエイを押し出し、それから12時間重いおもりをのせて圧搾する。その間、ホエイが均等に押し出されるように、定期的にチーズの上下を返す。

　それから塩水につけ、熟成室に入れて塩を加え、1日おきに塩水をこすりつけるようにして洗う。加塩と塩水による洗浄とブラッシングを繰り返す過程、熟成室の湿度と温度にも促され、クラストが形成されて金色がかった茶色い色が鮮やかになる。その間に、チーズは2％の塩分を吸収する。

　熟成室は、地下蔵や洞窟、山に隠されていた昔の軍隊の基地などが使われる。古い銅の採掘場を使っているケースもある。空中の天然の微生物叢やミネラルも、チーズの風味を作るのに一役買っている。

　重さは約8-12kgで、果実味や力強さを感じる一歩手前の甘い風味がある。熟成が進んだものは、噛みごたえがあり密度が高い。またフォンティーナは、イタリア風フォンデュである「フォンデュータ」にぴったりの溶かして食べるチーズで、ピノ・ノワールなどの軽めの赤ワインや、同じようにフルーティかつ辛口のワインを組み合わせると良い。

左：フォンティーナの表皮
上左：アオスタの風景、上右：アオスタ渓谷から見えるモン・ブラン
右ページ：切り分けたフォンティーナ

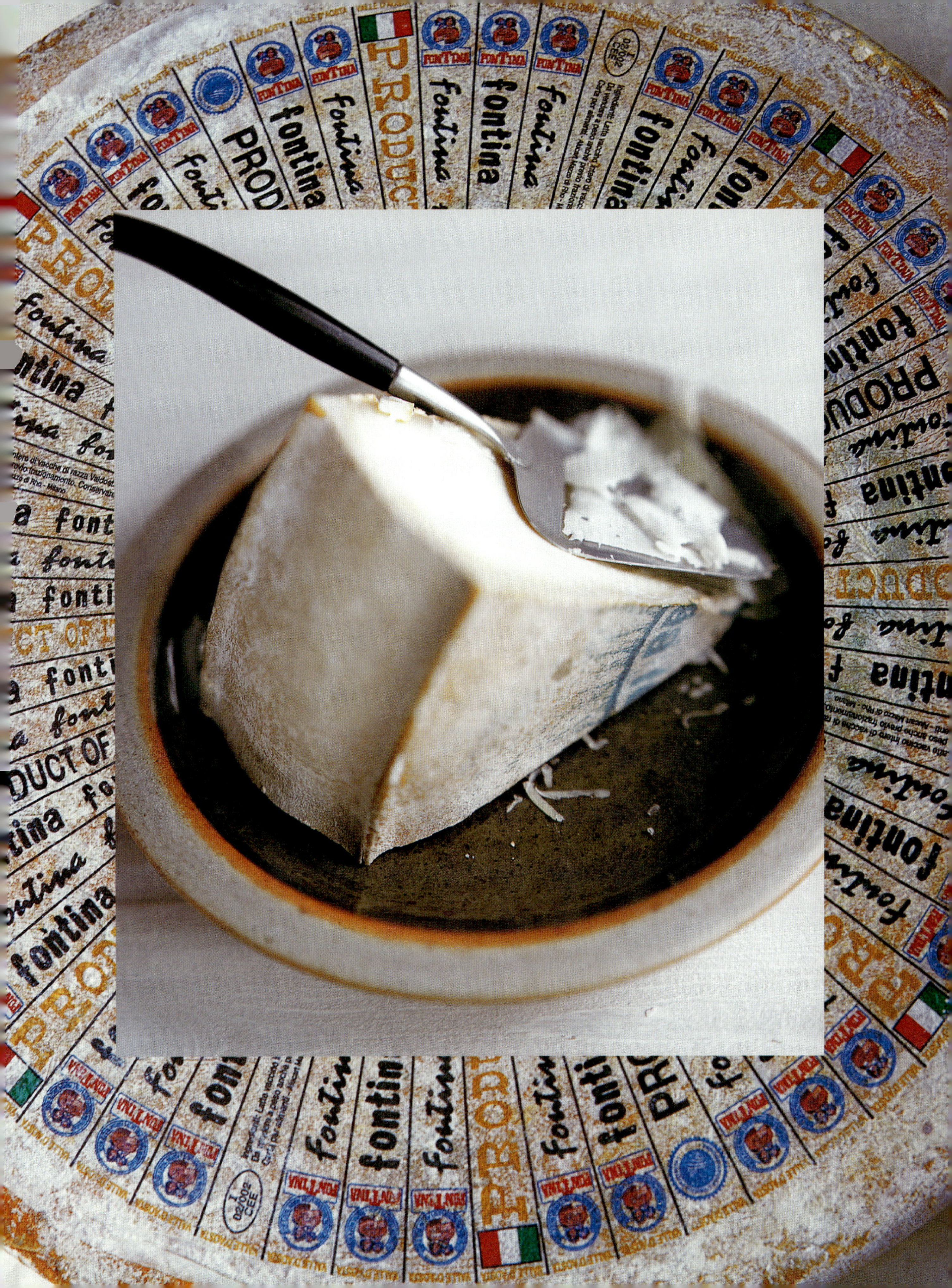
fontina
FONTINA

上から：ロマドゥール、バーヴァリアン・ブルー、ブッターケーゼ、アルプ・ベルクケーゼ、アデレガー・ウルバーガー

# ドイツとオーストリアのアルプス

アルプスの旅の最後は、ドイツとオーストリアの、中央高地のシュヴェービッシュ・アルプとフレンキッシュ・アルプ、ヴァーベン、ブラックフォレスト、オーストリアとスイスの国境にある、ババリアとバーデン＝ヴュルテンベルクのアルパイン・フォアランドに入る。チーズ作りは、アルプス地方をはじめとして、近年、急成長をとげている。もしあなたが、ドイツのチーズはすべて工場製の頑丈なタイプだと思っているなら、嬉しい驚きを得られるだろう。

私のアルプスの丘陵地や高山の牧草地への初めての旅は、新しい事実が明らかになる旅だった。チーズ生産者は、誰もが友好的だっただけでなく、海外に彼らの製品を紹介する市場があることを喜んでくれたからだ。この地のチーズには、アルプス・トレール沿いの他の国々のチーズと類似点があるが、注目すべき相違点は、ウォッシュタイプの表皮と刺激の強いチーズがあることだ。いずれのチーズも、ドイツのもう1つの素晴らしい生産品である、軽いタイプから苦みのあるタイプまで揃ったビールによく合う。

## ロマドゥール（Romadur） アルガウ

ケーゼライ・ブレーメンリート協同組合は、地元の12の酪農場からなり、受賞歴のあるエメンタール（エメンターラー）や美味しいロマドゥールを作っている。レンガ型で重さは約650gで、表皮を何度も洗って、ロッチュミエ・バクテリアを発生させ、有名な、刺激のある香りを作る。基本的に、塩水で洗い、岩塩を何度もこすりつけてできる表皮は、ベタベタしたオレンジ色である。軟らかくバターのような風味と、木の実の匂いを持ち、ビールの最高のパートナーとなる。

## バーヴァリアン・ブルー（Barvarian Blue） バート・オーバードルフ

ヒンデラングのアルプ・エングラッツガンドの山腹にある、オーベル・ミューレ協同組合が作るブルーチーズで、重さは2.5kgで、カードにペニシリウム・ロックフォルティ（Penicillium roqueforti）というカビ菌を混ぜて作られる。このチーズは、1902年にベイジル・ウェイクスラーが、好物だったロックフォールに比肩しうるチーズを作ろうと考案した。しかし、バーヴァリアン・ブルーはまったく違うチーズである。よりクリーミーかつ濃厚で、まろやかな木の実の風味は、トーストにさくらんぼのジャムと一緒に添えると、最高の朝食になる。チーズボードに加えても良い。

## ブッターケーゼ（Butterkäse） バイエルン南西部

ローフ型で、表皮がなく、通常は溶かして食べるチーズとみなされている。私は小さく切り分けてボウルに入れ、熱いスープを注ぎいれて食べるのが好きだ。ドイツ北部のチーズはとてもマイルドで食べやすいが、南部のチーズは慣れ親しんだクリーミーな食感であるものの、ピリッとした酸味がある。ラクレットが好きだが、もう少しマイルドなものが良いという人には理想的なチーズだ。家族向けで、高山地域はもちろんドイツ全土でも、欠かせないチーズだが、脂肪分が50%あるため控えめに使ったほうが良い。

## アルプ・ベルクケーゼ（Alp Bergkäse） バルターシュヴァング

フリードリン・フォーゲルは、ゼンナルプ・スピヒャハルデ酪農場で30頭のスイス・ブラウン種を飼育し、5月から家族総出で山を登って、高山の放牧地で草を食べさせ、夏中かかってチーズを作る。チーズは3ヵ月で販売できる状態になるが、より長く待つと、風味に深みが増す。また高地が草花で覆われる季節に作ったチーズは、後味がスパイシーである。

## アデレガー・ウルバーガー（Adelegger Urberger） バイエルン（バヴァリア）

イスニー・チーズは、バーデン＝ビュルテンベルクでもっとも小さく、そして最高の酪農場である。重さ7kgのこのチーズはセミハードタイプで、表皮は洗ってブラッシングされて濃い色をしている。9ヵ月以上熟成すると、コクがあり芳醇な味のチーズになる。長い熟成期間が風味を強めているが、ワインを混ぜた塩水で洗った表皮も、深い味わいを生むのに一役かっている。

アルプス　107

### ジゴロム（Zigorome）　アルガウ

　ウルリッヒ＆モニカ・レイナー夫妻は、アルガウのズルツベルグにある、ジーゲンホフ・レイナーという、小さな酪農場でともに働いている。彼らの農場は1989年に結婚祝いに2頭の子山羊と2人の子どもを授かって以来、オーガニックな運営を行っている。山羊の群れは現在は60頭になったが、作ったチーズの大半は地元で販売している。

　山羊は、日差しの明るい時期に繁殖し、たっぷりと乳を出す。日差しの弱い時期は出産の時期で、乳を出さないため、チーズ作りもできない。本物のアルチザン・チーズが季節に大きく左右されるのはそれが理由だ。最近は、家畜小屋に昼光電球をつけて、山羊に一年中人工の光をあてて飼育し、絶えず泌乳させることが多い。しかしこの方法は、春の新しい草を食べさせるか、晩夏の草を食べさせるかで違う、乳の特性を得られないことになる。

　ジゴロムという名称は、別のウォッシュタイプのチーズであるロマドゥールにちなんでいるが、重さ150gほどのこの小さなチーズは、味が洗練されており、きめが細かく、甘みさえ感じる。ウォッシュした表皮はべたついており、苦みを含むはちみつのようなスパイシーさが感じられる。バイエルン地方のすべてのチーズの中でも、動物と土地を愛することをもっとも大切にし、最高の調和を実現しているチーズである。

### エメンタール（エメンターラー）(Emmentaler)　アルガウ

　ケーゼライ・ブレーメンリート協同組合が作る、重さ90kgのこのチーズは、ドイツ中で売られている工場製チーズとはまったく違う。このモンスター・チーズは、巨大な銅製の鍋からカードのかたまりを取り出す時に、熟練した取り扱い技術と、鉄のような腕と、鋼のような意志が必要だ。通常、熟成3ヵ月から販売されるが、もっと熟成させると喜びも大きい。味は、スイスやフランスのエメンタールとは違う。放牧地に天然の泉があるため、木の実の香りが強く、果実の鋭さが風味に加わるからだ。

### ヴァイスラッカー（Weisslacker）

ヴァンゲン・イム・アルガウ

　ジブラツクフェル協同組合（右ページのティルジッターの項を参照）が作る、控えめにいっても香りが強烈な、気の弱い人には向いていないチーズである。その風味の秘密は、濃度20％の塩水に2日間漬けてから、温かい熟成室に入れ、週に2回手作業で塩をぬりつける

上左：ジゴロム
右ページ
上左：ティルジッター　上右：ヴァイスラッカー
下：ラスカス

ことにある。熟成を完了するには9ヵ月かかる。
　このチーズをサーブする時は、小さく切ってバターをたっぷりぬったライ麦パンにのせ、ブレックファースト・ラディッシュを添えて、しっかりした味のビールを合わせると良い。伝統的な食べ方では、ボリュームのあるソーセージとシュペッツレにこのチーズを添える。

### ティルジッター（Tilsiter）　ブレゲンツ
　フーベルト・エベレーが運営するジブラーツクフェル協同組合は、ブレゲンツアヴァルドの端にある絵葉書になるような美しい村々の12の酪農場から牛乳を集め、低温殺菌せずに、非常に緻密で噛みごたえがあり、苦みよりも好ましい酸味がほのかにあるチーズを作る。朝食に、トーストした穀物入りまたはライ麦入りのパンと、焼いたハム、硬くてやや青いトマトのスライスと一緒に食べるとき、このチーズの酸味のある風味は欠かせない。ビールにもよく合う。力強い風味の麦のビール、濃い色のライ麦のビール、あるいはブロンドタイプのビールに合わせた時、このチーズのほのかな酸味が驚くほど美味しく感じられる。

### ラスカス（Rasskass）
フォアアールベルク／ブレゲンツ・フォレツ
　ドルフゼンネライ・ランゲネック協同組合のアントン・バーデルは、比較的脂肪率の低い6.5kgのチーズを生産している。熟成3ヵ月程度で若い時はラクレット（p.97）に似ており、同じ方法で食べられる。小さな穴があいており、亀裂が入っているが、高山で作ったラスカスはよりなめらかである。
　おなじみの強烈な匂いがあるが、赤ワインで洗った表皮は乾いて取り扱いやすい。風味は強く、攻撃的である。使用される牛乳は低温殺菌せずオーガニックで、放牧地の草以外に口にするのは、甘みのある干し草だけだ。
　このチーズは、ブレゲンツ・フォレストというチーズ入りパスタの主な材料である（卵を使った麺はケーゼシュペッツェレという）。ボリュームのあるとても美味しい料理で、この地方で作られるソーセージに添えられる。軽めのビールにとてもよく合う。この地方の飲料用の牛乳やバターも、並はずれて美味しい。

# イタリア

　私がチーズの仕事を始めた時は、フランスに注目していた。夏の休暇旅行も、冬のスキー旅行でも、フランスには数多く訪れていたからだ。私のフランスへの興味は薄れることはないが、イタリアのチーズについても興味を持つようになった。そしてロンドンにある奇抜なイタリアチーズ店のチーズはなぜ、プロセスチーズに見えるのか、疑問がわいた。まさか農場製のチーズがないのだろうか？　少しずつ、私はイタリアの各地域を探索し、チーズが豊富にあること、そして生産者たちがすぐ近所以外でチーズを売るなど考えたことがないことを知った。外国はもちろん、イタリアの他の地域で売ることさえ想像していなかったのである。私がありが群がるようにイタリアチーズを探究して以降、堰を切ったように、小規模に手作りで作られる数多くのイタリアのチーズが、英国や米国だけでなく世界中に広まった。

　人里離れたイタリアのことを本当に知る1つの方法は、農場に滞在することだ。イタリアではアグリツアリズムが大きなビジネスとなっており、農場がどのように機能しているかはもちろん、その地の美しさを楽しむ方法も教えてくれる。私がチーズを買う小さな農場の多くは、そのような施設を備えているほか、ブドウ畑の中には意匠をこらした宿泊施設を用意しているところもある。しかしその他はもっと質素である。アグリツアリズムは農場が熱望していた収入をもたらすほか、訪問者が立ち去り難くなり、自分でも農場の仕事を少しやってみたいと思えば、臨時の手伝いも得られる。

　フランスでは長年、「ジット」（農家などの貸家、貸部屋）の習慣が続いている。ジットでは、イタリア人が提供するような感動的な雰囲気はないが、最初から歓迎されていること、帰属感、彼らの労働の素晴らしい成果を料理し、味わい、購入する喜びを、感じることができる。

左：トスカーナの古い水車　下左：トレンティーノの熟成室
下右：生産過程のイタリアチーズ
右ページ：トレンティーノの牧草地

110　イタリア

イタリア 111

# 北イタリア

### ブルー・ディ・ランガ
**(Blu di Langa)** 🐄🐐🐑 ピエモンテ、アルバ

ワイン産地の中心地であるアルバ付近に拠点をおく酪農場で作られている。原料に牛と山羊と羊の乳を使い、ペニシリウム・ロックフォルティ (*Penicillium roqueforti*) を加えて青カビを発生させる。外皮はペニシリウム・キャンディダム (*Penicillium candidum*) をブラッシングして、白カビを生えさせる。重さは約1kg。熟成がとても早く、とけたような状態になることが時折ある。それが良さだと思う人もいるが、やや扱いづらいと感じる人もいるだろう。木の実の香りと土の匂い、少し山羊乳のピリッとした刺激が感じられる。伝統的なゴルゴンゾーラ (p. 118) とは違い、やや軽め。赤ワインも軽めのものに、とてもよく合う。

北イタリアでは、アペニン山脈やアルプス山脈のふもとから、320km離れたアドリア海まで、ポー川が圧倒的な力を持って流れている。途中、ミラノ、トリノ、ジェノヴァ、ヴェニス＝パドア、そしてポー川の恩恵を受ける都市としてもっとも有名なボローニャを通る。かつてポー川では、谷間には肥沃な農地が広がっていたが、山岳地帯の生活は苦しかった。しかし現在は、農業地域として復興し、ぶどう畑作りや観光業を発展させている。

　イタリア北部は、経済や知識の中心地であり、また歴史的に侵略者らの影響を受けてきた。チーズは、隣国のフランス、スイス、オーストリアとつながりがあり、リグリアのチーズは南仏のチーズと似ている。しかし、イタリアの旗手として突出するチーズが1つある。金色の大きなチーズ、パルミジャーノ・レッジャーノである。

　良いワインとチーズ、そしてトリュフの刺激的な香りが混じり合う、ピエモンテのパッチワークのような素晴らしい丘陵地から、中世の頃に香辛料の取引の中心地だったヴェニスまで、イタリアには探究し、味わいたいものがたくさんある。季節を問わず、イタリアは賞賛すべき何か素晴らしいものが見つけられる場所なのだ。

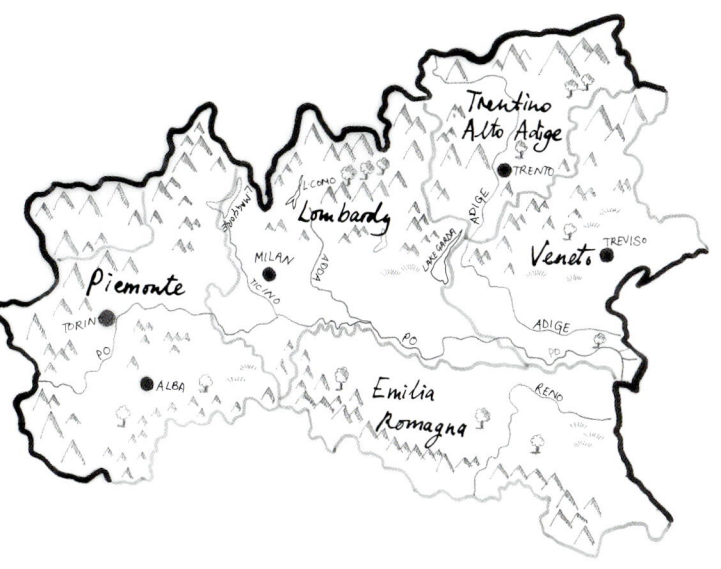

### セイラス・フレスカ（Seirass Fresca）　ピエモンテ

　繊細で軽く、ふんわりとした羊乳のリコッタチーズで、木綿の円錐形の袋に入っている。トーマチーズの生産過程で出たホエイを使い、全生乳（加熱や脱脂をしていない乳）を加えてから、加熱する。袋から出して生のベリー類を添えたり、パスタや鶏肉料理のつめものとして使う。少量の粉砂糖を加えてホイップし、クープ用グラスに入れたり、甘いデザートワインの上にふりかけると、エレガントなデザートがすぐに作れる。

左：セイラス・フレスカ
左ページ：ブルー・ディ・ランガ

イタリア

### カステルマーニョ（Castelmagno）　🐄 ピエモンテ、クネオ

　カステルマーニョは、クネオ県のモンテロッソ・グラーナ、プラドレーヴェス、カステルマーニョといったコムーネ（最小単位の自治体）で作られる、古くからのチーズである。重さは2-7kgとばらつきがあるが、大きなものがより一般的。セミハードタイプで、カビ熟成チーズで、スティルトンと同じように、針で穴をあけてチーズに空気をしみこませて青カビを生えさせる（熟成を示す雄一の証拠である）。カステロッソ（下記参照）と、とても似ているが、放牧地が非常に特殊で、入念に作られたレシピにしたがって乳を混ぜるので、より高価である。熟成がごく若いものは、私を落胆させる。砕けやすい食感と、土の匂いと苦みが風味に加わる、熟成タイプの方が好きだ。この地方で作られるバルバレスコかバローロなど、特別な赤ワインと合わせると、いっそう素晴らしい。

### マッカニェッテ・アッレ・エルベ（Maccagnette alle Erbe）　🐄 ピエモンテ、ビエッラ

　このチーズの形は何種類かあるが、最近はその大半が牡蠣やハマグリの貝殻のような形をしている。表面を覆うハーブと黒胡椒がカードに浸透するように、すじがつけられた表皮が、熟成すると貝殻のように見えるのだ。ビエッラの周辺ではどこでも手に入る。重さは500gから1kgで、材料は牛乳が中心だが、時期によって入手できる山羊乳や羊乳が加えられる。山のハーブと胡椒の風味が主人公なので、切り取らないことが肝要だ。ワインよりビールを合わせることをおすすめする。

### トーマ・マッカーニョ（Toma Maccagno）　🐄 ピエモンテ、ビエッラ

　ビエッラ市のルイージ・ロッソ家は、19世紀初頭からチーズを作っている。ピエモンテのこの地域はスキーがさかんで、ロッソ家は、斜面に小屋を持ち、通り過ぎるスキーヤーにチーズを売っている。クリーミーでコクのある美しいこのチーズは、重さが約3kgで、塩水で洗い、こすりつけて、薄い桃色になった表皮に、灰色と白のカビの斑点が生えている。セミハードの生地は果実味と木の実の香りがあり、かすかにスモーキーな甘さが感じられる。私はこのチーズと、柑橘系のピリッとした刺激のあるガヴィ・ディ・ガヴィか、より伝統的で辛すぎない赤ワインのオルトレポー・パヴェーゼの組み合わせが好きだ。

### セイラス・デル・フィエノ（Seirass del Fieno）　🐄 ピエモンテ

　セイラス（Seirass）という言葉は、ラテン語でホエイを意味する*seracium*に由来する。しかしピエモンテやヴァル・ダオスタでは、この言葉にリコッタの意味もある。デル・フィエノは、チーズが輸送する間に傷つかないよう干し草の束でくるまれていることを意味する。このチーズは他のリコッタチーズと少し違う。ホエイを沸騰させて、生乳と塩を加え、できた固形物の水をきる。風味は、チーズが半分の大きさになるまで水分をきると、はるかに魅力が増し、木の実の香りが強まる。辛口の発泡酒と一緒に合わせると面白いチーズである。

### カステルロッソ（Castelrosso）　🐄 ピエモンテ、ビエッラ

　ビエッラ近くのルイージ・ロッソ家の農場が作る、重さは5-6kgのずんぐりとしたトーマ。食感は砕けやすく、自然にできたクラストに白と灰色の美しいカビが生えている。若いときは水分が多く、ウェンズリーデールのように、ナイフを入れるとしっとりとしているが、チーズ自体はポロポロと砕けやすい。ゆっくりと熟成させると乾燥して、フレーキーな食感となる。豊かなミネラルとハーブの深みが感じられ、最後に木の実や土のような味わいがある。私は夏と秋のこのチーズをとても愛している。ガヴィなどの白ワインか、同じくピエモンテ産のレジオットのような辛口の赤ワインが合う。

上：カステルマーニョ

右、後ろから前へ：マッカニェッテ・アッレ・エルブ、セイラス・デル・フィエノ

上左：セイラス・デル・フィエノ、
上右：カステルロッソ、
下左：トーマ・マッカーニョ、
下右：マッカニェッテ・アッレ・エルベ

### カプリーノ・タルトゥフォ（Caprino Tartufo）　ピエモンテ

カプリーニ・フレスキと同じ生産者が作っているが、このフレッシュチーズには、アルバ産トリュフを削ったものがトッピングされている。独特な森の匂いは、贅沢さを感じさせるが、小さなこぶのような形の高価なトリュフを買う予算がないときは、リゾットやパスタにこのチーズをくずし入れると、本物のトリュフのエキゾチックな香りがチーズの繊細なクリーミーさと混じり合うのを感じることができる。

### カプリーニ・フレスキ（Caprini Freschi）　ピエモンテ

私は、クーネオ県の中心地、モロッツオの近く、トリノから1時間あまりの場所にある、ラ・ボッテーラが作るこのチーズを愛している。家族経営の農場は、伝統的な手法で運営しつつ、現代的な施設を備え、家族の若手は全身するために両方の文化を採り入れる必要性を理解している。その結果できあがったチーズは常に美しく、包装も素晴らしい。カプリーニ・フレスキは、繊細なたった100gのフレッシュタイプの山羊乳チーズで、はっきりとした表皮はない。軽い風味で、木の実の香りがするが、あっさりしすぎず、山羊乳のかすかな風味を感じる。シャンパーニュか香ばしい白ワインが最高に合う。

### ロビオラ・デレ・ランゲ（Robiola delle Langhe）　ピエモンテ

ワイン産地であるピエモンテの中心のボージアとアルバの間で作られているこのチーズは、ミルクの濃厚さと、優れたワインを補う繊細な風味を併せ持つ。ロビオラはこの地方全域でよく知られており、牛乳、山羊乳、羊乳を組み合わせて、むっちりとして、軟らかい、円筒形の約300gのチーズである。自然な表皮には、わずかに白カビがついている。

### トリュフ・チーズ（トゥマ・トリフレラ）（Truffle Cheese [Tuma Trifulera]）　ピエモンテ

混合乳で作るラ・ボッテーラのトリュフ・チーズは、重さが500gである。砕けやすい食感で、やや乾燥しているが、カードに混ぜられたトリュフを楽しむために必要な程度である。土の匂いがあり、香りがよい。

### フィオレ・ディ・ランゲ（Fiore di Langhe）　ピエモンテ

なめらかで繊細な生地には、粉っぽいカビが生えた軟らかな表皮が、チーズを守っている。甘みのある土の香り、木の実の風味は、熟成が若い時は軽く、繊細だが、熟成するにしたがって強まる。食後に適した、重さ180gの愛らしいチーズである。

### カプリーノ・デッレ・ランゲ（Caprino delle Langhe）　ピエモンテ

重さ90gの小さなメダル型で、自然にできた薄い表皮がきめのこまかい生地を包んでいる。アルタ・ランゲはピエモンテの中心にあり、ワインが有名である。熟成が進んで土の匂いが強まったこのチーズと、特に相性が良い。

左上：ロビオラ・デレ・ランゲ、
右上：カプリーニ・フレスキとトリュフ・チーズ、
左下：フィオレ・ディ・ランゲ、
右下：カプリーノ・デッレ・ランゲ

下の写真：カプリーノ・タルトゥフォ
右ページ　上：リコッタ・カレナ　下：グラーナ・パダーノ

**リコッタ・カレナ (Ricotta Carena)**　ロンバルディア

ロンバルディアのピアチェンツアを拠点とするアンジェロ・カレナの小さな農場が作るチーズ。アンジェロは、原産地呼称保護制度認定（DOP）を受けた、パンネローネというチーズで有名だが、彼が作るその他のフレッシュチーズは、スーパーマーケットで買えるフレッシュ・カード・チーズに慣れた人には、全く新しいものに感じられるだろう。リコッタは、牛乳を使い、セイラス（P.113）ほど軽さやふわふわとした食感はないが、酸味はなく、コクがあり、濃厚でクリーミーである。

**グラーナ・パダーノ (Grana Padano)**　ロンバルディア

私はロンバルディでグラーナを買う時は、ピアチェンツアに行く。酪農場No.205は、指定地域の1つにあり、そこで作られるチーズの味と食感は評価が高い。熟成が若い時期のものは、パルミジャーノのようなスタイルだが、粒々とした食感と鋭い味わいのパルミジャーノより、クリーミーで、砕けやすく、人気が高い。しかし私は、素晴らしい果実味があり、ざらざらとした食感がありながら、クリーミーな濃厚さを持つ、熟成18ヵ月頃のものが好きだ。重さ約35kgのこのチーズの価格は、生産地がトレンティーノからピエモンテやロンバルディアにまで広がっているため、パルミジャーノほど高くない。それでも、あなどれない素晴らしい味わいである。

イタリア　117

# ゴルゴンゾーラ

ゴルゴンゾーラは、ピエモンテとロンバルディアで生産されている。どちらの地方も、パダーナの渓谷のように、肥沃で、風雨にさらされない地域で、それがチーズの複雑な風味を作り出している。

左：ゴルゴンゾーラ・ナチュラーレ
右ページ
上：カードの「コーミング」
中左：熟成中の「アイロニング」
中右：ロンバルディアの牛
下：ゴルゴンゾーラ・ドルチェ

## ゴルゴンゾーラ・ナチュラーレ
## (Gorgonzola Naturale) 🐄 ロンバルディア

　重さ12kgのこのチーズは、伝統的に朝と夕に搾乳した牛乳の両方を、チーズの型に層状に注ぎ入れて作った、2層のカードから作られる。青カビは、加熱したカードにペニシリウム・ロックフォルティ（Penicillium roqueforti）を加えて作られる。それから塩水につけ、1-2週間おいてから、上部、側面、底から穴をあけ、青カビ菌が均等に増殖して、青緑の筋が十分に広がるようにする。味は濃厚で、果実味があり、樹脂と土の香りがする。チーズボードの一品として最高で、特にがっしりと力強い赤ワインによく合うほか、料理に使っても良い。

　私はピエモンテとロンバルディアのゴルゴンゾーラを試したが、その違いはほとんどなかった。私は濃厚でバターのような食感の、ピエモンテ産のドルチェチーズが好きだが、バランスが絶妙に良いのは、ロンバルディのピアチェンツア近くの、パダーナ渓谷にある小さな生産者が作るナチュラーレだ。誰もが堅いナチュラーレチーズには、風味の強さと、木の実の香りを予想するが、このブルーチーズには、ワインストーンの味（ミネラルの味）を台なしにしてしまうほどの攻撃性がないところが重要な点だ。この地方の有名なチーズである、グラーナ・パダーノの甘みやクリーミーさと砕けやすい食感を知っている人は、このゴルゴンゾーラにも甘みと、ヘーゼルナッツやミルクの風味を感じるだろう。

## ゴルゴンゾーラ・ドルチェ(Gorgonzola Dolce) 🐄 ロンバルディア

　このチーズは、ピエモンテとロンバルディアで作られている。イタリア人は、その青カビの様子から、エルボリナート（ロンバルディアの方言で、パセリのような緑色の意味）と呼ぶ。有名な工場製のチーズと同じく「ドルチェラッテ」とよく呼ばれるが、本物のゴルゴンゾーラを関連づけるべきではない。このドルチェチーズは、単一の搾乳で得られた牛乳を使うため、実にクリーミーで絹のようになめらかである。重さが約8kgでとても軟らかいため、2つの半円形に切り分けられる。とけるように軟らかな生地に通る青筋は、じんわりとカードにしみだし、甘みや木の実の味を作り出す。そのまま食べるテーブルチーズとして素晴らしいが、パスタやリゾットに入れるなど料理に使うと美味しく、なめらかさを楽しむことができる。

イタリア　119

### ソットチェネレ・アル・タルトゥーフォ・ヴェネト(Sottocenere al Tartufo Veneto) 🐄 トレヴィーゾ

　小さくてなめらかな食感のチーズ。型に入れる前に、生地にトリュフのかけらを混ぜ、少しねかせたあとに、塩水につけてから水分をきり、オリーブオイルをぬりつけ（カビの発生を予防するために）、シナモンやトリュフのエッセンスなど香りのある粉末状のスパイスの上で転がす。きめのまかい炭の灰をチーズにおしつけて、食欲をそそる良い香りを保つのを助ける。

　このスパイスが原因で、合わせるワインを選ぶのは難しいが、おそらくフルボディの辛口の赤ワインか、地元のデザートスタイルのワイン、たとえばレチョート・ディ・ソアヴェや辛口のプロセッコ・ディ・ヴァルドッビアデーネが合うだろう。

### ペコリーノ・ウブリアーコ (Pecorino Ubriaco) 🐄
トスカーナ（トレヴィーゾで仕上げる）

　トスカーナ産のペコリーノだが、トレビーゾに運んで熟成と洗浄を行う。3ヵ月熟成したチーズを、カベルネ種のワイン用ブドウを圧搾した桶に入れて、表皮を深い紫色に染める。60日以上漬けたら、気温の低い熟成室の木製の棚の上で乾燥させる。すると、深い果実味とぶどうの素晴らしい香りが加えられる。トスカーナとウンブリアには、このような方法で作られるチーズがいくつかあるが、私はトレヴィーゾのものがはるかにエレガントで洗練されていると思う。

### プッツオーネ・ディ・モエーナ (Puzzone di Moena) 🐄 トレント

　この地域では唯一の、表皮に洗浄と「こする」作業を行うチーズで、この名称は比較的新しいが、作り方は中世にまでさかのぼる。

　熟成期間は60日以上とされているが、6-7ヵ月も長く続けられることもある。熟成中、1週間に1度、塩水で濡らした布でチーズを手作業でマッサージする。これによって表皮の外側に微生物がつき、強烈な香りがはっきりとしてくる。プッツオーネは「臭い」を意味する。微生物は表皮の色も、やや金色がかったアンズ色に変える。きめがこまかく噛みごたえがあり、木の実のような味が長く口の中に残る。

### タレッジョ(Taleggio) 🐄 ロンバルディア

　表皮を洗った、軟らかく、むっちりした食感の、四角い板状のチーズ。クリーミーでコクがあり、とけやすい。塩気は強すぎず、樹脂や花の香りが魅力である。ビニョラ（モデナの近く）でとれる、堅くてジューシーなサクランボとよく合う。このサクランボは、やや鋭い味わいだが、特定のチーズと組み合わせると美味しい。甘みと塩気が溶け合い、粒々とした食感のあるこのチーズには、辛口の白ワインと、ややフルーティなヴァルテッリーナ産のワインが最高のパートナーである。

### ストラキトゥンド(Strachitund) 🐄 ロンバルディア

　このチーズの名前は、丸いを意味する方言（stracchio）に由来する。19世紀末よりヴァルブレンバーナ地域で作られている。重さは約4kgで、ゴルゴンゾーラと同じように、朝と夕の両方の乳を使う。朝に搾乳した乳に前日の夕方に、搾乳した乳を25-30%混ぜ、塩を加えてから2ヵ月熟成させる。均一に熟成するよう定期的に上下を返し、40日目に針を刺して、カビを生えさせる。青カビは最初ほとんど見えないが、数ヵ月たつと青筋が現れ、水分が抜けて砕けやすい食感のチーズに、力強さと木の実の風味をもたらす。自然にできたクラストには、斑点状にカビが生えるが、ベタベタになって風味を損なわないよう、慎重に管理することが必要。

上：ペコリーノ・ウブリアーコ

右ページ
上左：ソットチェネレ・アル・タルトゥーフォ・ヴェネト
上右：プッツオーネ・ディ・モエーナ（上が半熟成、下が特別熟成）
下左：ストラキトゥンド
下右：タレッジョ

イタリア

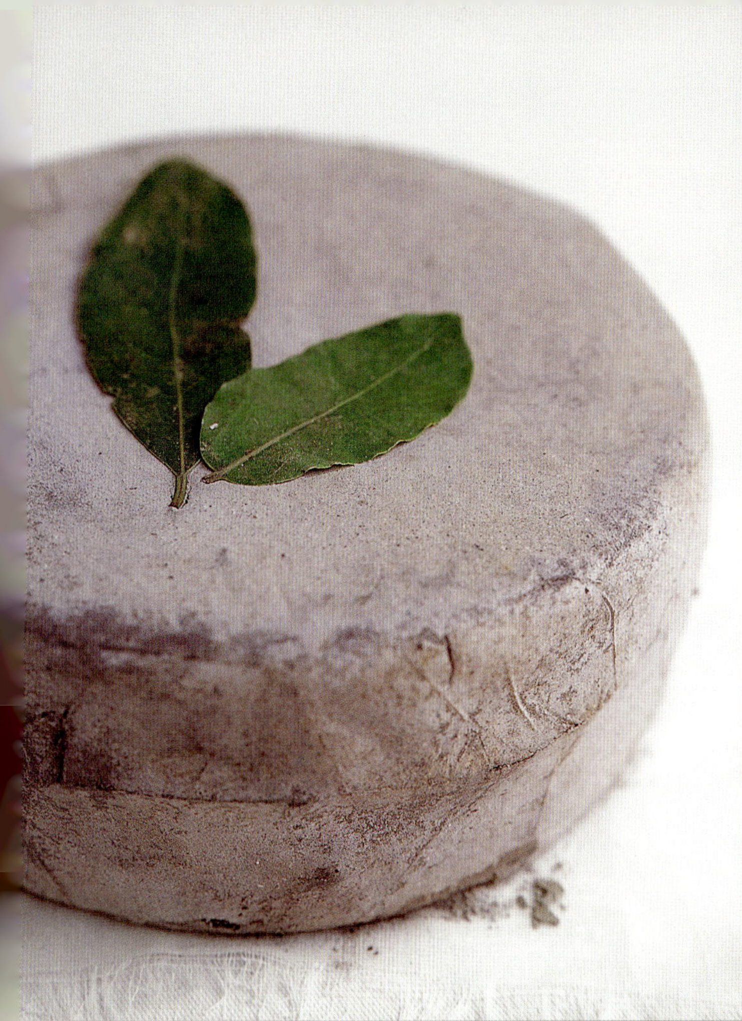
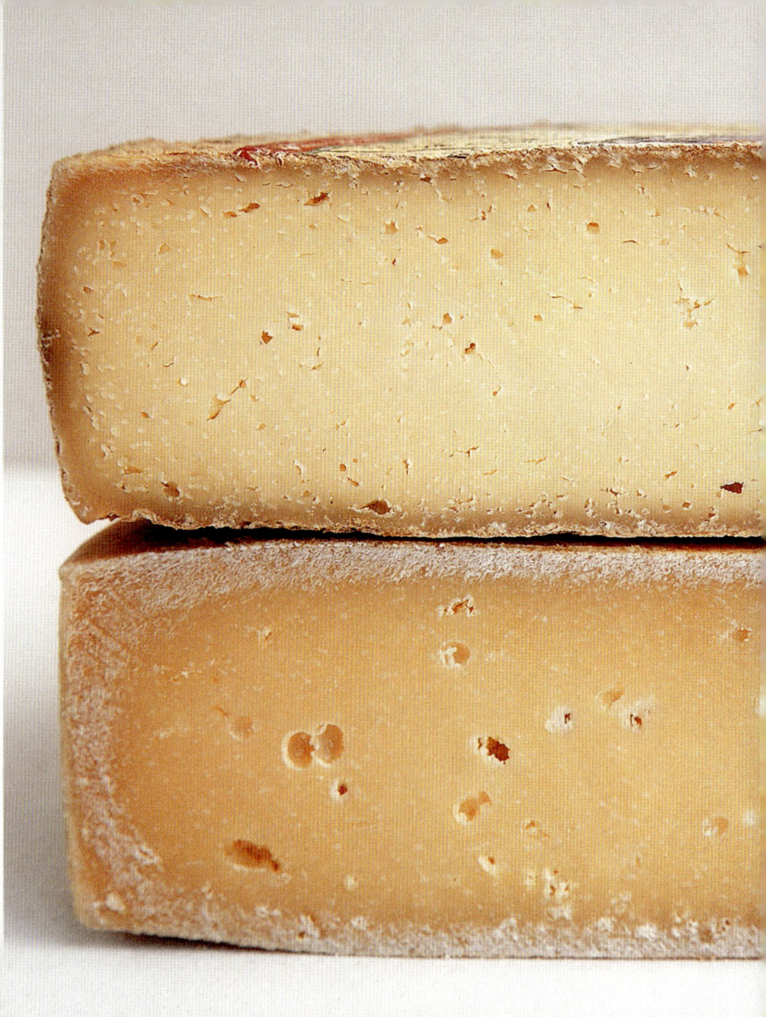
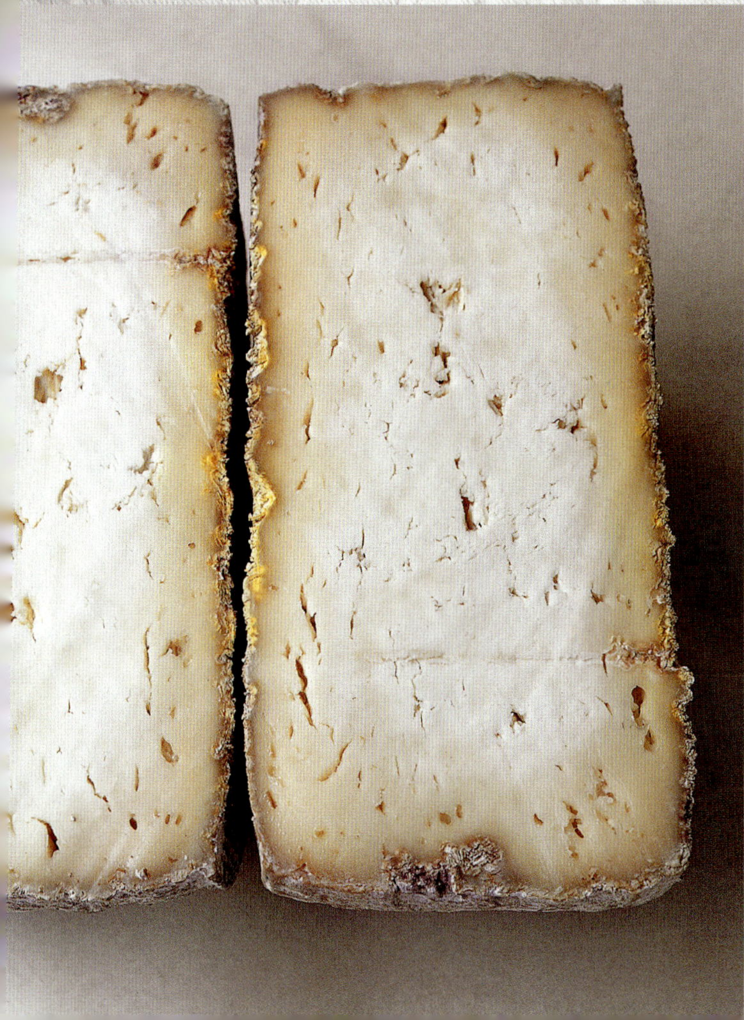
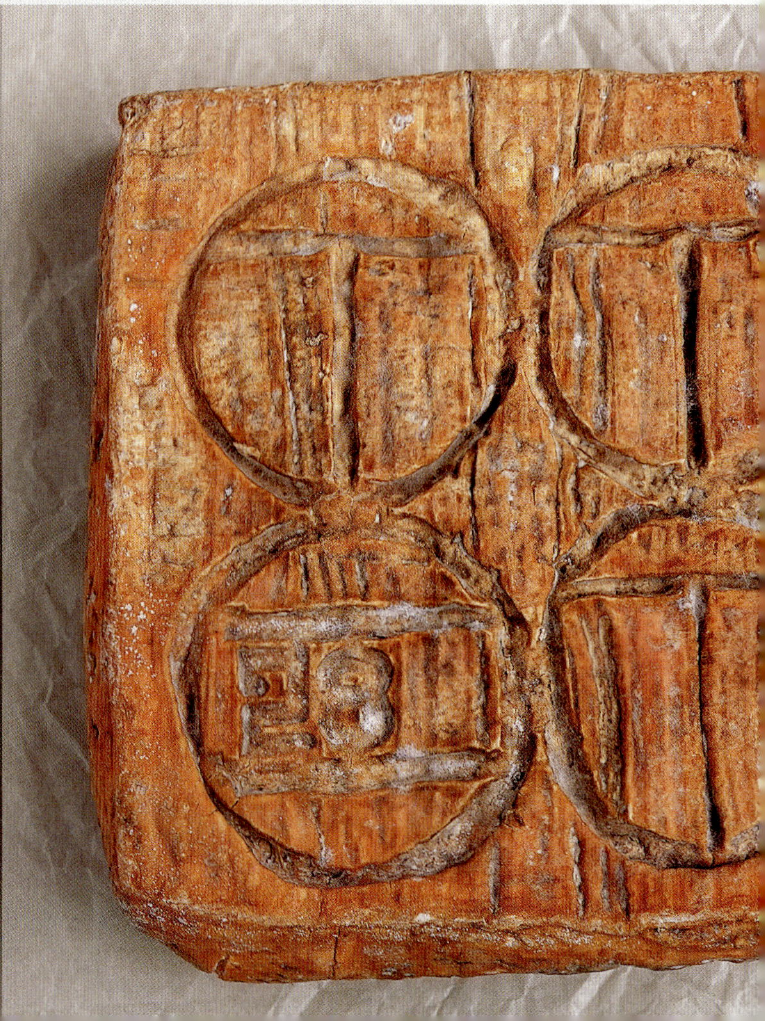

# パルメザン

パルミジャーノは、時を味方につけている。長い熟成過程で、環境が牛乳に働きかけて味と風味の層を折りなし、世界でもっとも素晴らしいチーズを作り出す。

## パルミジャーノ・レッジャーノ
### (Parmigiano Reggiano)　エミリア＝ロマーニャ

　パルミジャーノ・レッジャーノ（パルメザン）がもっとも健康的なチーズの1つで、幼い子ども、授乳中の母親、高齢者、運動選手に適していることは、驚くことではない。長く、ゆっくりと熟成することにより、このチーズはその良さを高め、欠点を消し去る。パルマ、レッジョ・エミリア、モデナをはじめとする、エミリア＝ロマーニャ内で割り当てられた地域内の、認定を受けた酪農場が提供する、低温殺菌しない脱脂乳を使い、クラストは塩水で洗った後、オリーブオイルでこすり、厳しい監視下でゆっくりと熟成させる。

　パルミジャーノ・レッジャーノ協会のマークがついたチーズだけが、本物のパルミジャーノで、山または丘のチーズ（番号が高い）と、谷やポー川にごく近い農場のチーズ（番号が低い）は、まったく違う。低い番号のチーズほど評価が高いと思う人もいるかもしれないが、番号が低いチーズは高価でもある。私が谷のチーズが好きなのは、少なくとも熟成3年であるからだが、山のチーズは風味が力強くても、食感がざらざらしたり塩気が強かったりすることがまったくないため、谷のチーズより評価が高いことが少なくない。

　夕方に搾乳した乳は、長くて浅い金属製の桶に入れて、温かい部屋で一晩ねかされる。ゆっくりと表面に上がってきたクリームを、翌朝取り除いて脱脂し、朝搾乳した全乳に加え、釜に移してスターターを加え、加熱する。この手順でカードの形成が促されると同時に、チーズの風味と食感が決定する。スターターの酸度が高すぎても低すぎても、チーズを砕いたときに乾きすぎるか軟らかすぎてしまう。次に伝統的なレンネットを加え、10-12分待ってカードとホエイが分離して粉砕できる状態になったら、レンズ豆より小さめの大きさになるまで粉砕する。加熱は温度が55度になるまで続ける。それからカードをファーシェレという型に入れる。型にはチーズに刻印を入れるためのマーキングシートが入っており、どこで生産されたかを示す酪農場のコード番号を示すIDと、協同組合のマークと生産日が刻印される。成形後、塩水に24日間漬け、熟成室に入れる。

　私は、サン・カルロというとても小さな生産者との取引関係を苦労して築いた。彼は自家農場の牛乳だけを使ってチーズを作り、風通しのよい自分の熟成室で熟成させる。検査官が定期的に生産工程を監視し、チーズが35kgという適正な重さであるかを確認し、熟成過程を検査しなくてはならないため、費用が余計にかかる。大半の生産者が、自分のチーズを協同組合の熟成室に直接運び、専門家の手で熟成してもらうことを選択する。

　しかし、私はサン・カルロに正確に何年何ヵ月のパルメザンが欲しいと要求することができるし、彼はそれに該当するチーズを持っていなかったら、一番良い状態のチーズがどれであるかをアドバイスしてくれる。

　彼が作るバターは、非常に少量だが、もちろんとても美味しく、軽くて甘みのある乳の風味を感じられる。ショート・ペイストリーを作ったり、クリーミーなリゾットに混ぜるのに最高である。

上左：イタリアの田舎の風景　　上右：レッジョ・エミリアのカルピネーティ城
右ページ：パルミジャーノ・レッジャーノ

イタリア

# 中央イタリアと南イタリア

ひとたびイタリアの中央部に入り、美しい都市を訪れると、ルネッサンスの影響を感じるが、田舎を旅すると、なぜ芸術家たちがここをパラダイスと呼び、なぜ観光客が毎年大挙して訪れて歴史に浸ろうとするのかが分かる。ハム、サラミ、そして有名なキアニーナ種の牛肉が、中央イタリアの各地域で高く評価されている。この地域から連想するチーズは、ペコリーノである。硬くて、ざらりとした食感で、果実の風味があるだけでなく、ソフトタイプでバターの風味があるもの、フレッシュであっさりしているもの、ワラビまたはぶどうの葉でくるまれているものなどもある。オリーブオイルとワインも、伝説的なほど有名だ。

ローマを通りぬけるテヴェレ川は、ブーツの形のイタリアの南部で中心的な川だ。足首のあたりは、アブルッツォ、モリーゼ、ラツィオの最南部がある。つまさきはカラブリア、かかとはアプリア（プッリャ）で、海岸沖にはシシリー島とサルデーニャ島がある。気候は、夏は酷暑になるが、冬は雨、あるいは雪が降る場合もある。乾燥した岩地と丘陵地では、農業が難しく、輸送も容易ではない。この地で作られるチーズは、インド産の水牛が湿地に持ち込まれたカンパニアのモッツアレラ、カードを練って木材から吊るす、ヒョウタン型のカチョカヴァッロ、力強くスパイシーなペコリーノなどがあげられる。アプリアでは、豊富なトマトとアーティチョーク、オリーブの木とスパイシーなオリーブオイルが目にとまる。ワインは、イタリアのこの地域全体を通じて、大柄で肉厚な印象である。

### カスタニョーロ（Castagnolo） トスカーナ

奇妙な丸い形の軟らかいペコリーノの1つで、自然にできた薄いクラストは、カビが増えすぎないように叩かれる。重さは約1kgで、なめらかで、芳醇なコクがあり、甘みをふくむ土の匂いがする。より長く熟成すると、風味をさらに強めることができる。熟成の若いチーズは軟らかく、弾力があるが、熟成が早く進むと、端からとけたようになる。幸運にもこの状態を迎えたら、スプーンですくってリゾットに少し入れると良い。

### ペコリーノ・マルツォリーノ・ロッソ (Pecorino Marzolino Rosso)
トスカーナ

このチーズの大半は、自然にできた表皮が元の白い色のままである。それは布でくるんでつるし、ホエイの残留物を排出して、熟成するからだ。重さは約1.2kg。布袋から出したら、表皮にトマトペースト、それからオリーブオイルをこすりつけてから、熟成させる。40日間熟成すると、少し砕けやすい食感となり、攻撃的すぎない風味とかすかな甘みが生まれる。

### カプレッタ・ディ・トスカーノ (Capretta di Toscano)
トスカーナ

重さ約2.5kgの山羊乳チーズで、マレンマ周辺で生産されるが、非常に季節性が高く、大量には生産されない。やや甘みのあるミルキーな風味と木の実の味わいがある、ハードタイプの山羊乳チーズである。筋がつけられた表皮にはオイルがすりこまれて深い黄土色になり、粉っぽいカビは生えていない。山羊乳の甘さが強まる夏のチーズが特に素晴らしい。

穏やかな土の風味の方が好ましいため、熟成し過ぎて動物的な匂いが強くならないほうがよい。削ってグリーンサラダや、夏のトリュフを入れたパスタにかけると特に美味しい。

### カショッタ・エトルスカ (Casciotta Etrusca) トスカーナ

軟らかな山羊乳のペコリーノで、しなやかな食感と、ミルキーで甘みがありヘーゼルナッツの味を持つ。重さは約1.5kgで、乳製品店や週末のファーマーズマーケットでは、さまざまな形やサイズのものが売られている。とかしてソースに加えたり、春の若い野菜に添えると、夏を迎える頃にちょうどよい軽めの食事となる。薄く切ってバゲットにのせた温かいブルスケッタは、手早く作れて美味しいランチタイムの軽食となる。なめらかで辛口の白ワインを合わせたい。

### ブッラータ（Burrata） モリーゼ／プーリア

ブッラータはイタリアの他の場所でも作られているが、最高のものを求めるときは、モリーゼカプーリア（アプリア）産であることを確かめてほしい。このチーズはこわれやすく、夏はロンドンまでの距離さえ運べないので、私たちは秋まで販売を休止する。

このチーズを考え出したのは、カチョカヴァッロやプロヴォローネを作った後に残る、チーズの残りを使い切りたいと考えたチーズ生産者らである。チーズのかけらを粉砕し、クリーム（牛乳のモッツアレラの生産段階で取り出したもの）を追加し、モッツアレラのカードを練って財布型にしたものの中に入れる。財布の上部はひねってとじ、ひもでしばり、熱い塩水につけて加熱し安定させてから包装する（かつてはリーキの外側の緑の葉でくるんでいた）。重さは300-500gの、濃厚でクリーミーなデザートチーズである。できるだけシンプルに食べるのが良い。

左ページ
上左：**カスタニョーロ**　上右：**ペコリーノ・マルツォリーノ・ロッソ**
下左：**カプレッタ・ディ・トスカーノ**　下右：**カショッタ・エトルスカ**
上：トスカーナの田舎の風景
中：ブッラータの中身

イタリア　125

### ペコリーノ・タルトゥーフォ
### (Pecorino Tartufo) トスカーナ

　トスカーナはトリュフの産地で、夏になると生産量が増えて、価格もあまりに高すぎるというほどではなくなる。重さ500gの小さな円筒形のチーズは、カードからトリュフのかけらを入れるのに、理想的な大きさなのだろう。自然にできた薄い表皮が包む生地は、砕けやすいというより、フレーキーで、なめらかで、まろやかな味わいである。口にいれるとまず、羊乳の甘みを感じ、それからトリュフの土の匂いの芳しい味わいが続く。フレッシュな状態が魅力的だが、低温高湿な場所で熟成させると、トリュフの土の香りが前面に出て、より濃厚で味わい深くなる。

### ペコリーノ・ペペロンチーノ
### (Pecorino Peperoncino) トスカーナ

　タルトゥーフォと似た大きさで、フレッシュカードにきざんだ生の赤唐辛子を混ぜ、まろやかな味のチーズに、スパイシーさ、辛さ、甘さを加える。必ず、使用する唐辛子が乾燥ではなく生のものを使用していることを確認してほしい。生の唐辛子を使用したものは、スパイシー過ぎることはなく、よりフレッシュでいきいきとした味わいである。私はピザを作るときにこのチーズを使うのが好きだ。

### ペコリーノ・ヴィラネット・ロッソ
### (Pecorino Vilanetto Rosso) トスカーナ

　このチーズは、もう1つのマレンマ産の伝統的なチーズである。低温殺菌しない乳を使い、砕けやすい食感のチーズにピリリとした刺激のある風味を作りだしている。重さは約3kgで、熟成が若い初春と晩秋では、食感がまったく違う。春のチーズはより砕けやすく、秋のチーズはよりなめらかである。

　羊は、野生の草花が点在する牧草地を餌を探して自由に歩きまわることができる。夏の終わりになると、放牧地は乾燥して気温が上がり、凝固時間が非常に早くなり、圧搾の程度も軽くてすむ。キャラメル色のクラスト（堅い表皮）は、表皮をトマトペーストを少量混ぜたオリーブオイルで軽くこすり、石造りの貯蔵室で熟成させることによって作りだす。「クオレ」と呼ばれるタイプは、ざらりとした食感があまりなく、より軟らかでフレーキーな食感を持ち、花や果実のような風味が味わいがある。

### ペコリーノ・ヴィナッチア
### (Pecorino Vinaccia) ウンブリア、ペルージャ

　重さ4kgの、農家製手作り羊乳チーズで、3-4ヵ月の熟成期間の後、ワイン用のブドウの搾りかすが入ったバットに入れ、茎、皮、種などとともに、30-40日間浸す。それからチーズを取り出し、ブドウの絞りかすをチーズにつけたまま、風通しの良い貯蔵室の木製の棚の上で、さらに3ヵ月かそれ以上、熟成を続ける。出来あがったチーズの食感は堅く、しっとりしつつも崩れやすい。ブドウの絞りかすの香りが塩気と土の匂いのするチーズとまじりあい、強い香りを発する。味は、想像通りに、力強く、果実と木の実の風味が感じられる。

右、上から順に：ペコリーノ・タルトゥーフォ、ペコリーノ・ペペロンチーノ、ペコリーノ・ヴィラネット・ロッソ
左：上下ともペコリーノ・ヴィナッチア

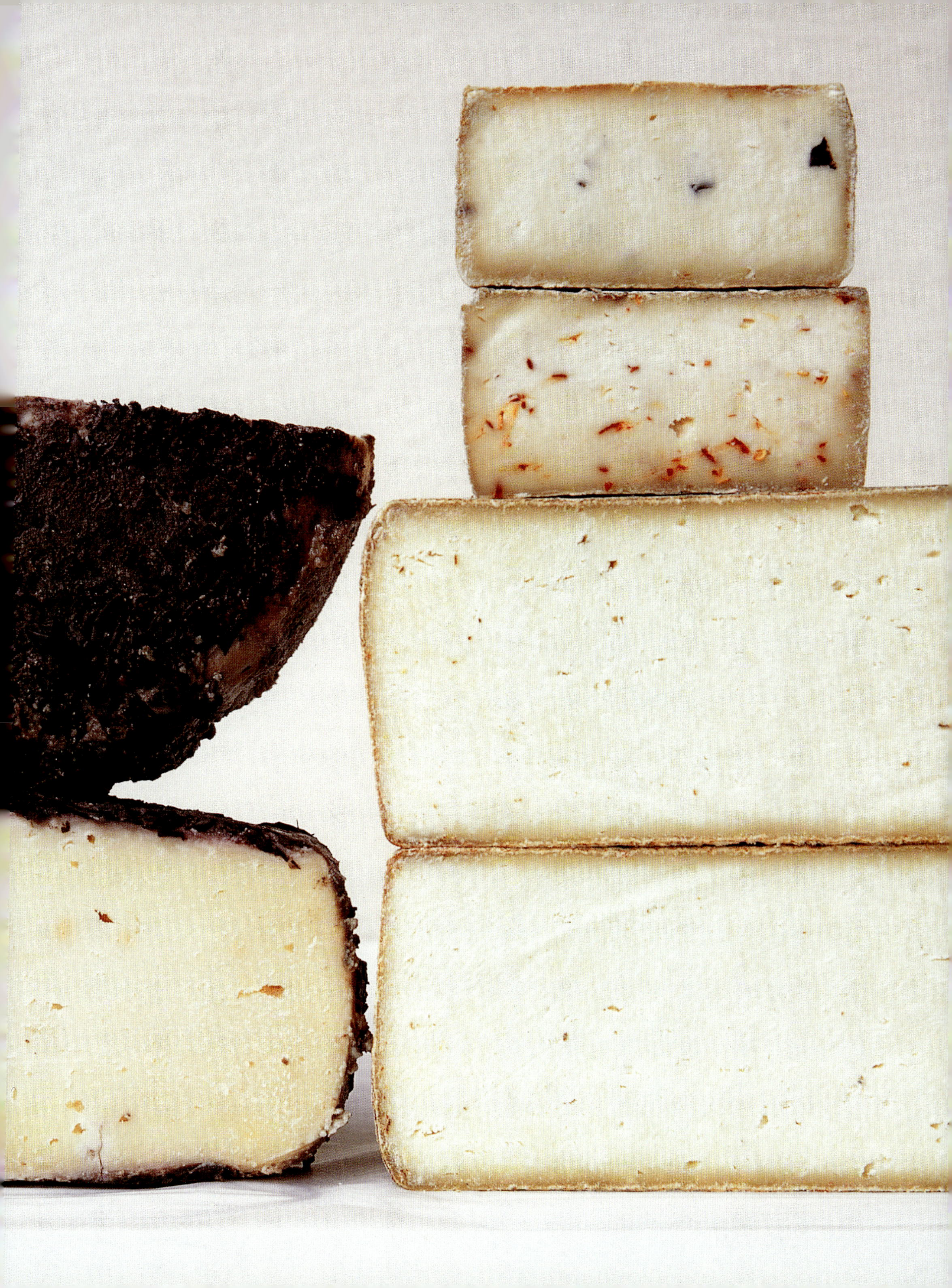

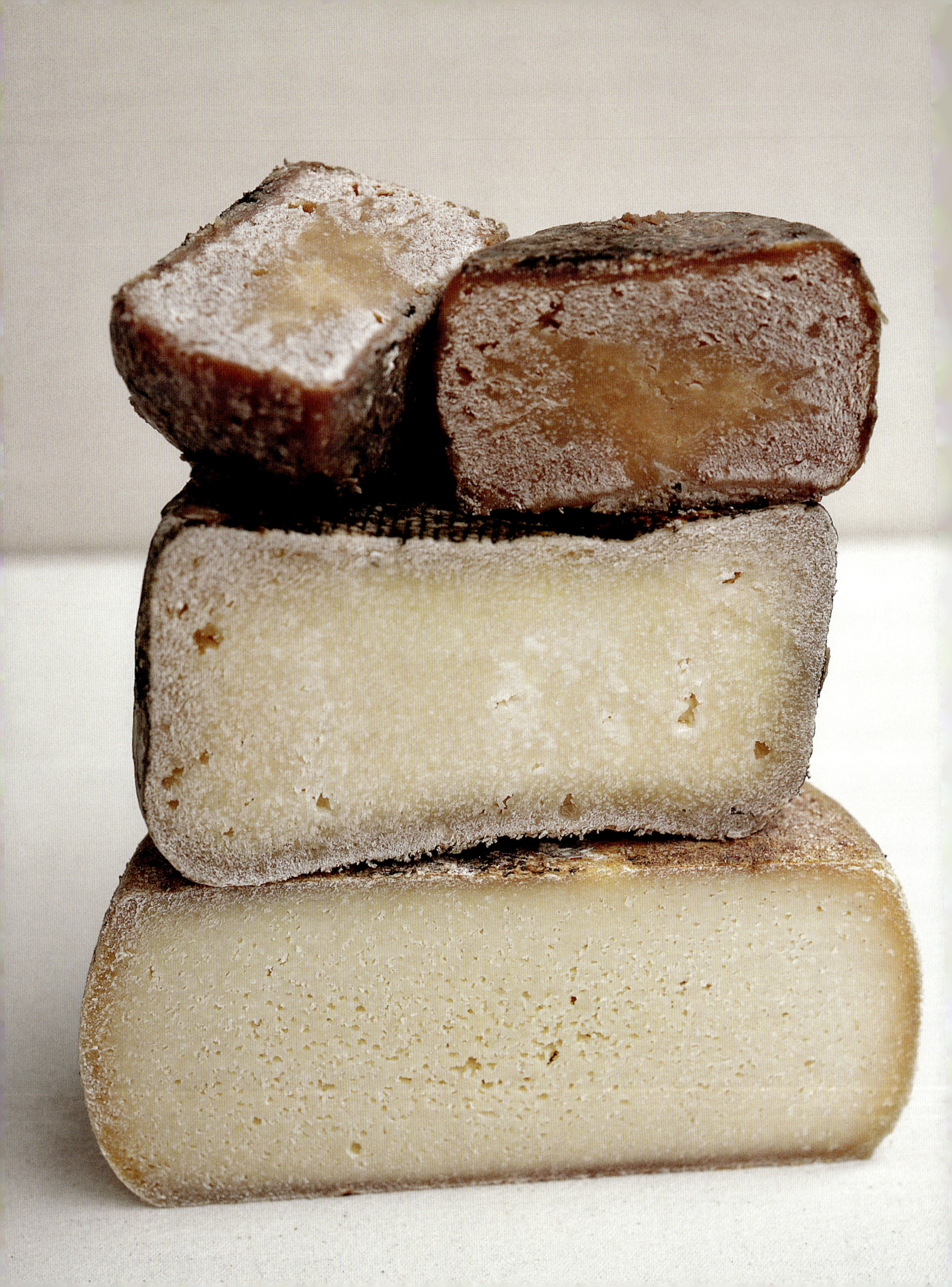

## ペコリーノ・アフィナート・イン・ヴィナッチア・イン・ヴィショラ
(Pecorino Affinato in Vinaccia in Visciola)
ウンブリア、アペニンの丘陵地帯

　重さ500gの羊乳チーズで、表皮には圧搾後の地元産サクランボがついている。ウンブリアに自生するヴィショラというこのサクランボは、モレッロというサクランボに似ている。通常は甘いデザートワインの材料となるが、このチーズ生産者は、果汁を搾った後のサクランボの搾りかすに、3ヵ月熟成させたチーズを数週間浸す。こうしてできあがったチーズは、果実の風味が強烈で、力強いが、苦みはない。サクランボに浸す過程があるために、表皮はかなりベタベタしている。香りが強すぎると感じる場合は、皿に入れて、涼しい場所か貯蔵庫において、少し乾燥させるとよい。天然のカビが外側に生えたら、手でたたいて、分厚くなりすぎないようにする。また、乾燥し、フレーキーな食感とサクランボの苦みをふくむ風味が生まれるだろう。

## ペコリーノ・ムッファ・ビアンカ (Pecorino Muffa Bianca)
ウンブリア、アペニンの丘陵地帯

　グッビオで作られる、重さ1.8kgの羊乳チーズである。ソプラヴィッサーナ産やサルデーニャ産の羊に、寒い時期に甘い干し草を加える以外、囲いのない牧草地で草を食べさせているため、羊乳を低温殺菌をやや下回る温度で加熱し、未知の病原体を取り除くのに役立てる。表皮には、微生物を添加しなくても、天然のカビが生える。丘陵地にある石造りの貯蔵室で3ヵ月熟成させると、食感はセミハードになり、野生の花やマッシュルームの香りを持つ、まろやかで魅力的な味わいが生まれる。私はこのチーズに、ややピリリとした刺激と酸味のあるワインを合わせるのが好きだ。特に辛口のキャンティやモンタルチーノが良い。いずれにしても、野生味と果実味を併せ持つこのワインに対抗できる何かが、まちがいなく必要なのだ。

## ペコリーノ・モンテファルコ (Pecorino Montefalco)
ウンブリア

　モンテファルコという町で作られる、重さ1.2kgのこのチーズは、小さな家族経営の農場が、150頭の自家農場の羊の乳から、少量だけ生産している。今でも手作業の搾乳を重視し、伝統的なチーズのレシピは変更されていない。土の匂いと木の実が感じられる味わいで、やんわりと甘みがあるが、熟成するにしたがって、はっきりとした農場の匂いが強まる。そのため私たちは、あまり長期間保存しないようにしている。

## フォルマッジョ・ディ・フォッサ (Formaggio di Fossa)
ウンブリア

　重さ約3kgの羊乳チーズで、少量の牛乳が加えられている。完全に熟成するには約10ヵ月かかる。通常の貯蔵室の環境下で5ヵ月熟成させてから、アペニンのフォッサ（穴という意味）に90日間入れておく。それから通常の貯蔵室でさらに2ヵ月熟成し、形が崩れて軟らかくなったホイール型のこのチーズの、形と味をととのえる。

　ウンブリアの伝統に則したた希少なこのチーズは、穴に入れられる前に、丘陵地で採取したローレル、ジュニパー、ワイルドタイム、ミント、ローズマリー、ライルドフェンネルなど、香草とスパイスで、表皮を完全に覆われる、それから袋に入れられる。

　フォルマッジョ・ディ・フォッサの風味は、非常に複雑で、果実味があり、香り高く、芳しく、それらが持続する。初夏に生産されるので、食べ頃は年末か冬の終わりである。さまざまな風味を持つチーズなので、ストラクチャーの良い赤ワインがよく合う。ブルネッロ・ディ・モンタルチーノや、キャンティのロッソ・リゼルヴァが、理想的なパートナーだ。シンプルに、ナイフで小さく切って食べてほしい。

左：フォルマッジョ・ディ・フォッサ

左ページ上から：
ペコリーノ・アフィナート・イン・ヴィナッチア・イン・ヴィショラ、ペコリーノ・ムッファ・ビアンカ、ペコリーノ・モンテファルコ

イタリア

左：
プロヴォラ・ディ・ブッファーラ・アッフミカータ
右ページ
左上と右上：プロヴォローネ・デル・モナコ
左下：リコッタ・サラータ
右下：モッツアレラ・ディ・ブッファーラ

伸ばしたカードを、型に入れるのではなく、円形その他の形に切り取るからだ。作って24-48時間の、とても新鮮なモッツアレラは、より引き締まって噛みごたえがある。これくらい新鮮なものを食べたい場合は、モッツアレラそのもののホエイの中で保存すると、軽くて繊細な味わいが得られる。ただし、長く保存しすぎると、軟らかく、クリーミーになってしまうのでおすすめできない。5-6日くらいなら美味しく食べられる。温度が低すぎる場所で保存すると、想像以上に硬くなってしまうので、気をつけてほしい。

### プロヴォラ・ディ・ブッファーラ・アッフミカータ(Provola di Bufala Affumicata)

カンパニア

　重さ300gほどの小さなスカルモルツァ・スタイルのチーズは、水牛の乳を熱し、レンネットとその前のチーズ作りで使ったホエイをスターターとして加える。できるだけホエイを排出するために、木製のナイフでカードを切り、重ね、スチール製のナイフで細長く切る。24時間たったら熱湯に入れて、大きな木のスプーンで引き伸ばし、ボール型に成形して塩水につける。麦藁のヒモを結んで、木のチップの上で燻製する。表皮は美しい、深い黄土色になる。燻製の香りが強い。味は軽く、土の匂いとオークで燻製した甘い風味がある。

### プロヴォローネ・デル・モナコ (Provolone del Monaco)　カンパニア、ナポリ

　ヴィーコ・エクエンセで作られる、単一の搾乳の低温殺菌しない牛乳を使ったチーズで、重さは約3kgである。梨型あるいは円筒型に成形し、ヒモでしばって、貯蔵庫で4-18ヵ月ねかせるが、その間に塩水で洗浄を行う。表皮はなめらかで、灰色のカビが斑点状につく。鋭い、ハーブの風味があり、食感は濃密で噛みごたえがある。この地方の味と香りの両方を思い出させるチーズである。

### モッツアレラ・ディ・ブッファーラ (Mozzarella di Bufala)　カンパニア

　サレルノ県パエストゥムの古代都市周辺の湿度の高さは、泥沼や湿原でゴロゴロするのが好きな水牛にとって最適である。モッツアレラという言葉は、「切る」を意味するナポリの方言に由来する。引き

### リコッタ・サラータ(Ricotta Salata)

プーリア、シチリア、サルデーニャ

　このチーズは基本的に、ホエイを押しだし、円すい形に成形した、はっきりとした表皮のない、リコッタチーズである。リコッタ・サラータは、さらに水分をきって塩味を効かせたもので、堅い。おろしてパスタにかけたり、トルテローニのフィリングにしたりするのに適している。おもに羊乳で作られるが、水牛乳や牛乳も加えられる。重さは約300gである。

イタリア 131

### ペコリーノ・シチリアーノ・ペペロンチーノ
(Pecorino Siciliano Peperoncino)　シチリア

　黒胡椒の粒を加えると、ペコリーノの風味がぐっとスパイシーになる。地元の人はこのチーズに赤ワインを合わせるのが好きだ。このチーズを薄く削ってローストしたアーティチョークにかけたり、スライスしてバーベキューをした肉にのせたりしても美味しい。夏を象徴するチーズで、トーストしたパン・ド・カンパーニュのスライスに、トマトと細長く切ったこのチーズをのせて食べると、最高のランチになる。

### ペコリーノ・シチリアーノ (Pecorino Siciliano)　シチリア

　シチリアを代表する、力強くてスパイシーなペコリーノで、重さは約10-12kgである。シチリアの中心、モルガンティーナのグレコ＝ローマン時代の遺跡に近い、カサルジスモンドという農場が、特別に優れたチーズを生産している。農場全体がオーガニックな方針で運営されており、家畜の餌は農場で栽培された穀物や干し草である。マリタ・リタ・ダミコとそこで働く酪農家は、非常に伝統的なチーズを作っている。濃厚で塩辛いペコリーノの味がどうあるべきかを示す、最高の例である。ロマーノ・スタイルのものを、と求められたら、私は半熟成タイプをおすすめする。地元の人はシチリアで典型的な渋みのあるワインと一緒に食べるが、料理用に使うのもこのチーズを楽しむもう1つの方法だ。熟成タイプはとても力強く塩気が効いており、おろしてパスタあるいは野菜に、パルミジャーノのかわりにかけたり、食前に小さく切ったものをワインと一緒に食べると、魅力的なアペタイザーになる。

### ペコリーノ・シチリアーノ・フレスコ
(Pecorino Siciliano Fresco)　シチリア

　マリタ・リタ・ダミコが作るこのチーズは、熟成が若いものを、少しずつ削り取り、エトナの沖積土で育ったブドウから作った、フルボディで「肉厚」な赤ワインと合わせると、本当に美味しいシンプルな軽食となる。砕けやすい食感で、リードで作ったカゴの型の跡が表皮に残っており、塩気と甘みをふくむ土の風味がありながら、より熟成が長いチーズの、攻撃的で「のどにひっかかるような」酸味はない。

### フォルマッジョ・ピアチェンティヌ・エネッセ
(Formaggio Piacentinu Ennese)　シチリア

　カサルジスモンドは、このピアチェンティヌ・エネッセという、重さ4kgのチーズも作っている。これはサフランのおしべの浸出液で染めた、深い金色あるいはサフラン色をした、ユニークな特産チーズである。カードに黒胡椒の粒を混ぜてから、植物で編んだかごで漉し、重いフタをして、2-3日おいて水分をきる。それから塩をすりこんで1ヵ月おき、熟成させる。サフランの風味と粒胡椒のピリッとした辛さを楽しむには、新鮮なものを食べるとよい。シチリアの甘いデザートワインとの組み合わせがおすすめだが、ネロ・ダヴォラの赤ワインもよく合う。

### ラグザーノ (Ragusano)　シチリア

　カードを練って四角いローフ型に成形した、重さ10-16kgの、とてもユニークなチーズ。

　プロヴォローネやモッツァレラと同じ作り方で、晩秋から春にかけて生産されるが、冬のチーズが最高だといわれている。夏ほど草が枯れて乾燥しておらず、空気が冷たい冬は、地元産の牛であるモディカーナ種が草を食べるのに最適な環境となる。生産量が増えたため、スイス・ブラウン種やホルスタイン種の牛を加えて、必要な量を満たしている。手作業あるいは棒を使って、カードをボール型に成形し、

左の写真　上：ペコリーノ・シチリアーノ・ペペロンチーノ
左：ペコリーノ・シチリアーノ・フレスコ、右：ペコリーノ・シチリアーノ
下中の写真：ラグザーノ
下右の写真：フォルマッジョ・ピアチェンティヌ・エネッセ

左右とも、上から順に：カプリーノ・サルド・アル・カプローネ、ペコリーノ・ティナイオ・モレスコ、ペコリーノ・サラセーノ

引いたり再成形しながら、引き伸ばして切り分ける工程に入る。上下を返したり、少量のオリーブオイルと酢でなめらかにしたり、こすったりすると、チーズの表面が美しくてなめらかな黄土色に仕上がる。食べ頃は8-24ヵ月で、複雑な風味と香りは時間とともによくなっていく。新鮮な土の匂いのするマッシュルーム、トースト、ビターオレンジ、刈ったばかりの草、そしてイブレイ山の植物相のすべてが、鋭くてやや野生味のあるハーブの風味と合わさって、作用し始めるのを感じるだろう。

## カプリーノ・サルド・アル・カプローネ
### (Caprino Sardo al Caprone)　サルデーニャ

　サルデーニャの夏はひどく暑く、冬はとても寒く風が強いため、山羊乳のチーズの生産時期はごく限られている。サルデーニャのオリスターノ産の熟成タイプは、私がこれまで食べた素晴らしいカプリーノの1つだ。春、夏、秋のチーズは3-9ヵ月熟成し、やわらかな甘い風味を持つ、香りは野生的なものもある。このチーズは典型的なロバの背中のような形（上下は平らで側面は垂直）で、カビが分厚くつくのを予防するためにオリーブオイルと灰でこすってできた、濃い茶色のなめらかな表皮を持つ。密度の高くコンパクトな生地に小さな穴があいており、干し草の香りと農場の土の匂いのある、強烈で長く続く味わいをもたらしている。重さは約2kgで、クリスマスの時期まで販売され、私たちは熟成タイプを手に入れている。私がこれまで食べた中で、おそらくもっともスタイリッシュなハードタイプの山羊乳チーズだろう。

## ペコリーノ・ティナイオ・モレスコ
### (Pecorino Tinaio Moresco)　サルデーニャ

　このチーズが作られる、サルデーニャ西海岸のオリスターノは、サルデーニャ最大のティルソ川から水をひいているため、牧草地のミネラルが豊富である。熟成した味わいのペコリーノで、塩味の鋭さと果実の切れ味が良い。最初に塩水に48時間つけて、オイルとトマトペーストでこすり、表皮にカビが現れるのを防ぐ。クラストは黄土色になり、乳の風味の中にピリッと舌を刺激するものがある。最高のテーブルチーズとしてそのまま食べても、けずってサラダやリゾットにかけても美味しい。

## ペコリーノ・サラセーノ
### (Pecorino Saraceno)　サルデーニャ

　ペコリーノには、熟成、半熟成、フレッシュの種類があるが、サルデーニャ島中央のごつごつした山岳地帯で作られるペコリーノは、風味がとても力強い。黒みがかったクラストのものは、オイルをこすりつけて山中の洞窟で熟成させたものだ。甘みのあるモカ色のものには果実味があり、タンニンの渋みのある辛口の赤ワインがよく合う。

　熟成の若いチーズほど金色がかった表皮となめらかな食感を持ち、ざらりとした食感がない。より甘みと花の風味が感じられ、ワインは白でも赤でもよく合う。アルチザンチーズの大きさはばらばらで、3-6kgまで幅がある。

イタリア　133

# スペインとポルトガル

　イベリア半島は（スペインとポルトガルがこの広大な陸塊の大半を占める）は、世界地図の中でも非凡な位置にある。ヨーロッパ大陸の南西端にあり、もっとも狭い地点は北アフリカが視界に入る。その地理的な条件は、実にさまざまな気候条件を生みだしている。海岸線は、3,300km以上もあり、北西の大西洋の湿気は、石灰岩の山々を超えて流れ込み、地中海からは暑い南東部の暖かな空気が運ばれてくる。そびえたつ中央部の高原や山々は、気温の高低差や、降水量レベルの違いを生みだす。

　降雨量が最大になる時期は1年に2回ある。夏は非常に暑く、干ばつを引き起こす。スペイン・ピレネーやシエラネバダ山脈から亜熱帯のカナリア諸島の極端な高山気候は、チーズのスタイルや風味に影響し、また地形と調和している。もっとも気温差が激しい中央高原は、キャステリア語で「9ヵ月が冬で3ヵ月が地獄」と表現される土地である。水源を移して土壌を改善するこころみが何年にもわたって行われているが、現在も、小規模な農家やチーズ生産者の生活は、過酷な気候条件に翻弄されている。

　スペインとポルトガルには多くの川が流れているが、そのうちの多くは1年中ほとんど干上がっている。もっとも長いテグス（テージョ）川は、美しい山岳地帯であるアラゴンのアラバラシンから始まり、スペインを通りぬけ、ポルトガルの首都リスボンに流れこむ。ドゥエロ川はソリア県のピコス・デ・ウルビオンから、ポルトガル北部のオポルトに流れ出る。アンダルシアでは、グラダルキビル川（この名称は、大渓谷を意味するアラビア語に由来する）が、豊かな農業地域である「肥沃な谷」に水を引くために、大変重要である。グラダルキビル川はハエンからカディスまで流れている。

　スペインは、農業における現代的なアプローチをゆっくりと発展させてきた。不幸にも、内戦や世界大戦によって、それも1950年代まで中断された。しかしその後、変化が起き始めた。1975年にはゆっくりとではあるが、農業が開放的になり、コミュニティの形成が可能になった。苦労は続いたかもしれないが、農家やチーズ生産者らは、全国的に非常に多様化したチーズを作る伝統をしっかりと守ってきた。

　北西の沿岸地域と渓谷では、牛の放牧と作物栽培の混合農業を行っているが、丘陵地や山岳地帯は、山羊と羊の飼育に特化している。ワイン市場が急成長して土地に栄養が与えられるようになった地では、今までより良い牧草地に恵まれるようになった。北部で作られるチーズは、食感やスタイルが多様だが、より乾燥し、岩がちな西部やカナリア諸島の山岳地帯では、力強くてスパイシーな風味をもつ羊乳または山羊乳のチーズが作られている。リスボンから約1,500km離れた大西洋上に位置するため微気候を持つアゾレス諸島は、有名なサン・ジョルジェ（p.148）を生産している。力強いチェダースタイルのチーズで、十分に熟成したものは、チェダーチーズにひけをとらない。

　2つの国をグループにみたてたのは、近接しており、地理的にも気候条件も共通点があるというだけではなく、チーズにも共通点があるからだ。ポルトガル北部は岩がちな山岳地方だが、南部は開けた丘陵地で気温が極めて高くなるためチーズのスタイルが制限される。ポルトガルのチーズはスペインのチーズほど広く輸出されていないが、定期的に外国に輸出される限られたチーズは、特にポルトガル産のワインや塩漬け肉と合わせるる時に、強く印象に残る。

　いずれの国のワインもとても素晴らしいが、シェリーやポートなどの酒精強化ワインが特に際立っており、なぜか食事にも最高に合う。これらのワインは18世紀にイングランドで人気が高まり、ポートの取引業者はコックバーン、クロフト、ダウ、グールド、キャンベル、グラハム、サンドマン、テイラー、ウォーレなど、英国名を持っている。冷えたホワイト・ポートかドライシェリーを、一切れのマンチェゴ（p.144）または、ひとすくいのセラ・ダ・エストレア（p.147）を添えて、食前酒にすると、2つの国のユニークな味わいを楽しむことができる。スペインもポルトガルも、優れた航海と探検の伝統を持っており、スペインとポルトガルが新しい土地に移住するとき、チーズ作りの技術も伝えたため、その影響を新世界で確認することができる。

右ページ
左上：スペイン・ピレネーの山の羊
右上：ピレネーにあるアルチザン・チーズ生産者
中左：山の牧場の撹拌機
中右：山の熟成用洞窟から集められたチーズ
下：流れの早いピレネーの川

スペインとポルトガル　135

# 北スペインと北東スペイン

高山気候のスペインピレネーから、地中海性の温暖な気候を持つ東部、大西洋の影響で緑の多い北部まで、スペイン北部の地形は多様でドラマティックだ。人々はよく働き、誇り高い。ビルバオやサン・セバスティアンの食料文化はスターダムに急上昇し、レストラン「エル・ブジ」の天才的料理長フェラン・アドリアは、世界に新しい料理を紹介している。この地のチーズ作りはシンプルで、スタイルや風味はその土地を反映し、ごつごつした岩や、かすんだ小さな丘に似たチーズなどもあって、見た目も印象的である。岩肌の見える美しい山岳地帯、海岸の断崖、川をはさんで青々と茂る牧草地など、スペインのこの地域で作られるチーズは、土地の影響を色濃く受けている。

### ガローチャ(Garrotxa)　カタルーニャ

かつては孤立して忘れられたジローナに近い丘陵地が、現在は再生し、農場のコミュニティがこのセミハードタイプで重さ1kgのチーズを作っている。ガローチャの自然にできた表皮は、灰をこすりつけられて熟成すると、ベルベットをまとったようになる。ペル・フロリダ（花びらのような表面をもつという意味）とも呼ばれている。私は、不毛な捨て去られた土地で、どうやって酪農業を営むようになったのかを知るために、バウマ農場を訪れた。簡素な石と木の建物は、1980年から存在し、山羊の群れは毎年増え続けている。この地域の気温は、地中海性というより高山型なため、冬の間のチーズ生産は制限される。

チーズ作りの工程はとても手早く、私が訪れた日の朝は、乳を温め、凝固させて大きめの豆かヘーゼッツナッツの大きさまで粉砕し、ホエイを排出し、熱湯に入れ、もう一度水分をきっていた。この手法は、チーズの堅さと水分を保ち、酸味を少しやわらげて、食感や味を高めるのに欠かせない。酪農場だけでなく外も湿度が高く、気温が低い条件は、食感を適正に保つのがとても難しい。最後の水切りを終えて型から出したチーズは、すぐに炭の灰をこすりつけ、低温の部屋に置き、扇風機で手早く乾燥させて表皮を作る。乾燥室で1時間くらいたったら、熟成室にすぐ運んで熟成させる。

表皮は丹念に監視し、カビが均等かつ生地をぴったりと包むように、たたいたり、上下を返したりする。砕けやすく、フレーキーな食感は、やわらかな山羊の風味に甘みを加える。山羊は、花や野生のハーブのほか、草をもとめて自由に動き回れるため、チーズに素晴らしい森の風味が生まれる。私はより若いチーズが好きだ。熟成タイプは、山羊乳の風味がより強いので、力強い赤ワインを合わせる必要がある。私が上質なスペイン・プリオラートのワインを初めて飲んだのは、この地だったと思う。その時に添えたのは十分に熟成したガローチャだった。実に素晴らしい組み合わせだった。

右ページ：ガローチャ

上：スペイン・ピレネーの牛の群れ

136　スペインとポルトガル

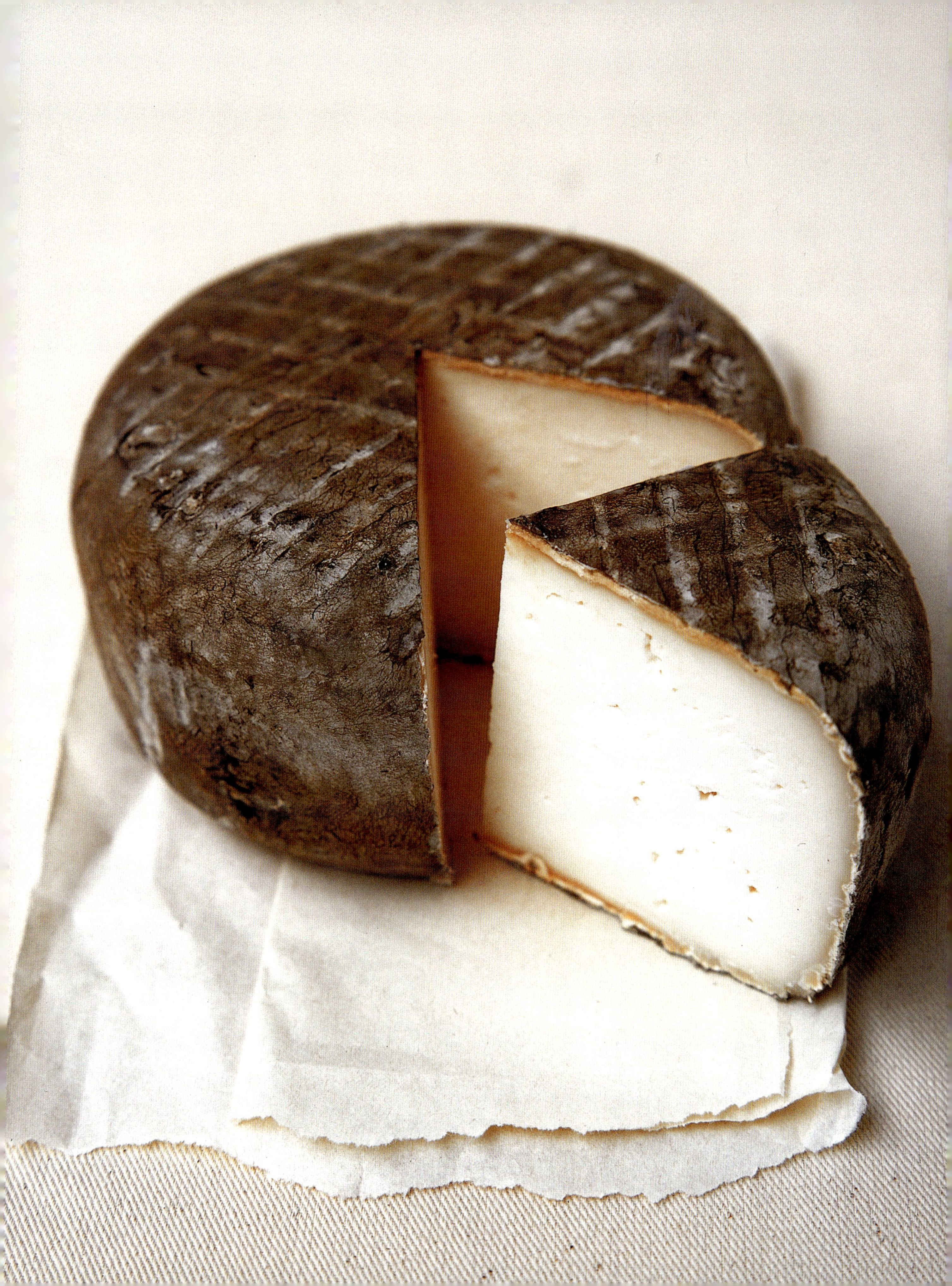

### モンセック (Montsec) 🐐 カタルーニャ

　これはスペイン北部の伝統的なアルチザンチーズで、消滅するおそれがあり、珍重されている。カタルーニャのチーズ作りを再構築した先駆者で、その後はスペイン中の伝統的なチーズを復活させたのは、エンリケ・カヌートである。北部の山々の空気は湿度が高く、自然なカビの生成を助ける。重さ300gのモンセックは、フレーキーな軽い食感で、カビを均一に発生させ、少し乾かして好ましくない雑菌がつかないよう、灰がぬりつけられている。クリーミーで木の実のような風味は、強すぎない。

### トゥロ・デル・コンベント (Turo del Convent) 🐐 カタルーニャ

　私がアグラモントでチーズ生産者のフォルマッジャ・モンベルに出会ったのは、私がスペイン・ピレネーを探索している時だった。彼らのチーズ作りの施設は、店とチーズとカフェを提供するカフェの隣にあった。施設一式は、エンリケ・カヌートのこの地方への思い、若くて、情熱的で、伝統的なチーズを再び流通させたいという熱意を感じさせるものだった。重さ400gほどで白い粉っぽいカビがついたこの美味しいチーズは、きめがこまかく、ほろほろと崩れる食感があり、すっきりとしていて、新鮮な花の風味が感じられる。熟成の浅いチーズ（3週間）は、まろやかでレモンのような酸味があるが、熟成が進むとより山羊乳の風味が強まり、切れ味が鋭いはっきりした味わいになる。

### ロンカル (Roncal) 🐑 ナバラ

　ナバラからアラゴン国境までの豊かな土地は、地元のラチャ種とラサ＝アラゴネーサ種の羊乳を使って伝統的なチーズ作りをしている地域である。硬くて、きめのこまかい食感のチーズは、カビの発生を防止するために塩水につけ、こすって作った、なめらかな表皮を持つ。重さ1-3kgでトム（円筒形）と呼ばれるチーズは、販売するまでに少なくとも4ヵ月熟成しなければならない。

　生地は濃密で、小さな穴か亀裂が入っており、薄い藁色あるいはクリーム色であるため繊細そうに見えるが、実際は木の実の風味に、ドライフルーツの塩気と甘みが加わり、地元の品種の羊乳の特徴を表している。粗びきの塩漬けソーセージのスライスと一緒に、どっしりとした辛口の赤ワインに添えると良い。

### ヴァル・デ・メランジェス・クレモス (Vall de Meranges Cremos) 🐄 カタルーニャ

　このチーズは、スペイン・ピレネーのリェイダで、伝統的なレシピに従って作られている。なめらかな表皮は塩水をぬりつけられて、青白く光っている。甘みを含む土の匂いや花の香りは、熟成とともに強くなり、食感はよりなめらかに、クリーミーになる。食べ頃は冬の終わりから春のはじめにかけて。チーズ生産者のアルベルト・ポンズは、手作りのチーズを低温の貯蔵庫の木製の棚にのせて熟成させる。

### バウマ・マデュラ (Bauma Madurat) 🐐 カタルーニャ

　このチーズは、カタルーニャ地方のアルプス山地にあるボレダで作られている。この地方の海岸地方の気候は、地中海により影響を受けている。重さ1kgほどの四角い棒状のチーズで、灰をぬりつけた表皮は、熟成するに従って白カビの斑点がつく。あっさりとしていて、甘みのある木の実の味がする。食感は砕けやすい。表皮から、スパイシーで力強く、香りが強烈なチーズを連想するが、実際には繊細かつミルキーな味わいで、驚かされる。香りのよい辛口の白ワインが最高のパートナーとなる。

### イディアサバル (Idiazábal)　🐑 バスク／ナバラ

　このチーズのスモークタイプは、アララルとウルビアに囲まれた高山地域で作られ、スモークしていないタイプは、ナバラ周辺の低地で作られている。熟成させると風味がとてもよくなるので、ぜひ熟成させたいチーズだ。ラチャ種またはカランザ種の羊乳は、酸度が高く低脂肪のため、チーズに鋭い風味と、ほろほろと崩れる食感をもたらす。スモークしないチーズは軽く、より繊細だが、スモークしたチーズは土の匂いと甘みがある。

### サン・シモン (San Simón)　🐄 ガリシア

　円すい形で、重さ375gから1.5kg。生産工程で、テティージャ（下記参照）に似た特別な型を使うが、白樺の木で燻製にするのは、この地方独特の手法である。風味は強すぎず、苦みもなく、むしろ木の実と甘い土の匂いがあり、スペイン全土で人気が高い。私は、辛口またはやや甘口の白のシェリーとの組み合わせが好きだ。風味がとても合う。

### テティージャ (Tetilla)　🐄 ガリシア

　円すい形で、アルスア（下記参照）と似たチーズだが、やや弾力があり、小さな穴がいくつか散らばっている。発祥の地はラ・コルーニャであるが、最近はガリシア全域で作られており、材料となる地元のルビア・ガジェガ種の牛乳に、他の泌乳量の多い品種の乳を補てんして、需要を満たしている。重さは375gから1.5kgで、まろやかでバターのような味わいで、ぬり広げられるほど軟らかいため子どもに人気だ。用途は広く、タパスにはオリーブ、塩漬け肉、ピクルス、ローストした野菜などに添えてよくサーブされるほか、美しくとけるためグラタン料理にもよく使われる。

### アルスア・ウジョア・アルケサン (Arzúa Ulloa Arquesan)　🐄 ガリシア

　スペイン西部の代表的なチーズで、ずんぐりした形と、ふくらんだ側面を持つ。洗ってこすって作られたなめらかな表皮は、布の帯が巻かれている。北西地域には良質な牧草地があり、ルビア・ガジェガ種、フリージアン種、ブラウンスイス種の牛乳が使われたチーズには原産地保護のスタンプが押されている。このチーズの重さは500gから2.5kgで、塩水で洗浄したなめらかな表皮は金色で、少量のオリーブオイルをすりこんで亀裂が入るのを防いでいる。生地はなめらかで山羊乳や羊乳ほどクセがないが、塩水の洗浄による複雑な木の実の風味が感じられる。熟成させると堅くなり、風味もとても強くなる。

左ページ
左の上と中：
**ヴァル・デ・メランジェス・クレモス**
左下：**バウマ・マデュラ**
右上：**モンセック**
右下：**トゥロ・デル・コンベント**

左上写真
左：**サン・シモン**
右：**テティージャ**
前：**アルスア・ウジョア・アルケサン**

左下写真
左：**ロンカル**
右：**イディアサバル**

スペインとポルトガル　139

### ペラルゾラ・アスル
(Peralzola Azul)　アストゥリアス

　比較的新しい羊乳チーズ。フランスのロックフォールに近いスタイルだが、口に入れた時の木の実のような風味と青筋の酸味は、ロックフォールほど攻撃的ではない、この魅力的なブルーチーズは、ペドロ・ヒメネスというデザートシェリーか、ポートを合わせると素晴らしい。重さは約2kgで、羊乳100%でつくるため、やや脂肪分が多い。スペインのブルーチーズの歓迎すべき新顔で、まだ輸入はさかんに行われていないが、生産量が増えれば、はるか遠くの国でも目にするようになるだろう。

### カブラレス(Cabrales)　アストゥリアス

　この重さ2.5kgのブルーチーズは、同じ名前の村かその他3つの村でしか生産されていない。基本的に牛乳チーズだが、春と夏に手に入れば羊乳や山羊乳も混ぜる。食感は、軟らかく、ベルベットのような生地がほろほろと崩れる。自然に水をきり、チーズ生産者がどのように風味を広げたいかに応じて、手作業で塩が加えられる。風通しがよく低温の貯蔵室で3-4週間ねかせてから、ピコス・デ・エウロパの洞窟より湿度が高い、熟成用の石灰岩の洞窟に運ぶ。青カビはより時間をかけて広がるため、チーズの端に現れることも多いが、すべてがそうではない。このようにして、金属的な匂いに、塩味と、砕けやすい食感が加わったこのチーズは、ピリリと辛く、力強い。デザートシェリーのペドロ・ヒメネスを合わせると、驚くような味わいを経験できる。

## バルデオン

バルデオンの味は、その生産地の地理を反映している。カンタブリアで発見された熟成用の石灰岩の洞窟、ピコス・デ・エウロパの山々、そして木々までもが、このチーズの風味に影響を与えている。

### ピコス・デ・エウロパ(Picos de Europa [Valdeón])　カンタブリア

　濃厚でクリーミーな生地にびっしりと青カビが広がり、ミネラルのピリリとした風味が、チーズを包むイチジクの葉の果実味に強められている。それは、カンタブリア地方の北部と中部をしめる、壮大な美しさのピコス・デ・エウロパの山々の地理を表している。西のエル・コルニオンの峰々、中央のロス・ウリエレス、東のアンダラは現在、スペイン国立公園の一部として保護されており、観光客は野生的で美しい風景を探索することができる。チーズを熟成させる石灰岩の洞窟は、この地域のブルーチーズの風味を決める鍵となる。ピコス・デ・エウロパは、もう1つのチーズであるカブラレスほど風味が強烈ではない。チーズを包む葉は、チーズボードで目をひく効果もある。

　ピコス・デ・エウロパは、頑強なトゥダンカ種、パルド=アルピナ種、フリージアン種の牛乳をおもに使い、春と夏にはピレネーやピコス・デ・エウロパの山羊乳を加える。また少量のラチャ種の羊乳で補われると、チーズにそれと分かる風味が現れる。このチーズは、濃密で、牛乳だけを使っている場合はバターの風味が感じられるが、混合乳の場合はより力強く、鋭く、スパイシーな風味がはっきりと現れる。

　重さ2.5kgのチーズを成形すると、手作業で塩を加え、針で穴をあけて、カードに加えたペニシリウム・ロックフォルティ(*Penicillium roqueforti*)というカビ菌が青い筋を作るのを促す。それから葉で包み、自然の湿度と低温が得られる石灰岩の洞窟において熟成させる。

　3ヵ月以上熟成させると、風味がいっそう強まるが、塩気のあるざらりとした食感はそれほど強くならない。良質なタンニンの渋みがあるどっしりとした赤ワインが合う。あるいは食後はチーズとデザートワインだけですませたいという人は、ポートかムスカットを合わせると良い。

下：ピコス・デ・エウロパ
左ページ上：ペラルゾラ・アスル
中と下：カブラレス

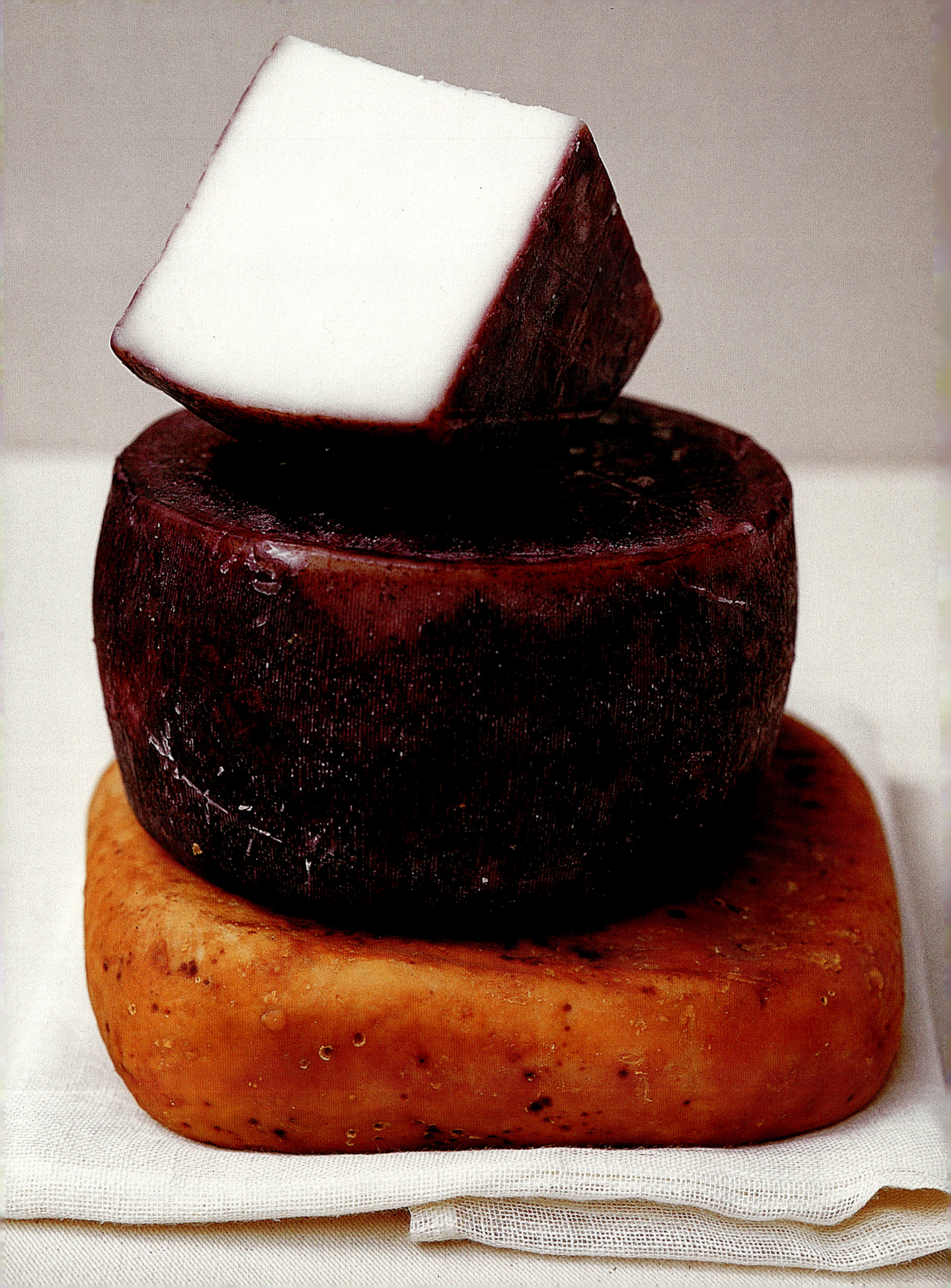

# 中央スペインと南スペイン

　この地域の気候は、大陸性気候、地中海性気候、そして一部の山岳地帯では高山性気候、南東角にそって半乾燥性気候と幅広い。バレアレス諸島やカナリア諸島は、1年のうちある一定期間は蒸し暑いが、降雨もある。そのため、特に肥沃な火山性土壌を持つカナリア諸島でのチーズ作りは、大きな成功を収めており、セミハードタイプの山羊乳チーズが広く知られている。砂のまじったサハラの風が吹き、湿度の高い内陸では、牧草地もまばらで、あまり多くのチーズが生産されていないが、優れた塩漬けのハムや肉の生産は、とても順調である。島々を含む南部も、こわれやすく軟らかいフレッシュチーズを生産しており、特にイチゴや桃と一緒にサーブすると実に美味しい。

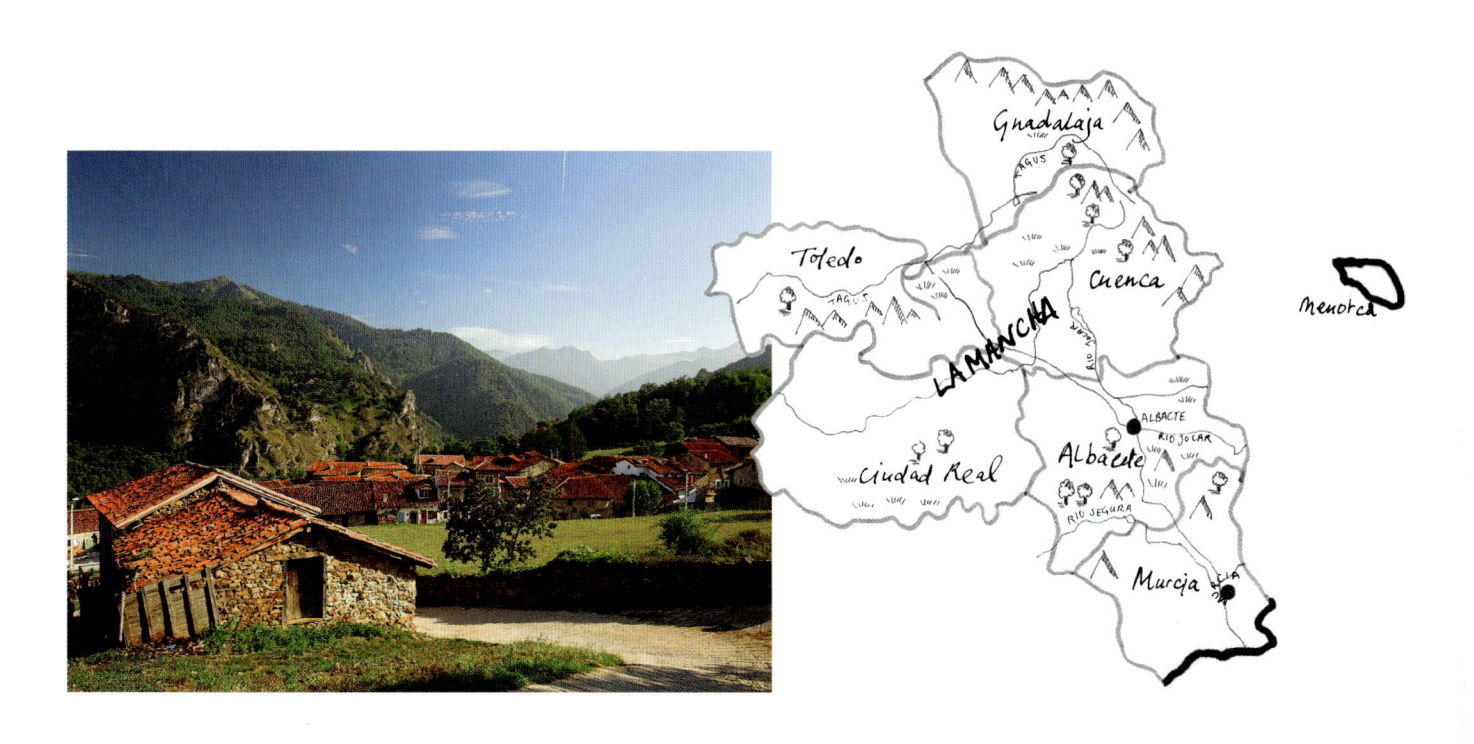

### ムルシア・アル・ビノ(Murcia al Vino) 🐐 ムルシア

　ムルシア地方では、泌乳量が多いムルシアノ・グラナティーナ種の山羊を飼育し、数多くのスタイルのチーズを作っている。伝統的なセミハードタイプで、きめが細かく、重さ2.5kgのこのチーズは、塩水をこすりつけただけの表皮を持つものと、さらにワインとブドウの搾りかすに浸して、表皮を濃い赤色にしたものがある。口に入れると、甘みのある乳の風味がすぐに感じられるが、ワインで洗ったものには、果実味と酸味が加わる。スペインにはハードタイプとセミハードタイプの山羊乳チーズがたくさんあるが、このチーズは私の顧客にもっと人気が高いチーズの1つである。

### マオン(Mahón) 🐄 🐑 🐐 メノルカ

　メノルカ島は、その微気候が青々とした牧草地を作り出している。

左ページ
上と中：ムルシア・アル・ビノ
下：マオン

チーズ生産者らは牛だけでなく、数頭の羊や山羊を放牧することができる。ユニークなチーズを食べてみたい時は、ルルメアという名前の丘陵地で作られたチーズを探して欲しい。このアルチザンチーズの重さは約2.5kgで、特産のメノルカ種やフリージアン種の牛の生乳で作られているが、1年のうち何度か手に入る時は、山羊乳や羊乳が加えられる。

　カードは布で包んでつるし、ホエイを排出してから、テーブルに置き、残りの水分を圧搾する。それから手早く塩水につけて、熟成室に移す。角に丸みのあるユニークな形と、布の跡が、本物のアルチザンチーズであることを示している。私は熟成の浅いティエルノと呼ばれる夏のチーズが好きだ。クラストはカビの発生を防ぐためにオイルでこすられ、白っぽく、なめらかである。秋になると、クラドと呼ばれる熟成タイプの登場が待ちきれない。トーストしたヘーゼルナッツの風味と、塩気、ざらりとした食感を持つクラドを、収穫したてのリンゴと一緒に食べるのだ。フレッシュタイプ、半熟成タイプ、熟成タイプのチーズには、パプリカをぬりつけて表皮を濃い色に仕上げたものがあるが、私はこれによって風味が強まるとは思わない。

スペインとポルトガル　143

## マンチェゴとメンブリージョ

マンチェゴのような羊乳チーズに、マルメロ（メンブリージョ）などの果物をゆっくりと焼いた、濃厚な甘みを合わせると、チーズの風味がとても強まる。マンチェゴに使用される乳は、濃厚で土の匂いがして、ラノリン（羊毛脂）のようなめらかさがある。それがハードチーズになった時には、その濃厚さを引き立て、動物的な風味をやわらげるために、何か甘みのあるものが切実に必要になるのだ。

### マンチェゴ（Manchego）　ラ・マンチャ

　ラ・マンチャでは、アルバセーテ県、シウダ・レアル県、クエンカ県、トレド県など、全州をあげてマンチェゴ作りを行っている。原産地名称保護の認定で、世界中に知られるようになり、需要が増加したことを受けて、規制当局には、原産地の指定地域の変更が強く求められている。

　荒涼としていて、乾燥し、岩だらけのこの土地を、かつてこの地に住んでいたムーア人は、水のない土地を意味するアル・マンシャと呼んだ。その名前は、ひどく寒い冬から耐えられないほど暑くて雨がふらない夏、そして変化の激しい風といった極端な気候を持つ広大な平原を正確に表現している。マンチェガ種の羊は、この極端な気候に完全に順応し、わずかに生えた植物や草、そして羊のために育てた、わずかな野菜や穀物の飼料を消化することができる。羊はもともと餌を探し回る動物で、ひどく暑い昼間は木の下に、冬は一時しのぎの小屋や洞窟に避難する。

　マンチェゴは、熟成度によって分類されている。マンチェゴを楽しむためには、マイルドとミディアム、あるいはミディアムとストロング、あるいはすべてのタイプを少量ずつ買い求めれば、風味のなりたちを探究することができるだろう。熟成度に応じて独特の味わいがあるが、多くの店が1種類のマンチェゴしか販売していないのは残念だ。

　チーズの生産工程は、ゆっくりと行われる。生乳を冷やし、加熱用の釜に移し、レンネットを加え、ゆっくりと加熱する。カードができたら、米粒大に切り、もう一度加熱してから、ホエイを排出する。それから、よく知られているカゴ模様の型にカードを入れ、圧搾してホエイを排出する。マンチェゴの烙印を押し、さらに圧搾して、型から出し、上下を返して、また型に戻し、さらに圧搾する。それから塩水の入った桶に2-4日間つける。日数は乳の品質、季節、飼料によって違う。熟成は、低温高湿の部屋で行われ、好ましくないカビが表皮につくのを予防するために、上下を返したり、こすったりする。

　重さ1.5kgくらいの小さなチーズを作るには約30日、大きなチーズは60日かかる。ただし、チーズを完全に熟成させて最高の味に到達させるには、2年かかることもある。硬い表皮を切り分けると、中はうすいクリームイエローで、熟成の間に小さな穴と亀裂がいくつかできており、甘みを含んだ土の匂いと鋭い香りがあり、風味はバターのようではないが、コクがあって美味しく、ほのかにキャラメルとヘーゼルナッツが感じられる。

　このチーズは、包装紙の模様に至るまで、世界中で模造されているが、チーズの上部に名前が描かれているものだけがマンチェゴなので、混乱しないでほしい。

　マンチェゴの最高のパートナーは、メンブリージョ、つまりマルメロのジャムである。マルメロは、生で食べると渋くて苦いが、砂糖を加えてゆっくりと加熱すると、濃いレンガ色に輝くジャムや、チーズや塩漬け肉に添えるのにちょうど良い、果実味と酸味のあるペーストになる。

上：マンチェゴの刻印
下左：メンブリージョ（マルメロ）
下右：マンチェゴ

左ページ左：マンチェゴの熟成用洞窟　右：ラ・マンチャの原野

上：セラ・ダ・エストレア
下：テリンショ

右ページ
アゾレス諸島のサンミゲル島の風景

# ポルトガル

　ポルトガルは、主要河川のタホ川によって、2つに分かれている。タホ川は、山岳地帯と渓谷のある北部と、平原と丘陵地がならだらかに続き、暑く、乾燥した気候を持つ南部の間に、はっきりとした境界線をなしている。山岳地帯の夏はとても乾燥して、驚くほど暑く、動物たちは木や低木の下に日陰を求めて群れ集まる。アゾレス諸島やマデイラ諸島は、優れたチーズと有名なデザートワインを生産している。北部のドウロで作られるワインは、濃厚でコクのある甘みを持ち、チーズの最高のパートナーとなる。スペインが隣接しているにも関わらず、ポルトガルのチーズは独自の風味と食感を持ち、ミネラル豊富な土壌の組成により、牧草地は乳に非常に興味深いストラクチャを与えている。ポルトガルのチーズは実に独特で、鋭くも濃厚な風味や、草のピリリとした刺激を持ち、他のヨーロッパのチーズとは一線を画している。

### セラ・ダ・エストレア
### (Serra da Estrela)　北部

　ダン川とモンデゴ川の間にある山で、岩肌の見える美しい地形が、リンゴ畑やポルトガルでもっとも人気の高いテーブルワインをつくるブドウ畑の肥沃な土地まで広がっている。このチーズは、原産地呼称保護(DOP)の認定を受けたため、おそらくもっとも有名である。スペインでよく似たチーズが作られているが、セラ・ダ・エストレアは突出して素晴らしい。それは美味しさと独特な風味があり、生産地がとても小さな指定地域に限られているからだ。

　地元のボルデレイラ種やシュラ種の羊乳を使っているが、春のチーズはコクと草の香りがし、冬の終わりのチーズにはより力強く濃厚である。凝乳は伝統的なレンネットではなく、この地方に自生しているカールドン（アザミ）（Cynara cardunculus）を使う。そのため、土、レモン、森、ハーブの風味がチーズにしみこみ、特別な風味が生まれる。そしてもちろん、ポートやドウロの赤ワインなど、酒精強化ワインと合わせると美味しい。ポルトガルの他の地域にもこれと似たチーズがあるが、それはおそらく羊飼いが真冬により暖かい気候をもとめて移住したからだろう。

　低温殺菌しない乳を変化させる、重要な工程では、細心の注意が必要になる。乳を漉して加熱し、アザミのレンネットを加えて凝固させる。ホエイを排出し、カードを少し洗浄したら、手作業でくずし、ムスリンをしいた型に入れて、ゆっくりと手で押す。すると、濃密でなめらかな食感が生まれる。それから塩をすり込み、一晩おいてから、低温高湿の熟成室におく。30-45日間熟成させると、アマンテイガドという、バターのような食感のチーズになる。6ヵ月以上熟成させると、ヴェロと呼ばれる熟成タイプになる。

### テリンショ
### (Terrincho)　ドウロ渓谷北部

　重さは800g-1.2kgの、原産地呼称保護チーズで、地元のシュラ・ダ・テラ・クエンテ種の羊の全乳で作られている。力強い、植物性の風味と、堅い食感は、より軟らかいスパイシーなタイプの他のチーズを引き立てるため、ポルトガル全土で人気が高い。30日間熟成させるが、60日以上熟成させるとより風味が強まる。塩水をこすりつけた表皮には、パプリカを加えて、風味に別の奥行きを持たせることもある。

スペインとポルトガル 147

## カブラ・トランスモンターノ (Cabra Transmontano)と、キンタ・ドス・モイーニョス・ノヴォス・セラーノ (Quinta dos Moinhos Novos Serrano)
ヴィラ・ヴェルデ

キンタ・ドス・モイーニョス・ノヴォス・セラーノをもとに新しく開発されたのが、カブラで、フランス風の粉っぽいカビがついた表皮を持ち、味は驚くほど甘く、木の実の風味があり、表皮の端の方はほとんどとろけそうである。セラーノはきめの細かいハードチーズで、ほろほろと崩れるがジューシーで、なめらかな白い表皮を持つシンプルなタイプと、ワインで洗浄して、素晴らしい果実味が風味に加わったタイプがある。いずれも地元産の白の軽めの発泡酒と最高に合う。

## サン・ジョルジェ(São Jorge) アゾレス

ポルトガルの希少な牛の乳で作ったチーズであるだけでなく、大きさも最大で、ダイナミックな味のハードタイプのチーズである。春の終わりから夏にかけて、おもに低温殺菌しない牛乳を使って作られる。ろうのような食感で、チェダーに似ている。シャープで、木の実の風味があり、ほろほろと崩れる。1年以上熟成させると、実に美味しい。ポルトガル風のフォンデュを作る場合、このチーズをベースにし、調理の最後により軟らかいチーズを加える。

## グラッシオーザ(Graziosa) イラ・グラシオーザ

イラ・グラシオーザは、白い島と呼ばれ、ワインのほか、肉や農業で有名である。これは、セミハードタイプの牛乳チーズで、サン・ジョルジェと似ているが、よりシンプルかつ素朴で、シャープで果実味があり、口に入れるとピリリとした刺激を感じる。

## セルパ(Serpa) アレンテホ南部

原産地呼称保護に指定されているチーズで、大きさは120-500gとさまざまである。おもに、ラコーネ種の羊乳を使っているが、地元産のメリノ種の乳も使っている。加熱した乳は、塩が入った布で漉す。それ以外に塩を加える工程は必要ない。それからアザミの液を加えて40分たったら、カードを切り分け、水分を切り、型に入れて、熟成させる。アメンテイガド（軟らかい）のカードを、そのまま（セラ・ダ・エストレラをスプーンですくうように）食べるのも、よく好まれる食べ方だ。セルパを堅くなるまで熟成させると、風味はより力強く、スパイシーになる。

## エヴォラ(Évora) アレンテホ

この羊乳チーズは、原産地呼称保護に認定されている。大きさは120-200gの小さな丸型である。伝統的に、オリーブオイルを入れた石の壺に入れて1年中保存する。しかし現在は、新鮮なうちに食べてしまうための、とても小さくてより軟らかいタイプが作られている。大きなタイプは、60日間ほど熟成させ、濃密で砕けやすい食感にする。ゆっくりと水分を排出させた間にできた、小さな穴が散らばっている。味は力強く、スパイシーで、ピリリと刺激があるため、エントラーダ（アペタイザー）に最適だ。

## アゼイタォン(Azeitão) アゼイタォン

これも原産地呼称保護認定を受けたチーズで、原産地には、パルメラ、セジンブラ、セトゥバルが含まれる。23日間熟成し、セミソフトタイプのクリーミーな食感と、濃厚な果実の風味を作る。アッサフ種の羊乳と、アザミの凝固剤が使われる。カードは手作業で丸く成型し、圧搾してできるだけホエイを排出し、熟成室でさらに水分を抜く。重さは250gで、スプーンで食べる。味は甘みを含む土の風味があり、強すぎない。

## カシュテロ・ブランコ (Castelo Branco) 中部地方

羊乳とアザミの花をレンネットに使った本物のアルチザンチーズであれば、セラ・ダ・エストレラ(p.147)とスタイルや風味が似ている。山羊乳と羊乳の混合乳で作ったものも、スタイルや外見が似ているが、ベイラ・バイシャ、アマレロ（ミディアムタイプは40日間熟成）やベイラ・バイシャ（ストロングは、120日間熟成）と呼ばれ、レンネットも伝統的な（動物性の）ものを使う。

カシュテロ・ブランコの周辺地域は、チーズの風味を作る牧草地を青々と育てる微気候に守られている。セラ・ダ・エストレラと似ているが、やや黄色みがかった色をしている。

## ニサ(Nisa) アレンテホ

重さ約300gの、原産地呼称保護の認定を受けたチーズである。ポルトガルの「パンかご」と呼ばれるこの地域は、広大ない田園地域で、なだらかに起伏する地形と、肥沃な土壌を持つ。このチーズはアザミを凝固剤としており、他の類似するスタイルのチーズに比べて、風味がいくらか甘く、発酵した酸味がやや弱い。

## バラオ(Barrão) アレンテホ

この小さなチーズは、重さが約150gで、おなじみの黄色くてロウのようになめらかな表皮と、羊らしい香りを持ち、ニサ（上記参照）などの近隣のチーズと風味が似ている。しかし、大きさがより小さいため、より堅く、味も強い。冷やした白いポートワインに添えると、最高のアペリティフ・チーズになる。アレンテホ最北部のモンテ・バラオは、牛の飼育に最適な場所で、羊や山羊が広々とした平原で草を食べたり、木の下に集まっているのが見られる。

---

右ページ
上左の写真奥から：
ノヴォス・セラーノ、カブラ・トランスモンターノ
上右の写真奥から：
サン・ジョルジェ、グラッシオーザ
下左の写真上から：
エヴォラ、エヴォラ(2つめ)、セルパ、アゼイタォン
下右の写真奥から：
カシュテロ・ブランコ、ニサ、バラオ

QUEIJO DE OVELHA CURADO
Queijo de Nisa
D.O.P.
monforqueijo
barrão

# ヨーロッパのその他の国々

　以下にご紹介するヨーロッパ諸国の独特なチーズは、各国の個性を表すシンボルであり、新世界のチーズ作りにも多大な影響も与えた。ヨーロッパの人々は国境を越えて移動していたために、ある国のチーズが隣国のチーズの影響を受け、味やタイプがどことなく似ているということはよくある。

　これらの国それぞれで生産されるチーズのスタイルでは、土地と気候が明らかに大きな役割を演じている。しかし自給自足の生活をする上で、長持ちする食品を生みだす必要性があったことも関係している。フランスやイタリアのように多彩な顔ぶれがそろっているわけではないが、その形や風味からすぐに、生産地、人々や料理などを想像することができる。

## オランダ

　オランダでは、洪水から国土を守ることが常に最優先事項だった。湿地を酪農や農業用にどのように管理、適応できるかを、干拓された湿地一帯が示している。チーズは国の経済の大きな割合を占め、主なチーズマーケットは5つある。その1つウールデンは現代風で商業的なスタイルであるが、残りの4都市アルクマール、ゴーダ、エダム、ホールンでは、昔ながらのやりかたに基づいて、いまだにチーズが露店で販売されている。

### ゴーダ(Gouda)　🐄　ゴーダ

　「ゴーダ」は登録商標されたことがないため、世界中至るところで、ゴーダと同じスタイルのチーズにその名前がつけられている。オランダのチーズ生産の約50%を占め、大規模に工場生産されている。いっぽうボエレンカースと呼ばれる農家製のゴーダチーズは、低温殺菌されていない自家農場の牛乳に、同様の経営方針を持つ2軒以内の別の農場の牛乳を加えて作る。そうすることで人任せにせず、チーズの熟成をゆっくりと確実に進めることができる。

　このチーズは寝かせると驚くほど味に広がりが出てくる。熟成7ヵ月のもの(ベレーヘンカース。若いという意味のオランダ語)はなめらかな食感、ほのかなナッツの風味、クリーミーだが淡泊で塩気があり、ぴりっとする味わいだ。朝食にぴったりで、薄くスライスしてトーストした全粒粉のパンに乗せてから、トマトをトッピングしても美味である。熟成2年のものは少し目が詰まっており、わずかに結晶化が見られる部分は、牛乳のタンパク質のせいで塩からく強い味だ。美味しい昼食向けのチーズで、焼いたハムとキュウリのピクルスといっしょでも、チーズボードに乗せてもよい。このチーズはアウドカースもしくはオールドと呼ばれる。4年ものは色がさらに濃く固めで、タンパク質の結晶も目立ち、カラメルの風味があり濃厚で崩れやすい食感だ。こちらの超熟成チーズは、よいボルドー産赤ワインととても合う。

　クミンやネトル(イラクサ)マスタードシード入りゴーダチーズもあり、ふつう熟成させずに食べるが、寝かせれば香り豊かな味になる。フレーバーつきのゴーダは、興味そそられる複雑な味わいのチーズだ。こちらもビールのお供にうってつけだろう。

　最近では、山羊乳が原料のゴーダチーズも登場した。ミルクの甘さが感じられ、他の山羊乳チーズとはまったく異なるタイプだ。カード*にトリュフを入れたゴーダもあり、山羊乳の野性味が強くなるが、辛口のシャンパンとの相性は最高だ。

\* 凝乳のこと

1番上に乗ったチーズ、左から：
**熟成2年のゴーダ、クミンゴーダ、
熟成4年のゴーダ**
2番めから4番めまで、上から下へ：
**ネトルゴーダ、マスタードゴーダ、
熟成2年のゴーダ、
熟成7ヵ月のゴーダ**
左脇：
**ゴート・トリュフ・ゴーダ**

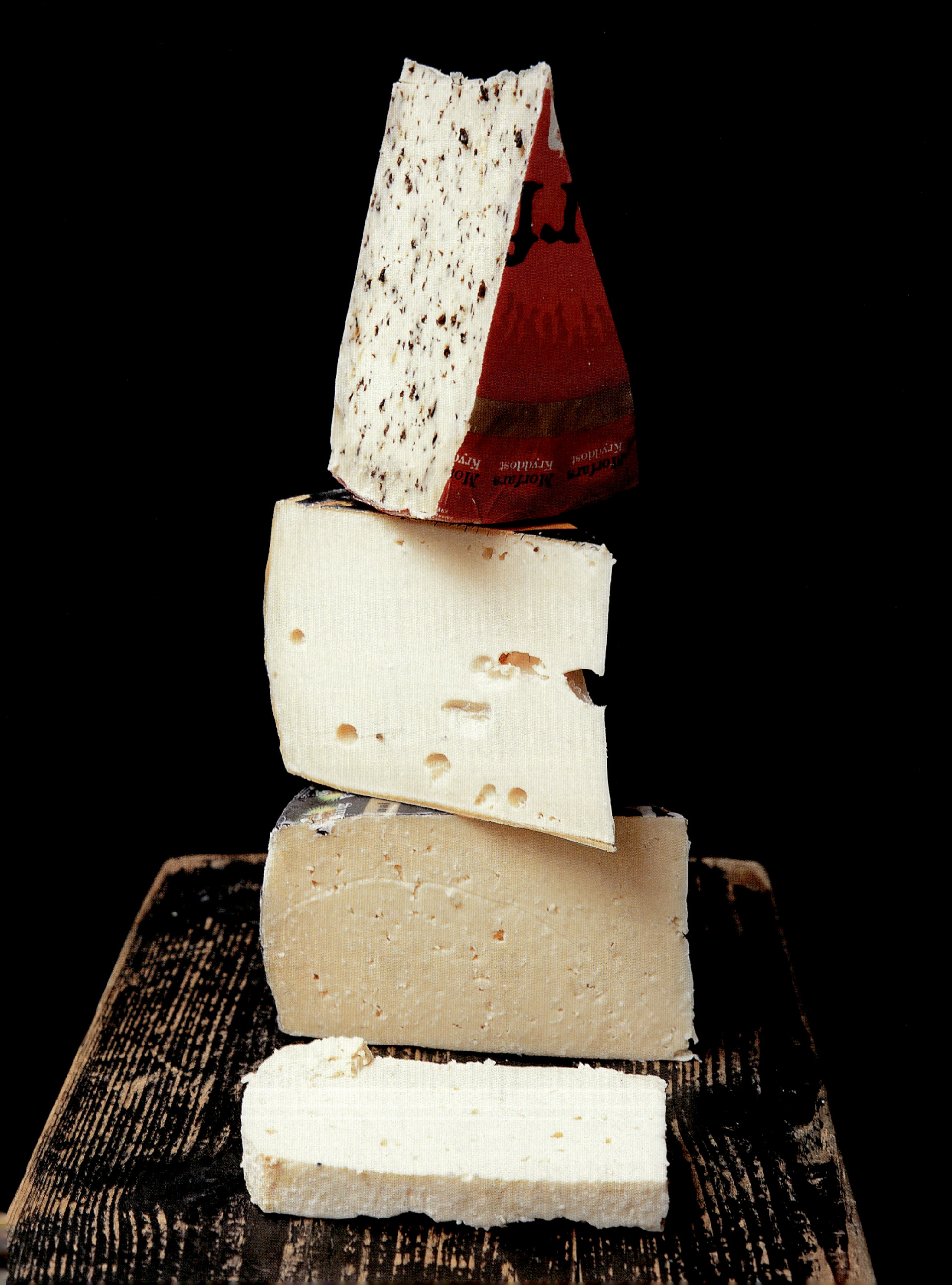
Morfars Kryddost

# スカンジナビア

「スカンジナビア」は、一般的にデンマーク、ノルウェー、スウェーデンを表現する言葉で、どの国もチーズ作りの長い伝統がある。スカンジナビアの気候は実に変化に富む。デンマーク、スウェーデン南部、ノルウェーの西海岸沿いは、典型的な西ヨーロッパの天候で、オスロからストックホルムの中心部では大陸性で湿気が高く、さらに北は亜寒帯だ。酪農が行われている地域は牧草が完ぺきな状態で育ち、美しく澄んだ空気で草に甘みが増し、ミルクやチーズにもその味が反映されている。

### スベキア (Svecia)　スウェーデン

セミハードタイプのチーズで重さは12kg、外皮にワックスをかけてホイルでくるんである。なめらかで引きしまった生地、やわらかいバターのようでぎゅっと詰まった食感があり、うっとりするまろやかな口あたりと、ナッツのようなぴりっとした後味が感じられる。スベキアは、スウェーデン全土の低地で作られる代表的なチーズで、クミンやクローブが入っているものもある。28%とかなり低脂肪であるため、ライ麦黒パンの上に重ねて朝食にするか、スウェーデン産ニシン料理とシュナップス*の食事に添えると特に美味しい。

＊ スカンジナビア産の蒸留酒。ジャガイモや穀類、果物などを原料とする

### グレーベ (Greve)　スウェーデン

セミハードでノルウェーのヤールスバーグにとても似ており、重さは15kgぐらい、スイスのエメンタールとも類似性がある (p.97参照)。濃密な食感で、表面にはサクランボ大の穴があちこちに開いており、10ヵ月ぐらいが食べごろだ。コクがありまるでバターのようだが、刺激的な後味がある。このタイプのチーズはビール全般、特にラガーと最高にマッチするが、果実の風味豊かな辛口の白ワインも格好のパートナーだろう。

### キュリドスト (Kryddost)　スウェーデン

約12kgのセミハードタイプで、中身はクミンやクローブがぎっしり詰まってやわらかめである。スカンジナビアでは立派なごちそうで、ビュッフェでニシンや野菜のピクルス、魚や肉と並べてあったり、薄く削ってライ麦黒パンに乗せたりする。この種類は若いうちに食べてもかまわないが、熟成させると風味が強くなりスパイシーになる。チーズの味の特徴にしっかり合わせるためにも、きつめのシュナップスといただこう。

### ハバティ (Havarti)　デンマーク

ハバティにはすてきな昔話がいくつかある。元は19世紀にハンナ・ニールセンが、コペンハーゲンの北、エーベレズにある家族経営の農場「ハバティガード」の家内生産で生みだしたチーズだった。ヨーロッパを旅したハンナは、スイスのセミハードタイプのようなチーズを作りたいと考えていた。こんにち、このチーズは大消費者向けの銘柄品として売られ、プレーンタイプもフレーバーつきも様々ある。しかしアルチザンチーズタイプのものに出会うと、その快い味わいに驚くだろう。

オレンジ色の皮がかなりねばつく、香り高いチーズだ。冷蔵庫から出したばかりだと濃厚で味にとても深みがあるが、私は室温に置いたほうが好きだ。縁が溶けてきてナッツの風味とシャープな辛さが感じられるようになる。

このチーズを薫製や塩づけの魚や肉を何種類かと、無塩バターを添えた薄切りのライ麦パンと共にいただこう。軽くてフルーティーな赤ワインかピルスナービールがぴったりだ。

上から順に：**キュリドスト、グレーベ、スベキア、ハバティ**

ヨーロッパのその他の国々　153

# ポーランド、ギリシア、ドイツ

ポーランドでは国土の60%以上を農業に利用している。生産されているチーズは他のヨーロッパ諸国からの影響も受けているが、自国にも昔ながらの独自のチーズがある。地中海のギリシアは山を背にして美しい島々を持つ多様な地形を持つ国だ。ドイツは全土を通じたチーズ生産国である。生産量の1/3を輸出し、近隣国の影響を受けて、様々な種類のチーズを作っている。

### セル・コリチンスキー「スボイスキー」
### (Ser Korycinski "Swojski")　ポーランド北部

伝統的な家族向けのチーズで、第二次世界大戦までおもにユダヤ人が作り国中で販売されていた。今このポーランド特有のチーズも生産量こそ昔より多くなったが、「自家製風の」魅力は健在で、素直でさわやかな軽い味わいだ（スボイスキーはポーランド語で「自家製」を意味する）。

このチーズはたいてい熟成させずに出す。目立った表皮もなく、圧搾したリコッタのような食感だ。プレーンタイプもハーブやコショウの実が入ったタイプもある。ライ麦パンに塗って塩を振りかけたり、少ししょっぱいチーズ菓子のフィリングにしたり、またチーズケーキに使えばさっぱりとした口あたりになる。

### フェタ(Feta)　ギリシア

テッサリアの広大で肥よくな平原は、フェタの生産用として保護されている7つの地域のうちの1つで、それぞれに独特の味のフェタが存在する。ペロポネソスは、テッサリアに較べると固く乾いていて塩気も強い。いっぽうマケドニアは、よりなめらかでまろやかな風味だ。これは製造方法が個々で異なるためであり、フェタといえば面白みも何もない塩からいチーズという印象なら、桁違いにすばらしい樽熟成のものを探してみて欲しい。

羊乳と山羊乳どちらの割合が多いかは、時期によって異なる。羊乳のフェタは濃厚で素朴、複雑な味わいで、山羊乳はあっさりとしてレモンのようなすっぱさがある。フェタと非常に合うのは新鮮で美味しいレツィーナワインだ。塩が利いてぴりっとしたこのチーズの味にまったく引けを取らない。

### バッヘンシュタイナー
### (Bachensteiner)　グンツェスリート協同組合、ドイツ

ドイツチーズのタイプは、周辺国のチーズと関連性がある。たとえばティルジッターとやわらかな味のゴーダのルーツは同じオランダであるし、リンバーガーは、オランダおよびベルギーのエルブチーズと関係がある。ビールと同様、修道院がチーズのレシピ考案に貢献しており、バッヘンシュタイナーのような表皮を塩水などで洗うタイプが典型的だ。

ウォッシュした表皮のれんが形のチーズは重量200gで、液体を塗りつけて熟成させるチーズに典型的な強い香りがあるチーズだが、歯ごたえのあるやわらかい食感で、口あたりが極めてよくバターのようであり、芳醇な後味が楽しめる。バッヘンシュタイナーは、さいの目切りにするか、細長く薄切りにしてキャラウエーシードを振りかけ、ライ麦パンの上に乗せる。このチーズの風味ととても相性がよいのは、ブロンドビールだ*。

\* 黄色や金色のビール

### ミュンスター
### (Münster)　ツアビィース協同組合、ドイツ

バーデン・ビュルテンベルク東南部にある歴史的都市ヴァンゲン・イム・アルガウ近くで、バイオ＝ダイナミクス*を取りいれた正統派のミュンスターチーズが作られている。大きいサイズが500g、小さいサイズが200gだ。

類似したフランスのチーズとは違い、ドイツのほうは軽くて繊細な味で、やわらかで新鮮な苦味のあるアーモンドのようだ。ウォッシュした粘り気のある表皮は、ゲヴェルツトラミネールワインをもみこみ1-2日そのままにすることでさらに粘着性が増し、香りも大変強くなり、心地よいナッツの風味とコクが際だつようになる。

匂いがあまりにもきついので、このチーズを食するのを嫌がる人もいる。匂いの原因は表皮を作りあげるために、表面を洗ってから湿った低温の貯蔵庫で熟成させるからだ。こうした過程を経ることで、美しく温かみのある、アプリコットオレンジに輝く外面ができあがるが、同時に気分が悪くなるほどの臭気が生まれる。香りでチーズを判断してはならないというまさに好例で、ミュンスターは実はこってりとして豊潤な味わいがあり、強烈な匂いは外側の表皮だけだ。辛口のリースリングや、華やかでかぐわしいゲヴェルツトラミネールワインと相性がよい。ピノの赤や北部ローヌのワインでもかまわない。

\* 月の満ち欠け、惑星の運行などを利用する有機農法の形態

### リンバーガー
### (Limburger)　ツアビィース協同組合、ドイツ

大量生産のチーズとは大きく異なるリンバーガー作りが、チーズ生産者アントン・ホルテンガーによって進められ成功した。重量200g淡泊なタイプのチーズで、厚切りの薫製ハムといっしょにすれば昼食にぴったりだ。しかし本物の味を堪能できるのは、この有名なチーズのアルチザンバージョンを口にしたときだけである。

塩を含んだブライン液*にふれることで白カビの表皮ができ、強い香りになる。味はまろやかで濃厚、クリーミーだ。コクのある辛口のシャルドネ、フルボディーの白ワインなどといただく。

\* 塩分濃度の高い塩水

左上、左から時計回り：
**バッヘンシュタイナー、
ミュンスター (小)、ミュンスター (大)**
右上：**セル・コリチンスキー
「スボイスキー」**
右下：**樽熟成のフェタ**
左下：**リンバーガー**

Weißlacker
BERGBAUERN
Bayrisches Käseschmankerl
extra pikant und würzig
ORIGINAL ALLGÄUER BIO-
LIMBURGER
50% FETT I. TR.
200g℮
ORIGINAL ALLGÄUER BIO-
LIMBURGER
50% FETT I. TR.

# 米国とカナダ

　米国ではチーズ革命が起きている。既存の伝統的なチーズ作りに波紋を起こそうという意図を持った畜産運動ともいえる。私は1993年にバーモント州パトニーにあるメジャー家の農場のバーモント・シェパード・チーズの試作品を食べたとき、時代が大きく変わったことを知った。それは思いがけない新事実の発見だった。遅かれ早かれ新しいチーズ生産者についてさらなる情報が入ってきたり、一般的なブランドやよく見かける商品に明らかな変化が現れるだろうと思われた。

　店にやってくる米国人のお客が、自分たちの国のチーズはヨーロッパのものとはくらべものにならないと嘆くたびに、私はファームステッドチーズ\*の存在を主張し、米国で彼らが住む場所にある最高のチーズショップを紹介してきた。そのようなチーズを売る場所がないと思っているのは、買い物の仕方が、日々近所の店に通ったり、週末ファーマーズマーケットに食料の調達に出かけたりすることではなく、週1回1軒のスーパーマーケットをくまなく歩きまわることになってしまった事実を浮きぼりにしている。米国のファーマーズマーケットは長年にわたって存続しているにもかかわらず、都会の住人が気に留めるようになったのはごく最近で、マンハッタンの中心部ですら例外ではない。現在、米国中の都市にあるファーマーズマーケットで、地元産で値段も手ごろな旬の食品を買う楽しみを存分に味わうことができる。ニューヨーク市のユニオンスクエアには人気のファーマーズマーケットがあり、驚くほど豊富な種類の野菜だけでなく、都市郊外の小さな農場からやってきたチーズも入手できる。

　新たに出現したチーズ生産者たちは、明確な企業家精神を備えている。競争社会から抜けだして自らのルーツに立ちもどった者もいれば、ただ単に田舎に帰って自然からの賜りものに浴したいという者もいる。大がかりな事業をやっていた者が規模の縮小を決断し、職人がいるこぢんまりした酪農場と共に、まるで違うタイプのチーズを作ったりもしている。私は当初、米国のチーズは地味なのだろうと予想していたが、無数のフレーバーと非常に成熟した技術を持ちあわせていることに気づいた。

　米国とカナダのチーズを見極めるには、国が文化的にどのようにわかれているか理解する必要がある。カナダの初期の入植者はフランスとスコットランドからやってきて、米国西海岸沿いには、イタリア人とヒスパニック系が入ってきた。中西部にはドイツ人、スカンジナビア人、ノルウェー人、オランダ人、ウェールズ人、コーンウォール人、東海岸には英国人、フランス人、ドイツ人、アーミッシュ、ギリシア人、アルメニア人、東ヨーロッパ人、イタリア人が移住してきた。新しいかんがい技術が1960年代および70年代に導入されると、アルチザンチーズおよびファームステッドチーズの本格的な生産が急増しはじめたのは興味深い。

　文字通り、ものすごい数のチーズがあるが、ここではアルチザンチーズとより大規模なメーカーのチーズから、注目に値するものをいくつか集めて詳述した。もっとたくさんのチーズを探すため、再び米国を訪れるのが待ち遠しい。現地のファーマーズマーケットだけでなくデリカテッセンやスーパーマーケットでも、今売られているチーズは本当に素晴らしいからだ。

\* 牛乳を生産した農場で作られるチーズ

下左：カリフォルニア州ペタルーマのアンダンテファームの平原
下右：ニューヨーク州シャスハンのスリーコーナー・フィールド・ファームの羊
右ページ
上左：スリーコーナー・フィールド・ファームの家畜小屋　　上右：マサチューセッツ州、ローソン・ブルック・ファームの山羊
下左：スリーコーナー・フィールド・ファームの家畜小屋　　下右：スリーコーナー・フィールド・ファームの家畜小屋にいる羊

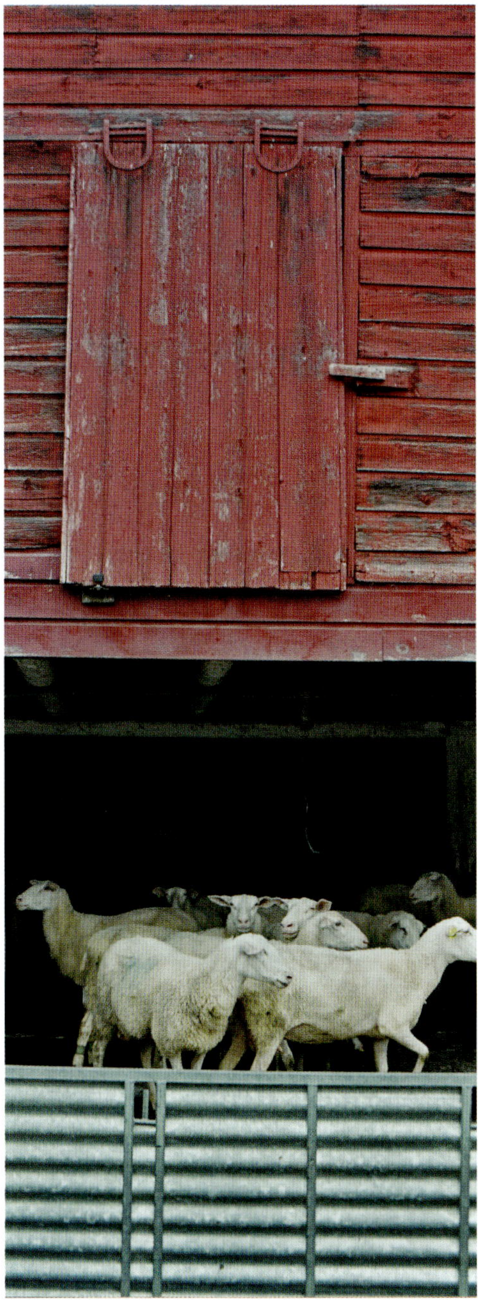
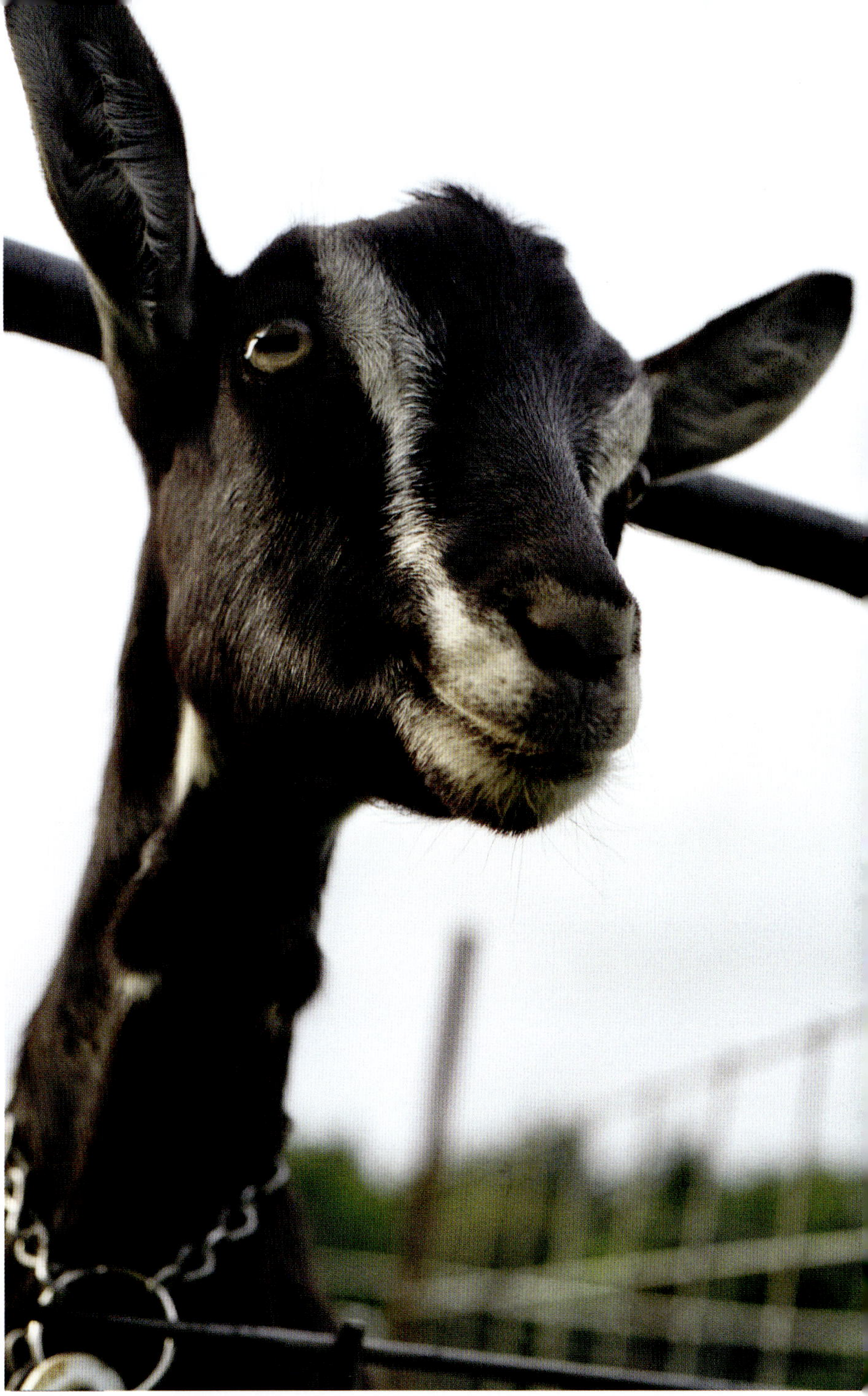
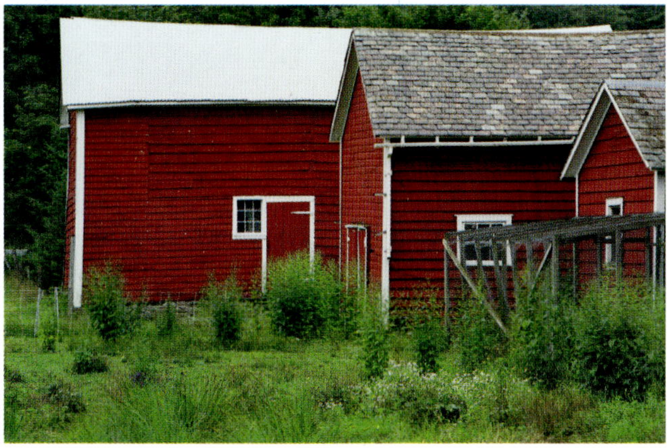
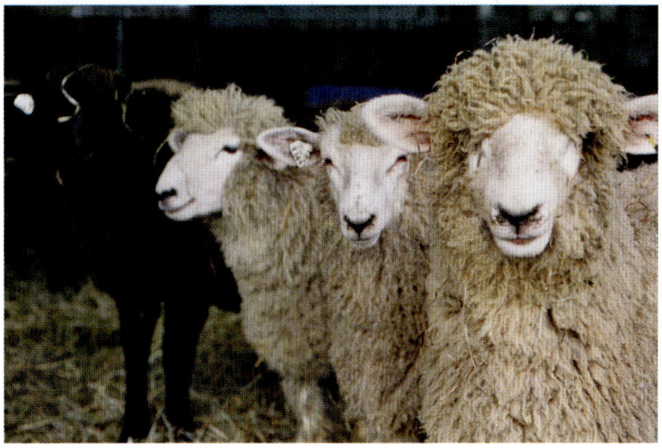

# 米国西海岸

　カリフォルニアの西海岸沿いには砂漠が広がり、かんがいにより放牧地や牧草地に水が引かれるまで農業は不可能だった。最初、収穫高が多かったのは野菜や果物で、酪農業が始まったのはそのあとだ。カリフォルニアが陽光降りそそぐ暑い場所であるのは周知のことだが、北部はひどく寒い山地である。しかしロサンゼルスからサンフランシスコさらに北にかけてはチーズの生産が盛んで、温暖な気候は他の追従を許さないトップレベルの山羊乳チーズを作るのに最適だ。

　オレゴンに目を移すと、農業はほとんど州の西部のウィラメット川周辺の低地で行われている。風が吹きわたる太平洋岸の景色は見事で、巨大なベイマツとアメリカスギがそびえ立ち、北部に広がる険しいカスケード山地とよい対照をなしている。西海岸の天候はおだやかで降雨量もじゅうぶんあるが、北部や東部では冬は身を切られるように寒く、夏は乾燥して気温が高くなる。

　ワシントンは、アラスカを除けば米国でもっとも北西にある州で、カナダとの国境をなしている。オリンピック半島には温帯多雨林、カスケード山脈の東側には半砂漠と、正反対のものが共存する土地だ。おおむね温和な気候とかなりの雨量のおかげで、150年以上にもわたって畜産業が発達した。チーズ作りの歴史は比較的浅いが、品質、洗練された味わい、食感、どれをとっても強い印象を与えている。

## カリフォルニア

　カリフォルニア州は、北はオレゴン州、東はネバダ州、南東はアリゾナ州、南はメキシコのバハカリフォルニア、西は太平洋にそれぞれ接している。セントラルバレーを通って太平洋に注ぐのはサクラメント川とサンホアキ川で、クラマス川は北部、コロラド川は南東部を流れている。カリフォルニアではチーズの生産規模が拡大しつつあり、山羊乳チーズが秀でている。

下：カリフォルニア州、ペタルーマのアンダンテファームの山羊
右ページ 上下：ドライ・ジャック・スペシャル・リザーブ

### ドライ・ジャック・スペシャル・リザーブ
(Dry Jack Special Reserve) 🐄

ベラ・チーズ・カンパニー、カリフォルニア、ソノマ

　原料の牛乳はすぐ近くのメルテンスファームからやってくる。大部分はホルスタイン牛からとっているが、このチーズには少なくとも30％のガーンジー牛のミルクが使われており、コクがあってバターのようだ。

　ドライ・ジャック・スペシャルは、ベラ・チーズ・カンパニーオリジナルのジャックチーズをさらに熟成させたタイプである。ジャックチーズは、1930年代後半以降の新しい冷蔵庫と、チーズをもっと長く保存したいと考える主婦たちを考慮に入れて誕生した。1950年代イタリア人の人口が増加したとき、パルミジャーノ風におろせるようなより乾燥させたハードタイプのチーズが作られるようになった。しかしこの超熟成のものは群を抜いていて、じっくりゆっくりと寝かせるとパンチの効いた味に変わり、乾いてくだけやすく結晶も見られるほどだ。3.5kgのこのチーズは、塩水につけて数日間自然乾燥させてから、特別に調合したオイル（色と匂いを抜いた大豆油またはベニバナ油が入っている）を塗って、ビター・ココアパウダーとブラックペッパーをかける。18ヵ月以上経つと、このように輝く茶褐色になる。果物やナッツ似たうま味があり、ほろ苦く鋭さのあるチェダーチーズとはまるで別ものだ。白ワインにも赤ワインにもぴったりだが、特にソノマカウンティー・スタイルの、ジンファンデルがよい。

米国とカナダ

### フィスカリーニファーム (Fiscalini Farms)
スタニスラウス郡、カリフォルニア

　この農場は、東にシエラネバダ山脈、西にカリフォルニアの海岸山脈があるためホルスタイン牛を放牧するのにうってつけの気候と環境をもつ、かなり恵まれた場所にある。

**サン・ホアキン・ゴールド (San Joaquin Gold)**　12.27kgの自然の表皮のチーズで、カビの成長をおさえるため包帯で包む。チェダータイプだが、フォンティーナのレシピを元にしたといわれ、よりなめらかで噛みごたえのある食感。結局はその2つの中間に属し、風味豊かでバターのような味わいの嬉しい「スナック感覚」チーズだ。

**クロス・バウンド・エイティーン・マンス・エイジド・チェダー (Cloth-bound 18-month-Aged Cheddar)**　熟成したこのチーズの中身は金色で、非常に崩れやすい。甘みもあるナッツのように香ばしいバランスの取れた味だ。重量24kgで十分な個性があるチーズなので、英国版チェダーとは競合しない。上部に牛の刻印がしてあるものを探そう。カリフォルニア産のピノノワールと楽しむ。

### ポイントレイズ「オリジナル」ブルー (Point Reyes 'Original' Blue)
カリフォルニア、ポイント・レイズ・ステーション

　ジャコミーニ家経営の農場で、自分たちの牛乳だけでチーズを生産している。有名なブルーチーズをモンティ・マッキンタイヤーの援助のもとに開発した。彼が多湿の貯蔵庫で5-6ヵ月、農地を吹きぬける大西洋の潮風の助けを借りて、2.5kgのチーズに磨きをかける。噛むほどに深まる強力な味わい、とてもしっとりとしていながらざらっとした口あたりがある。がっしりとしたフルボディーのワインがベストだが、ブルーチーズバターやディップの材料でも申し分ない。

### カウガールクリーマリー (Cowgirl Creamy)
カリフォルニア、ポイント・レイズ・ステーション

　ペギー・スミスとスー・コンリーは、前のケータリングの仕事を辞めてチーズ生産者になった。ビル・ストラウスの農場の牛乳が、チーズ、新鮮なカード、クレームフレッシュ、フロマージュブラン、クワルクになっている。以下の2つのチーズはもっともよく知られ、数々の受賞に輝いている。ハードタイプのつんとくる匂いのチーズや、バターのような風味のブルーチーズとも相性抜群で、合わせて飲みたいカリフォルニアワインも数えればきりがない。

**レッドホーク Red Hawk**　塩水で洗った250gのトリプルクリームチーズで、バター並みのコクと肉汁のような芳香が特徴。ウォッシュした表皮を、粘つかせず味も変質させずに熟成させるのは至難の業だが、これは実に立派なしあがりだ。チーズの盛り合わせにぜひ入れたい一品で、バランスを取るために果物の風味があるハードタイプ

のチーズ、やわらかくて匂いの強いブルーチーズも乗せる。

**マウントタム Mount Tam** 重量250-300gのバターのように濃厚なチーズで、表皮は分厚く切ったクーロミエと噛みごたえのあるポン・レヴェックの中間に位置する。白カビであるペニシリウムキャンディダムの生えた表皮からは、マッシュルームのような野趣あふれる匂いがする。食べ頃は、まだ白くてやわらかい表皮にベージュ色の筋がほのかに現われ、小さな穴がたくさん空いている中身に弾力性が出てきたときだ。

### ベルウェザーファーム（Bellwether Farms）
カリフォルニア、ペタルーマ

　キャラハン家は1992年から、季節限定で生産する羊乳のサンアンドレアス、バターのような濃いジャージー牛乳のチーズ、カーモディーを作りつづけてきた。2つ共、一家が旅先のイタリアで出会ったチーズにヒントを得て生まれた。ペタルーマは海岸から20kmに位置し、放牧地に漂うヨウ素と海の匂いがチーズに甘みのある塩気をもたらしている。クレームフレッシュ、フロマージュブラン、ヨーグルトにコショウの実入りチーズなど他のチーズも手がけ、わずかだがリコッタもある。

**サンアンドレアス（San Andreas）** ペコリーノのような、はっきりとした甘みと土の匂いがある。なめらかで風味が濃厚だ。赤ワインに皮の固いパンとオリーブでいただくと美味しい。

**カーモディー（Carmody）** カーモディーリザーブの特徴は、若いタイプのイタリアンチーズのやわらかさとコクと噛みごたえと、こすってなめらかにした外皮だ。この独特なチーズは、素朴なテーブルチーズや家族向けチーズで、チーズの盛り合わせとして楽しめる。チーズ名は、農場の前を通る道から付けられた。

左ページ　左下、上から下へ：**熟成チェダーゴールド、サン・ホアキン・ゴールド**
上　後列、左から右へ：**ポイントレイズの「オリジナル」ブルー、サンアンドレアス**
前列左から右へ：**カーモディー、マウントタム、レッドホーク**

米国とカナダ

## ゴーツリープ
(Goat's Leap) カリフォルニア、セントヘレナ

ワインで有名な地域ナパバレーの中心部で、バーバラ・バッカスとレックス・バッカスは1972年から、夢を実現させている。スペインの大きなラマンチャ種の山羊が、ここの気候でよく生育している。彼らが作るのは、どれも花とハーブが隠し味のようになったすてきなチーズだ。

チーズの名前は、日本のものすべてに愛着があるバーバラが考案している。彼らのスタイルをよく反映しているのがトッピングだ。時間をかけて低温殺菌しているため、山羊乳の味がしっかり保たれており、伝統的なレンネット[*1]を使用することで、どのチーズもすっきりとした味とわずかに舌を刺激するぴりっと快い風味がある。

ゴーツリープは小規模の生産者で、ここの製品は地元もしくはファーマーズマーケット、こだわりのあるレストランなどで出会えるだろう。下記のものの他に、ハードタイプのトムで自然乾燥した固い外皮のカルメラと呼ばれるチーズもあり、ほとんど熟成していない小型のチーズもオーダーメードで作っている。

**エクリプス（Eclipse）** ずんぐりとしたドラム型で、灰をまぶしてから白カビをしっかりと生やした表皮にはスターアニスが乗っている。切ってみると、チーズの中央に灰が筋になって通っている。バーバラとレックスの説明によると、月の満ち欠けになぞらえてこのチーズの名前をつけたという（エクリプスは月食の意味）。レモンのような澄んだ味わいで、地元産のさわやかでフルーティーな白ワインか、口あたりのよい赤ワインとぴったりだ。

**ダフネ（Dafne）** 重さ200g、表面がわずかにつぶれている桶のような形のフレンチスタイルの美味しいチーズで、色の薄いほぼ透明の表皮には、ペニシリウムキャンディダムの白カビが生えている。ここの山羊たちは、農場の周辺の汚染されていない広々とした丘で、季節が許す限り牧草を食べる。上に飾られたローリエは、名前の由来になっているが、草や花を思わせるこのチーズの象徴にもなっている。

**キク（Kiku）** 新鮮なブドウの葉をソーヴィニヨン・ブランに浸して包み、ラフィア[*2]で結んだ季節限定「バロン」タイプのチーズだ。そうすることでチーズがぴりっとした味になり、縁も溶けそうなほどやわらかくなる。夏のチーズ盛り合わせに最適だ。

**スミ（Sumi）** 重さ200gの面取りしたピラミッドのような形のうま味あるチーズで、綿毛のような白カビの表皮は、灰でコーティングされている。切ると中身はまばゆいばかりに白く、しっとりとしていながら崩れやすい食感で、すっきりとしたナッツの風味が心地よい。

**ハイクノワール（Hyku Noir）** 灰をまぶしてザクロの花を上にあしらった味わい深いチーズ。このような豪華な花のモチーフをチーズのトッピングにするのはあまりなく、ヨーロッパのチーズでもまれだ。意外な要素が美しく加えられ、自然風景をも映しだしている。

**ハイク（Hyku）** 大きめのクロタン（p.63参照）のようで、白いまだら模様になったカビの表皮は、ねっとりとした食感で、カットすると溶けはじめる。やわらかくなりすぎると味が損なわれ、少し苦くなってしまう。特にカリフォルニア産のピノノワールと楽しむのに、うってつけのチーズだ。

[*1] 子牛などの胃膜から取った凝乳酵素
[*2] マダガスカル原産のラフィアヤシという植物の葉の部分を、さらし加工で樹脂を抜いて乾燥させたもの。白いひも状になっている

## レッドウッド・ヒル・ファーム・アンド・クリーマリー
(Redwood Hill Farm and Creamery)
カリフォルニア、ソノマ

ジェニファー・バイスとパートナーのスティーブン・シャックは、乳用山羊の優れたブリーダーで、1978年からチーズを作りつづけている。農場は、ワイン生産地のまさに中心部であるセバストポルに位置し、リンゴ園、森、牧草地そして世界的に有名なワイン園の緑の風景が素晴らしいところにある。

山羊はアルパイン種、ヌビアン種、ザーネン種が飼育され、どれもみな上質の乳をたっぷり出す。山羊は放し飼いで、好天の間は外でエサを食べ、季節の変わりめで雨と風がひどくなると、温かく保たれた屋内に移る。

ありとあらゆる種類のチーズが小分けで製造され、大部分がフレッシュタイプで刺激味があるが、まろやかでなめらかなチーズもある。やわらかめのチーズ以外にも、5-6ヵ月熟成させた山羊乳のチェダースタイルのチーズも手がけており、グリルで焼いたりテーブルチーズにするのにふさわしい。さらに薫製のチェダーやフェタ、グラーベンスタインゴールドという新しいチーズも生産している。地元産クラーベンスタイン種のリンゴのシードルを表皮に塗りつけたウォッシュチーズだ。

**フレッシュシェーヴル（Fresh Chevre）** 文字通り鍋からすくい上げたばかりのようにフレッシュなチーズで、クラッカーやパンに塗ることができる。重さは150gで、あっさりとして、やや土の香りがする。この魅力的な若いチーズは、ケーキの材料やパスタのフィリングに利用でき、初めて食べる山羊乳チーズとしてぴったりだ。さらに時間が経つと、白カビの表皮が乾燥して中身は砕けやすいナッツの風味に変わる。熟成させたものは、口あたりの軽い赤ワインや辛口の白とよく合う。

**カメリア（Camellia）** 重さ約200g、やわらかく、ふわふわの綿毛のようなペニシリウムキャンディダムの白カビが生えた、カマンベールタイプのチーズだ。熟成が進んでやわらかくなると、クリーム状になり酵母の味がするが、熟していないものはかなりマイルドで、山羊乳のクセのある味を敬遠する人のスターターに適している。私はこのチーズは外側も残さず食べることにしている。ナッツの風味漂う表皮が、まろやかでクリーミーな中身を見事に引きたてているからだ。

**カリフォルニアクロタン（California Crottin）** 数々の受賞に輝いたチーズで、重さは150g、ファッジのような歯ごたえだが口のなかですぐに砕ける。乾燥させて作った美しい小さなボール形の固いチーズで、下ろして使うのにも理想的だ。レモン皮の風味にやや土の香りがあり、そのまま食べても、ブラックペッパーを少しかけても、焼いてベビーリーフをたっぷり乗せてもよいだろう。

右ページ　最後列奥：スターアニスをあしらったエクリプス
前から3列め左から：ダフネ、キク
前から2列め左から：スミ、ハイクノワール、ハイク
最前列左から：カメリア、カリフォルニアクロタン、フレッシュシェーヴル

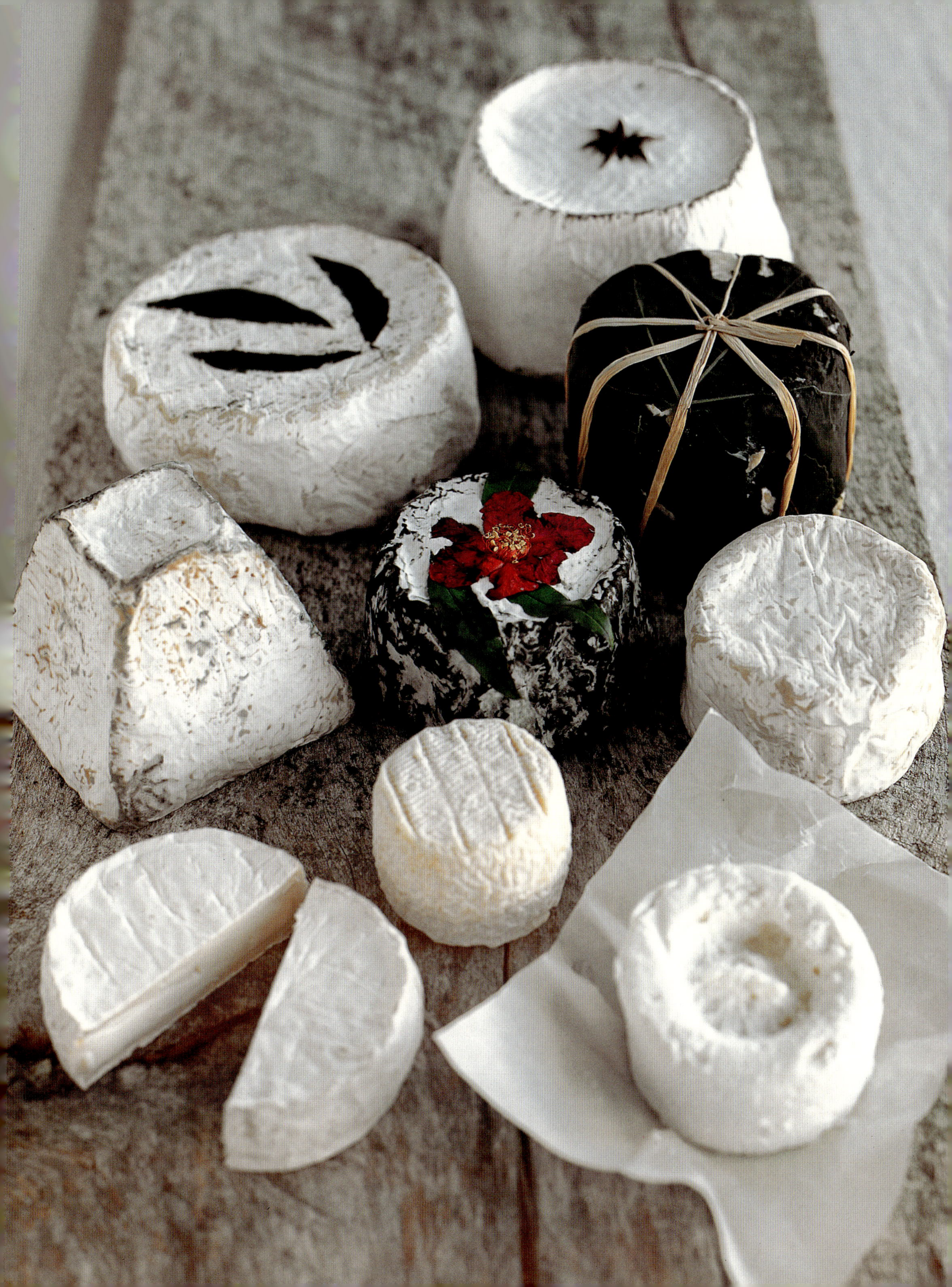

## アンダンテファーム

ペタルーマはいまだに古風な魅力が残り、アンダンテファーム近くの田園地帯は、手つかずの自然が残る緑豊かで静かな場所だ。しかも、国際都市サンフランシスコからわずか51kmしか離れていない。

### アンダンテファーム
**(Andante Farm)** 🐄🐐 カリフォルニア、ペタルーマ

音楽の素養があるソヨン・スキャンランが、チーズの名前で自分の人生の一部を表現しているとしても驚きではないだろう。彼女はロンドンを訪れたときに私と出会い、ラ・フロマジェリーのチーズルームで1-2日を過ごし、お気にいりのフランスのチーズをいくつか試食していった。スキャンランのチーズが際だっているのは、生地だけでなく表皮が絶妙かつ繊細で美しいしあがりであることだ。米国では、低温殺菌処理をしていないミルクからチーズを作ろうとすると、最低60日間熟成させなくてはならないため、ここでは低温殺菌乳を使用しているが、それでも味は損なわれていない。スキャンランによれば、この最初の極めて重要な段階で凝固したミルクに風味と食感をもたらすのは、スターターという培養された細菌だという。

理論的で秩序だったやりかたで生みだされるチーズの量は少なく、地元かひいきのレストラン数店で売られている。チーズ生産の施設は山羊乳を調達しているボルピファームの隣にあり、ジャージー牛乳はペタルーマにあるスプリング・ヒル・ファームから入手している。チーズを作るにあたり最先端の技術は一切使われていない。まったくもってわかりやすく、もっぱらスキャンランの熟練の技と高度な能力によるものだ。

**カヴァティーナ（Cavatina）** 灰でコーティングされた大小の丸太状の山羊乳チーズで、サント・モール（p.62参照）に似ているが、砕けやすくもう少し淡泊な食感だ。このチーズに圧倒されてしまう主な理由は、きめ細かい表皮と散在しているなめらかで綿毛のような白カビだ。

**ケイデンス（Cadence）** 牛乳と山羊乳をミックスしてさらにクリームを加えたチーズ。サン＝フェリシアン（p.69参照）に近いスタイルは、チーズの盛り合わせに最適だ。こってりとしてクリームのような風味で、山羊乳を使用しているため若干、舌にぴりっとくる後味がある。

**メヌエット（Minuet）** とろりとした濃厚な口あたりを出すため、凝固の際に牛乳のクレームフレッシュを足した山羊乳チーズだ。ふんわりとした白カビの表皮が、ほのかに土の匂いを漂わす。すっきりとすがすがしく切れのある白ワインのシュナンブランなら、ぎゅっと味が詰まったこのチーズに負けないだろう。

**フィガロ（Figaro）** あらかじめ白ワインに浸しておいたイチジクの葉で包む牛乳と山羊乳の混合のチーズ。イチジクが旬の夏季限定の一品だ。コクのある食感で、ワインにつけた葉の影響で渋味がある。

米国とカナダ

最後列奥：メヌエット
その左右の棒状の3本のチーズ：カヴァティーナ
カヴァティーナの下：フィガロ
フィガロの右隣：ケイデンス

下：アンダンテファームの家畜小屋
左ページ：
左上：チーズ作りの様子
左下と右上：アンダンテファームの山羊
右下：チーズを手がける
　　　ソヨン・スキャラン

### シエラ・マウンテン・トム
(Sierra Mountain Tomme)

ラ・クラリネ・ファーム、カリフォルニア、サマセット

　ここはチーズ作りにも今やブドウ園にもふさわしい環境で、4haの広さの農場がある。フランスでチーズ作りの修行をしたカロリーヌ・オエルはハンク・ベックマイヤーと共に、真摯な姿勢で農業とチーズの生産に取り組んでいる。重さ1.2kgの伝統的な山羊乳のハードタイプチーズは甘みとナッツの風味があり、牧草地や草原のような味わいがある。3ヵ月以上自然に熟成させて外皮を作りあげ、中身は真っ白で崩れやすく、そのまま食べても下ろしたり薄切りにしてサラダにしても野菜にかけても最高に美味しい。表面には所々、美しい白と薄灰色のカビが見うけられ、混じり気のない味という点ではヨーロッパのチーズに勝っている。

### サイプレスグローブ
(Cypress Grove)　カリフォルニア、マッキンリービル

　すでにたくさんの人がメアリ・キーンについて書きしるしてきている。キーンはカリフォルニアでアルチザンチーズ現象を起こした先駆者で、代表作フンボルトフォッグは、1980年代後半に突然注目を浴びるようになったそのときと変わらず、今でも個性的な印象のチーズだ。現在キーンは自身で山羊を飼育していないが、手がけるチーズ1つ1つを昔と同様大切に世話をし、米国の大半の小規模生産者のように、様々な種類の多数のチーズを作っている。フンボルト郡は巨大なアメリカスギに覆われた一帯で、近くには自然美で有名な海がある。

**トリュフ・トレモール (Truffle Tremor)**　重さ1.3kgの白カビ表皮のチーズだ。黒いトリュフをカードの中に散らしており、極めて洗練された感動の味わいである。泡のように軽いフレーバーで、トリュフの土の香りが非常にぜいたくなチーズだ。

**フンボルトフォッグ (Humboldt Fog)**　薄片状の白いフレーキーなチーズの中央に、さざ波のように灰が入って驚くほど美しい。灰をまぶした表皮には、白カビがびっしりと生えていて、森林から漂ってくる薄霧を思わせる。チーズの縁が溶けはじめると、レモンの皮のような刺激的な風味になる。

### サン・ジョルジェ（St George）
マトス・チーズ・ファクトリー、カリフォルニア、サンタローザ

　ジョー・マトスとメアリ・マトスは、アゾレス諸島のサン・ジョルジェ島の出身だ。その島で作られている同じ名前の有名なチーズ（p.148参照）にインスピレーションを得て、1970年代、サンタローザに家を建てるときに自分たち独自のものを編みだした。重さ5-10kgのサン・ジョルジェは、おなじみの辛口で砕けやすい食感だ。大西洋の潮風が風味を決定づけ、ポルトガルのサン・ジョルジェとそっくりの味になる。このチーズは常に賞を取っているがその理由はおもに、コクとスパイシーさを兼ねそなえた風味に、さらに深みが加わっているからだ。スパイシーなフルボディーのジンファンデルの赤といった地元産ワインが合う。

左ページ：**シエラ・マウンテン・トム**
上、左から右へ：**トリュフ・トレモール、フンボルトフォッグ**
下：**サン・ジョルジェ**

米国とカナダ　167

# オレゴン

オレゴン州は太平洋岸北西部に位置し、ワシントン州が北、カリフォルニア州が南、ネバダ州が南東、アイダホ州が東にある。主要な川はコロンビア川とスネーク川で、北と東の州境を通りぬけるように流れている。東部には、常緑樹林帯、マツとセイヨウネズの森林、半乾燥で荒れた風景とともに、オレゴン中央部からのびるプレーリーが広がる。

### ローグクリーマリー（Rogue Creamery）
オレゴン、セントラルポイント

ローグクリーマリーには、長い時間と多大な労力をかけてフランスの洞窟を模して特別注文した熟成室があり、適切な冷気と湿気がしっかりと保たれている。

**スモーキーブルー（Smokey blue）** ここの有名なチーズの1つで、オレゴンブルー（西海岸で最初に作られたブルーチーズ）のレシピを元に、ヘーゼルナッツの殻の上で16時間冷燻製し、ブルーチーズの強い味に甘いカラメルのような木の実の風味を加えている。

**ローグ・リバー・ブルー（Rogue River Blue）** 地元でとれるサイラブドウとメルローの葉を、洋梨のブランデーに漬けてチーズを包む。何年もの熟成による果実の強い風味と、なめらかで濃い口あたりを持つ。晩夏の牛乳で作るので、手に入る数は限られている。

### アップ・イン・スモーク（Up In Smoke）
リバーズ・エッジ・シェーヴル、スリー・リング・ファーム、オレゴン、ロッグスデン

チーズ生産者のパット・モーフォードは、20種類の様々なチーズを作っている。山羊は、5haの牧草地と森林で放牧される。アップ・イン・スモークは、表皮のない手で固めた150gの小さなチーズで、燻製にして乾燥させたカエデの葉に包まれている。チーズはハンノキやヒッコリーのチップの上で燻製にするが、まず外側を覆う葉に少量のバーボンを噴霧することで葉を乾かさずにいぶしたような味を出す。

### ジュニパー・グローブ・ファーム（Juniper Grove Farm）
オレゴン、レッドモンド

ピエール・コーリシュの農場は、夜は涼しく昼は太陽が降りそそぐ気候、ミネラルたっぷりの火山性の土、さらにカスケード山脈からの新鮮な空気と純粋な水に恵まれ、110匹の山羊を育てるのに完璧な環境だ。ファームステッドチーズの生産者の多くがそうであるように、下記以外にも、好んで幅広いタイプのチーズを生みだしている。

**ブッシュ（Bûche）** 重さ150gの丸太状のチーズの真ん中に麦の穂が刺してある。きめが細かく、口の中で砕けやすく、しっかり熟成され、ナッツの風味と酸味が複雑に合わさったリッチな味わいだ。私が食べたチーズの表皮はどれも大変すばらしかったので、切りとらずに食べることをおすすめする。

**トゥマロトム（Tumalo Tomme）** フランスの高山スタイルの1.5kgのセミハードチーズで、貯蔵庫で熟成させながら表面をこすって自然な外皮を形成する。熟成段階に乾燥してできた小さな穴が点在し、崩れやすく少ししっとりした食感だ。野生植物のような力強く土の風味がする。

**ピラミッド（Pyramid）** 重さ150g、プリーニ・サン・ピエール風の昔ながらのチーズ。非常に薄くて口あたりのよい表皮は、8-10週間熟成すると本来の持ち味が出てくる。より乾いてくだけやすくなると、控えめで上品な味わいになり、辛口の白ワインがぴったりだ。

### フォリアファーム（Pholia Farm）
オレゴン、ローグリバー

このチーズ生産者にとって重要なのは、土地と動物のために尽力することだ。広々とした放牧地で自由に草を食べさせれば、山羊たちのエサは常に変化しつづけることになる。

**エルクマウンテン（Elk Mountain）** ピレネーのトム・デディウス（p.75参照）によく似ており、ウォッシュしてこすった表皮はなめらかで、自然に育った白カビが散在している。2.5kgから3kgのチーズで、じっくり3-4ヵ月熟成させると、最高の味になる。

**ヒリスピーク（Hillis Peak）** スペインのハードチーズにそっくりで、ハーブの酸味、おだやかな塩気と刺激味がある。外皮にはオイルとスモークド・スパニッシュ・パプリカがすりこまれ、バスケット型の模様がついている。6-8ヵ月の熟成期間で表面に白カビがうっすらとつく。

### ポンドホッパー（Pondhopper）
トゥマロファーム、オレゴン、ベンド

セミハードの圧搾したチーズで、重さは4kg。カスケードホップで作った地ビールを加えたためになめらかな食感があり、小さな穴が所々に見られる。外皮のワックスが閉じこめる風味は、熟成と地ビールでこすってできたホップの香りと甘みを含む。

ローグ・リバー・ブルー

左上、上から：
アップ・イン・スモーク、
スモーキーブルー
右上、上から下へ、手前：ブッシュ、
トゥマロトム、ピラミッド
右下：ポンドホッパー
左下、上から：ヒリスピーク、エルクマウンテン

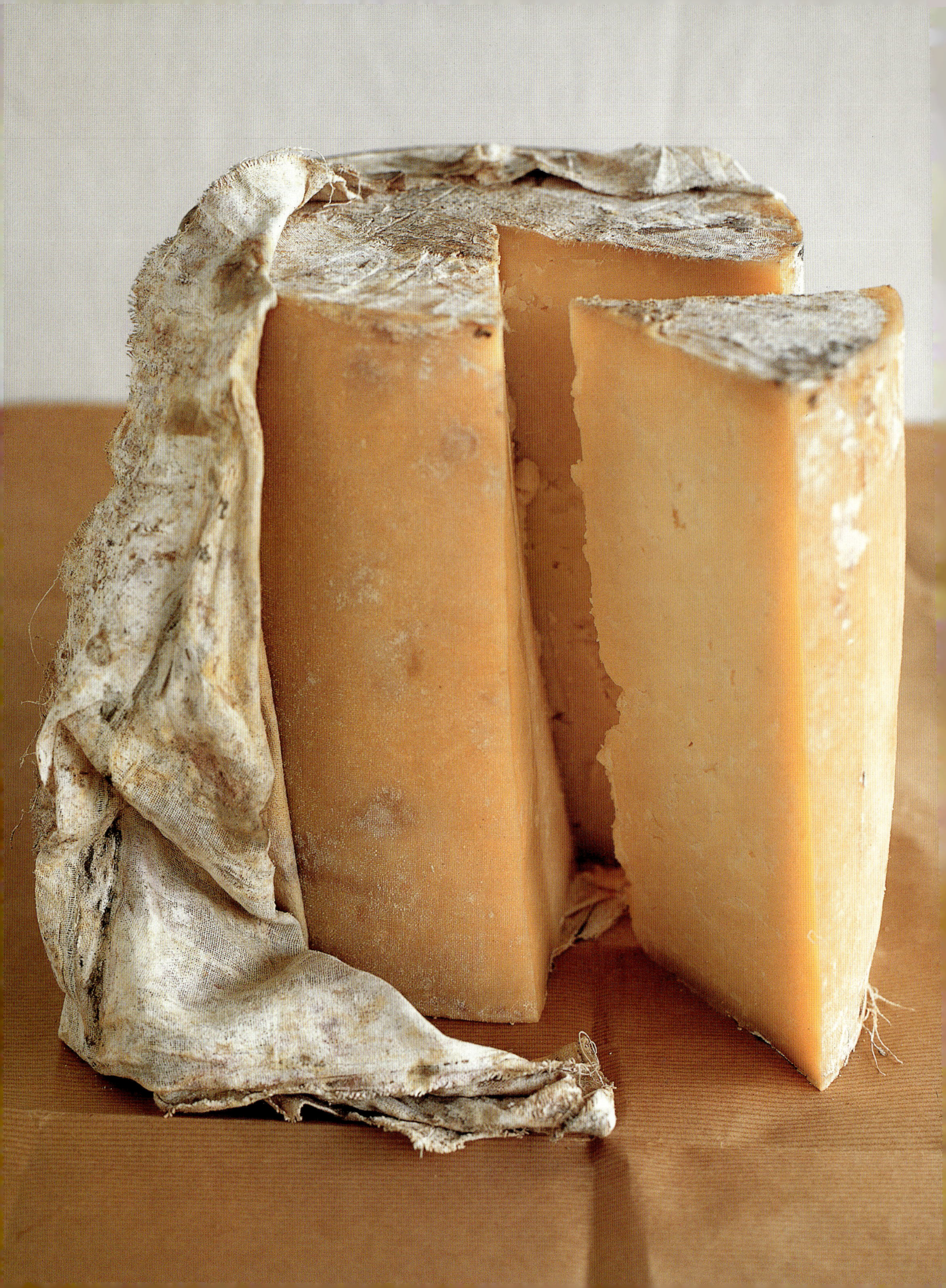

# ワシントン

ワシントン州の地形は、森あり山あり極めて多彩で、いちばん高い山はレーニア山だ。おおむね温和な気候のおかげで酪農が盛んである。チーズ生産が発展したのはごく最近だが、すでにワシントン発の興味深い品々がいくつか存在する。

左ページ：フラッグシップリザーブ　上左：シースタック　上右：サリー・ジャクソン・チージーズ

### フラッグシップリザーブ (Flagship Reserve)
ビーチャーズ、ワシントン、シアトル

布を巻いて熟成させる円筒形の小型のチーズで、重さは7.5kg。私が選ぶマカロニチーズ用のチーズといえばこれだ！　外見ともろい中身はチェダーに似ているが、使用している培養菌はグリュイエールとエメンタールにも用いられているため、ナッツの香りとクリーミーな食感が前面に出て、チェダーで時折味わう、つんとくる辛味はおさえられている。

### シースタック (Seastack)
マウント・タウンゼント・クリーマリー、ワシントン、ポートタウンゼント

マット・デイとライアン・トレイルは、チーズ生産に携わってから数年しか経っていないが、すっきりとした風味と表皮を熟成させる素晴らしい手法が、チーズに気品と深みをもたらしている。シースタックもその1つだ。150gの円形のチーズを木炭の灰で覆い、カビペニシリウムキャンディダム白カビが灰となじむようにして熟成させる。デイとトレイルがフランスのチーズに傾倒しているのは間違いなく、さらに数週間熟成すると、素朴なナッツの風味が強まる。

### サリー・ジャクソン・チージーズ (Sally Jackson Cheeses)
ワシントン、オロビル

サリーとロジャーのジャクソン夫妻には開拓者魂がある。アルチザンチーズ作りに心血を注ぐだけでなく、控えめながらその発展にまぎれもなく寄与している。

独学のサリーは常識的な一般則に厳密には従わず、技術書を読むより自らの目を働かせることを好む。チーズは地元で集めたクリとブドウの葉で包まれており、型を作製しているのは土地の陶芸家だ。25匹の羊と山羊、乳牛は数頭しかいないため、生産の規模は小さい。

牛乳のチーズはだいたい1kg、山羊乳は小さめでほぼ300g、羊乳は六角形で300-400gだ。葉に包まれているためにフルーティーで森を思わせる風味だが、牧草、エサになる野草、ムラサキウマゴヤシ*が生える農場の環境の影響で、ミルクの強い匂いと甘みが加わっている。このようなチーズは、はっきりとした辛口で果実味のある赤ワインといただく。申し分なくよさを引きたててくれるからだ。

* マメ科ウマゴヤシ属の多年草。牧草、緑肥用、食用にもなる

米国とカナダ

# 米国中部

米国は広大な国で、中部は実に多様な地形が見られる。ウィスコンシン州、ミネソタ州、アイオワ州、イリノイ州、インディアナ州、コロラド州と広範囲にわたって一流の酪農家が多く存在し、優れたチーズ生産技術が広く伝わっている。色々なスタイルのチーズ作りが多数あるのは、上記の州に住むべく世界中から入植者がやってきたからだ。

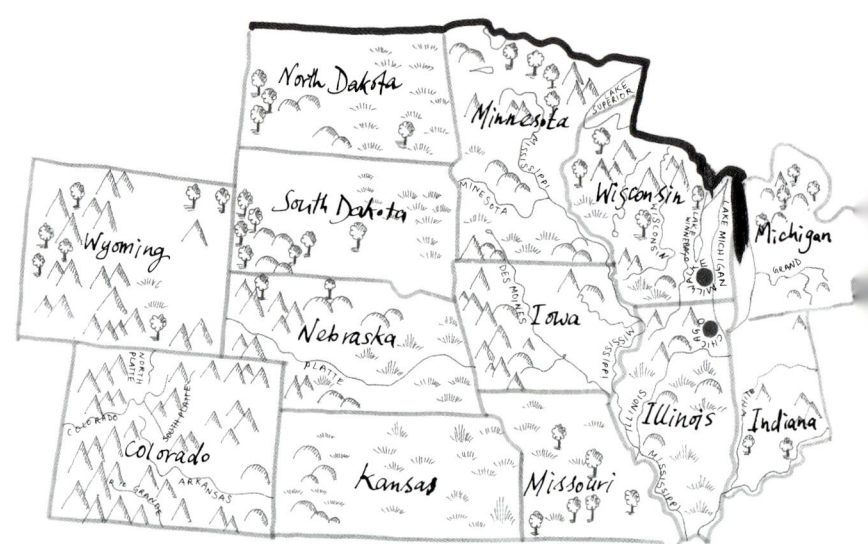

# ウィスコンシン

米国酪農の地として知られるこの州は中北部であるが、中西部の1つとして捉えられている。ミネソタ州が西、アイオワ州が南西、イリノイ州が南、ミシガン湖が東、ミシガン州が北東、スーペリア湖が北に位置する。土地は肥よくで岩の多いところもあり、気候がチーズ生産を主とした酪農に適している。州を流れる豊かな河系、ミシガン湖、スーペリア湖、ウィネベーゴ湖に恵まれ、酪農のための優良な条件がすべて揃っている。様々な団体が、チーズに関連する情報やツアーや催しを企画して支援してきたという誇りを持つのもうなずける。ヨーロッパ各国を出てウィスコンシン州に住むようになった移民たちがもたらしたチーズ製法が多種あるので、ウィスコンシン産のチーズだけで一冊の本になるぐらいだが、以下にとっておきのものを記しておく。

## ブルー・モン・デーリー（Bleu Mont Dairy）
ウィスコンシン、デーン郡、ブルーマウンズ

この酪農場はマジソンから約50km、ブルーマウンズ州立公園とブリガム郡立公園の間にあり、ここでウィリ・レーナーとキタ・マックナイトは技能を磨いた。レーナーは母国スイスでチーズ職人として経験を積んでいた父から製法を学んだ。ミルクは、輪番放牧方式[*1]を採用している地元の有機農場から供給される。

### ブルー・モン・クロス・チェダー（Bleu Mont Cloth Cheddar）
農家製チーズの好例で、特徴的なカビの匂いを放つ外皮にはブラシがかけられ、長期熟成の過程で集まる小さなアシブトコナダニ[*2]を取りはらう。砕けやすい食感は非の打ちどころがなく、パサパサでもしっとりとしすぎでもなく酸味もない。甘くナッツのような味が長く後を引く。もっと熟成が進むと、パルメザンのように目が詰まってきて結晶が出てくるが、それでも苦味は一切感じられず、見事なカラメルの風味が際だっている。きめ細かいモスリンに5kgのチーズを包む古典的な手法で、熟成チーズの表皮から取ったカビを浄水に混ぜた溶液を塗ってしっかり動かないようにする。高湿度で低温の熟成室に入れれば、空気で自然に運ばれた細菌が、チーズに浸透する。

### リル・ウィルズ・ビッグ・チーズ（Lil Wil's Big Cheese）
塩水で表皮を磨いた、すべすべとして緻密な質感のスイススタイルのチーズだ。重さは1kgで、農場の土を淡水と合わせて濾過する方法を参考に、塩水でウォッシュしている。このチーズはハバティタイプで濃厚な食感があり、縁は溶けそうなほどやわらかい。塩水で洗ったあと、表面をこすって熟成室に置いて寝かせれば、表皮で白カビが成長する。ウィスコンシン州産地ビールとマッチするチーズだ。

*1 放牧地を柵で区切って順番に家畜を放牧させるシステムのこと
*2 チーズや干し肉などにつくダニ

右ページ
左上、上から：リル・ウィルズ・ビッグ・チーズ、
ブルー・モン・クロス・チェダー
右上：ブルー・モン・クロス・チェダー
左下と右下：ブルー・モン・デーリーの様子

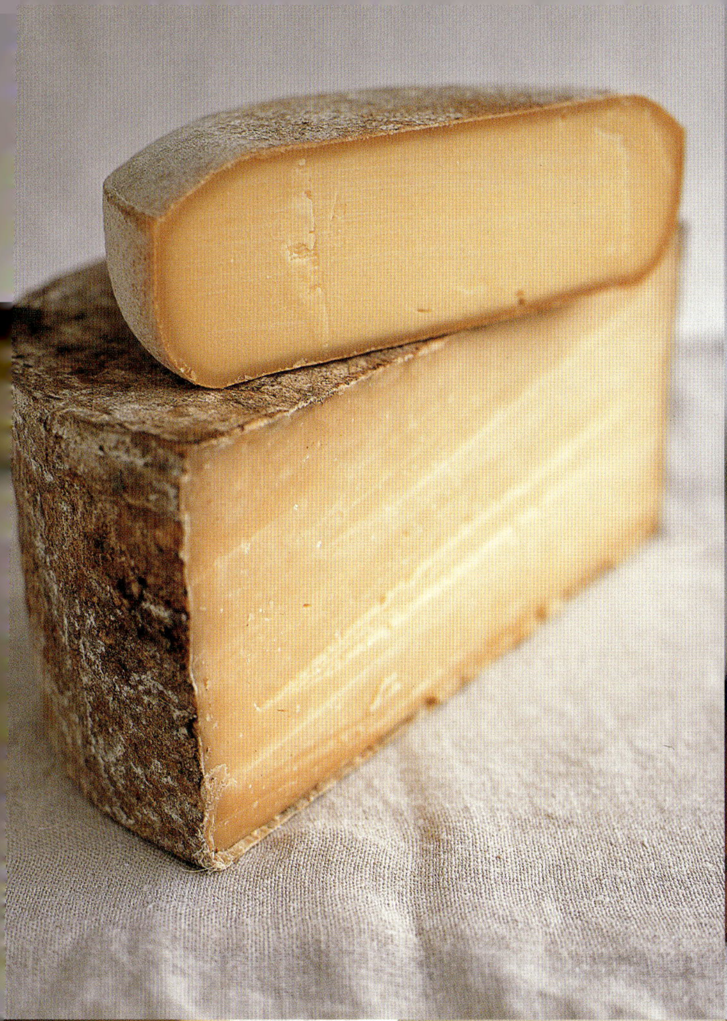

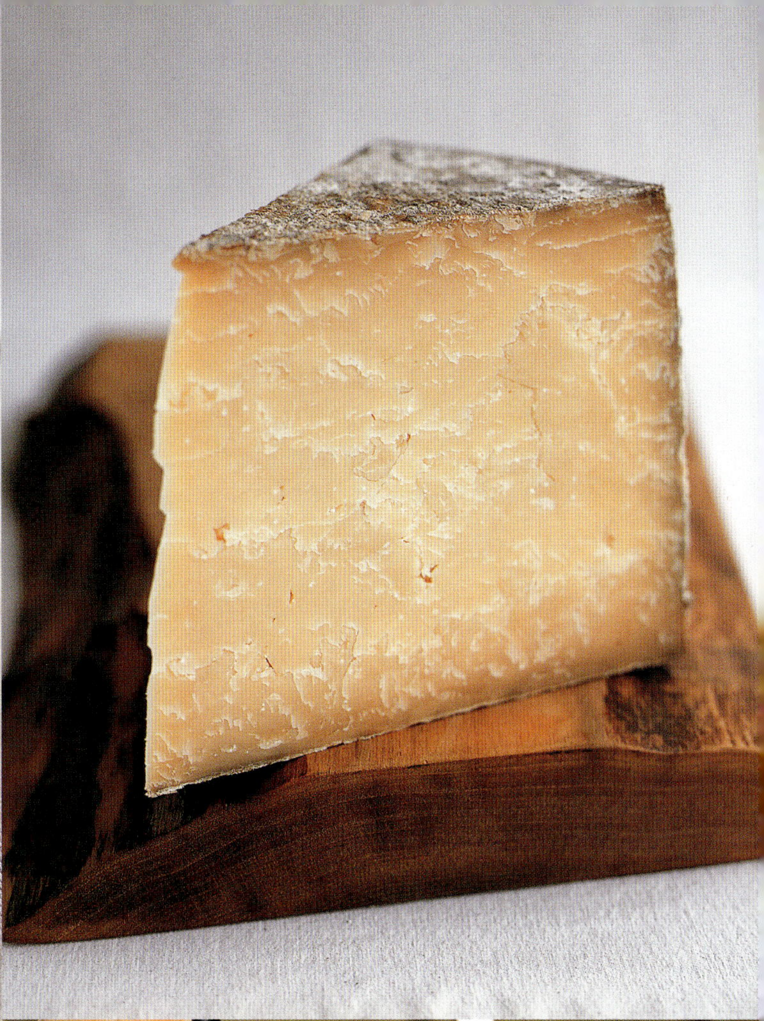

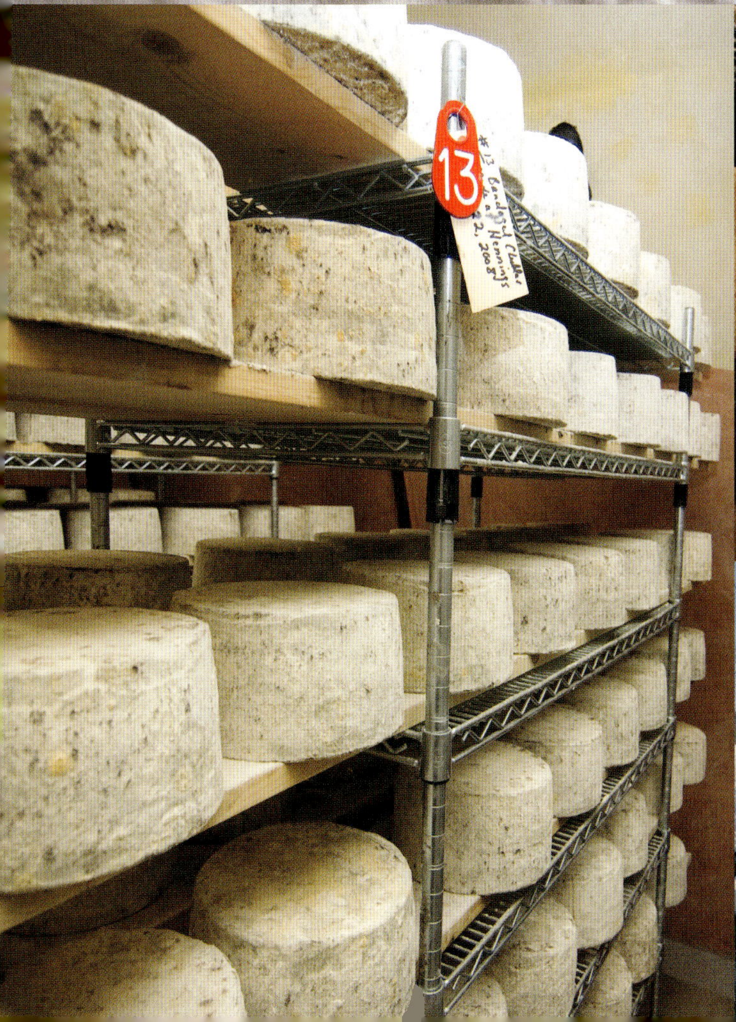
13

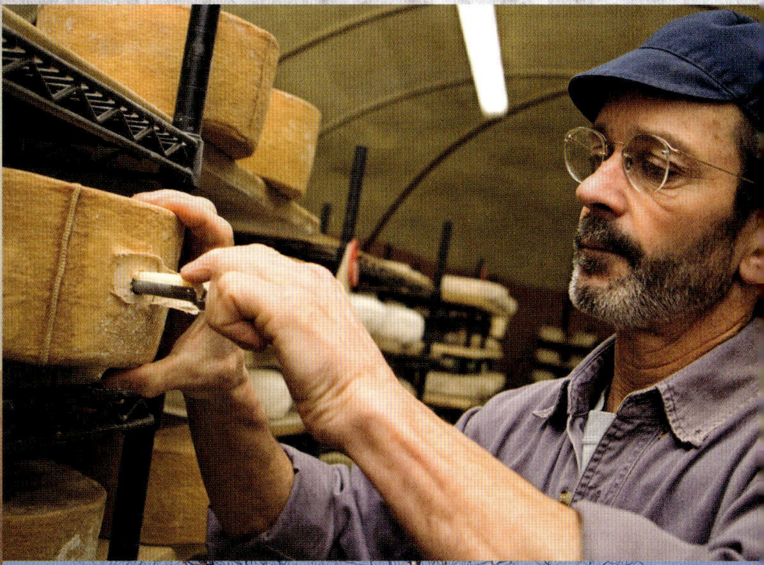

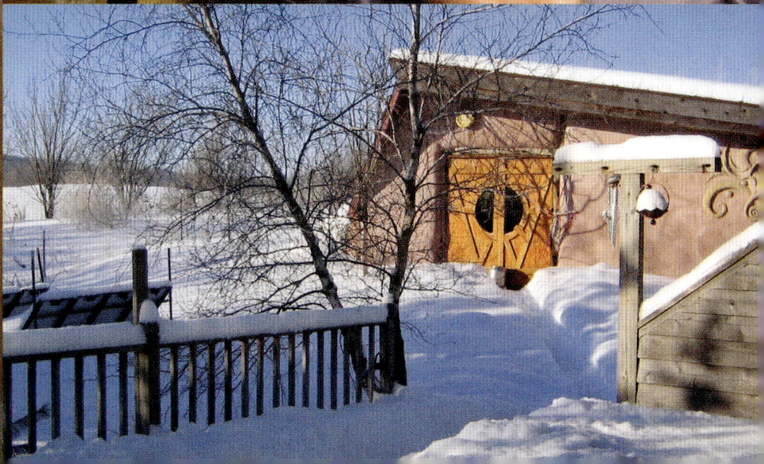

### ファントムファーム
(Fantôme Farm) ウィスコンシン、リッジウェー

12匹の羊を飼育するアン・トップハムとジュディー・ボッレは、地元デーン郡の市場で売る量のチーズを作っている。ウィスコンシン州で山羊乳チーズはなじみがないため、名誉あるチーズの賞を獲得するなど、非常に強い影響を与えていることは評価できるだろう。

**フルリノワール (Fleuri Noir)** 木炭が軽くまぶしてあるチーズ。カードを手ですくい、モスリンの布で水気を切り、塩を加えて強くかき混ぜて型に入れる。まばゆいばかりの白いチーズはあっさりとしてまるで泡のような食感だ。新鮮な風味とさわやかな酸味がある。

**スモール・プレイン・シェーヴル (Small Plain Chevre)** ごく若いうちに食べても美味しいが、少し熟成させて乾いたフレーキーな食感にしてもよい。極めてさっぱりとしたクレームフレッシュの酸味があり、なめらかでやわらかい。

**リッジウェーゴースト (Ridgeway Ghost)** 灰が斑点のようにちりばめられたチーズ。フレッシュでもいうことなしだが、やや乾燥させると濃密でずっしりとした感じになる。食事の締めくくりに最適。

**モレソ (Moreso)** 濃い色の灰で完全に覆うことでチーズにナッツの風味が生まれ、じゅうぶん寝かせればさらに複雑な味わいになる。ファントムファームのチーズはどれも、白のソーヴィニヨンワインとぴったりだ。

### ブランコ・チーズ・コープ(Brunkow Cheese Co-op)
ウィスコンシン、ダーリントン

カール・ガイスビューラーの一家は、1899年からウィスコンシン州の酪農場と親交がある。現在、ガイスビューラーと共同経営者のグレッグ・シュルテは、協同組合を結成している30以上の酪農家たちの助力のもと、仕事をこなしている。

かつては大衆市場向けチーズをおもに量産していたが、地下の貯蔵庫で木板に乗せて熟成させる手製のアルチザンチーズの生産に鞍替えして一新した。

**アボンデールトラックル (Avondale Truckle)** 低温殺菌していないミルクで作った重さ9-10kgの、布を巻いて6-18ヵ月寝かせる円筒形のチーズ。熟成したものは果物の味、辛味、野趣味、植物の味といった様々な風味が幾重も合わさっており、若いものはもっとバターのような風味がする。砕けやすい食感が素晴らしく、赤のフルボディーの辛口のワインや、どっしりとしたビールやエールとも相性がよい。

**リトルダーリン (Little Darling)** 6週間熟成で重さは1.5kgの円筒形で、外側にはカビが自然に生え、草のような香りとコクがありはがれやすい食感を持ち、甘い土の匂いがする。芳醇なものではなくフルーティーで丸みのある赤ワイン、地ビールタイプのビールといただくとよい。

### ダンバートンブルー (Dunbarton Blue)
ロエリ・チーズ・ハウス、ウィスコンシン、シュルスバーグ

ロエリ家のチーズ作りはスイス出身のアドルフから始まり、3世代後のクリスが引き継いでいる、エメンタール、ハバティ、チェダー、ゴーダ、ジャックなどを生産している。2007年にクリスは、ブルーチーズのスティルトンタイプのダンバートンブルーを開発。口にすると、クリーミーなコクがあって繊細で砕けやすいのがわかる。ブルーチーズの強さはないが、ナッツの風味とミネラルのような味を併せもつ。若干長く保存して、味が深まる様を見きわめたい。辛口の赤ワインを飲みながら楽しもう。

### テン・イヤー・エイジド・チェダー
(Ten-Year Aged Cheddar) フックス・チーズ・カンパニー、ウィスコンシン、ミネラルポイント

トニー・フックとジュリー・フック作受賞に輝いた重さ20kgの10年熟成チーズで、カルシウム結晶の複雑な味わいが、ほろほろと砕ける生地と刺激味を生んだ。しかし後味は力強くうま味があってなめらかだ。赤のボルドーと一緒に楽しみたい。

### モベイ (Mobay)
カー・バレー・チーズ・カンパニー、ウィスコンシン、ラバレ

この酪農場は100年以上にわたって営業を続けており、シド・クックが、4世代目の家族経営者だ。重さ2kgのモベイチーズはモルビエチーズ（p.89参照）が元になっているが、山羊乳と羊乳の層が、乳化したブドウのつるの灰で分けられている。白い山羊のカードの鋭さと、羊乳の甘みが対照的で、ブドウのつるの灰がもたらすわずかな果実味が後味として残る。

左ページ
左上から時計回り：フルリノワール、スモール・プレイン・シェーヴル、リッジウェーゴースト、モレソ
上
最後列、左から：モベイ、アボンデールトラックル
2列め、左から：テン・イヤー・エイジド・チェダー、ダンバートンブルー
最前列：リトルダーリン

### マリイケ・フオエンフリーク・ゴーダ (Marieke Foenegreek Gouda)
🐄 ホーランズ・ファミリー・ファーム、ウィスコンシン、ソープ

　ロルフとマリイケは2002年オランダからソープに定住し、最初は酪農家になり、のちに素晴らしい農家製チーズを作るようになる。昔ながらのレシピにオランダ料理によく使われるコロハというアジア原産の種子を加え、ナッツのような風味とスパイシーでさわやかな味わいにしている。低温殺菌していない新鮮な牛乳は搾乳所から酪農場まで直接ポンプで運ばれ、そのままタンクに注入される。カードは8kgの型に入れ、圧搾してから抜き、塩水を張った容器の中に60時間置く。熟成室にあるオランダ産のマツの厚板は、日々磨いてカビが育たないようにする。これがチーズの熟成が進むと染みでる液体を吸収する役目を果たす。初めの14日間はチーズを毎日ひっくり返し、こすってカビを発生させないようにし、この段階でチーズに手作業でワックスをコーティングする。さらに熟成させながら週に2回ひっくり返す作業を続け、売りに出す。

トレード・レイク・シーダー

### トレード・レイク・シーダー (Trade Lake Cedar) 🐑
ラブツリーファームステッド、ウィスコンシン、グランツバーグ

　メアリ・フォークとデイブ・フォークは持続可能なプログラムを実行し、自分たちの地域で丈夫な血統を育てるため、異種交配の羊を生みだしている。牧草のみをエサにすることで脂肪分の高いミルクの生産を維持でき、おかげでチーズに独特な風味が出ている。定型サイズは2.7kgだ。果実のような奥深い風味と森林のような香りに感銘を受けるが、これは換気の良い熟成室で、ヒマラヤスギの枝で作った台の上にチーズを乗せているからだ。

### ダンテ (Dante) 🐑
ウィスコンシン・シープ・デーリー・コープ、ウィスコンシン、スプーナー

　森林、湖、川の自然のままの野性的な美しさを誇るスプーナーには、羊を放牧するのに理想的な丘もある。羊乳から作ったダンテは、甘く木の実に似た風味があり、やや乾き、ほろほろと崩れる食感が美味しい。表皮はプラスチックコーティングしてあり、ワックス加工をしていないゴーダのようで、カビの発生と外皮の形成を抑制する役目がある。6ヵ月の熟成期間中、チーズをひっくり返し、濡れた布で表面をぬぐい、カビを生やさないようにする。このチーズにふさわしいパートナーは、軽い口あたりのボージョレースタイルのワインか辛口のリースリングだろう。

### プチ・フレール (Petit Frère) 🐄
クレーブ・ブラザーズ・ファームステッド・チーズ　ウィスコンシン、ウォータールー

　トーマスとマークは、950頭のホルスタイン牛を非常に手厚く世話をしている。2001年に2人は、チーズ生産業と農業経営を兼ねる決意をした。プチ・フレールはヨーロッパ風のウォッシュした表皮を再現しようという試みからできあがった優れた良品であり、250gと小型で、箱に入った姿はカマンベールに似ている。塩水で洗った表皮は濃いアンズ色をしており、所々に生えた白カビが繊細なまだら模様のようである。チーズの中身が縁のまわりから溶けはじめ、土の匂い、果実味、甘みといった素晴らしい風味を感じられるときがベストの状態だ。ミュンスター、エポワス、アードラハンなどのチーズが好きなら、間違いなくこのチーズも気にいるだろう。

### ビッグエッズ (Big Eds) 🐄
サクソン・ホームステッド・クリマリー　ウィスコンシン、クリーブランド

　ドイツから移住してきたケルシィヒ家は、1850年代からこの地で農場を営んでいる。現在は酪農場と乳製品工場を経営し、5つの異なる種類のチーズを生産しているが、どれもすべて低温殺菌処理をしていない牛乳から作っている。創始者にちなんで名づけられたビッグエッズという7kgのチーズはバターのような食感で、口に入れると心地よいまろやかですっきりしたヘーゼルナッツの風味がすぐに伝

わってくる。低温殺菌していないミルクのアルチザンチーズの試食体験をためらう人に特にぴったりの嬉しい魅力を放つチーズで、まさに家族みんなが好むタイプのものだ。作りかたはアジアーゴやエメンタールと同じで、圧搾して120日間熟成させるが、最大6ヵ月熟成可能である。食卓に並べてもよし料理に使ってもよし、実に用途の広いチーズだ。

### プレザント・リッジ・リザーブ
### (Pleasant Ridge Reserve)
アップランズチーズ、ウィスコンシン、マジソン

マイクとキャロルのギングリッチ夫妻とダンとジーンのパテナウデ夫妻は1994年にこの農場をオープンした。オッソーなどのピレネー産のチーズにならい特に注意を払っているのは、熟成の過程で外皮をウォッシュしてこすって磨くこと、ピレネー地域の石窟の温度と湿度のレベルを再現することだ。

その日の搾乳が終わるとすぐに、牛乳は低温殺菌処理をせずに新鮮なままチーズの原料となり、昔から伝わる培養菌がカードを凝固させるのに使われる。最低でも12ヵ月じっくりと熟成させる高級チーズで、果実やナッツやクリームの風味と酸味といった何種類もの味が楽しめ、驚くほど美味であるばかりでなく、甘みが長く口に残る。ぜいたくなチーズだがそれだけの価値があり、独立系チーズ生産者の専門技術レベルの高さを明らかにしている一品だ。

右上、上から順に：**プチ・フレール、ビッグエッズ**
右下、上から：**ダンテ、マリイケ・フオエンフリーク・ゴーダ**
左下：**プレザント・リッジ・リザーブ**

米国とカナダ　177

# ミネソタ、アイオワ、イリノイ、ミシガン

しばしば「1万の湖の土地」とも称されるミネソタ州の土壌には、栄養素と無機成分がたっぷり含まれ、チーズにコクと味わいの深さをもたらしている。アイオワ州は概して平らな地形だが、いくつか自然の湖が存在するために土壌の状態も水はけもよい。イリノイ州とミシガン州には肥よくな土地と農業の伝統があるが、チーズの生産量はまだ少ない。

## ファリボーデーリー (Faribault Dairy) ミネソタ、ファリボー

この地域では、ファリボーを見下ろすストレート川沿いにある古代セントピーターの砂岩洞窟がビールの熟成に使われていたが、1936年以降、チーズにも使われるようになった。フランス風の砕けやすいブルーチーズを作るファリボーデーリーが、近頃ラインナップに加えたのがゴルゴンゾーラだ。自然の石窟でチーズを熟成する生産者は米国でもいまだにここだけだ。

**アマブルー (Amablu)** 2.7kgの濃厚でクリーミーな食感で、くっきりとした青い筋が入った75日熟成のチーズ。崩れやすくほどよい酸味と匂いのきつい色鮮やかな青カビがある。チーズの熟成に伴い外側にできる塩と鉱物の結晶を削りとってから青カビを生やす。辛口の赤ワイン、ポートワイン、強いデザートワインと合うだろう。

**セント・ピートズ・セレクト (St Pete's Select)** 重さは2.7kgで、最長110日間熟成させるとチーズが濃い黄色になり、深みのある力強い味になる。洞窟のずっと奥にあるまっ暗な熟成室で、チーズは売り出されるのを待つ。

## プレーリーブリーズ (Prairie Breeze)
ミルトンクリマリー、アイオワ、ミルトン

ルーファス・マッサーと妻のジェーンは1992年、ミルトンにやってきて農場を開いた。現在、コルビーやチェダーを含む多種類のチーズと、実に新鮮なチーズカードも作っている。このチーズは6ヵ月以上熟成のよくある大きなブロック型チェダーのようだが、良質の牛乳を使用しているため、非常に味がよくフルーティーなしあがりだ。この農場の生産方法や熟考した技法で得られた成果に学ぶべき点は多い。テーブルチーズとしても、料理用にも使えるあっさりしたこのチーズは、辛口のシードルやホップの利いたビールとマッチする。

## プレーリー・フルーツ・ファーム (Prairie Fruits Farm) イリノイ、シャンペーン郡

シャンペーンは有名な農村地帯にあるが、ウェス・ジャレルとレスリー・クーパーバンドは2005年、イリノイで最初のファームステッドチーズの生産に着手した。50匹の山羊しかいないため規模は小さいが、幅広いスタイルのチーズがある。近くにあるイリノイ州アーサーのアーミッシュの酪農場から最近、羊乳も入手するようになった。

**ロクサーヌ (Roxanne)** 美しい自然の表皮に白いカビが所々に見える羊乳チーズで、ねっとりとしていながら崩れやすい食感で、甘さと土の風味がある。熟成させると薄い色の表皮が濃いまだら模様になり、コクとナッツの味わいが出てくる。フルボディーの白ワインか、上質で辛口の赤ワインにぴったりだ。

**クロトビナ (Krotovina)** フランス風の角錐台スタイルのチーズに合わせて作られており、層になった山羊乳のカードに灰を薄く重ね上から羊乳のカードを乗せている。しっかりと締まった質感で、白カビの表皮はとてもきめ細やかだ。山羊乳と羊乳が持つ甘み、山羊乳の酸味、羊乳の土の匂いが美味しい。ピノ種のワインやはっきりとした辛口のワインといっしょにいただこう。

**リトルブルーム (Little Bloom)** 175gのカマンベールスタイルの山羊乳チーズで熟成期間は4-5週間、濃密でクリーミーな食感で、やわらかい綿毛のような白い表皮を持つ。豊かな果実味の軽い赤ワインなら、山羊乳の風味が損なわれないので申し分ない。

左ページ
左上、上から下へ：
**セント・ピーツ・セレクト、
アマブルー**
右下：
**プレーリーブリーズ**
上から時計回り：
**ロクサーヌ、
クロトピナ、
リトルブルーム**

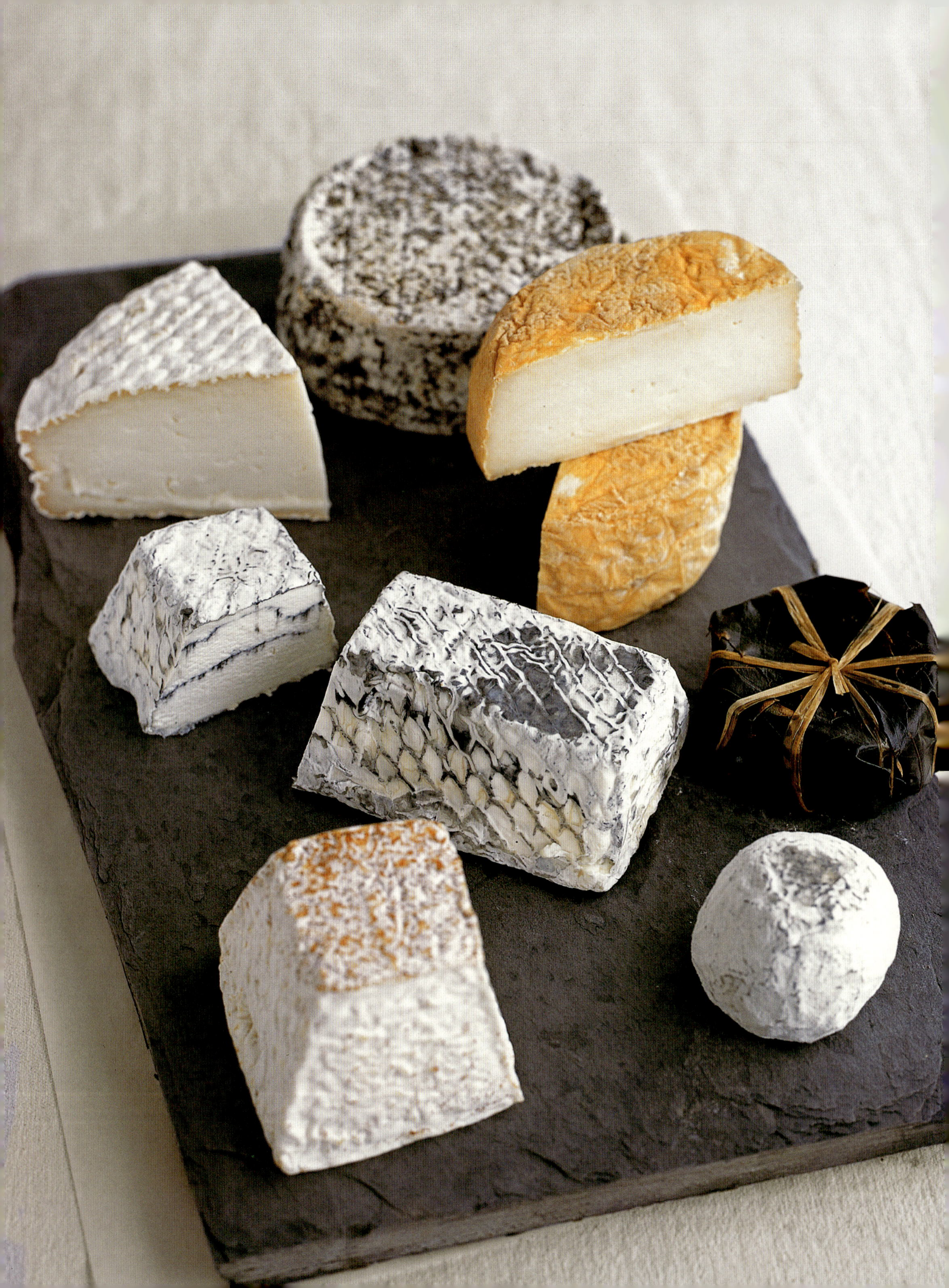

# カプリオールファームステッド

カプリオールは、中西部でいちばん小さいインディアナ州のグリーンビルにある。
氷食平野*¹の素晴らしい土壌条件や大小の川の流れは、どれもみな大規模農業に役立っている。
ケンタッキアーナとして知られる地域には、ビック・アンド・リトル・インディアン・クリークスが町の間を縫うように流れている

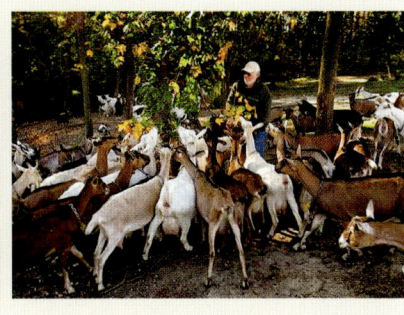

カプリオールファームステッドにて。エサの時間の山羊

## カプリオールファームステッド (Capriole Farmstead) インディアナ、グリーンビル

ジュディス・スキャッドと夫のラリーは1976年に自分たちの農場を購入したが、のちにここはかつて、ラリーの高祖父の所有地だった時期があることが判明した。当初は馬を遍在させない混合農業と持続可能な慣行を用いた放牧を目指していたが、山羊が2人の心をつかみ、ジュディスは山羊乳チーズの生産を決める。ジュディスのルーツが酪農家かどうかは定かではないが、本腰を入れて酪農を営み、高品質の山羊乳チーズ作りに取りくんでいるのは、一族でも彼女が初めてだ。1990年初頭ジュディスとサイプレスグローブ（p.166参照）のメアリ・キーンが、少量生産の手製のアルチザンチーズをめぐる考えかたを大きく変えた。双方ともフランスを旅して回り、道中で知識や技術を習得し、帰国する頃には自分たちが作りたいチーズをきちんと見きわめており、製法もしっかり身につけていた。こんにち、ジュディスが飼育するアルパイン種、ザーネン種、ヌビアン種の山羊合計400匹が、豊富なチーズの品ぞろえを生みだしている。明らかに古典的なフランス風のチーズへのオマージュを感じる製品だが、風味と香りはこの土地ならではのものだ。山羊にはできるだけ長い期間野外で牧草を与え、苛酷な冬になると屋内に移し、甘い香りの干し草を食べさせる。チーズを寝かせて熟成させるジュディスの技術は非の打ちどころがなく、この世界に新規参入したチーズ生産者はだれでも、カプリオールの山羊乳チーズから常にインスピレーションを得ることだろう。

**オールド・ケンタッキー・トム (Old Kentucky Tomme)** 低温殺菌していない山羊乳から作る白カビの表皮のチーズ。重さ1.3kg-2.25kgで、皮からは野趣味あふれるマッシュルームの匂いが漂い、約5ヵ月間寝かせることでこってりとしたなめらかで芳醇なクリームのような中身になる。伝統的な山のチーズであるトムと、砕けやすく新鮮なナッツの風味がシャウルス（p.59参照）の中間に属している。このチーズのパートナーは、何といってもシャルドネワインだ。ただしオーク樽で長く熟成させたものは避けたほうがよい。

**ジュリアナ (Julianna)** 低温殺菌処理をしていない山羊乳から作る350gのまろやかなチーズ。コルシカ島のチーズのようにハーブとスパイスで覆って寝かせると、表皮に斑点状の白カビがきれいに生えてくる。濃い味わいとハーブの風味、さわやかな森の香りが楽しめる。熟成期間はだいたい4ヵ月。

**ソフィア (Sofia)** 木炭をまぶした丸太のような形で、重さは250gのきめの細かいチーズだ。波状に生えた白カビは、厚くなりすぎないようにするため製造過程で軽くたたいておく必要がある。中を見ると灰が重なって大理石模様ができており、つんとくる匂い、クリーミーな食感と風味がもたらされている。

**オバノン (O'Banon)** これは、ジュディスとラリーがプロヴァンスに旅したことがきっかけとなって生まれた。カードを手ですくってゆっくりと確実に水気を切り、オールドフォレスター*²かウッドフォードケンタッキーのバーボンに浸したクリの葉で包み、ラフィアのひもで結ぶ。175gのチーズは熟成期間が60日に満たないうちに販売されるため、低温殺菌の山羊乳から作られているが、1ヵ月寝かせると、なめらかでやわらかい食感がもっと乾いた感じになり、果実の風味が出てくる。

**モント・セント・フランシス (Mont St Francis)** ジュディスの優れた熟成技術を特に示す一品で、ウォッシュした見事な表皮が350gの低温殺菌されていない山羊乳チーズに優雅にふんわりとくっついている。大切なのは、表皮は粘り気がありすぎても乾燥しすぎていてもいけないということだ。6ヵ月にわたってチーズを寝かしつづけると、ミルクが甘く素朴な風味になってくる。

**パイパーズピラミッド (Piper's Pyramid)** プーリニィ＝サン＝ピエール（p.62参照）とタイプが非常に似ているが、パプリカを振りかけたことで香ばしくコクのある風味が加わった。少し乾くともっとフレーキーな食感になり、快い酸味が感じられるようになる。

**ウォバッシュキャノンボール (Wabash Cannonball)** ずんぐりとした姿のクロタン（p.63参照）。熟成の段階で、灰をまぶしてすぐに白い綿毛のようなカビで覆う。このチーズは、フランス風にフレーキーでやや乾いた質感になったときが常に食べごろだ。

左ページ　左上から時計回り：オールド・ケンタッキー・トム、ジュリアナ、モント・セント・フランシス、オバノン、ウォバッシュキャノンボール、パイパーズピラミッド、ソフィア

*¹ 氷河の移動による浸食作用でできた平野
*² ブラウン＝フォーマン・ディスティラーズ社製のストレートバーボン

### ジンガーマンズクリーマリー
(Zingerman's Creamery)　ミシガン、アナーバー

　ジンガーマンといえば、ヒューロン川近くの大きな学園都市アナーバーで大いに名声を得ている店の名前だ。この地域には素晴らしい農園や果樹園があり、緑豊かである。ジンガーマンは元はパン屋を併設したデリカテッセンで、サンドイッチを売っていた。ところが2000年、店でのチーズ商人だったジョン・ルーミスが、マンチェスターの山羊飼育場とフレッシュチーズを生産する新規事業のトップに抜擢された。発売したフレッシュチーズは大当たりし、製パン所に隣接するこの店でも乳製品販売に向けた動きがすぐに起き、牛乳が原料のチェシアを含む新種のチーズが誕生した。大人気で比類のないこのチーズは、ジンガーマンの哲学を表すもう1つの重要な要素で、東西海岸のチーズ専門店やレストランにも出荷されている。

**ガーリック・ウィズ・チャイブズ（Garlic with Chives）** ボタンのような形の表皮のない山羊乳フレッシュチーズで、ニンニクで風味づけをし、チャイブをトッピングしている。チーズスプレッドにするのにちょうどよい。

**マンチェスター（Manchester）** 手作業でしあげた舌にまとわりつくようなやわらかい食感のチーズで、表皮には雪のような白カビが見られる。特別に少量のクリームをミルクに加えているため、濃厚でクリーミーな味わいでわずかに刺激味が残る。3-4週間ぐらい経ったものが美味しいがさらに4週間寝かせれば、固さが増してフレーキーになる。

**リンカーンロッグ（Lincoln Log）** シンプルな丸太形の山羊乳チーズで、白カビがふわふわになりすぎて表皮がはがれないように、表面を軽くたたいてチーズと密着させる。うま味のあるごちそうチーズで、柑橘類の心地よいシャープな風味とマッシュルームのような土の匂いが感じられる。

**グレイト・レイクス・チェシア（Great Lakes Cheshire）** 数多くの試みを経て、昔ながらの砕けやすい牛乳のハードチーズに適した酸味にすることができた。

**シティーゴート（City Goat）** ボタン形のフレッシュタイプ山羊乳チーズ。マイルドで泡のような口あたりは、カードを手ですくって極めてふんわりとした状態を保っているためだ。生のハーブを乗せてモチーフにしている。

**デトロイトストリート（Detroit Street）** 小さなれんが形の山羊乳チーズで白カビの表皮だ。つぶしてすぐのグリーンペッパーコーン*入りで、スパイシーで辛味がある。熟成期間は10日から1ヵ月。

**リトルナポレオン（Little Napoleon）** カードを手ですくうため、時間をかけてチーズの水気を切ることができ、風味も引きだせる。白カビの表皮は、熟成過程で灰色や青のカビでまだらになる。2週間寝かせるとすっぱくて優しい味わいになり、1ヵ月経てばもっと辛口になってナッツの風味が強まり、山羊乳の香りも増す。

**ブリッジウォーター（Bridgewater）** マンチェスター（左記）と同じレシピで作るが、ブラックペッパーコーン（黒粒コショウ）を加えているので少しぴりっとしている。綿毛のような白カビは熟成が進むと若干乾いてきて、香辛料に富んだ味になる。

＊ブラックペッパーコーン（黒粒コショウ）と同じ木から採取。熟す前の緑のままのコショウの実を塩漬けにしたもの。

後列、左から順に：ガーリック・ウィズ・チャイブズ、マンチェスター、リンカーンロッグ、グレイト・レイクス・チェシア
前列、左から順に：シティーゴート、デトロイトストリート、リトルナポレオン、ブリッジウォーター、パンに塗ったガーリック・ウィズ・チャイブズとプレーンチーズ

# コロラド

コロラド州は、山、川、湖、平原のある壮大な景色で有名だ。渓谷を覆う高山は、気候をはじめ、他と対照的な環境を持つ。州の東部を占めるのはもっぱら農地で、小規模の農村が多数見うけられる。

### ヘイスタック・マウンテン・ゴート・デーリー (Haystack Mountain Goat Dairy)
コロラド、ナイウォット

ボールダー市から少しはずれたところにある酪農場。1992年3月にチーズ生産者のジム・ショットが、ヌビアン種の山羊25匹でチーズを作りはじめた。現在引退しているが彼の影響力は残り、いくつかの近隣の農場から仕入れた山羊乳と牛乳をミックスさせたバターカップというチーズを生産している。ここで生産されるどの山羊乳チーズもさわやかな味わいで簡素なスタイルだ。

**ケソ・デ・マノ（Queso de Mano）** 1.8kgのセミハードチーズ。美味しいナッツのような味で食べごたえがあり、草の甘い香味が際だつ。ミネラルたっぷりの牧草がチーズに風味を添えているからだ。

**ヘイスタックピーク（Haystack Peak）** きめ細かい食感とナッツに似た味わいが特徴のピラミッド形チーズ。

**スノードロップ（Snowdrop）** クリーミーな中身の淡泊で上品な175gのチーズで、やわらかな白カビの表皮は食べることができる。

最後列：ケソ・デ・マノ
2列め：ヘイスタックピーク
最前列、左：スノードロップ

米国とカナダ

# 米国東部

　米国の東部はこの上なく変化に富んだ広大な地域で、ニューイングランドであるバーモント州も含まれ、南にマサチューセッツ州、東にニューハンプシャー州、西にはニューヨーク州にそれぞれ接している。コネチカット州も同様だが、いずれの州にもさかのぼること18世紀から農産業が定着している。南側にはテネシー州、バージニア州、ジョージア州があり、気候も風景も北側とは大違いで、高温多湿の夏とやや冷えるが寒くはない冬が理想的な放牧地を育んでいる。

上：マサチューセッツ州の
ローソン・ブルック・
ファームの家畜小屋
下：ローソン・ブルック・
ファームの山羊

# バーモント

　バーモント州では農業が大事な産業であり、とりわけアルチザンチーズを生産する小企業がとびぬけて存在感を示し、多くの農場がツアーを提供したり試食を受けいれたりしている。木や森の鮮やかな緑色は、きらきら光る変成岩の分解した泥岩層、雲母片岩、石英片岩、緑泥石片岩が原因と考えられる。ミネラルが土壌と河川に浸出すると植物が大変鮮麗な色になるためである。特に秋になると顕著で、落葉樹林の中でもサトウカエデが、燃えるような赤、オレンジ、ゴールドに明るく色づく。

## ジャスパー・ヒル・ファーム

ジャスパー・ヒル・ファームには、どのような種類のチーズにも最適な熟成室があり、この農場だけでなく、地域の他の小さな独立系のチーズ生産者も利用している。

### ジャスパー・ヒル・ファーム (Jasper Hill Farm) 　バーモント、グリーンズボロ

　2002年にチーズ作りを始めたマテオ・ケーラーとアンディ・ケーラーは巨額な投資をして、米国初の最新式の熟成室の地下ネットワークを構築し、自分たちのみならず、周辺の小規模な独立系チーズ生産者のためにも役立っている。

### コンスタントブリス (Constant Bliss)
フランスのシャウルス (p.59参照) と近似している白カビ表皮の200gのチーズで、自然冷却されたエアシャー種の牛乳が原料だ。このミルクは生産量が少ないとコクがある。低温殺菌していない牛乳を使用しているので、米国の法律のもと60日熟成しなくてはならないが、その頃には外側の表皮とチーズがしっかり一体化して、灰色や青のカビがいくつか現れる。こってりとした濃い味わいながら、花や草を思わせる魅力的なチーズだ。

### ベイリー・ヘイゼン・ブルー (Bayley Hazen Blue)
1日おきに朝搾乳した牛乳だけで作られているのは、そうすることでミルクの脂肪分が低くなるからだ。これで熟成期間が4-6ヵ月と早まり、チーズの中身が乾いた食感になって、ミルクの豊かな風味が引きだされ、青カビの強烈な味わいとミネラルの味は弱まる。タンニン酸が強すぎない濃厚な赤ワインがこのチーズにはもってこいだろう。

左：ベイリー・ヘイゼン・ブルー
右：コンスタントブリス

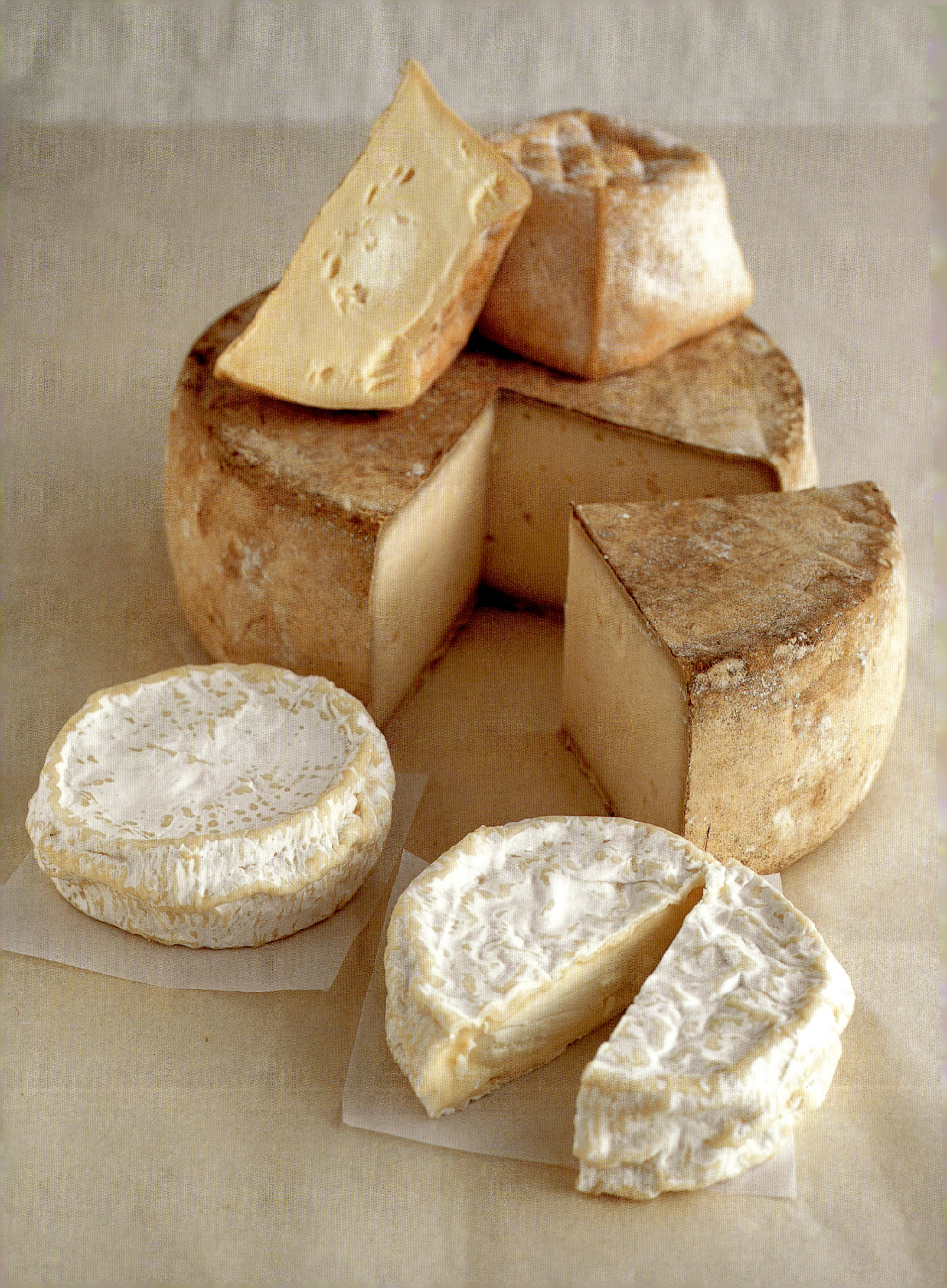

## ウェイブリッジ（Weybridge）
スコルテン・ファミリー・ファーム、バーモント、ミドルベリ

　環境に配慮しながら牛を飼育し、家族中心の農場経営をするスコルテン家が手がけたチーズだ。一家はダッチベルテッド種とホルスタインフリージアン種（両方ともオランダ原産）乳牛の小さな群れを所有し、このウェイブリッジのみを生産している。熟成はジャスパー・ヒル・セラー（p.185参照）で行う。重さは約225g、外皮の白カビは繊細な趣で、中身はキンポウゲに似た黄色でコクがあって今にも溶けだしそうだ。熟成は最大30日まで。カマンベールのようなナッツの風味と野性味が感じられるが、こちらのほうがなめらかかつ軽い食感で強さがそれほどない。キノコのような香りを放つ表皮とうまく調和している。

## バーモントエアー（Vermont Ayr）
クラフォード・ファミリー・ファーム、バーモント、ホワイティング

　クラフォード家は4代続く酪農家で、肥よくなシャンプレインバレー近くのアディロンダック山地とグリーン山脈を見わたす134haの農場を持つ。60頭のエアシャー種のうち24頭から乳をしぼってチーズに使い、創業当初から建つスレート屋根の歴史ある家畜小屋を改装して、小さな熟成室つきの店にしている。ここでは、高地産のトムをベースにしたチーズ1種類だけを手作りしている。

　バーモントエアーは1.8kg、低温殺菌処理していない牛乳を用いている。レネットをほんの少量牛乳に足してカードを作成し、切ってから手で1時間かき混ぜる。大きな桶でホエイと共に温めつつ、チーズクロスを敷いた型にカードを入れ、軽く押して数分おきにひっくり返し、型から外したら塩を含んでいる塩水に一晩漬ける。数ヵ月間ゆっくり寝かせると、うっすら白い粉が見える自然の外皮ができあがる。ミルクを思わせる甘さの新鮮なヘーゼルナッツのように、素朴で妙味があり、すがすがしい白ワインかあっさりとした口あたりの赤ワインがぴったりだ。

## サラバンド（Sarabande）
ダンシング・カウ・チーズ、バーモント、ブリッドポート

　スティーブとカレンのゲッツ夫妻は2003年、酪農家になるため、ペンシルバニア州東部からバーモント州に引っこした。彼らの生産した上質な有機牛乳が賞を獲得したのち、チーズの生産を始める。成功して軌道に乗りはじめてからは2007年、ジャスパー・ヒル・ファーム（p.185参照）と協力し、彼らの貯蔵室を利用してチーズを熟成させることにした。結果、新しい市場に参入して売り上げを増やすことができた。現在、3つの自家製のメヌエット（セミハードのトムスタイル）、ブーレー（表皮を洗ったセミソフトタイプ）、そしてサラバンドに、他の酪農場の製品も加えた多角化経営を行っている。

　重さが約225gのサラバンドは、低温殺菌していない1種類の牛乳から作った角錐台のチーズで、軽くウォッシュしてある。中身は金色で真ん中が少し白亜色、さわやかで香りよい牧草を思わせる味わい、瑞々しいナッツの風味と若干土の香りがする複雑な味は、湿度の高い涼しい部屋で熟成して得られるものだ。タンニン酸が弱く果実味が前面に出ている赤ワインに最高によく合う。

## キャボット・クロスバウンド・チェダー（Cabot Clothbound Cheddar）
キャボットクリーマリー、バーモント、キャボット

　キャボットクリーマリーは、バーモント州のこの地域の中でももっとも有力な存在だ。1930年に共同体企業としてスタートしてから、ベルトコンベヤー式の大きな酪農場に成長し、スーパーマーケットや小売店ならどこでも見かける必需品のチーズを大量生産してきた。しかし時代は変わりチーズ生産者のマーセル・グラベルは、布で巻くチェダーを作るために別の組織を立ちあげることにした。立派な熟成施設のあるジャスパー・ヒル・ファーム（p.185参照）の助力のもと、まるで魔法のように、キャボット・クロスバウンド・チェダーという重さ17kgの堂々たるチーズを誕生させた。ここに至るまで何回か小さな改良を加え、甘みの強かった風味をもっと芳醇でフルーティーな風味にしたことは注目に値する。布で覆うという伝統に忠実なスタイルで作ったチーズに、ラードをすりこんでカビを抑制しているが、ジャスパーヒルで12ヵ月間熟成させている最中もチーズは布を通して呼吸できる。

左ページ　後列、上から下へ：
サラバンド、バーモントエアー
前列：ウェイブリッジ
右：キャボット・クロスバウンド・チェダー

### ツイッグファーム (Twig Farm) 🐐
バーモント、ウェストコーンウォール、ミドルベリ

　マイケル・リーとエミリ・サンダーマンはチーズ生産者「第1世代」で、環境とそれがもたらしてくれるものを理解するべく猛烈に努力し、徹底的な手作業を遂行してきた。このあたりで農場を経営している人たちは周囲の地形になぞらえて、地元で「フラットランダー（平地に住む人）」と呼ばれるが、ツイッグファームは背の高い華奢なマツと低木の茂る魅惑的な森のような場所を抜け、道を下ったところにひっそりとある。ここの岩層と露頭*で、山羊が歩きまわったりエサを探したりする。山羊は25匹しかいないため、必要な分の山羊乳はブリッドポートの農場から補充している。作り手の技術を表すシンプルなタイプの3つのチーズを生産している。どれも辛口のシードルか、すっきりとしたカントリースタイルの赤ワインといっしょにいただきたい。

**ツイッグ・ファーム・スクエア（Twig Farm Square）**　低温殺菌処理をしていない山羊乳チーズ（自分たちの山羊からとったものだけを使用）で、重さは900gだ。四角形がいびつなのは、モスリンで包んでから両端を真ん中で結ぶからだ。重みをかけて圧搾すると素朴な形になる。このあと80日間寝かせると、自然の外皮に美しいカビが育つ。野趣味に富んだナッツの風味と、葉、小枝、シダといった山羊が与えられた飼料の自然そのままの味がする。

**ツイッグ・ファーム・ウォッシュト・リンド・ホイール（Twig Farm Washed-Rind Wheel）**　500gの低温殺菌処理をしてい

ない山羊乳のチーズだ。1年のうちバーモント州で山羊乳の生産量が少ない時期には、コーンウォールにあるジョー・セブリの農場の牛乳を足している。80日間寝かせるが、熟成過程でホエイ食塩水を使用してチーズをウォッシュすると、粘り気のある表面に薄いアプリコット色のつやが出てくる。刺激臭のある表皮とねっとりとした食感があり、縁がとろけそうになっている。どっしりとした味わいと土の匂い、コクと甘みのある塩味が感じられる。

**ツィッグ・ファーム・トム（Twig Farm Tomme）** 低温殺菌していない1kgのチーズで、自分たちの農場の山羊乳とブリッドポートにいるダン・ロバートショーの山羊乳を用いている。多湿で温度を均一に低く保った熟成室で80日間チーズを寝かすと、白カビがまだらに生えた自然の外皮が見事にできあがる。不純物のない輝くような中身はセミハードで、フレーキーでナッツの味わいがあり、ピリッとしてやや粗野な風味が後味として長く残る。

＊ 地層や岩石が露出している場所

### バーモントシェパード
**(Vermont Shepherd)** バーモント・シェパード・ファーム、バーモント、パトニー

2.7-3.5kgのこのチーズに刺激され、生産者たちはヨーロッパ発の技術を高めて自分たちの環境と一体化させようという気になった。それが特に表れているのが地下の熟成室である。チーズ生産者のデビット・メジャーは生まれてからずっとこの農場で過ごしている。所有する250匹の羊は輪番放牧方式で特別に管理しているため、土壌と牧草と水源の改善が見られる。家庭で使うような2つの水切りボウルにカードを入れて互いに押してくっつけると、単純な形のチーズができあがる。甘くて土の匂いのする、野生の羊乳のようなユニークな風味には、じゅうぶんなコクと深みがある、たとえばマディランワインがよく合う。

### タロンテーズ（Tarentaise）
シスル・ヒル・ファーム　バーモント、ノースポムフレット

重さ9kgのこのチーズは熟成期間が最低で4ヵ月だが、さらに1年寝かせると、甘みやヘーゼルナッツのクリーミーな食感、豊かな果実の風味が深みを増す。このチーズの生産時期は春から秋で、自分たちの農場で有機栽培した少量の干し草に穀物を足して牛に与えているため、本物のテロワールの味がする。

左ページ　後列：ツィッグ・ファーム・トム
前列、左から：ツィッグ・ファーム・スクエア、
ツィッグ・ファーム・ウォッシュト・リンド・ホイール
上から下へ：バーモントシェパード、
シスル・ヒル・ファームのタロンテーズ

米国とカナダ

### サマートム（Summertomme）
ウィロー・ヒル・ファーム、バーモント、ミルトン

ウィローヒルにある独自の熟成用の洞窟は地下2.5mのところにあり、岩盤でできた自然の壁の裂けめから水がしみ出て湿度が高くなる。このおかげでチーズの表皮にカビがきれいに生える。225gの羊乳のチーズは、上品で砕けやすい食感、甘く野性的で乳化しかかった風味がコーティングしたハーブの味と混じりあっている。

### バウチャーブルー（Boucher Blue）
バウチャー・ファミリー・ファーム、バーモント、ハイゲートセンター

約1.5kgの低温殺菌処理していない牛乳のチーズ。スムーズな食感がありまろやかで、ブルーチーズのパンチが効いており、フルム・ダンベールに基づいたレシピだけあってとても似ている。甘口のデザートワインか果実味のある赤ワインと楽しみたい。

### ツー・イヤー・チェダー・ブロック（Two-year Cheddar Block）
シェルバーンファームズ、バーモント、シェルバーン

1kgのブロックスタイルのワックスで覆ったチーズだが、チェダーが持つすべての要素が備わっており、低温殺菌していない牛乳で手作りしているため酸味がかなり主張する。忘れがたいナッツの風味と濃厚な味わいがあり、熟成が進むとぴりっとした後味が特徴的だ。

### バーモント・バター・アンド・チーズ・カンパニー（Vermont Butter & Cheese Company）
バーモント、ウェブスタービル

アリソン・ホッパーは同僚のボブ・リースと1984年にビジネスを始めた。ホッパーは酪農家ではなく、チーズの生産者で牛乳を供給する25の家族経営農場からなるネットワークを利用している。ここのチーズは上等なソーヴィニヨン・ブランといただく。

**クーポール（Coupole）** 目が詰まったなめらかでやわらかいチーズで、温かい乾燥室に置いたあと冷たい熟成室に移して力強い風味が完成する。8週間まで寝かせることができる。

**ボン・ブーシェ（Bonne Bouche）** 重さは115g。若い2週間頃はふんわりとしたムースのような食感で、45日熟成させると乾いて緻密になり、2つの魅力が楽しめる。できたてを高温の乾燥室に入れて表皮を作り次に低温で熟成すると表面にシワが寄ってきて風味が際だってくる。表皮が分厚くなると熟成が進み自然乾燥のときに影響が出るので、防止のために灰と塩を振りかけている。

**ビジュー（Bijou）** 山羊乳の匂いが強いボタン形の55gのチーズで、クーポールに似ている。若いうちはクエン酸の味がしてフローラルな味わいだ。熟成させると目が詰まってくるが、中心はクリーミーで山羊乳の風味もはっきりしてくる。

**フレッシュロッグズ（Fresh logs）** 泡のような口あたりでまろやか、酵母臭のないフレッシュチーズ。清らかなミルクの鮮度を保つため、カードの段階で塩分を入れていないので若いうちにいただきたい。コショウの実やハーブでコーティングすることで味に広がりが出ており、スライスしてサラダに使うと美味しい。

後列、左から：バウチャーブルー、
ツー・イヤー・チェダー・ブロック
前列：サマートム

最後列、左から：クーポール、ボン・ブーシェ
2列め、左から：クーポール、ボン・ブーシェ、ペッパーコーン
最前列、左：ビシュー
最前列、右、上から下へ：ハーブ、プレーン

後列：ドーセット
前列、左から：ポーレット、マンチェスター

## コンシダー・バードウェル・ファーム（Consider Bardwell Farm） バーモント、ポーレット

　農場の名前は、1864年にここを創設したコンシダー・ステビンズ・バードウェルからつけられた。それから100年以上経ち、アンジェラ・ミラー、ラッセル・グローバー、クリス・グレイとチーズ生産者のピーター・ディクソンが、100匹のオベルハスリ種の山羊とリサ・カイメンの所有する牛のミルクから作る農家製チーズの伝統を守っている。高山タイプのチーズに影響を受けたものから、イタリアのトーマ、低温殺菌処理していない山羊乳フェタ、牛乳および山羊乳の熟成チーズまで9つのタイプがある。山羊には交替で有機栽培の牧草を食べさせ、チーズはすべて少量を手作りしている。

**ポーレット（Pawlet）**　低温殺菌していないジャージー牛乳から作った4.5kgのチーズで、表皮は軽くウォッシュしてあり、白カビが点在している。イタリアのトーマのようなしなやかで噛みごたえのある食感とさわやかなコクがあり、サンドイッチやチーズトーストにうってつけだ。フローラルな白ワインやブロンドビールといっしょに、アペタイザーにすると素晴らしい。

**マンチェスター（Manchester）**　重さ1.2kgの低温殺菌処理されていないミルクのセミハードのトム。いかにも農場のチーズという味が感じられ、ナッツのような素朴な後味がある。寝かせると灰色と白のカビが外皮に生え、見事なまだら状になる。辛口のシードルが最適なパートナーだろう。

**ドーセット（Dorset）**　原料は低温殺菌していないジャージー牛乳で、重さ1.2kgのウォッシュした表皮のチーズだ。熟成させたものは、濃厚でバターのような食感と深い味わいがあり、リースリング種のワインとの相性が完璧だ。牧草地の状態によって、季節のある時期に表皮をウォッシュすると、匂いがきつくなる。

## ダンモア（Dunmore）
ブルー・レッジ・ファーム、バーモント、ソールズベリー

　グレッグ・バーンハートとハンナ・セッションズは、アルパイン種、ヌビアン種、ラマンンチャ種の山羊併せて75匹を飼い、1年を通じて屋外で放牧し、寒さがあまりにも厳しいときだけ屋内に入れている。シャンプレインバレー特有の動植物や低湿地や森林の牧草地は有機管理され、輪番放牧方式が導入されているため、自然の資源が豊富に存在している。山羊がミルクを出すのは1年のうち10ヵ月だが、多忙なクリスマスのシーズンには、近くのバーネル・ポンド・ファームから補充する。ダンモアは500gのバターのような食感のソフトな白カビチーズで、少しブリに似ている。
　心地よいうま味がありながらやや辛く、ナッツに似た味も感じられる。このチーズは表皮も食べて欲しい。ミルクの草のような味わいと、表皮の持つマッシュルームを思わせる野趣味が合体した風味を最大限に楽しもう。ローヌスタイルのワインといただけば申し分ない。

## ウッドコックファーム（Woodcock Farm） バーモント、ウェストン

　フィッシャー家のマークとガリが所有するイーストフリージアン種の羊は、18haの青々と茂った有機牧草地で放牧されている。雪が降りつもると羊は屋内に移動して休み、子どもを産む。年間の作業の中でも大切な休止期間だ。

192　米国とカナダ

後列、左上：**ティンバードゥードル**
後列、左下と右：**ウェストンホイール**
前列、左から：**ダンモア**

　牛乳は近隣のテイラーファームから購入している。低温殺菌処理をしていない牛乳が原料のブルガリア風フェタを含む何種類かのチーズを作っており、2人は独自のやりかた、食感、風味を生みだすチーズ生産者として確固たる地位を築いた。このチーズには、かなり芳醇なタイプのワインが欠かせない。

**サマースノー（Summer Snow）**　羊乳がにじみ出てとろけそうな約200gのカマンベールスタイルのチーズで、夏の数ヵ月だけ手に入る。非の打ちどころがない薄い白カビの表皮が、こってりとして快い新鮮なナッツの風味にマッシュルームに似た土の匂いを添えていて印象的である。

**ティンバードゥードル（Timberdoodle）**　ミルクの入手状況により、牛乳と羊乳の両方か牛乳だけが入っている新しいチーズ。ハバティスタイルで重さはだいたい800g、ウォッシュした表皮で、チーズの中身には穴が散在しており、噛みでのあるむっちりとした食感だ。土の匂いとナッツの風味があり、つんとくる刺激的な味わいとバターのような後味がもたらされる。チーズの盛り合わせに加えるとよい。

**ウェストンホイール（Weston Wheel）**　重さは約2.25kgあり、低温殺菌されていない羊乳で生産している。ウォッシュしてこすった自然の表皮で、熟成期間は6ヵ月までだ。賞を獲得した独特な味わいのこのチーズは、粗野な風味とナッツの味がして塩気を含む甘みがあり、濃いカラメルのようで長く残る後味がある。どっしりとした赤ワインのお供に最高だ。

米国とカナダ　193

# マサチューセッツ

この美しいニューイングランドの州は大西洋岸に位置している。東には大西洋と巨大な砂地で腕の形の半島ケープコッド、南には高級リゾートの島マーサズビニヤードとナンタケットがあり、歴史のある都市ボストンはマサチューセッツ湾に臨むチャールズ川河口にある。小さな州であるにもかかわらず、東部地方と西部地方では気候の差がかなりある。州全体が冬は寒く夏は暑いが、西部は冬にいちばん温度が下がり夏にもっとも涼しくなる。

### ヒルマンファーム
**(Hillman Farm)** マサチューセッツ、コルレイン

キャロリンとジョーのヒルマン夫妻は、アメリカンアルパイン種、フレンチアルパイン種、ヌビアン種の40匹の山羊を18haの有機農場で放牧し、いわゆるチーズの少量生産を行っている。山羊は完全に保護された環境のもと、森林や岩棚を歩きまわることができる。春から秋にかけてシンプルなファームステッドの技術を活用して作られるチーズは、やわらかいタイプも熟成タイプもある。ジョーがチーズ用の大桶に組みこんだ1945年チェリーバレル社製低温殺菌機も技術の1つで、山羊乳を低い温度でゆっくりと温め、夜通し機械をかけることで発酵させたカードができあがる。そのあと、カードを手ですくって様々な型やチーズクロスの袋に入れて水気を切る。

**ハーベストチーズ（Harvest Cheese）** 重さ3.5kgのハードタイプの山羊乳チーズで、ウォッシュしてこすり磨いた外皮の風味は絶賛ものだ。最初は甘さを強く感じるが、次に山羊乳のコクと果物とハーブの多種多様な味わいを体験できる。4-6ヵ月熟成させると、そのような風味豊かで草を思わせる味が得られ、さらに寝かせると、より濃厚な穏やかで素朴な味わいになる。中辛口の白ワインでも合うだろう。

**バーチ・ヒル・ケークス（Birch Hill Cakes）** 木炭をまぶしてから熟成させる225gのチーズは、寝かせるうちに白いカビが散在するようになる。表皮の野趣に富んだ香りが魅力的で、切ってみるとクリームのようなリッチな食感とナッツと山羊乳の風味がある。さらに熟成させてほそほそとした乾いた食感になると、山羊乳の甘みと複雑な味わいが前面に出てくる。地ビールや辛口の赤ワインといっしょにいただいてみる価値はある。

**フローラピラミッド（Flora Pyramid）** 175gの角錐台で、まず木炭を振りかけてから、ゲオトリクムキャンディダムとペニシリウムキャンディダムの培養菌を混ぜたものを使い、しっとりとしたできたてのチーズに白カビを生やす。熟成が進むと固さが増して砕けやすくなる。若いうちはナッツの味がするが、少し寝かせると山羊乳のクセが強い味わいになる。

**ライプンドディスク（Ripened Disc）** 丸い140gのチーズ。表皮のカビはペニシリウムキャンディダムだけでなく、熟成室で空気中に漂っている自然の微生物から生まれる。山羊乳特有の味とナッツの風味があり、春先と夏はミルクの優しい味より酸味が勝ってしまうが、秋になると深みのあるフルーティーな味わいになる。

最後列：ハーベストチーズ
2列め：フローラピラミッド
最前列、左から：バーチ・ヒル・ケークス、ライプンドディスク

## マギーズラウンド（Maggie's Round）
🐄 クリケット・クリーク・ファーム、マサチューセッツ、ウィリアムズタウン

サボ一家は2001年、地域でいちばん古い酪農場の1つを購入した。のちにジェーソン・デメイとエイミー・ヨシャビッツがチーズ生産者として継承し、自分たちのブラウンスイス種と元からいたジャージー種の牛を合わせて群れを大きくした。重さ500gの低温殺菌処理をしていない牛乳のセミハードチーズで、4ヵ月熟成するとしなやかでバターのような豊かな食感とまろやかなナッツの味わいが感じられる。カードの水気を切って圧搾する前に織り目柄の型に入れるので、外皮の側面に美しい溝ができあがる。高山タイプまたはマンチェゴ風のチーズで、自然の外皮が作られるときにカビが溝に生え、非常に華やかな模様になる。すっきりとしたピノのような果実味とタンニンが弱い軽めの赤ワインをおすすめしたい。

## グレイト・ヒル・ブルー（Great Hill Blue） 🐄
グレイト・ヒル・デーリー、マサチューセッツ、マリオン

ティム・ストーンは、ボストンの東バザーズ湾の沿岸で所有する優れたガーンジー種の牛からコクのあるミルクをとり、このチーズを作る。地元の他の農場から低温殺菌も均質化もされていない牛乳も調達している。牛乳を加熱してカードにしたら、手で型に入れてしっかりとホエイの水切りをし、繊細な組織が傷つかないよう気をつける。2.7kgのチーズには、青カビの筋が見事に散在しており密集しすぎておらず、バターを思わせるこってりとした食感の中に心和むナッツとミネラルの味が口に広がる。このチーズには、タンニンがほどほどのブルゴーニュワインといった古典的な組みあわせがよいだろう。

## クラッシック・ブルー・ログ（Classic Blue Log） 🐄🐐 ウェストフィールドファーム、マサチューセッツ、ハブバーズトン

1996年、ステットソン一家のデビーとボブは、既存の農場を引き継ぎチーズ作りを始めた。技術はなかった2人だが、すぐに美味しい山羊乳チーズの製法を習得し、少量の牛乳チーズも手がけている。ミルクを地元の農場から取りよせるのは、家畜の世話もするより、チーズ作りに専念したいからだ。ボストンから車でわずか数時間の自然が豊かな8haの土地に建つ一家所有の木造の農家は、最初のピルグリム入植者の時代からある。この125gの小さな丸太形のチーズは、非常に面白い「コート」を着ている。ソフトな灰色や青のカビがまるでパシュミナのスカーフのようで、実際、ロックフォールの青カビが混ざっている。これで他にはない強烈な風味が表皮に生まれるが、中身はやわらかなベルベットのようで、舌にぴりっとくる清らかな味わいがあり、はっきりとした澄んだ後味がある。とても個性的なチーズで、私はフルボディーの辛口の白ワインかピノノワールといただく。

上：マギーズラウンド
下、後列：グレイト・ヒル・ブルー
下、前列：クラッシック・ブルー・ログ

米国とカナダ 195

# ローソン・ブルック・ファーム

マンハッタンからたった3時間、砂利道を車で行くと、この地上のちょっとした楽園にたどりつく。ローソン・ブルック・ファームは大都市に近いにもかかわらず、喧噪から離れた最高に静かな場所だ。

### ローソン・ブルック・フレッシュ・シェーヴル
### (Rawson Brook Fresh Chevre)
ローソン・ブルック・ファーム、マサチューセッツ

　マンハッタンから若干3時間のところ、激しい勝ちのこり競争から身をひいたスーザン・セリューは、ニューヨーク北にある農場の所有者になった。自らの内面の願望に気づいたのは、フランスを旅していたときだった。農場に滞在したセリューは、小さな山羊の群れから自家用専用のチーズを作っているフランス人の女性に生産過程を教わった。山羊だけでなく農場の質素な生活に心を奪われたことをすぐに自覚し、自分が育ったマサチューセッツ州のバークシャーにひっそり隠れるようにローソン・ブルック・ファームがあるのを見つけた。セリューはミルクから手早くプレーンタイプやハーブやガーリック入のフレッシュカードを作る。彼女のチーズは農場の出入り口や地元の店で販売されているが、運がよければマンハッタンやボストンで出会えるだろう。

　このチーズが特別なわけは、セリューがていねいな仕事をしているからだ。70匹の山羊のうちほとんどがアメリカンアルパイン種とフレンチアルパイン種だが、白い毛のザーネン種とヌビアン種もいて、約12匹の子山羊は低い柵の小さな放牧場、いわば幼稚園のような場所で飼われている。山羊たちは日中牧草地に放たれ、晩になると安全な放牧場や家畜小屋に戻らなくてはならない。しかし昼間は、農場の近くでもエサを得るためにはるか遠くの地でも、好きなところを歩きまわって草を食べる。

　上質の山羊乳をとる秘訣は搾乳にあり、いっぺんに3匹から集めるが山羊にストレスを与えたり、ミルクメイド*が手粗に山羊を取り扱ったりすることはない。ミルクをしぼっている間は、各所にある陸軍の古いヘルメットに保存している穀類を少しずつ食べさせる。バケツにミルクを入れたら搾乳所に運び、大桶に注いで温めてから少し冷まし、再度加熱してカードを作る。引きあげたカードをモスリンの布で包み、つるしてホエイを出す。とても簡単だ。あっさりとした甘みのあるカードを200gか450gのカップに詰め、できあがってから48時間以内に売りに出す。

＊牛の乳搾りをする女性労働者

196　米国とカナダ

上：ローソン・ブルック・フレッシュ・シェーヴル。左はパンにつけた状態

左ページ
縦3枚の写真、上から下へ：ローソン・ブルック・ファームで草を食べる山羊、
ローソン・ブルック・ファームの入り口、搾乳所
左下：モスリンの布で水気を切るカード

# ニューヨーク、コネチカット

　ニューヨーク州の風景といえば、農場、森、川、山と湖で、気候は2つの大陸気団に影響を受ける。暖かく湿度が高い南西からの気団と、長く寒い冬をもたらす北西からの冷たく乾燥した気団だ。夏は高地で暑く、さらに南のニューヨーク市周辺では、湿度が高くとても蒸し暑い。コネチカットの風景は、コロニアル*グリーンの緑地帯から、丘陵地や産地、工場地域まで、さまざまだ。石灰岩や花崗岩の石切り場もあり、ミネラル豊富で水はけのよい土壌であることを示している。沿岸部では季節によって気候が極端に異なり、内陸では冬は冷えこみ、夏は高温多湿、秋は穏やかな晴れの日が続き、州全体が紅葉で色づく。

＊コロニアル（植民地風）

左下、後列：ブリジッズアビー
左下、前列左から：ドランクンフーリガン、フーリガン
右下、後：ユーズブルー
右下、前：ナンシーズカマンベール

## カトー・コーナー・ファーム（Cato Corner Farm） コネチカット、コルチェスター

　エリザベス・マカリスターと息子のマークは、1997年からチーズ生産に携わっている。13種類の様々なチーズは、東海岸の専門店やレストランで見かける。

**ブリジッズアビー（Brigid's Abbey）**　修道院スタイルの表皮を軽く塩水でこすった1.5kgのチーズで、2-4ヵ月ほど寝かせる。若いときは風味じゅうぶんでバターのようだが、熟成するとナッツに似た味わいになる。ピノワールといっしょにいただこう。

**フーリガン（Hooligan）**　塩水でウォッシュした表皮の600gのチーズ。中身は、濃厚でバターを思わせる心地よい食感。オレンジ色のやや粘着性のある表皮が放つ鋭い香りより、さわやかで食欲がそそる風味が勝っている。アルザススタイルのワインが合うだろう。

**ドランクンフーリガン（Drunken Hooligan）**　冬に入手可能で、ブドウのマストとコルチェスタープリアムブドウ園の若い赤ワインに、600gのフーリガンを浸して作る。フーリガン（「ごろつき」の意味）ほど臭わないが、確かに感じられるワインの風味がこのチーズ独特の味になっている。

## オールド・チャタム・シープハーディング・カンパニー（Old Chatham Sheepherding Company）
ニューヨーク、オールドチャタム

　ここには、全米でおそらく最大の羊の群れである1200匹のイーストフリージアン種がおり、うち400匹がミルクを出す。トムとナンシーのクラーク夫妻が、伝統的な手法で農場を経営している。

**ユーズブルー（Ewe's blue）**　低温殺菌した羊乳が原料の1.3kgのロックフォールスタイルのチーズだ。シャープな味わいの青カビが、ミルクの甘くて粗野な風味と混和している。崩れやすい食感が、デザートの洋ナシや甘口の白ワインとよく合う。砕いてサラダに入れ、煎ったピーカンナッツか熟したイチジクを加えてもよい。

ナンシーズカマンベール（Nancy's Camembert）　この農場でとれた羊乳と、近くの農場から取りよせた牛乳から作った900gのカマンベールだ。チーズのなめらかなコクと、ほのかに感じる羊乳の風味が結びつき、従来のカマンベールより、やや濃密な食感だ。

## ネトル・メドー・ファーム (Nettle Meadow Farm) 🐄🐐　ニューヨーク、サーマン

ロレイン・ランビアーゼとシーラ・フラナガンは、以下の2種類のチーズと多種多様なフレッシュタイプの山羊乳チーズを作っている。

クニック（Kunik）　山羊乳とジャージー牛乳のクリームを使ったトリプルクリームで、こってりとしているが刺激味もある。ふんわりとした表皮は、かすかにマッシュルームの香りがする。250-275g。スパークリングワインや辛口のシードル、ペリー*の引きたて役にぴったりだ。

スリーシスターズ（ThreeSisters）　牛乳と山羊乳と羊乳で作った小さなチーズで、薄い表皮の白カビタイプだ。素朴なナッツの味だが、はっきりとした強い後味がある。私はフルーティーな辛口のワインに合わせるのが好きだ。

＊洋ナシを発酵させた酒

後列左から：ソフィー、クニック
前列左から：リタ、スリーシスターズ

## スプラウト・クリーク・ファーム (Sprout Creek Farm) 🐄🐐　ニューヨーク、ポキプシー

ここは80ヘクタールの体験型農場で、1980年代後半に修道女が設立した。現在チーズ生産者のコリン・マクグラスが、草で育ったジャージー、ガーンジー、ミルキングショートホーン、ブラウンスイスの牛乳と少量の山羊乳から、賞に輝いたチーズを生産している。

ソフィー（Sophie）　春から初秋にかけて手に入る200gの山羊乳チーズで、中身はきめ細やかで雪白、表皮は白くふわふわしておりソフトだ。薄片状でねっとりとした食感で、風味が強いながらもすがすがしく、ほんのりと草のような味わいがある。ソーヴィニヨンワインの白か、ライトな赤ワインが理想的な組みあわせだろう。

リタ（Rita）　200gの牛乳チーズ。秋から春にかけて入手でき、やわらかで綿毛を思わせる表皮と、濃厚なバターに似た食感のバランスがうまく取れている。表皮の土の匂いは、ピリッと刺激のある後味を残し、濃密な生地の食感をいくらかひきたてている。

米国とカナダ

# スリーコーナー・フィールド・ファーム

シャスハンの村落は、州の東部セーレムからちょっとはずれたところにある。昔ながらに、農業で地域の経済を支えるこの村には、まさに田舎の素晴らしさの本質が存在する。

## スリーコーナー・フィールド・ファーム (Three-Corner Field Farm)
ニューヨーク、シャスハン

カレン・ワインバーグとポール・ボーガードの農場は、グリーン山脈とアディロンダック山脈に近いバッテンキル川渓谷の自然が残る地域にある。農場は、1840年代に最初の移住者がこの土地で経営を始めたころからあまり変わらず、再興させた農家も昔のままといってよく、貯蔵庫が今は熟成室になっている。一家は数匹の羊を大切に飼ううちに農業に従事するようになり、ワインバーグもいつの間にか、農場主兼チーズ生産者になる術を学んでいた。現在、150匹の羊と300匹以上の子羊でチーズや肉、その他の製品を供給しており、土地に負担をかけない暮らしを営み、動物にとって健全な自然環境を与え、過剰に手をかけない簡易な飼育方法を導入している。搾乳のために雌羊を集める様子や、ミルクをカードに変える作業をチーズ製造室で見学したが、そこは実は大きめなキッチン程度の広さしかない。ワインバーグはおしゃべりをしながらカードをかき混ぜてカットし、つぶして水気を切り、型に詰めていた。

## バッテンキルブレビス (Battenkill Brebis)
農家の階下の貯蔵庫で熟成させ、そこで付着した非常に素晴らしい生きた培養菌を元に、この2.7kgのチーズの外皮を形づくる。細部に気を配りながら、低温殺菌処理をしていない羊乳のカードから手作りする。ホエイの一部を出してカードをカットする過程で水を加え、手で押しつぶしてからちょうどよい大きさのかたまりにし、再び手を使って型に入れる。こうすることで軽い食感になり、土の匂いのする優しい風味とミネラルと草を思わせる香味がいっしょに感じられる。農家製チーズの見本で、辛口で果実味のある赤か白のワインや、辛口のシードルと合わせても楽しめるだろう。

## シャスハンスノー (Shushan Snow)
225gと600gのカマンベールスタイルのチーズで、濃密で豊かなクリームのような生地に、上品な白カビの表皮がしっかりとついている。低温殺菌したミルクの特徴をできるだけいかすためにゆっくり熱する。熟成してくるとやわらかくなってクリーミーさが増し、少し野趣味を帯びた力強い味わいが、表皮から漂う野生のマッシュルームの香りとコントラストになっている。このチーズには間違いなく個性的な赤ワインを選ぶだろう。

## フェタ (Feta)
試すだけの価値は確かにあるチーズだ。低温殺菌処理をしていない羊乳が原料で、塩水を張った容器で60日間熟成させる。他の市販のフェタとはまったく違う味で、砕いてサラダに散らしたり、すがすがしい辛口の白かロゼを飲む際にオリーブといっしょにアペタイザーとしていただくと最高だ。

右ページ
上：大桶の中でカードをつぶす様子　下：搾乳のために集まる雌羊
右写真後列：バッテンキルブレビス
右写真前列、左から：フェタ、シャスハンスノー
下：スリーコーナー・フィールド・ファームの家畜小屋

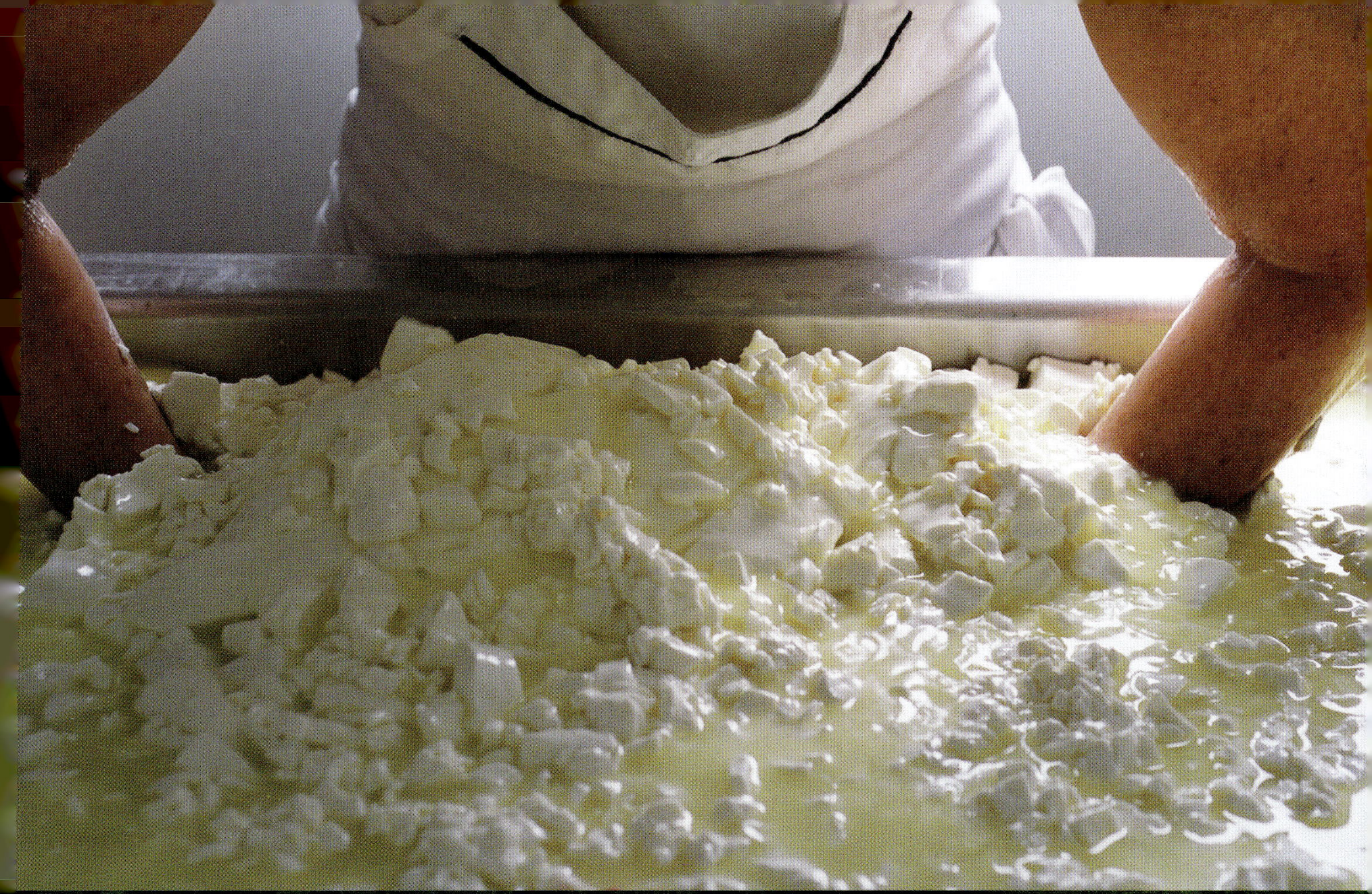

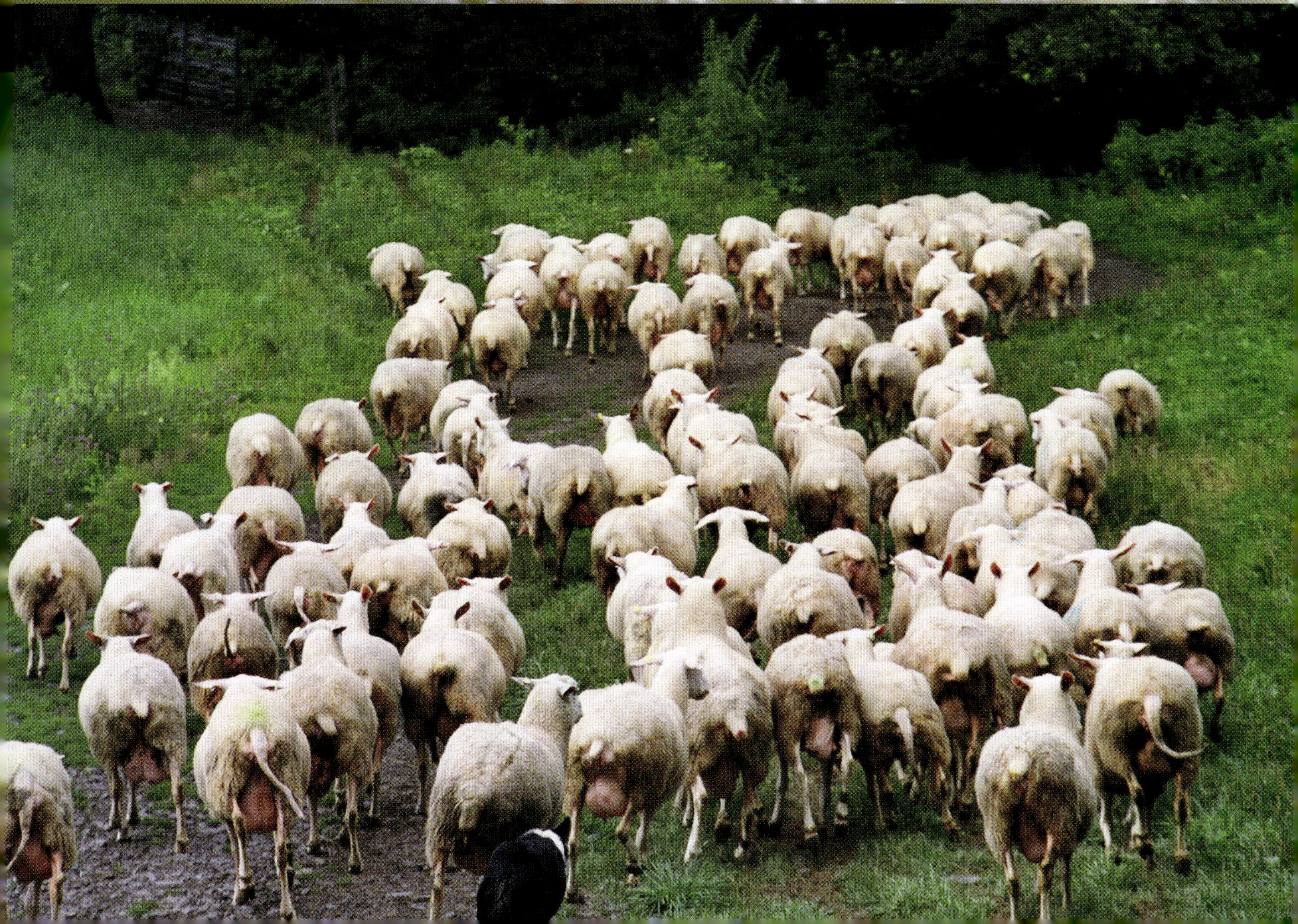

# テネシー、バージニア、ジョージア、カロライナ

テネシー州はアパラチア山脈と大アパラチア渓谷に近く、暖かい春と蒸し暑い夏に、さわやかで温暖な秋が数ヵ月続く。冬は温暖でまれに雪が降る程度だ。この地域は「大理石の土地」として知られ、土壌が放牧草地に適したミネラルを含んでいる。バージニア州にはブルーリッジ山脈があり、州のほとんどが亜熱帯気候で、夏はとても湿気が多く、冬は大変温暖である。ジョージア州は、春夏通じて素晴らしい好天に恵まれ、秋と冬はおだやかで少し寒いが凍えるほどではなく、放牧や農業に理想的な条件が揃っている。

### ラマンチャ（La Mancha）
ローカスト・グローブ・ファーム、テネシー、ノックス郡

低温殺菌していない羊乳の3kgのチーズは、スペインのマンチェゴを元にしており、型に入れておなじみバスケット織り模様の溝をつけている。この手作りのチーズはマンチェゴよりわずかに甘い。使用しているスターターがより円熟した複雑な味わいを作り、特に熟成が進んだものは芳しい草の優しい風味が引きだされている。

### グレーソン（Grayson）
メドー・クリーク・デーリー、バージニア、ガラックス

低温殺菌処理していない牛乳から作るウォッシュした表皮のチーズで、重さは2kg。中身の明るい黄色はミルクに多く含まれるベータカロチンに由来する。多彩な風味を生んでいるのは、季節を通じて変化する放牧草地だ。2000年にウェールズとアイルランドに訪問して着想を得たレシピに従って生産されており、チーズの見ためはタレッジョとさほど変わらないが、独特の風味はリヴァロ、ルブロション、デュラスにひけをとらない。農家の庭を思わせる土の匂いとなめらかで噛みごたえのある食感があり、チーズの盛り合わせにふさわしい。

### エベロナデーリー（Everona Dairy）バージニア、ラピダン

パット・エリオット医師は、キッチンの一部を乳製品の実験室にしてチーズの製法を会得した。1998年には小さな酪農場を興して人を数名雇い、キャロリン・ウェンツをチーズ生産者のリーダーにした。

**シェナンドア（Shenandoah）** エリオット医師とウェンツは、2008年にスイススタイルのレシピでこのチーズを作りだした。ぴりっとくる風味、細かく砕けて歯ごたえがある親しみやすい食感、長く残る後味がある。エリオット医師は、羊乳はタンパク質もビタミンも固形分も牛乳や山羊乳の2倍であり、中鎖脂肪酸もたっぷりなので特別だと強調している。

**エベロナピードモント（Everona Piedmont）** ナッツの風味が見事な重さ約2kgのチーズ。フランスからの培養菌で、心地いううま味のある食感が体験できる。ナッツに似た、花のような、さわやかで素朴といった特徴が、羊乳の優れた側面をあますところなく表している。

### スイート・グラス・デーリー（Sweet Grass Dairy）ジョージア、トマスビル

森林に囲まれたきれいな57haの農場で畜産業に携わるのは、アルとデジレのベイナー夫妻だ。2005年、婿でチーズ生産者のチーフでもあるジェレミー・リトルと娘のジェシカがこの農場を両親から買い、輪番放牧草地などを導入し、巧みな方法で農業を続けている。

**ホープフルトム（Hopeful Tomme）** 低温殺菌をしない牛乳と山羊乳を混ぜた2.25kgのチーズは、外皮にカビが自然に生えたピレネートムスタイルだ。アトランティックシーソルトで味をつける手作業の工程は貯蔵タンクが壊れて温度が保てなくなり、ミルクを緊急で使いきるために実際行われたことだ。無事完成するよう「願って（hope）」、うまくいき一安心した結果、新スタイルのチーズがリストに加わった。フルボディーの白ワインや辛口の赤でも合う。

**トマスビルトム（Thomasville Tomme）** 低温殺菌処理していない牛乳を使用したピレネートムスタイルで、自然の外皮には繊細なカビがまだら状になっている。バターに似た芳醇な味わい。幾重にも感じる風味は、盛り合わせにもフルーティーな赤ワインにも最適だ。

### ゴート・レディー・デーリー（Goat Lady Dairy）ノースカロライナ、クライマックス

スティーブとジニーのテート兄弟は1995年、山羊乳チーズをノースカロライナ州で作れば成功するだろうと考えた。この先見性が功を奏し、供給を増やすため、地元の他の農場からミルクを補充しなくてはならないほどになった。

**オールドリバティー（Old Liberty）** 低温殺菌していないミルクが原料のトム風セミハードチーズで、重さは約1.5kgである。口あたりの軽さが保たれており、ぱさぱさしていない崩れやすい食感が嬉しい。表皮の匂いは相当きついが、中身はまろやかで美味しい。

**サンディークリーク（Sandy Creek）** 低温殺菌処理をしたミルクは、微妙な違いを失わないように時間をかけて加熱する。ブドウの木の灰をまぶしたチーズが分厚い白カビの表皮で覆われている。中身は詰まった食感で、やわらかさとドライフルーツのような味。ピノスタイルのワインをおすすめしたい。

左上：ラマンチャ
右上、後列、左から：グレーソン、シェナンドア
前列：エベロナピードモント
左下、左から右：サンディークリーク、オールドリバティー
右下、上から下へ：トマスビルトム、ホープフルトム

# カナダ

　世界で2番めに広い国カナダには、果てしなく広がる土地があり、地形も風景も極めて変化に富む。厳しい気候の地域もあるものの、国の南部一帯の広漠とした大地で農業が行われている。大西洋に面した州であるプリンスエドワード島とノバスコシアでは、古来より農作と漁業が深く根づいている。

　ケベックとオンタリオはもっとも人口の多い州で、セントローレンス水路と五大湖沿いで農業が大変発達し、果実栽培や市場向け野菜栽培、畜産や酪農業も盛んだ。とりわけケベックはフランスの伝統の元に酪農場がたくさんあり、この上なく興味深く多様なスタイルのチーズがいくつか生産されている。いっぽうプレーリー地方の州はほぼ穀物生産と畜牛生産に依存しているが、西海岸では温暖な気候が酪農業とアルチザンチーズ作りを後押ししている。

　チーズの多くがフランス、英国、オランダの影響を受けているが、ちょっとまねをしたという程度ではなく職人たちが手がける正真正銘のアルチザンチーズだ。昔からのレシピに注目した「テロワール」を持つチーズで、まったくの純水で養分を得るミネラル豊かな土壌がもたらす風味と食感がある。

右ページ
左上、上から下：
ゴーダ、オールドグローラー
左上、手前：
ドラゴンズ・ブレス・ブルー
右上：
ピエ・ド・バン
左下、左から：
アボンリー・クロスバウンド・チェダー、カウズ・クリーマリー・エキストラ・オールド・ブロック

### カウズクリーマリー（Cow's Creamery） 🐄 プリンスエドワード島、シャーロットタウン近く

スコット・リンクレターはオークニー諸島を訪れた直後に、チーズ生産者のリーダーであるアーマンド・バーナードと共に本物のアルチザンチーズを作ることを決めた。2人はレシピを少し修正して素晴らしいものを生みだした。プリンスエドワード島には、やわらかく肥よくな砂岩から生まれる鉄分たっぷりの赤土があるため、広範囲にわたり農業活動が可能で、放牧用の良質な牧草地が育つ。

**アボンリー・クロスバウンド・チェダー（Avonlea Clothbound Cheddar）** 最低でも1年は熟成させる10kgのチェダーで、低温殺菌していない牛乳と植物性のレンネットを使用する。布を巻く従来の方法で、ラードやバターをしっかりすりこんで、不必要なカビが表皮に生えないようにする。海水の塩からい味と肥よくな土壌の粗野な風味が、チーズの砕けやすい食感と混じりあっている。フルボディーのボージョレーの赤か、どっしりとしてホップの利いたビールなら相性抜群だろう。

**カウズ・クリーマリー・エキストラ・オールド・ブロック（Cow's Creamery Extra Old Block）** カウズクリーマリーのもう1つの顔であるブロックチェダーは、低温殺菌処理されていない牛乳で作り、デリカテッセン用パックの200gかスライスしたブロックの2.25kgで販売されている。クロスバウンドチェダーほど崩れやすいわけでもなく強い印象があるわけでもないが、快い甘みと噛みごたえがありうま味が凝縮されたチーズで、サンドイッチやトーストにうってつけだ。

### ザット・ダッチマンズ・ファーム（That Dutchman's Farm） 🐄 ノバスコシア、アッパーエコノミー

マヤとウィレムのファンデンフーク夫妻は、1970年にオランダからカナダにやってきた。この農村はオランダ風チーズを作るのに非の打ちどころがない環境だ。

**ゴーダ（Gouda）** こちらの主要商品。低温殺菌処理をしていない地元の牛乳を使い、古いレシピに従った6kgのファームステッドのゴーダだ。熟成室の木の棚で寝かせて、空気が自然に通るようにしている。

**オールドグローラー（Old Growler）** ゴーダの熟成版で、重さは5.4kg、絶品のチーズだ。濃密な食感、すがすがしくはっきりとした味わい、いきいきとした草を思わせる風味とパンチの効いた塩からい味には非常に驚かされるだろう。私はゴーダとブロンドビールという組みあわせが大好きだ。

**ドラゴンズ・ブレス・ブルー（Dragon's Breath Blue）** ブルーチーズということになっているが、黒いワックスでコーティングされた300gの小さなチーズだ。確かにブルーのような刺激味があり、開くとかなりしっとりとしており、チーズの中身が溶けださんばかりになっている。ソフトでもろい食感と、いつまでも残る鋭い風味がある。アルコール度数の高いビールとライ麦パンといっしょに若いうちに食べることをおすすめする。

### ピエ・ド・バン（Pied-de-Vent） 🐄 フロマジェリー・デュ・ピエ・ド・バン、ケベック、マドレーヌ諸島

ジェレミー・アーセノーは、北米で唯一育成されている牛種を自分の農場に連れてきた。事実上絶滅状態のがっしりとしてじょうぶなカナディエンで、ノルマン種とブルターニュ種の交配種だ。50匹の乳牛で1日にチーズ90個分のミルクはじゅうぶんにまかなえる。草で育てられた牛は島で作っている干し草や飼料も与えられ、それがミルクに独特な風味を加えている。重さ1.2kgでぴりっと辛く、噛みごたえのある食感があり、ウォッシュした表皮は力強い匂いを放つ。

米国とカナダ

### フロマジェリー・ド・ラベイ・サン・ブノワ (Fromagerie de L'Abbaye St Benoît)
ケベック、サン・ブノワ・デュ・ラク

ショーディエール・アパラッシュ地域のイースタンタウンシップスコミュニティー最南端の美しい場所にある、メンフレマゴク湖西岸に位置しする。ベネディクト会修道士による手作りチーズが何種類かあり、建築学的に見ても面白い修道院のツアーは、かなり参加する価値がある。

**ブルー・ベネディクタン（Bleu Bénédictin）** 低温殺菌した牛乳で作った1.5kgのブルーチーズで、ここで生産される別のチーズ、ブルー・アーマイトより強い味わいだが、中心部分が溶けだしそうなほどやわらかく、長く残る後味がある。野生のマッシュルームの匂い漂う自然の表皮が、ミネラルの強さとチーズのコクを完璧に際だたせている。いっしょに飲むのは一流のブルゴーニュワインかデザートワインがよいだろう。

**フレール・ジャック（Frère Jacques）** 低温殺菌処理されている牛乳が原料で、1.5kgのウォッシュした表皮のチーズ。口に含むとキュッキュッと音がするくらい濃厚で噛みでがある。ミルクのような甘いヘーゼルナッツの風味と香りはルブロションに似ているが、おだやかな味わいなので朝食にもってこいだろう。またはトーストの上で溶かしても最高だ。

**ル・ムーティエ（Le Moutier）** 1kgの低温殺菌した山羊乳チーズで、ここで生産されている牛乳のサン・ブノワと同類である。だがこちらは山羊乳の心おどる軽い口あたりと、表面に不規則な穴が多数開いた弾力性のある食感から、子どもにも大人にも喜ばれているチーズだ。修道士たちは、ここのチーズすべてに合うような素晴らしいシードルも手がけている。

### ユニティー・デーリー・コープ (Ewenity Dairy Co-Op)
オンタリオ、コーン

2001年、エリザベスとエリックのブジコ夫妻は、羊乳生産者からなる小規模のグループで協同組合を結成した。エリザベスのチーズ生産に関する知識が支えとなり、会員数が増加して今やカナダで最大の羊の酪農業協同組合になっている。

**ユーダ・クリュ（Eweda Cru）** ゴーダのレシピを元にして作った低温殺菌していない羊乳チーズで、熟成期間は9ヵ月以上。大きさ3kgのチーズはそれぞれ緑色のワックスでコーティングされており、どの農場から来たミルクか識別するための印になっている。豊かな風味が野性的でさわやかなナッツの香りと混じりあっている。

**シープ・イン・ザ・メドー（Sheep in the Meadow）** 低温殺菌処理をした羊乳のフレッシュな（熟成期間はわずか2週間）280gのチーズだ。うっすらと白カビの生えた表皮には、エルブ・ド・プロヴァンスがまぶしてあり、ローズマリーとタイムの香りが顕著だ。ほのかにコルシカ島のフルール・ド・マキに似た味がするが、食感はカマンベールである。若いうちは甘みがありハーブも新鮮でまだ青さを感じるものの、少し寝かせるともっとこってりとしてなめらかな食感になり、ハーブも若干、野趣味を帯びてくる。

**ブルベット（Brebette）** 白カビ表皮のかわいらしい250gのチーズで、低温殺菌のミルクで作る。こちらも熟成期間はわずか2週間だがさらに寝かせることもできる。最初は繊細な印象だが、非常に洗練された贅沢な味わいと食感に変わる。このチーズに合うのは高級な赤ワインもしくはシャンパンもよいだろう。

**ムトン・ルージュ（Mouton Rouge）** ムトン・ルージュ、つまり「赤い羊」という意味のしゃれからつけられた名前だ。ウォッシュした表皮を持つ低温殺菌していないミルクのチーズで、60日熟成させる。重さは1-3kgになり、中身は淡い色で小さな穴が散在しクリームのような食感だ。洗浄することで表皮からは草の芳香が放たれ、素朴な味が心地よいチーズのコクと好対照をなしている。新酒の辛口白ワインのすてきなおつまみになる。

最後列、左から時計まわりに：モンターニャ、マリネイテッド・フレッシュ・ゴート・チージーズのトリュフ、同バジル、同粒コショウ
中央：ロメリア
前列、左から：ブルージュリエット、マルセラ

左上、後列：ユーダ・クリュ
左上、前列、左から：シープ・イン・ザ・メドー、ブルベット
右上：ムトン・ルージュ

右下奥から手前へ：フレールジャック、ブルー・ベネディクタン、
ル・ムーティエ

## ソルト・スプリング・アイランド・チーズ・カンパニー (Salt Spring Island Cheese Company)

ブリティッシュコロンビア、ソルトスプリング島、ラックルパーク近く

　バンクーバー島とブリティッシュコロンビア州の本土の間に挟みこまれるように存在するソルトスプリング島は、ガルフアイランドの中でも最大だ。1年を通じて温暖な気候の影響で牧畜に最適な環境が整っており、居住者も大勢の観光客も静かな田園生活を楽しんでいる。デビット・ウッドとナンシー・ウッドがチーズ生産を1994年に始めたときはもっぱら羊乳のみを使っていたが、今や様々な種類の見事な山羊乳チーズも作っている。

**モンターニャ（Montaña）**　セミハードのこの羊乳（山羊乳も少々加えてある）チーズは重さ4kg、3-8ヵ月熟成させる。ペコリーノやマンチェゴに近いスタイルだが、ピレネーチーズに通じるものがある。やや乾いた砕けやすい食感があり、山のアルチザンチーズとくらべると新鮮なナッツの風味を感じ、よりあっさりしている。ミルクが低温殺菌処理されているからでもあるだろう。

**マリネイテッド・フレッシュ・ゴート・チージーズ（Marinated Fresh Goat Chesses）**　重さは140g。低温殺菌された山羊乳のチーズは舌にぴりっとした刺激がある。カードをていねいな手作業で型に入れるため、泡のような軽い食感になる。2日も経てば食べられる。そのままのプレーンタイプと、オリーブオイルを少し注いでからトリュフペースト、バジルの葉、コショウの実、唐辛子、ローストしたニンニク、花などをトッピングして透明のプラスチック容器に詰めたものがある。

**ロメリア（Romelia）**　ウォッシュした表皮の低温殺菌処理をした山羊乳の魅力的なチーズは重さ200gで、液体を塗りつけたオレンジ色の表皮はかなり匂いがきつい。山羊乳を使っているため大変鋭く強い風味になっている。ビールと相性がよい。

**ブルージュリエット（Blue Juliette）**　重さ200gの低温殺菌した山羊乳から作ったカマンベールだが、白い粉になったカビに混ざっているのは、青カビであるペニシリウムロックフォルティである。表皮にブラシでさっと塗るだけなのでチーズには染みこまない。中心部はねっとりとした味わいで、刺激的な味の縁はやわらかめで今にも溶けだしそうだ。青と白のカビが香ばしい後味を運んでくれる。

**マルセラ（Marcella）**　目の詰まった白カビチーズで重さちょうど95gのクロタンタイプだ。山羊乳のすっぱさがかなり突出している。

米国とカナダ　207

# オーストラリアと
# ニュージーランド

オーストラリアとニュージーランドは、太平洋南西部で最後に移民が定住した大陸である。初めて上陸したヨーロッパ人として知られるのは1642年のオランダ人で、英国人は1768年から71年にかけてやってきた。オーストラリアでチェダーが豊富に生産され、上質のゴーダが存在することからも、これらの国々の影響があるのは明らかである。オーストラリアは大部分が砂漠か半乾燥の土地で、肥よくな土壌には恵まれていない。しかし過去100年で降雨量がわずかに増加し、南東および南西地方は温和な気候だ。ニュージーランドの気候は北半球のイタリアとぴったり一致しているものの、こちらは大陸から隔絶されているので影響は受けず、冷たい南風と海流のためずっとおだやかである。

ニュージーランド食品安全庁は、低温殺菌していないミルクを原料にしたチーズの生産とヨーロッパからの輸入を許可するかどうかについて論議を重ねている。この問題はオーストラリア政府でも討議中だ。広い支持を受けているわけではないが、新しいスターターや培養菌を取りいれた製法を試したいと考えるチーズ生産者にとっては、計り知れないほど重要な事柄である。農業は今までもそしてこれからも主力輸出品を生む産業だ。オーストラリアとニュージーランドが緊密に協力し、チーズ産業にさらに多様なシステムがもたらされることを望む。

これはとりわけ日本と中国にもチーズ文化が出現してきたが故に、今日的な意味を帯びている。ひときわ優れたアルチザンチーズを多種作っている日本の共働学舎新得農場、美味しいゴーダを手がける中国山西省のイエロー・バレー・チーズ・デーリーは特筆すべきであろう。

# オーストラリア

## ラ・ルナ（ホーリーゴート）(La Luna [Holy Goat])
サットン・グレンジ・オーガニック・ファーム、ビクトリア中心部

アン・マリー・モンダとカーラ・メールは、オーストラリアとヨーロッパで経験を積んで2000年に有機酪農場を設立、山羊乳チーズを生産している。花崗岩と砂壌土からなる土地は、放牧に厳しい条件だが、自然の牧草以外に草やビタミンを与えて補っている。ドーナッツ形の重さ150gのラ・ルナは白カビのやわらかいチーズ。シャープで辛口の白ワインといただこう。

## アイアンストーン (Ironstone)
ピアノ・ヒル・ファーム、ビクトリア、ギプスランド

チーズ生産者のスティーブン・ブラウンは、スイス、イタリア、ニュージーランドでの修業のすえ、アイアンストーンというチーズを開発した。ゴーダスタイルの5kgのハードチーズで、バイオ＝ダイナミクスで育てたフリージアン種の牛乳から作り、果実味と野性味を備えている。

## メールークファーム (Marrook Farm)
ニューサウスウェールズ、タリー北西部

マークス家のデビットとハイジ、2人のチーズ生産者は1980年代半ば、バルガの高原にバイオ＝ダイナミクスの農場を開いた。

**ブリナワ (Brinawa)** ウォッシュしてこすりつけたスイススタイルのチーズ。重さは3kgだ。手で丸くして、圧搾しウォッシュしてから熟成させる。強い風味とスイスチーズの甘さ、ややふんわりとした食感がある。

**バルガ (Bulga)** グリュイエールスタイルの10kgチーズ。類似した手作りの製法で8-12ヵ月熟成させる。草を思わせる味が特徴。

## ウッドサイド・チーズ・ライツ (Woodside Cheese Wrights)
サウスオーストラリア、アデレードヒル

チーズ生産者クリス・ロイドは、スタイルと現代性のある牛乳や山羊乳のチーズを作っている。

**イーディス (Edith)** やわらかな250gの山羊乳チーズだ。灰でコーティングしてあり、白カビがまだら状についている。濃厚でぴりっとする味わいだ。

**エッジーケッジー (Etzy Ketzy)** 重さは125g。フリージアン種の牛乳と山羊乳をミックスしたこのチーズは軽くウォッシュしてある。すっきりとしたフローラルな風味と、野趣に富んだナッツの風味が共存している。

左上、上から：ブリナワ、バルガ
右上：アイアンストーン
左下：ラ・ルナ（ホーリーゴート）
右下、上から下：イーディス、エッジーケッジー

オーストラリアとニュージーランド

### アンヌーン（Annwn） 🐄 バリークロフトチージーズ、サウスオーストラリア、グリーノック、バロッサバレー

ブドウ園の中にある小さな農場で、2人の姉妹トレーシー・スケッパーとスー・エバンズによって運営されている。アンヌーンの重さは1kg、ジャージー種とホルスタイン種の牛乳が原料の圧搾チーズだ。表皮には塩をすりこんで熟成室に2ヵ月以上置き、シラーズワインのおりを混ぜたもので定期的にウォッシュする。

### チェダー（Cheddar） 🐄 パイエンガーナ・チーズ・デーリー、タスマニア、セントヘレンズ近く

ジョン・ヒーリー一家は、この豊かな酪農地域で1890年から4代にわたって畜産業を営む、オーストラリアでいちばん古いチーズ専門生産者である。カードを撹拌して作るこのチェダーは昔からのレンネットで作られ、甘い素朴な味があり、ハーブと草の重なりあう風味も感じられる。1-14.5kgと大小様々な布を巻いたチーズだ。オーストラリアの法律で布に動物性脂肪のラードを塗ることは禁じられているため、油を使用している。

### トンゴラ・ゴート・デーリー（Tongola Goat Dairy） 🐐
タスマニア、ワットルグローブ、シグネット北部地域

ハンス・スタッツとエスター・ホイザーマンはスイスから移住し、タスマニアのヒュオンバレーで酪農家になった。長毛のトッゲンブルク種のじょうぶな山羊30匹のミルクを手しぼりし、6haある農場の広々とした牧草地と雑木林で飼育し、寒い時期には木造の小屋に移す。

**ビリー（Billy）** 重さは150-250gあり、4-6週間寝かせる。カードに熱を加えるチーズで、塩水でウォッシュして薄い黄金色の表皮を作り、白カビをまだらに生やす。それほど強くはないが刺激的な香りがある。きめ細やかで濃密さらに粘り気のある食感が体験でき、表皮もまた美味である。

**ビッグビー（Big B）** ビリーの大型版。重さが800g。3-6ヵ月熟成させるため、よりコクが出てきて香りも芳しくなり、風味も増している。

**カプリーズ（Capris）** わずか120g。カードリーと同じ製法に塩を足している。白カビチーズでカマンベールに少し似ているが、こちらのほうが優しい口あたり。チーズの盛り合わせにうってつけだ。

**カードリー（Curdly）** 非常にすがすがしくあっさりとしていて、泡のような食感とレモンの味が楽しめる小型のチーズだ。塩を加えていないので、デザートにも口直しにもぴったりである。かなり若いうちに食べたいチーズだ。

### フロマート（Fromart） 🐄 クイーンズランド、ユードロ

グラスハウスマウンテンズ山麓の小さな丘で2006年、クリスチャン・ノーベルは地元の農場からホルスタイン種とガーンジー種の牛乳を買い、正統派のスイススタイルのチーズを作りはじめた。ラインナップは、グリュイエール、ティルジッター、マゴット（アッペンツェルスタイル）、伝統的な溶かして食べるチーズのラクレット、重さ800gでウォッシュした表皮のセミソフトの若いチーズ、ムチュリだ。こってりとした味わいの牛乳で、個性的な風味が際だっている。

上、上から順に：**グリュイエール、ティルジッター、ラクレット、マゴット、ムチュリ**
下：**アンヌーン**

## ギンピーシェーヴル（Gympie Chèvre）

ギンピー・ファーム・チーズ、クイーンズランド、ギンピー

　チーズ生産者カミーユ・モルトーは、元々はフランス西部ポワチエ近くのアルシニー村出身だ。その地域はシャビシュー（p.64参照）やモテ（p.64参照）などの山羊乳チーズが有名である。当初は母親とチーズを生産していたがのちにオーストラリアに移りすみ、1999年にビジネスを立ちあげた。現在酪農場は、サンシャインコースト沿いブリスベーンから北に約88km行ったところにあるコノンデールに移転した。

　ギンピーシェーヴルは重さおおよそ115gで、表皮をペニシリウムアルブムで覆う典型的なチーズである。灰色や白のカビがまだら模様になっており、これは山羊乳チーズの味や食感を高めるためにも絶対に必要なことだ。フレーキーで、濃厚な口あたりとナッツの後味が最高だ。モルトーがこのチーズを低温殺菌処理していない山羊乳で作ることができたら、さらなる絶品ができあがるだろう。

上、後方のチーズ、
左から：
**ビリー、チェダー**

上、手前のチーズ、
左から：
**カプリーズ、
ビッグビー、カードリー**

下：
**ギンピーシェーヴル**

オーストラリアとニュージーランド　211

# ニュージーランド

## キューリオ・ベイ・ペコリーノ (Curio Bay Pecorino)
ブルーリバー、南島、サウスランド

　大きい農場もまた素晴らしいという事実を証明しよう。ブルーリバーはおそらく、ニュージーランドでもっとも大規模な経営を行っている。イーストフリージアン種の羊に、より頑健な種を交配させて南方の気候に耐えうるようにし、国でも指折りのペコリーノスタイルのチーズとフェタも手がけている。チーズ生産者チーフのマキシー・ロバートソンは、35年の経験から独自の製法を編みだしている。キューリオ・ベイ・ペコリーノは混じり気のない羊乳が原料で、熟成期間は最低でも6-8ヵ月だ。淡い麦わら色をしたチーズの中身のまわりには薄い自然の表皮が形づくられ、素朴で花のような心地よい風味が生みだされる。もう1年寝かせるとカラメルの匂いが強烈になり、堂々たる風格が備わる。

## ゴーダ (Gouda)
マーサーチーズ、北島、ワイカト地方北部

　アルフレッド・アルフリンクがチーズを生産し、妻のイネケが小さな店を切り盛りする。年間20トンの生産量があり、できたてを売っている。農場は巨大なカルデラ（火山が噴火したときにできた沖積土の浅い円形のくぼみ）に位置し、そこには峡谷があり、滝がワイカト川に流れおちている。洪水が起きることもしばしばで周辺の土地はアルフリンクの故郷オランダとよく似ているが、だからこそ驚くべきチーズが誕生するのだろう。農場は8haにおよぶため、彼が物理的に自分でできる範囲の量しか作っていない。牛乳は地元で調達し、チーズの大きさも1-12kgとバラエティーに富む。牛乳は低温殺菌しなくてはならないが、チーズにさらに複雑な味わいをもたらすためにもそう遠くはない未来に、殺菌処理なしでミルクを使える日が来ることをアルフリンクは願っている。プレーンタイプのゴーダ以外にもクミンとコロハ*入りのゴーダとエダムもある。

*南西アジア原産のマメ科1年草で、種子は香辛料に利用

## リッチ・プレーン・アンド・クミン・ゴーダ (Rich Plain & Cumin Gouda)
アロハ・オーガニック・ゴート・チーズ、北島、テアロハ

　この魅力的な農場はテムズバレー地域のテアロハ山の麓にある。経営者はジョン・ファン・クルクとジニー・ファン・クルクで、ゴーダスタイルのチーズを複数作っている。

　極めて肥よくな土地と著名な温泉があるテアロハが、この地域では酪農の中心地だ。ザーネン種の山羊は開放的な牧草地で好きなように草をはんでいる。また雨を嫌がるため、たくさんの雨よけ用の小屋を散在させている。あっさりとしたチーズはさわやかでナッツの風味がある。クミンやコロハ、ネトルといった伝統に基づいたオランダのスパイスを追加したり、もっと斬新に唐辛子やミックスしたハーブを足したりしている。

## クラウディー・マウンテン・チーズ (Cloudy Mountain Cheese)
北島、ワイカト地方、ピロンギア

　チーズ生産者キャシーとピーターのラング夫妻は、テアワムツから西に10km、ピロンギア山近くワイパ川岸に小さな農場を所有している。タイプがそれぞれ異なる大変興味深いチーズを夫婦でいくつか作っており、2人が注意深く仕事に打ちこんでいることは、清らかな牛乳だけでなく手作業で行う製法にも現れている。キャシーの技術は大部分が独習だが、微生物学の素養と動物衛生に携わる前職で身につけた検査室診断のスキルが、ミルクをチーズに変える際に有益なツールになることを示している。

**ジョワ (Joie)** カマンベールスタイルのチーズ。中身はなめらかでやわらかく、白カ

上：キューリオ・ベイ・ペコリーノ
下：マーサーチーズのゴーダ

ビの表皮をまとっている。

**ピロンギアブルー（Pirongia Blue）** 目が詰まっていて豊かな味わいのソフトなブルーチーズで、薄い自然の表皮が裂けて今にも中身が飛びだしそうだ。

**カイパキゴールド（Kaipaki Gold）** コクがあってとろっとした中身が見事だ。ウォッシュした表皮で、つんとくる匂いとパンチの効いた風味がある。

### リコッタ（Ricotta） 🐄
クリーブドン・バレー・バッファロー・カンパニー、北島

　ヘレンとリチャードのドレスタイン夫妻は2006年、オーストラリアのショーリバー社から数頭の水牛を輸入し、以来群れを育てて新しい風土に慣らそうとたゆまぬ努力を続けてきた。苦労は報われ彼らのおかげで、ニュージーランドで最初と考えられる水牛乳モッツァレラとリコッタが生産されただけでなく、ここのチーズはイタリアのカンパニア州バッティパーリア産のものにまったく引けを取っていないと思われる。気象条件や天候も、リバレイン種（チーズ作り向けの濃いミルクを出す）がよく生育するのに申し分ない。牧歌的なオークランド南西地方で水牛たちは広大な牧草地の草を食べ、絹のようにまろやかで繊細なチーズは大ヒットしている。リコッタは新鮮でしっとりした軽い口あたりだが、これは搾乳したあとできるだけ早くチーズにして売っているからに他ならず、ミルクの甘みには本当に嬉しくなる。このチーズは熱狂的な人気を獲得しており、需要に応じるためにも群れを大きくすることが期待されている。

上、左から：**リッチ・プレーン・ゴーダ、クミンゴーダ、リコッタ**
左下：**ピロンギアブルー**
右下、上から下へ：**ジョワ、カイパキゴールド**

オーストラリアとニュージーランド　213

# チーズを楽しむ

　チーズはメインとデザートを結びつける役目を果たす。英国では、最後にポートワインといっしょに登場する場合もある。どこに持ってくるかの順序はさておき、重視すべきことは、チーズのタイプと強さ、食事全体の楽しみをより高めることができるかどうかだ。チーズは、選んだワインを形容するだけでなく、食事全体を表現していると考えられる。

　コースで出すときは、ホストやホステスの料理の腕前より品質がものをいう。バランスがよくなるよう慎重に選別すれば、ゲストも大いに喜ぶだろうし、チーズを満喫してもらいたいという真摯な気持ちと心からの配慮を示すことができる。常に充実した品ぞろえと知識豊富なスタッフがいる店で購入するようにしよう。また買う前には味見をして、自分の好みを見きわめておく。

**チーズを室温に戻す。**
**冷蔵庫から出したらボードに乗せ、濡らした布をかける。**

# チーズのラップのしかたと保存方法

　私はチーズを購入するときはいつも「量は少なくひんぱんに」をモットーにしている。スーパーマーケットの真空パックのチーズでも、キッチン用ワックスペーパーで包みなおせば、見ためと味の劣化を防ぐ助けになる。ブルーチーズはアルミホイルでくるんでも冷蔵庫のチルドルームで保存してもかまわないが、ホイルする前にまずワックスペーパーで覆ったほうがよいだろう。奮発してかたまりのパルミジャーノ・レッジャーノや同類のハードチーズを買ったならば、濡らした無漂白のキャラコかモスリンを何枚か重ねてから包むと、冷蔵庫でも食料貯蔵室でもかなり新鮮に保てる。チーズは毎日チェックして布が湿っていることを確認し、水気を絶やさないようにしなければならない。丸ごとの小さなハードチーズは、ワックスペーパーで覆ったあとに新聞紙数枚でくるむのが一番である。パルプでできた新聞は、冷所なら水分を十分に保つからだ。

　カットしたチーズは、ぴったりとふたが閉まるプラスチック容器にしまう。少し湿らせたふきんか布を敷いてからにすること。ブルーチーズは青カビが広がらないようにするため、他のチーズとは別の容器に保存する。角砂糖を2-3個入れてふたをする。これが天然防腐剤として働いて、カビの成長をおさえ、酸化を防止するだけでなく密閉された中で湿気がこもらないようにし、外部と遮断された状態で細菌の増殖を防ぐ。この方法でどのくらい鮮度を保てるか、私たちがセミハードとハードチーズで試したところ3週間まで無事にもったが、やわらかいタイプのチーズだと最大でもわずか1週間だった。

上：天然防腐剤として角砂糖を入れる
下左：パルミジャーノ・レッジャーノはモスリンで包む
下右：キッチン用ワックスペーパーで包んだチーズ

## チーズを出すとき

　チーズを食卓に運ぶ際は、包みを取って木製のチーズボードか大皿に乗せ、濡らした清潔な布をかぶせて室温になるまで置いておく。部屋の寒暖にもよるが30分から1時間そのままにする。ウォッシュした表皮のチーズは乾いてしまうケースもあるので、元に戻すには、沸騰させて冷ましたお湯に辛口の白ワインかブランデーを混ぜただけの液体を（コーヒーカップ半分のお湯に対して、アルコールはデザートスプーン1杯）、汚れていない指で少しずつもみこみ、表皮がしっとりして再びぴかぴかと光ってくるようにする。コースのチーズは入念に考えて選び、ボードに大量に置きたくなってもがまんすること。味覚に混乱を来すからだ。ロックフォールといったチーズを単独でデザートワインといっしょに出してもよいし、最高8種類までなら季節に合ったものを色々選りすぐってみよう。

チーズを楽しむ　215

# チーズの切りかた

正しい方法でチーズを切れば、食事の最後に出てきても大変おいしそうに見えるし、次の機会に再び堪能できる。中心から外に向かってまっすぐ扇形にスライスすれば、もっとも熟成が進んだ外側の皮（いちばん味が強い部分）も中心部の芳醇な風味も、まんべんなく味わうことができる。

丸太状のチーズを切るのは簡単だが、5-6種類ぐらいの盛りあわせにするなら分厚くしない。1皿に乗せる上限は総計150g、または30gずつを5つだ。種類が少ない場合でも同等に考える。

最後列、左から：
**ブリ・ド・モー、サント・モール、プーリニィ＝サン＝ピエール**

4列め、左から：
**ポン・レヴェック、ラミ・デュ・シャンベルタン**

3列め、円形ブルーチーズ：
**フルム・ダンベール**

2列め、細長いハードチーズ：
**コンテ・デスティヴ**

最前列：**トピニエール**

簡易なチーズボードナイフを使うなら、お湯を注いだ小さなピッチャーかタンブラーをいくつか用意し、チーズの種類を変えるたびにナイフを浸してきれいにする。やわらかい白いチーズにまみれたブルーチーズはいただけないし、ハードチーズに山羊乳チーズがべっとりくっついているのも興ざめだ。ナイフの刃をお湯に入れ、キッチンペーパーでふけばチーズはしっかり落ち、切れ味もよくなる。ロックフォールのような非常に崩れやすいものは細長い刃のナイフか、ぴんと張った細いワイヤーに金属の柄がついた「ギロチン」スタイルの専用ツールでカットする。

チーズを切る道具は私の宝ものだ。プロが各々のチーズスタイルにあわせたナイフやカッターを作っている。大きなグリュイエールやエメンタールは、四角い刃のスライサーで表皮と中身を難なく美しくカットできるし、平たい舌のような形の刃を持つナイフは、ソフトなチーズやバターを塗るのに大変便利だ。パルメザン用ナイフは、少しずつ削ってチーズコースで出したいというなら手に入れる価値はある。スカンジナビア産とオランダ産のチーズには単純な作りのシェーバーが向いていて、カットしたピースの上ですべらせれば、長く薄く繊細なスライスができあがる。チーズを並べてみせるときに道具の段階から手間をかければ、皿に盛りつける方法やボード上での切りかたを考えるのが限りなく楽しくなるだろう。最後に、味がいちばんおだやかなチーズを皿の上のほう（12時の位置）に配置する。そこから時計回りにアレンジして、終わりはブルーチーズを乗せる。

カットの方法だが、チーズ丸ごとを四方八方からめった切りするのではない！ ポン・レヴェックのような四角形のチーズや丸型のチーズは、半分にしたうちの1つをわけるようにして、もう半分はラップして別の日に取っておく。フルム・ダンベール、スティルトン、ゴルゴンゾーラ・ナチュラーレといった極めてもろい食感のブルーチーズは、円形なら（フルムやスティルトン）やはり1/2にしてそれぞれをケーキのように切る。カットしてピースになっていたりハーフサイズになっているものは、上部の周囲に注意深く厚さ1-1.5cmの切り込み線を入れ、小さなくさび形にする（p.216写真参照）。ブルーチーズは丸型のままより扇形にしたほうがよい。ぼろぼろに砕けてしまわないようにするためにも細長い刃のナイフを使い、厚切りではなく薄切りにする。刃をきれいにして切れ味を確保するようにし、チーズのやわらかい部分がくっついていないか確認しよう。ブリはすてきなパッチワークのようにカットするが（p.216写真参照）、こうすればどれでも1片でチーズの外側と内側を味わうことができる。先端だけを先に切り取ってはいけない。チーズの作法では「行儀が悪い」とされていることだからだ！

とてもやわらかいチーズは、開けたらすぐに食べる。一晩経ったり数日後では味が変わってしまう。または2つに切り、手をつけていないほうを速やかに冷蔵庫に戻す。

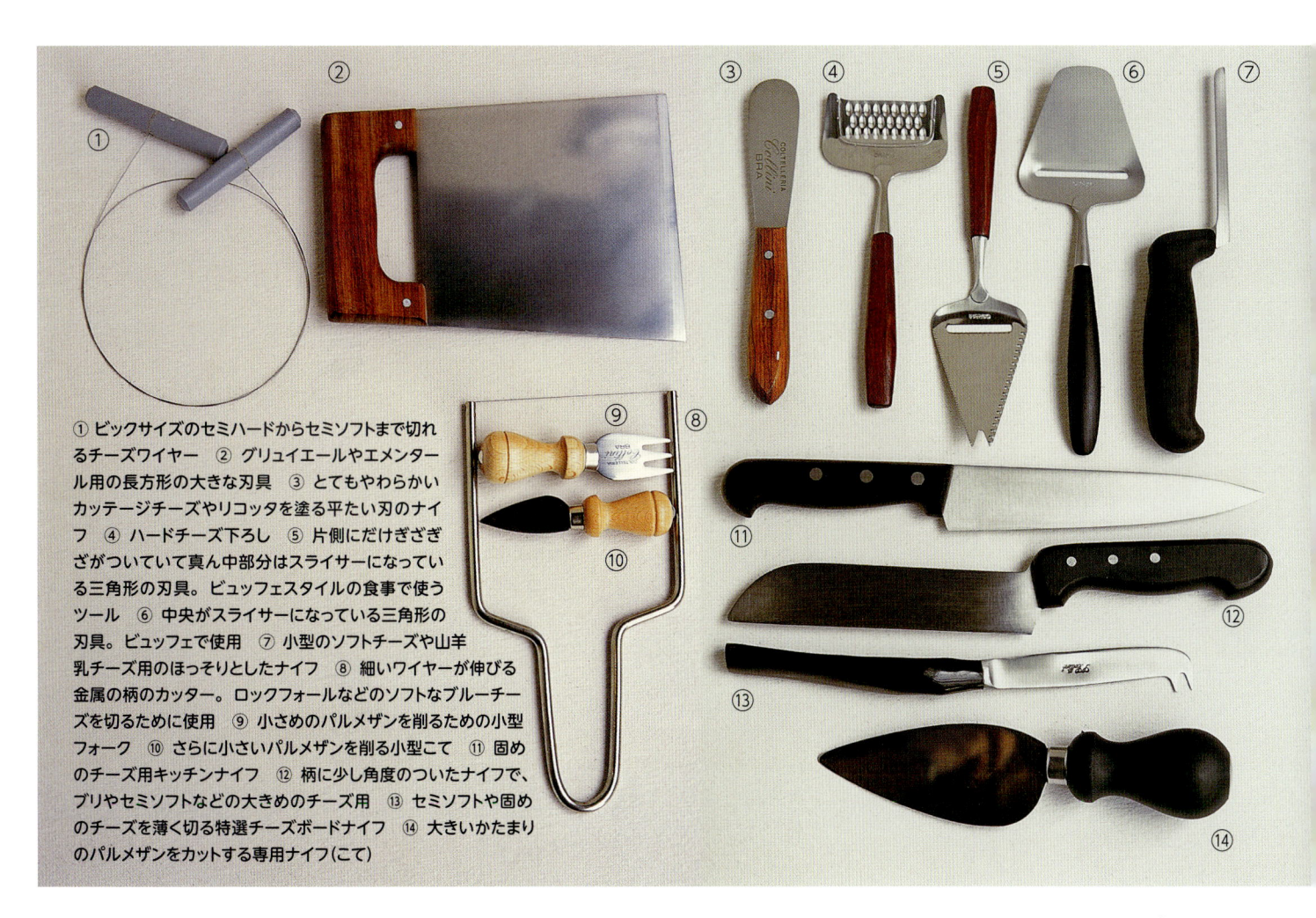

① ビックサイズのセミハードからセミソフトまで切れるチーズワイヤー　② グリュイエールやエメンタール用の長方形の大きな刃具　③ とてもやわらかいカッテージチーズやリコッタを塗る平たい刃のナイフ　④ ハードチーズ下ろし　⑤ 片側にだけぎざぎざがついていて真ん中部分はスライサーになっている三角形の刃具。ビュッフェスタイルの食事で使うツール　⑥ 中央がスライサーになっている三角形の刃具。ビュッフェで使用　⑦ 小型のソフトチーズや山羊乳チーズ用のほっそりとしたナイフ　⑧ 細いワイヤーが伸びる金属の柄のカッター。ロックフォールなどのソフトなブルーチーズを切るために使用　⑨ 小さめのパルメザンを削るための小型フォーク　⑩ さらに小さいパルメザンを削る小型こて　⑪ 固めのチーズ用キッチンナイフ　⑫ 柄に少し角度のついたナイフで、ブリやセミソフトなどの大きめのチーズ用　⑬ セミソフトや固めのチーズを薄く切る特選チーズボードナイフ　⑭ 大きいかたまりのパルメザンをカットする専用ナイフ（こて）

チーズを楽しむ

# チーズの盛りつけ

どこにでもあるブドウとセロリは、ぴったり合うチーズときちんと組みあわせて並べればじゅうぶん効果的だ。同様にナッツも便利である。薄い皮の生のアーモンドはボーフォール・シャレ・ダルパージュといっしょに、砕いたばかりのクルミはクリーミーなトリプルクリームのチーズかやわらかい山羊乳チーズと共にいただいてみよう。スペインではムスカテルというレーズンが生産されており、甘口のワインのみならずどのタイプのチーズと食べても美味だ。マルメロから作った濃厚なフルーツペーストのメンブリージョもあり、マンチェゴやブルーチーズの粋な付けあわせになる (p.144参照)。

**フレンチスタイルの盛りあわせ**　典型的なフランスの家族でとる夕食もしくは昼食のチーズボード（p.218上参照）。盛りつけで用いたロックフォール、ブリ、コンテは、色とりどりの楽しい食事にまさにふさわしい特徴を備えている。サワー種のパンのパン・ド・ポワラーヌ、細切りにしたアヒルやガチョウや豚をラードと混ぜてパンに塗るリエット、すっぱいコルニッション（ガーキン）、細かく刻んだ生のセルリアックに粒マスタードとマヨネーズを足したセルリアック入りレムラード、ざらっとした食感と果実味のあるコンテチーズという組みあわせだ。オーベルニュ産のこってりとしたソーセージと薄切りにしたブリをパンに乗せれば最高の味になる。ロックフォールにワインのジャムをスプーンでご く少量つけ、フランス南西部モアサックで育つ甘いシャスラブドウも添えると、塩味と甘みがマッチして美味しい。

**英国プラウマンズ風盛りあわせ**　簡素に見えるプラウマンズランチ（p.218下参照）だが実際は違う。きれいなキツネ色をした皮の白パンを分厚く切って、キーンズチェダーのような栄養たっぷりのチェダー、新鮮なコックス・オレンジ・ピピンのリンゴのスライス、セロリスティックも加える。手製のポークパイを盛りつけてもよい。最後に花を添えるのがピカリリーだ。からしと香辛料が利いた付けあわせで、ポークパイとチーズにまさしくぴったりだ。

上
後列、左から順に：**サワー種のパン・ド・ポワラーヌ、赤ブドウ、リエット・ドワ（ガチョウのリエット）、セルリアック入りレムラード、ソーシソン・ドーベルニュ**
前列、左から順に：**ロックフォール、ブリ・ド・モー、コンテ、白ブドウ、ワインのジャム**
下
最後列、左から：**パリっとした歯ごたえのパン、セロリ**
2列め、左から：**付けあわせのピカリリー、リンゴ**
最前列、左から：**手作りのウォーター・クラスト・ポーク・パイ、キーンズチェダー**
右ページ上
左から順に：**ニューヨーク州産のチェダー、フレッシュタイプ丸太状の山羊乳チーズ、手製のチャツネ、自家製ハム**

**米国ファームステッド風盛りあわせ**　こちらは、ニューヨークのグレートバーリントンに住む素晴らしい女性リンダの協力を得て盛りつけた。自宅の小さな庭でとれた野菜のサラダ、手作りの全粒小麦のパン、メープルシロップの自家製ソースを塗ったハムの厚切りが乗っている。強い味のルバーブのチャツネが、ハーブでコーティングされたフレッシュタイプの丸太状の山羊乳チーズと極めて相性がよい。ハムとパンと地元産のチェダースタイルのチーズで理想的な昼食になる。

**塩漬け肉とチーズの盛りあわせ**　実に様々な種類のイタリア産サラミとプロシュートが並び食欲をそそる。色々なタイプがあるオリーブも、チーズと塩漬け肉の盛りあわせにはうってつけだ（p.219左下参照）。パンはチャバッタ、チーズはなめらかでやわらかいピエモンテのロビオラ・デレ・ランゲ、スイスのエメンタール、3年熟成のパルメザン、フランス南西部のカンタル・ライオル、スペインのブルーチーズのピコス・デ・エウロパと幅が広い。肉はイタリアのロンバルディア産で紙のように薄いブレソーラのスライス、フェンネルシード入りできたてソフトサラミとトリュフ味のトスカーナ産サラミだ。忘れられない一食になるだろう。

**栄養満点オランダの朝食風盛りあわせ**　オランダのゴーダチーズ（p.219右下参照）は噛みごたえがあり濃厚で、マスタードシード、ネトルやクミンのスパイシーな味わいが、朝に食べると心地よい。ライ麦黒パン、ゆでただけのハム、ジューシーなトマト、ぱりっとして辛いラディッシュ、粗塩をかけたセロリのスティックも並べる。パンにはバターも塗る。私は細かくしたチーズを乗せたバターつきパンが大好物だ。しつこいと思うかも知れないが、良質のバターは、チーズの盛りあわせにはいちばん簡単で相性のよいものの1つなのだ。

左下、最後列、左から右へ：**トリュフ味サラミ、チンテシネーゼ(チンタセネーゼ)サラミ、ミックスオリーブ、小さめのガーキン**　左下、その前の列、左から右へ：**マレンシアビーフ、ブレソーラ**　左下、そのまた前の列、左から右へ：**フェンネル入りサラミ、スイス産エメンタール**　左下、チーズの後列、左から：**パルミジャーノ・レッジャーノ、ロビオラ・デレ・ランゲ**　左下、チーズの前列、左から：**カンタル・ライオル、ピコス・デ・エウロパ**　左下、ボードの外に出ている小さな器：**モスタルダ・ディ・フルッタ***　左下、ボードの右端：**パリっとした歯ごたえのパン**

右下、最後列、左から右へ：**ライ麦黒パン、ゆでたハム**　右下、2列め、左から右へ：**バター、ラディッシュ、トマト、セロリ**　右下、最前列、左から右へ：**4年熟成ゴーダ、マスタードとクミン入りゴーダ、2年熟成ゴーダ、ネトル入りゴーダ**

＊マスタード風味のフルーツのシロップ煮

# 最高の
# チーズボード

　ボードにチーズを並べるときは常に、山羊乳のような軽くて口に残らないものを最初にする。あっさりとして砕けやすいタイプ、やわらかくなめらかな白カビ表皮のタイプがそれに続く。次は固めでフルーティーなもの、豊かなコクと芳香のあるウォッシュした表皮のチーズだ。さらにハーブやブドウの葉など香りの強いもので外側をコーティングしたタイプ、そして最後にブルーチーズを置く。これで風味と食感の推移があますところなく表現されるので、選んだチーズを口にすれば忘れがたい体験になるだろう。以下に私がおすすめする英国版、米国版、フランス版の究極のチーズボードをご紹介する。記載されているチーズの詳しい情報は、各国の関連する章をごらんいただきたい。

上：英国版チーズボード
① セント・トラ　② ティクルモア
③ バークスウェル
④ アイル・オブ・マル
⑤ モンゴメリーズ・チェダー
⑥ アップルビーズ・チェシャー
⑦ スティルトン
⑧ スティッチェルトン
⑨ ビーンリー・ブルー　⑩ カルド
⑪ アードラハン
⑫ ウェンズリーデール
⑬ ゴーウィズ　⑭ ウィグモア
⑮ タンワース　⑯ イネス・バトン
中：米国版チーズボード
① カヴァティーナ
② ツィッグ・ファーム・トム
③ ブルー・モン・クロスバウンド・チェダー
④と⑤ ベイリー・ヘイゼン・ブルー
⑦ グレーソン　⑧ タロンテーズ
⑨ ポンドホッパー　⑩ ケイデンス
下：フランス版チーズボード
① セル゠シュール゠シェール
② シャロレ　③ オッソー
④ コンテ・デスティヴ
⑤ ボーフォール・シャレ・ダルパージュ
⑥ フルム・ダンベール
⑦ ロックフォール
⑧ ラミ・デュ・シャンベルタン
⑨ カマンベール
⑩ ヴァル・ド・ルビエール
⑪ ブリ・ド・モー（トリュフクリーム入り）
⑫ アノー・デュ・ヴィック・ビル
⑬ バノン　⑭ モルビエ　⑮ クロタン

220　チーズを楽しむ

# チーズとアルコール

　ワインとチーズは大変よいパートナーだが、組みあわせは少々考慮する必要がある。しかしひとたび、ワインがチーズにどう影響するか、どんな風味を味わいたいのか考えれば、おのずと答えが出るだろう。不確かならば、同じ地方のワインとチーズを組み合わせてみて欲しい。

　アルコールとチーズの組み合わせに鉄則はない。たとえば、すっきりとした白ワインは山羊乳チーズと相性がよいが、マンステールのようなウォッシュした表皮のやわらかいチーズでも、甘いナッツの味がするハードのグリュイエールタイプでもかまわない。甘口のワインはたいてい、ブルーチーズにとても合う。ウイスキーやラムといった蒸留酒でも問題ないのだ（ダークラムにトリプルクリームのブリヤ・サヴァランやエクスプロラトゥールチーズを試してみよう）。シードルやビール、スパークリングワインのような他のお酒にもすべて、相棒となるチーズが存在する。

① **赤ワイン**　フルボディーで力強い香りのワインには、ほどよい酸味で、土の匂いがするどっしりとした風味のチーズが欠かせない。写真の3つのチーズ、カマンベール、リヴァロ、ペコリーノサルドはそうしたタイプの赤ワインに合うが、もっとおだやかな口あたりの赤ワインのときは、濃厚でクリーミーなものから崩れやすい山羊乳まで、合うチーズが数多くある。新世界のワインは風味が強すぎて、チーズの味が目立たなくなってしまうことがある。

①

チーズを楽しむ　221

② ③
④ ⑤

② **白ワイン** さわやかな酸味ときりっと澄んだ風味のワインには、山羊乳チーズがうってつけだが、赤ワインだと圧倒されてしまうボーフォールなどのハードチーズにも目を向けてみよう。リースリングから優雅なジュラワインまで、白ワインのお供になるチーズは実に様々で驚くばかりだ。ここではミネラルを含む山羊乳チーズのサント・モール、リースリングと合うバッヘンシュタイナー、シナンワイン向けにボーフォールを乗せた。

③ **ポートワイン** 食事の最後にチーズを出す場合、ポートワインを飲むなら、チェダーとスティルトンのような古典的な組みあわせにこだわってみてはいかがだろう。1種類のチーズをスペインのピコスポートワインといただけば、最高の気分で料理を終えることができる。赤のものでも熟成した黄褐色のものでもポートワインが有する深みは、セラ・ダ・エストレアといったチーズにぴったりだ。

④ **シャンパン** ざらっとした食感と塩気のある「フィズ(元気があるの意味。シャンパンという意味もある)」なパルメザンやラングルが、ワインの泡と相性がよい。個人的には、熟成して乾いた口あたりの山羊乳チーズシャロレが好みだ。ナッツに似た風味だけでなく長く残る後味が、シャンパンにはもってこいだからだ。

⑤ **ソーテルヌ**[*1] 甘口のワインにロックフォールが必須なのは、おもに貴腐ブドウ[*2]がもたらす豊富なミネラル感のためだ。これぞ極上のうま味を体験できる人生の喜びの1つだろう。

⑥ **ビール** 黒ビールや修道院スタイルのビールには、噛みでのある伝統的なアベイ・ド・トロワ・ボウといったチーズや、地域限定型のもろい食感のチーズが合っている。また酵母の香りと風味が感じられるホップの利いた昔ながらのビールは、チェダーの最良のパートナーだ。ビールといっしょにいただきたいチーズはたくさんある。

⑦ **シードル** 発泡性がそれほど強くないタイプ。圧搾して濾過しない微弱発泡性のシードルはリンゴそのものの味がして、酵母が発酵したような匂いがする。チーズはポン・レヴェックにすれば申し分ない。

⑧ **ウイスキー** チーズにウイスキーを選ぶのはあまりないかもしれないが、試してみれば感動するだろう。シングルトンといったまろやかなタイプは、2年熟成のコンテをおつまみにする。シングルモルトは水

⑥
少量で割って、塩気が強くて砕けやすいパルメザンのようなチーズやアイル・オブ・マルのチェダーもしくは、濃密でざらっとした食感の熟成マオンと飲む。クロタン・ド・シャヴィニョルは、熟成させたものをアイラウイスキーといただくと非常に上品な味わいを楽しめる。

*1 フランス南部ボルドー産の甘い白ワイン
*2 ワインの味をよくするため、ブドウの表面にボトリティスシネレアというカビを培養して作りだす状態を貴腐といい、そのようなブドウが貴腐ブドウ

⑦ ⑧

# レシピ

食欲が刺激されて、もうたまらない匂いというのがある。私にとって、オーブンに入れたチーズがトーストの上でふつふつと溶ける匂いがそれだ。とろける熱いチーズは、なぜこれほどまでに魅力的なのだろう。私は、チーズの盛り合わせの準備や考案に打ちこみつつ、ラ・フロマジェリーのショップとカフェで、チーズが料理で万能な存在だということをご紹介している。カフェのメニューには、チーズのタイプの違いだけでなく、季節も反映させている。この章のレシピは私たちの店のレパートリーのものも多く、チーズを隠し味にしたり混ぜすぎずに前面に出すという、ラ・フロマジェリーの哲学と約束を表現している。大切なのは、料理用のチーズの品質と味を絶対に妥協しないことだ。良質品を選べばそれだけ、できあがりも素晴らしいものになる。最高のチーズは味わいも豊かなので、使いすぎないほうがよいのもわかるだろう。

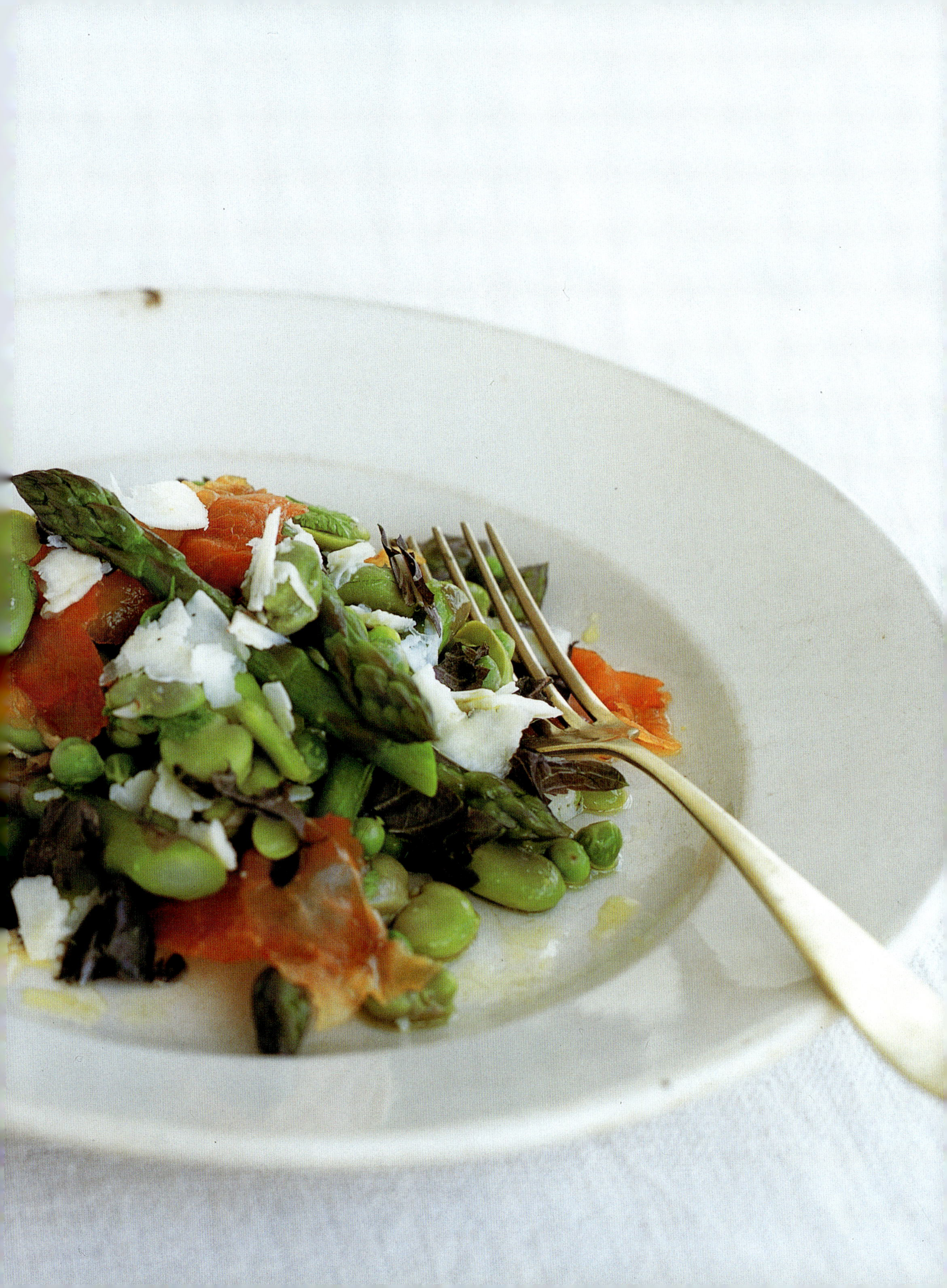

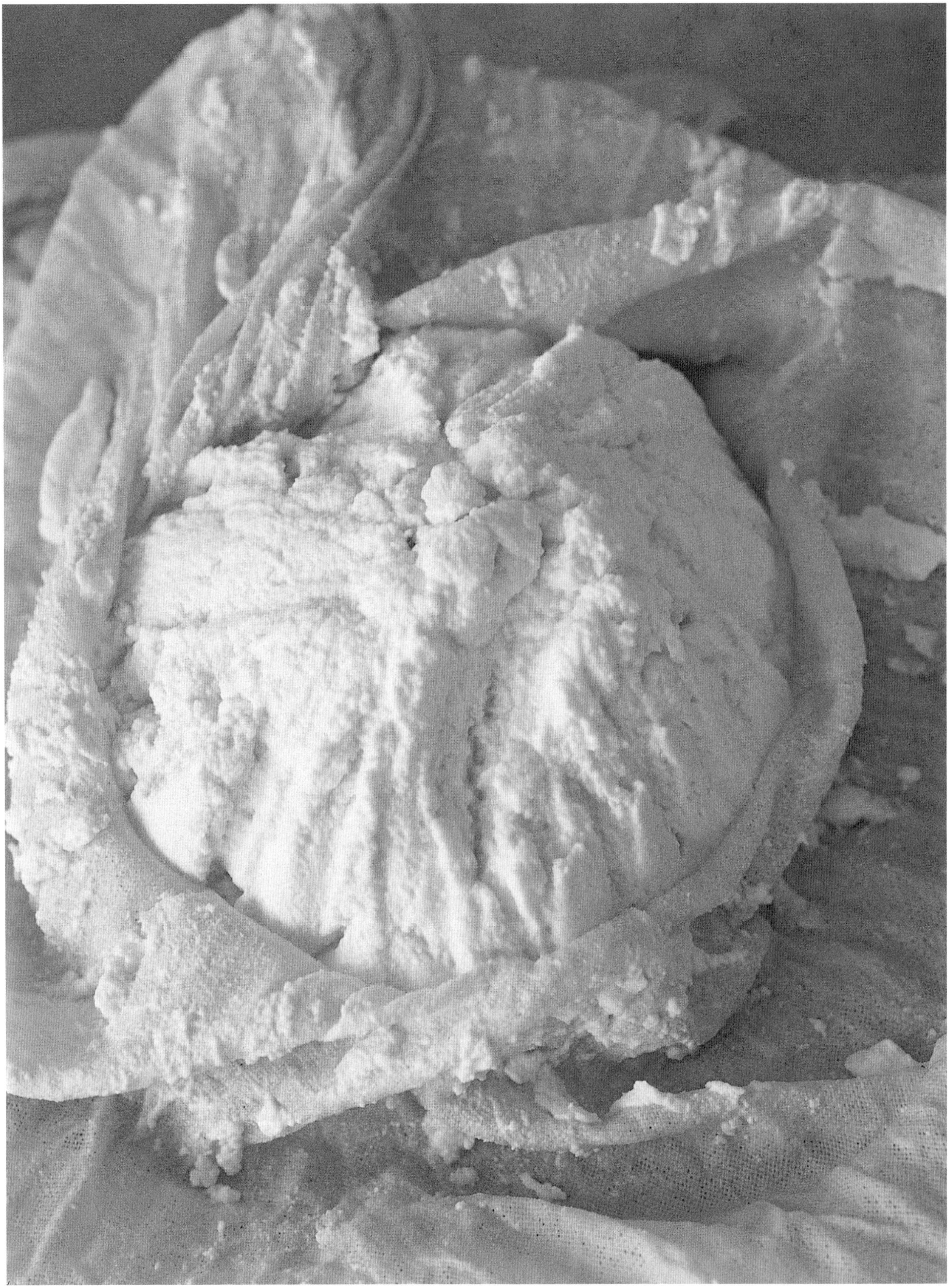

# チーズ作りと風味づけ

生産過程で他のフレーバーや材料を混ぜて容器に詰めたチーズの味と、自家製レシピで体験できる絶妙な風味とでは、大きな違いがある。手作りフレッシュチーズはとても簡単だ。重要なのは、チーズの役割を知り、手をかけすぎたり味を目立たなくするのではなく、引きたてるようにすることだ。ファーマーズマーケット[1]で、低温殺菌処理していない牛乳を探し、オリジナルのチーズに挑戦してみて欲しい。牛乳は、そのまま飲んでも朝食のシリアルにかけても楽しめる。

## ラブネ

ラブネとはこしてあるヨーグルトで、あらゆる種類の菓子に使われ、香ばしい中東料理の食材としてもかなり活用されている。ほのかにレモンのような酸味がある。究極の味を求めるなら、市販ブランドのヨーグルトより、農家製のヨーグルトを選ぼう。スパイシーな肉のおかずに添えたり、サラダ、ローストした野菜に乗せて出してもよいし、ハチミツをかけて煎ったヘーゼルナッツやピスタチオを散らしたり、夏にはベリー、冬にはコンポートと合わせても美味しい。

### 材料：クルミ大のボールを24個から30個分
- ヨーグルト[2] ............................................. 1500g
- 上質の塩 ............................................. 少々（お好みで）

### マリネ液
- オリーブオイル ............................................. 適量（ライトタイプ）
- 生ミント ............................................. 片手にあふれるぐらい（みじん切り）
- ひきたてのブラックペッパー ............................................. 適量

1. ボウルにモスリンを広げる。別のボウルでヨーグルトと塩を混ぜ、味見をしながら、好みに合わせて塩を追加する。ヨーグルトをスプーンですくって、モスリンのまん中に置き、布の両端を結んで包む。
2. 1の包みをシンクの上にかけるか麺棒などを通してつるし、下に大きなボウルを置いて水分を出す（p.229）。涼しいキッチンでなければ、冷蔵庫の野菜室に移したほうがよい。48時間後には水気はほとんどなくなっているはずで、この段階で食べてもかまわない。さらによい味と質感にしたいなら、もう1日放っておく。
3. 包みからラブネを取りだし、密閉容器に移したら冷蔵庫に入れる。できれば24時間、完全に冷やす。ラブネをオリーブかクルミぐらいのボール状にする。
4. 浅めの皿にオリーブオイルを2cmほど注ぐ。その中に3を置いてオリーブオイルをなじませるようにスプーンで何回かかける。平たい皿にミントとひいたペッパーと混ぜあわせ、そこに移す。すぐにいただく。

### クッキングメモ
- 作りたてを密閉容器やキルナージャー[3]に入れ、オイルに浸せば5日もつ。

---

[1] 農産物を生産者から直に買える市場
[2] 山羊乳、牛乳、または羊乳のヨーグルト。3種類を混ぜてもよい
[3] 食物保存用のガラス容器

## フレッシュリコッタ

町や都市にもファーマーズマーケットが登場して、買いもの方法の選択肢も広がり、私たちは昔のように旬の食材になじめるようになった。しかし何といっても胸おどる瞬間は、自作の畜産物を売る小規模の農家やチーズ生産者に出会ったとき、特にこの上なく新鮮なミルクを試飲させてくれるときだ。小規模の牧場から届いたミルクで、低温殺菌もしていない場合もある。思いがけない新発見に歓喜の声をあげたくなるほどだ！

ハードルブルック・ガーンジー・ミルクを手がけているデイブ・ポールは、コクを極めたクリーム、舌触りが抜群のサワークリームも作っている。デイブのクレームフレッシュの固さは、ほぼ完璧だ。このように新鮮で濃厚なミルクは、ビンから直接飲んでしまおう。グラスに注いでなどいられない。お行儀は悪いがとびきりの味なのだから！

いきのよい山羊乳は、実に甘みがあってまろやかなので、地元で買えるなら試してみよう。リコッタタイプのチーズに挑戦するなら、鮮度が高い山羊乳であればあるほどよい。このフレッシュチーズのレシピはとてもシンプルで楽な上、信じられないことに1時間以下でできる。右の手順に従って欲しい。ただし、山羊乳はできるだけ新鮮なものを選ぶこと。高熱処理がしてあるミルク*1ではたいていうまくいかないし、軽くてふんわりとした風味や質感を出すのは難しい。

*1 日本で普通売られている牛乳の多くは超高温殺菌処理されている
*2 天然海塩「フルール・ド・セル」がおすすめ
*3 伝わる火を弱くするマット
*4 凝乳
*5 凝乳乳清

### 材料：約500g分

| | |
|---|---|
| 山羊乳 | 2.4ℓ |
| 山羊乳のクリーム | 300㎖ |
| ノーワックスのアマルフィ産大きめのレモン果汁 | 1個分 |
| 塩*2 | 1つまみ（お好みで） |

1 塩以外の材料すべてを、大きめのソースパンに入れてかき混ぜる。ソースパンは内側が耐酸性のものを使う（銅製がベスト）。混ぜあわせたものを弱火でじっくり温める（クッキングガスマット*3を利用してもよい）。カード*4が崩れてしまうので、かき回したくなってもがまんすること。ただし、木のスプーンで時々カードをそっとすくって、でき具合を見てもよい。温度が82℃になるとカードの「粒」はレンズ豆ぐらいの大きさになる。

2 少し強火にして5-8分、カードが白いカスタード状になり、スプーンに盛れるまで煮る。カードが火山のようにじわじわと「噴火」してきたら、だいたい93℃になっているので、火を消して10分間そのままにする。

3 漂白していないモスリンを湿らせて水切りボウルに広げ、注意しながら2を注ぎ、約15分間水気を切る。静かにしぼって水分を出し、別のボウルにあけ、好みで塩を少々加える。食べるときまで冷蔵庫に入れる。賞味期間は4日間。

### クッキングメモ

- このチーズは、右のページのリコッタチーズのスタッフド・ズッキーニ・フラワーのレシピでも使える(p.284)。
- 3で出てくる液体（ホエイ*5）は、マフィン、パンケーキ、さらにスコーンにも利用できる。

レシピ 229

1 フロマージュブランを強くかき混ぜて粘り気を出す。ボウルに目の細かいザルを重ね、中にモスリンを広げる。とろりとしてきたフロマージュブランを乗せモスリンを結ぶ。
2 そのまま、ホエイをボウルにためる。モスリンを優しくしぼり、残りの水分をすべて出す。
3 水気がだいぶなくなったら、フロマージュブランをボウルにあける。別のボウルに、シングルクリームとバニラシュガーを入れ、もったりと重くなるまで、強くかき混ぜる(7分立てぐらいにする)。
4 3のクリームとフロマージュブランをそっと合わせる。すぐに食べてもよいし、ボウルまたはいくつかのラムカン皿[*3]にムスリンを敷いてからスプーンですくって入れて保存してもよい。クリーミーなチーズを包むように、モスリンをしっかり結び、冷蔵庫のチルドルームなどに置く。
5 新鮮な季節のベリーや、バニラシュガーを添えていただく。

**クッキングメモ**

- バニラシュガーは、甘味料として貯蔵棚にあると大変役に立つ。グラニュー糖が入ったキルナージャーにバニラビーンズを放りこみ、ふたを閉めてパントリーか食料棚で保管し、バニラの匂いが砂糖に移ればできあがり。芳香を放ち心地よい甘みも楽しめるこの砂糖は、パンなどに混ぜて焼いたり、ホイップクリームに加えたり、フレッシュなフルーツにかけたりして使う。バニラビーンズはかなり長持ちするので、匂いがなくなるまでジャーの砂糖の詰めかえを忘れずに。
- さらにふわっとした質感で軽いクリームチーズにするには、多めの卵白を泡立てて8分立てにし、クリームチーズに混ぜ合わせる。

## フォンテーヌブロー

このレシピは、きちんと順序立てて進めよう。前準備も欠かせない。モスリンは熱湯消毒をして、しっかりとしぼっておく。フロマージュブランとシングルクリームは冷やしすぎてはいけない。室温がベストだ。冷蔵庫で最長3日間はもつ。

### 材料：8人分

脂肪分無調整のフロマージュブラン .................................. 350g
シングルクリーム[*1] ................................................. 150㎖
バニラシュガー[*2] ........................................ 小さじ2杯(お好みで)

---

[*1] 脂肪率が軽いクリーム
[*2] グラニュー糖タイプのもの。クッキングメモ参照
[*3] 陶器製の小さな耐熱容器

## カマンベール・オ・カルバドス

　フィリップ・オリバー経営のブーローニュの有名なチーズショップは、貴重な絶品チーズ、とりわけピカルディー、ノルマンディー、ペイダルトワからのものが揃う店だ。そのフィリップが、チーズ「ケーキ」を考えだした。第2次世界大戦中、フランスのこの地域から、腕利きのチーズ職人がほとんどいなくなってしまった。しかし、オリバー一族が独力でチーズをプロモーションし、保護したおかげで、再び職人たちが戻ってきたのだ。現在フィリップは引退し、息子のロマンが父の信念を受けつぐ。この店のカマンベール・オ・カルバトスは最高の一品だ。ここでみなさんにご紹介するので、作ってみて欲しい。

### 材料：4-6人分

- ミルクブレッドかパン・ド・ミ*1 ........................ 3枚（皮は除く）
- カルバドスか、カルバドスとアペリティフ・ド・ノルマンディーのミックス*2 ........................ 大さじ2杯
- 農家製のカマンベール ............ 200g（熟成しすぎていないもの）
- ドライアップル*3 ............ 1枚（お好みでカルバドスに漬けておく）

1　180℃に予熱したオーブンで、パンをパリパリになるまで焼く。時間は5分以下。砕いてごく細かいパン粉にしたら小さな皿に移す。

2　浅めのボウルにカルバドスだけか、カルバドスとアペリティフ・ド・ノルマンディーを注ぐ。

3　よく切れる小型ナイフで、カマンベールの白カビの部分をていねいに取りのぞき、チーズを丸ごと2の中に入れる。ひっくり返しながら、全体がきちんと浸るようにする。

4　チーズを持ちあげて静かに1の中に置き、パン粉がしっかりとつくまで、何回か裏返す。足りないようなら、もう一度2と1をつけてもよい。

5　お好みで、ドライアップルかクルミを上に乗せる。軽いタイプのローヌワインかガメイ*4といっしょにいただくと美味しい。

*1 前日のものを用意。
*2 カルバドスは、フランス産リンゴのブランデー。
　　アペリティフ・ド・ノルマンディーは、甘口のワインをカルバドスで割ったもの
*3 代わりに半分にしたクルミを使ってもよい
*4 ボージョレー地方原産の黒ブドウで作るワイン

## バジルをあしらったゴルゴンゾーラトルテ

チーズを層にした「トルテ」にバジルで風味をつけている。優しい味わいだが、市販のものより何倍も口あたりがよい。農家製の極上のマスカルポーネを使うことがポイントだ。しあがりが格別の味になる。

### 材料：8人分
マスカルポーネ .................................................................500g
ゴルゴンゾーラ・ナチュラーレ
............................................300g（1cmの厚さに切っておく）
生のバジル.........................................................................適量
クルミパン.............................................数枚（薄く切っておく）

1 ボウルに中型の裏ごし器を重ね、内側にモスリンを2枚敷く。あとからしばれるように、ボウルのへりからモスリンをたらす。
2 スプーンでマスカルポーネを、底が見えなくなる程度に薄く塗る。次にゴルゴンゾーラを重ね、バジルを数枚散らす。これをくり返し、チーズを縁いっぱいまで入れる。
3 モスリンをしばってチーズを包む。皿を乗せて上からおもり（余分な水分がしっかり切れる程度の重すぎないものを選ぶ）を置く。
4 冷蔵庫で1時間そのままにし、モスリンを通して余計な水分を完全に出す。モスリンをほどいて、チーズを皿に移す。
5 できあがりはドーム状になる。マスカルポーネでさらにコーティングしてもよい（分量外）。バジルを上からかける。チーズ料理の一品として、薄くスライスしたクルミパンと冷やしたプロセッコやビンサントと共にいただく。

## ブルーチーズ風味のバター

このフレーバーバターは、グリルステーキやフライパンで焼いたステーキに最適だ。ハンバーガーの上で溶かしたり、ベークドポテトのフィリングにしてもよい。

### 材料：6人分
ブルー・ドーヴェルニュ、ロックフォール、ブルー・デ・コース[*1]
............................................................................................125g
無塩バター.........................................................................125g
生セージかタイム ................................適量（茎を取ってみじん切り）

1 ボウルにチーズとバターを入れ、木のスプーンで混ぜる。ミキサーにかけてもよい。ハーブを混ぜ入れる。
2 ラップを2、3枚重ね、その上に1をスプーンで乗せ、くるくると巻いてソーセージのようにする。両端を強くねじる。ホイルに包んで冷凍庫に入れる。凍らせておけば必要なときに簡単に輪切りにできる。

[*1] 他のブルーチーズなら、こってりとしてバターのような味わいのものにする

## クルミ味のトリプルクリーム

手間がかからないごちそうだ。フルーツリキュールに浸したトリプルクリームチーズ[*1]に、あらく刻んだクルミをまぶす。

### 作りかた：6人分
エクスプロラトゥール（p.54）かブリヤ・サヴァラン（p.52）、または似たようなやわらかめのトリプルクリームチーズの余分な皮を削りとる。熟成したものよりフレッシュタイプを選ぶこと。

好みのフルーツリキュール[*2]をボウルに250ml注ぎ、チーズを入れて、ひっくり返しながらリキュールをよく染みこませる。

覆いをして冷暗所で30分、そのままにする。熱したフライパンで、ひとつかみのクルミをキツネ色になるまで煎る。きれいなふきんの上に置いて、麺棒でざっと砕く。

チーズを出し、ゆすって水分を切り、皿に乗せてクルミを振りかける。表面を押さえながら、クルミをしっかりつける。

[*1] ミルクに生クリームを加えて作る脂肪分がかなり高めのチーズ
[*2] おすすめは洋ナシ、リンゴ、モモ

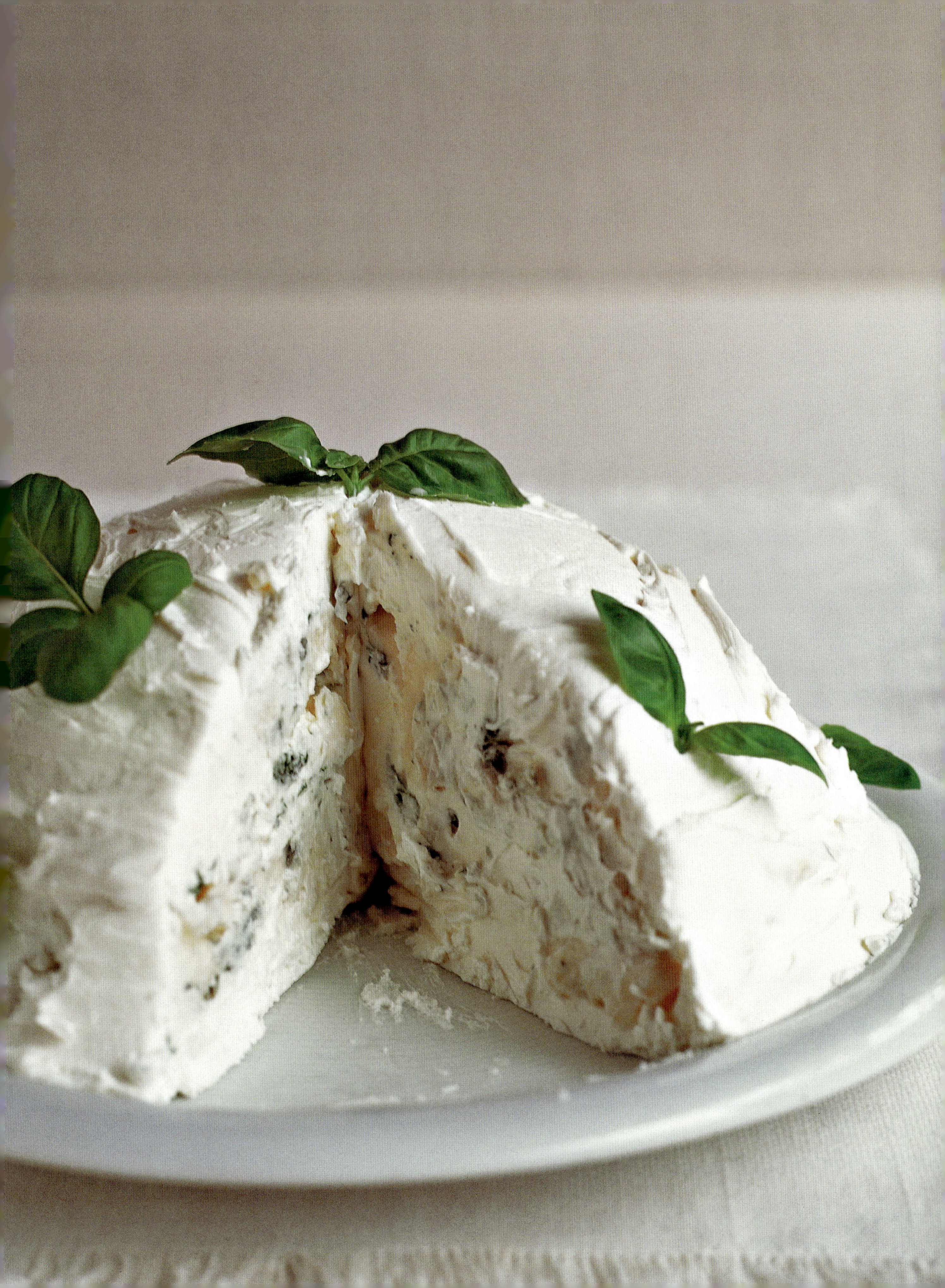

# ソース、ディップ、スープ

これから登場する手早くできて美味しいレシピの数々は、店で買うソースやディップの味とは雲泥の差がある。
私は温かいスープにも冷たいスープにも目がないが、しあげにクリーム状のものを少し落として混ぜて飲むのが大好きだ。

## 季節のペースト

ホームメードの作りたてのペーストを、パスタやライスやピラフにかけたり、ローストもしくはグリルした野菜に少々乗せて出したりしてみよう。あるいはパンを切り、カリカリになるまで焼いて（ブルスケッタの場合）ペーストを少し塗ってから、モッツァレラか山羊乳のソフトなチーズをスライスして重ねてもよい。

### 材料：10-12人分

### 秋のペースト

このソースは、フランス南西部特産の非常に辛いエスプレット唐辛子と、なめらかなマーコナアーモンドとオッソーの羊乳のチーズを組みあわせたものだ。エスプレット唐辛子は秋口に出まわり、生のまま使ってもよいし、ひもでつるして乾燥させてもよい。一見きれいだが実は舌が焼けそうな味だ。このペーストは、ローストやバーベキューにした鶏肉と共にいただくと風味豊かだ。

好みの辛さに合わせて唐辛子を1つか2つ準備し、すり鉢とすりこぎで砕くか、フードプロセッサーかミキサーで刻む。生のペッパーが買えれば好都合だが、ない場合は乾燥したものを種まですべてすりつぶして使う。

マーコナアーモンド（皮を取ったもの）をひと握りフードプロセッサーに入れ、少し形が残るぐらいまで回したら、オッソーチーズを250g加え1-2分間、混ぜあわせる。次に細かくしておいた唐辛子を足して、もう一度フードプロセッサーにかけて混ぜる。オリーブオイルをたっぷり注ぎ、ソースのようなとろみをつける。スプーンでビンに移し、オリーブオイルを表面にかけて冷蔵する。

### 冬のペースト

煎ったクルミと香り高い冬のハーブをミックスしたこのペーストを、スプーンでひとかけすれば、リゾットやパスタの味が引きたつ。特に豚肉との相性は抜群だ。

片手にあふれるぐらいのクルミをこんがりキツネ色になるまであぶるか煎って、すり鉢とすりこぎでつぶすか、フードプロセッサーかミキサーにざっとかける。セージを1-2本みじん切りにする（お好みの香りの強さに調整すること）。クルミとセージをいっしょにして、下ろしたペコリーノチーズ（ペコリーノサルドやペコリーノシチリアーノのような風味のあるもの）を250g入れてよくかき混ぜる。

丸々としたニンニクを1-2片、ナイフの刃で少しつぶしてから、フードプロセッサーにかけてペースト状にする。クルミとセージとチーズも加え、再びフードプロセッサーを回す。オリーブオイルをじゅうぶんに注ぎ、ソースのようなとろりとしてきたら、味かげんをみてお好みに合わせる。煎った香ばしいクルミ、ハーブとチーズの味わい、パンチの効いたニンニクが楽しめるソースだ。スプーンでビンに移したら、オリーブオイルを覆うようにかけて、冷蔵庫で保存しよう。

### 春のペースト

苦味のあるロケット（ルッコラ）の葉に塩気の強いアンチョビーとフルーティーなマンチェゴを混ぜると絶妙な味になるが、アーモンドを足すとクリーミーな舌触りの美味しいペーストができあがる。

ふたつかみぐらいのロケットの葉をざっと刻む。塩づけのアンチョビーを1-2枚、水ですすいで塩分を流し、背骨を除いて身を取りだして、フォークの裏でつぶす。

片手にこんもり盛るぐらいのマーコナアーモンド（皮を取ったもの）を、フードプロセッサーにかけ、少し形が残るぐらいにして止める。さらに下ろしたマンチェゴチーズを250g、ロケット、アンチョビーも足して回す。オリーブオイルをたっぷり注いで、ソースのようなとろみをつけ、味見をする。スプーンでビンに移し、オリーブオイルを表面にかけて、冷蔵庫に入れておく。

### ラムソンのペースト

3月末からの数週間でラムソン（行者ニンニクに似たハーブ）を手に入れ、葉を利用して実に素晴らしい味のペーストに挑戦してみよう。長くて幅広の繊細な葉はかなりぴりっとしており、季節の終わり近くに咲く白いフリルのような花だけを見ていても美しい。

ラムソンの葉をひとつかみと松の実200gを、フードプロセッサーかミキサーにかける。生のバジルをたっぷりの量で2束と、細かく下ろしたパルメザンチーズか、パルメザンとペコリーノのミックス、あるいはパルメザンとハードタイプの山羊乳チーズのミックスを加え、再び回してみじん切り状態にする。さらにフードプロセッサーかミキサーを動かしながら、果実のような風味の自家栽培トスカーナ産オリーブオイルを振りかけ、ソースのようにとろりとしてきたら止める。

### 夏のペースト

真夏に味わえる甘くてコクのある完璧なペーストが生まれた。パスタにかけて、マスカルポーネチーズとひいたブラックペッパーといっしょに出す。

さやを取った200gのエンドウ（冷凍品を使ってもよい）を、やわらかくなるまでさっとゆでる。お湯を捨て、軽くつぶして置いておく。丸々としたニンニク2片と松の実100gをフードプロセッサーかミキサーにかけ、少し形が残るぐらいにする。刻んだミントをひと握り足したらもう一度回し、取りだして脇によけておく。

中挽きのグラーナとトスカーナ産ペコリーノ（半分ずつ使っても。お好みに合わせて）を150g、フードプロセッサーかミキサーに入れ、まだ少しチーズのかたまりがある状態で止める。ニンニク、松の実、ミントを加え、固い感触になるまで混ぜる。

フードプロセッサーかミキサーを引きつづき動かしながら、エキストラバージン・オリーブオイルを少しずつ注ぎ、ソースのようなとろみをつける。味見をして、レモンの皮を足してみてもよい。ボウルに移したら、エンドウを混ぜる。スプーンでビンに移したら、オリーブオイルを覆うようにかけて、冷蔵庫で保存する。

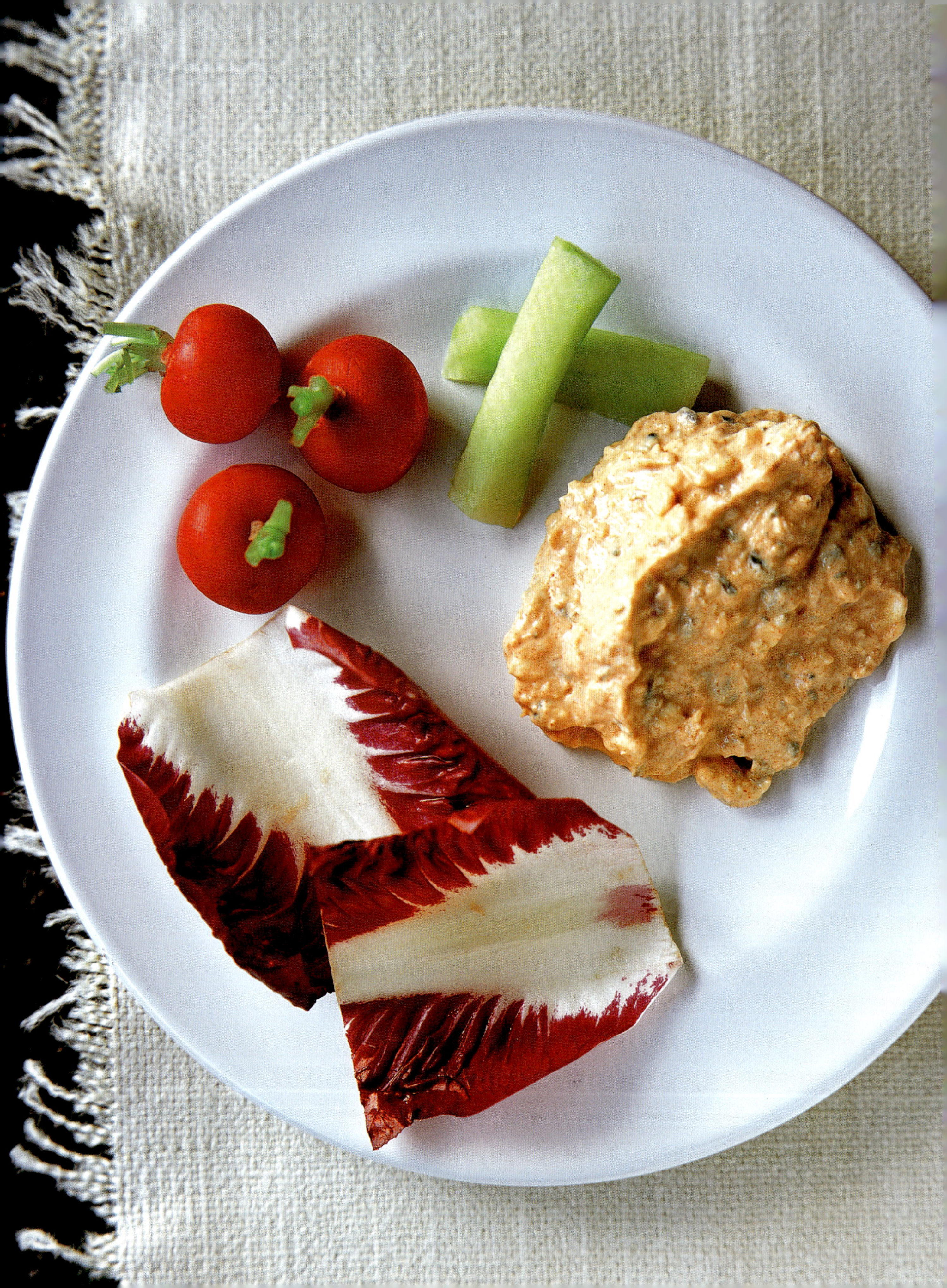

## リプトア

あっという間にできるチーズのスプレッドで、ディップにもなる。冷蔵庫で1週間もつ。生野菜の前菜、サラダや皮の固いパンといっしょに食べると美味しい。

### 材料：8-10人分

| | |
|---|---|
| やわらかくした脂肪分無調整のクリームチーズ | 150g |
| やわらかくしたクワルグ*1 か | |
| 　低脂肪のソフトタイプのチーズ | 100g |
| やわらかくした無塩バター | 100g |
| イングリッシュ・マスタード・パウダー*2 | 小さじ1杯 |
| スイートパプリカ*3 | だいたい小さじ1杯 |
| 塩水に漬けていないベビーケッパー | 小さじ1杯 |
| | （すすいでおく） |
| アンチョビーのフィレ | 2枚 |
| （すすいで軽くペーパーなどで押さえて水気を切り、みじん切り） | |
| エシャロット*4 | 1本（みじん切り） |
| キャラウエーシード | 小さじ2分の1 |
| あら塩とひきたてのブラックペッパー | 適量 |

### こちらを添えて
生野菜の前菜、薄焼きのクラッカー

1. クリームチーズとクワルグまたはソフトチーズを、ボウルで合わせてクリーム状にしてからバターを入れ、なめらかになるまで強くかき混ぜる。マスタードパウダー、パプリカ、ケッパー、アンチョビー、エシャロット、キャラウエーシードも加えて強くかき混ぜ、お好みで塩とペッパーを加える。

2. ボウルにラップをし、1日冷蔵する。こうすると味がよくなる。できあがったチーズディップを、生野菜の前菜や薄焼きのクラッカーと共に食卓へ。

### クッキングメモ
- 生野菜の前菜の代わりに、ラムカン皿に詰めたコルニッション*5、大皿に載った色々な種類のライ麦パンと共に出しても。
- 2の別の方法は、チーズをラップで丸く包む。1日そのままにすれば味が混じり合う。食べる前にラップをはがすこと。ピーナッツオイルかひまわり油に粉末のパプリカを少々混ぜ、チーズの表面にハケで塗ると、ほのかなつやを出すことができる。

*1 脱脂乳を原料にしたドイツ産フレッシュチーズ
*2 からしの種子を粉にした辛味の強いからし
*3 この場合は粉末香辛料。できればハンガリー産のものを使用
*4 日本で出まわっているエシャレット（早採りのラッキョウ）とはまったく別もの。小さなタマネギのような形をしている
*5 小さなキュウリのピクルス

## セルベル・ド・カニュ

このチーズの別名はクラクレ・リヨネで、なめらかなチーズのカードに、香味づけのハーブ、エシャロット、まろやかなハーブ、ニンニクを混ぜるのに使う、木製スプーンのことを指している。

### 材料：6-8人分（前菜として）

| | |
|---|---|
| 新鮮なカッテージチーズまたは水気を切ったフロマージュブラン | 500g |
| クレームフレッシュ | 大さじ1杯 |
| エシャロット | 1本（みじん切り） |
| ニンニク | 1片（みじん切り） |
| パセリ、チャービル、タイム、ディル、フェンネルの葉、チャイブなど | |
| | 適量（みじん切り。これらを適当な組みあわせで使う） |
| ベル果汁*1 か白ワインビネガーライトタイプ | 大さじ2-4杯 |
| エキストラバージン・オリーブオイル | 大さじ1-2杯 |
| あら塩とひきたてのブラックペッパー | 適量 |

### こちらを添えて
サワー種の皮の固いパンかライ麦パン
コルニッションかキュウリのピクルス

1. ボウルに、カッテージチーズかフロマージュブランをクレームフレッシュといっしょに入れて強くかき混ぜ、なめらかにする。エシャロット、ニンニクとハーブを加える。塩とペッパーで味をととのえ味をみて、必要ならばもっと足す。

2. ボウルにラップをして2日間冷やし、味をなじまさせる。ベル果汁か白ワインビネガー、オリーブオイルを加える。初めは少量にして、お好みでさらに注ぐ。冷蔵庫で保存する。

3. サワー種かライ麦のパン、コルニッションかキュウリのピクルスと共に出す。

*1 未熟なブドウなどからとったすっぱい果汁

## スイートコーンのスープ クレームフルーレット*¹ 添え

秋の初め、地元のファーマーズマーケットにスイートコーンが登場すると、「ラ・フロマジェリー」のメニューにもこのスープが登場する。めくれたコーンの皮からは、弾けんばかりの実が現れ、指ではさむとミルクのような甘い汁がしみ出てくる。このスープの甘みはすべてコーンからで、砂糖はいっさい入っていない。

**材料：4-6人分**

| | |
|---|---|
| 無塩バター | 125g |
| 大きめのタマネギ | 2個（みじん切り） |
| 太めのリーキ | 1本（みじん切り。緑の部分も使うとよい） |
| セロリの茎 | 2本（みじん切り） |
| 生のコーン | 6-8本（実を取っておく） |
| お湯 | 2ℓ（もしくはお好みでスープストックとお湯を半々ずつ） |
| あら塩とひきたてのブラックペッパー | 適量 |

**こちらを添えて**
クレームフルーレットかクレームフレッシュ
　（水気が残っていたら切っておく）
スライスまたはキューブ型にしたコーンブレッド（p.294参照）

1. 底が厚い大きめのソースパンにバターを溶かし、ふつふつとしてきたら、タマネギ、リーキ、セロリを10分間、しんなりとしてキツネ色になるまでソテーする。塩を少々加える。コーンを混ぜて、2-3分火を通す。
2. 野菜が完全に浸るぐらいまで、水かスープストックを足し、ふっとうするまで煮る。火を弱めて、煮えたつ直前ぐらいにし、5-7分（コーンの大きさによる）かけてやわらかくしたら、目の細かい裏ごしでつぶすか、ミキサーに少量ずつかけるか、ハンドミキサーを使ってピューレ状にする。
3. 味見しながら調味料を加え、皿によそったら、クレームフルーレットかクレームフレッシュをスプーンでひとすくいして乗せる。コーンブレッドといっしょにいただく。

*¹ 乳脂肪分30-38%ぐらいで酸味が少ないクリーム

## パンプキンスープと クルミ入りゴルゴンゾーラトースト

心から満足できる素直な味で、大好きなスープだ。色もきれいで、口あたりもクリーミーでなめらか、ブルーチーズとクルミパンを添えれば、この上ないごちそうになる。

**材料：4-6人分**

| | |
|---|---|
| 無塩バター | 150g |
| 大きめのタマネギ | 2個（みじん切り） |
| 太めのリーキ | 2本（みじん切り） |
| ニンニク | 4片（ざっと刻んでおく） |
| 中ぐらいの大きさのカボチャ* | 2個 |
| | （皮むいて種を取りさいの目切り） |
| チキンスープストック（p.238)か野菜のスープストック | 2ℓ |
| 生タイムを数本とローリエを1枚を結んだもの | 1束 |
| あら塩とひきたてのブラックペッパー | 適量 |

**こちらを添えて**
スライスしたクルミパン
ゴルゴンゾーラ・ドルチェ　100g（薄切りのもの）

1. 大きくて底が厚いソースパンにバターを半分溶かし、ふつふつとしてきたら、タマネギ、リーキ、ニンニクを10分間ソテーするか、しんなりとしてキツネ色になるまで炒める。カボチャを足して5分、火を通す。
2. スープストックとタイムとローリエの束を入れて煮たたせ、味をみてから軽く調味料を振る。ぐつぐつとなる程度に火を弱め、カボチャがごくやわらかくなるまで煮る。野菜を穴あきスプーンですくい、フードプロセッサーかミキサーで少量ずつピューレ状にする。スープストックの残ったソースパンに戻し、かき回して味見をして調味料を加える。残りのバターも混ぜれば、スープ匂いしそうな照りが出てくる。
3. その間にオーブンを180℃に予熱しておく。天板にクルミパンを乗せてカリカリになるまで約10分焼く。ゴルゴンゾーラ・ドルチェを薄くトッピングして、温かいトーストの上で自然に溶かす。スープといっしょにいただく。

\* 実がしっかりしていてオレンジ色のものか、ポティマロン（栗カボチャに近い品種）にする

## チキンスープストック

風味豊かな自家製スープストック。

**作りかた：3ℓ分**

底が厚い大きめのソースパンで、バター50gとオリーブオイル大さじ2杯を熱する。バターをふつふつと溶かしながら、焦がさないようにする。みじん切りした大きい紫タマネギを2個、しんなりとするまでソテーして、みじん切りにした太めのニンジンを2本入れてかき混ぜる。数分経ったら、みじん切りしたセロリの茎とリーキを2本ずつ足して、しんなりとするまで炒める。

そこに鶏肉を丸ごと1羽水洗いしてから加えて、水を3ℓ注ぐ。イタリアンパセリとタイムを何本かとローリエを1枚、ひもで結び束にして入れて煮たたせる。表面に浮かんでくるアクを穴あきスプーンでていねいにすくい、火を弱めて静かにことこと煮る。塩をひとつまみと白粒コショウをいくつか足す。

火を弱くして煮たつ直前ぐらいにし、ソースパンにふたをしたら、少なくとも2時間煮こむ。スープの減りが早い場合は、お湯を少し加えてもよい。こして固形物を捨てたら、見事なブロスができあがる。

冷ましたあとは密閉容器で冷蔵庫で保存する。もしくは冷凍庫で保存すれば3ヵ月までもつ。解凍するときは一晩冷蔵庫に置き、脂肪分は取って必要な量だけ使う。

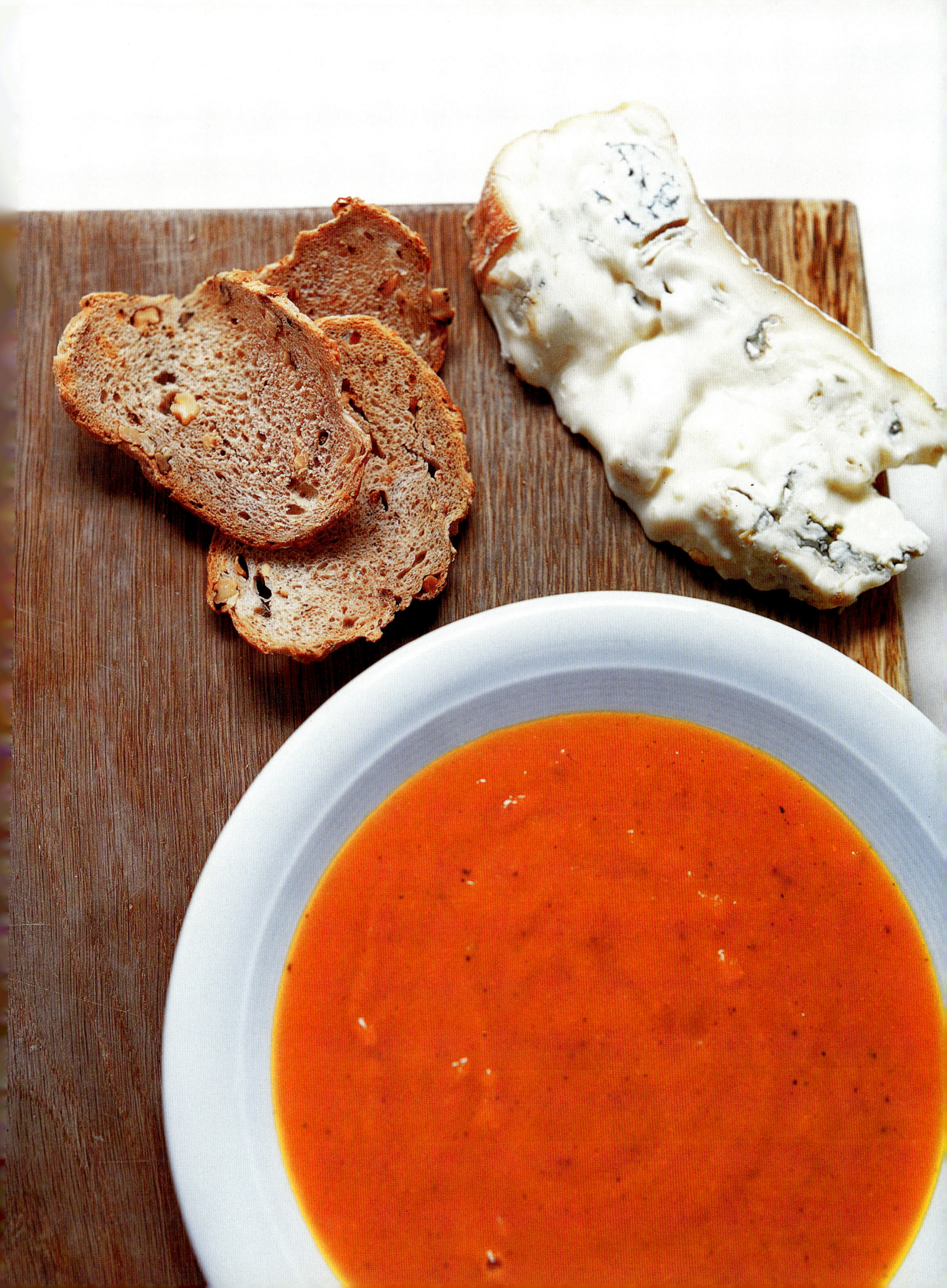

## ラブネのボールを浮かべた
## ビーツのスープ

　甘みがあって素朴な味わいのビーツで、いつもの根菜のスープとはまったく違った風味を添えることができる。色だけでもエキゾチックだが、フレッシュチーズのボールを加えれば、とびきりの味に。バターの量が多すぎると思うかもしれないが、味を引きたてるだけでなく、シルクのような舌触りを生みだす役目がある。

### 材料：4-6人分
- 生のビーツ..................800g（洗って皮をむいて切っておく）
- 無塩バター..................125g
- タマネギ..................1個（ざっとすり下ろしておく）
- ニンジン..................1本（ざっとすり下ろしておく）
- フェンネルの球根..................1個（ざっとすり下ろしておく）
- 大きなレモンのしぼり汁..................2個分
- グラニュー糖..........大さじ1-2杯（お好みで減らしても多くしても）
- チキンスープストック(p.238)か野菜のスープストック..................1.5ℓ
  （必要なら塩分無添加のキューブタイプのブイヨン）
- あら塩とひきたてのブラックペッパー..................適量
- ボール状のラブネ(p.227参照)..................出すときに添える

1　オーブンを200℃に予熱しておく。ビーツを深さのある天板にいれ、水を7.5cmのところまで注ぎ、アルミホイルでふたをして、縁をしっかりと押さえる。ビーツの大きさで差は出るが、串を刺したときにすっと通るまで、45-60分焼く。

2　ビーツの皮を親指ではがし（手を汚さないようにキッチングローブをはめる）、一口サイズに切る。

3　底が厚い大きめのソースパンにバターを溶かし、ふつふつとなってきたら、材料のビーツ以外の野菜を10分間ソテーするか、しんなりとしてキツネ色になるまで炒める。ビーツ、レモン1個分のしぼり汁、砂糖半量を入れてよくかき混ぜ、スープストックを足して煮たたせる。レモンや砂糖が必要ならばさらに加える。

4　塩を足し、ペッパーを少々振りかけ、味見をして味をととのえる。ソースパンにぴったり閉まるふたをする。火を弱くして煮たつ直前ぐらいにし、ビーツがすっかりやわらかくなって押せばつぶせるようになるまで、25分ほど煮る（フォークの裏で、マッシュポテトをつぶす感じでやってみるとよい）。

5　火から下ろして、ミキサーかフードプロセッサーにかける。好みによって、ざっと回すだけでもきめ細かなピューレにしてもよい。ソースパンに戻し、火をいちばん弱くしてバターの大きめのかたまり（分量外）を混ぜ、スープに美味しそうな照りを出す。味をみて、夏は温かく、冬は熱々にしてサーブする。ボール状のラブネを1-2個浮かべてから、テーブルに運ぶ。

## ハーブ・フロマージュ・ド・シャブレを
## 浮かべたエンドウのスープ

　新鮮なエンドウが豊富に出まわっているときの夏のスープ。時間がないなら冷凍のエンドウでもかまわないが、さやを取る楽しみはなくなる。深鍋で野菜のスープストックを作る場合はさやごと使えるし、エンドウの新芽である豆苗はサラダに加えるとよく合う。冷凍のエンドウなら大きめサイズが1袋あればじゅうぶんだ。

### 材料：4人分
- エンドウ..................1.5kg（さやなしは1kg弱）
- 小ぶりのジェムレタス*1..................2個（切っておく）
- 中くらいの厚さに切った加熱ハム..................1枚
- チポロッティオニオン*2または太めのネギ..................2本（みじん切り）
- 水..................2ℓ（水とスープストックを半々にしてもよい）
- グラニュー糖..................小さじ弱（お好みで）
- 無塩バター..................50g
- あら塩とひきたてのブラックペッパー..................適量

### ハーブ・フロマージュ・ド・シャブレ
- 脂肪分無調整のフロマージュブラン..................350g
  （水分を切っておく。プティ・スイスでもよい）
- チャービル、チャイブ、イタリアンパセリ、タイムかミントなどの
  生のハーブ..................大さじ1杯
  （もしくは何種類か混ぜてもよい。みじん切り）

1　さやから取り出したエンドウ、レタス、ハムとオニオンをソースパンに入れる。水またはスープストックを注いで煮たてたら、弱火にする。ふたをして約15分間、エンドウがすっかりやわらかくなるまで静かにことこと煮る。

2　1を目の細かい裏ごしでつぶすか、ミキサーに少量ずつかけるか、ハンドミキサーを使ってピューレ状にする。ソースパンに戻し、調味料を足す（砂糖の量は、エンドウの持つ甘みによるので注意）。再び煮たたせ、バターを混ぜる。

3　ハーブ・フロマージュ・ド・シャブレを作る。ザルでチーズの水気をできるだけ切って、ボウルに入れて、ハーブを加える。塩とペッパーで味つけをしながら混ぜる。2のスープを取りわけ、チーズをスプーンですくって上に乗せる。

*1 ロメインレタスより若干小さめのレタス
*2 葉タマネギ。
　一見すると長ネギのようで、葉の部分が長い小さめのタマネギ

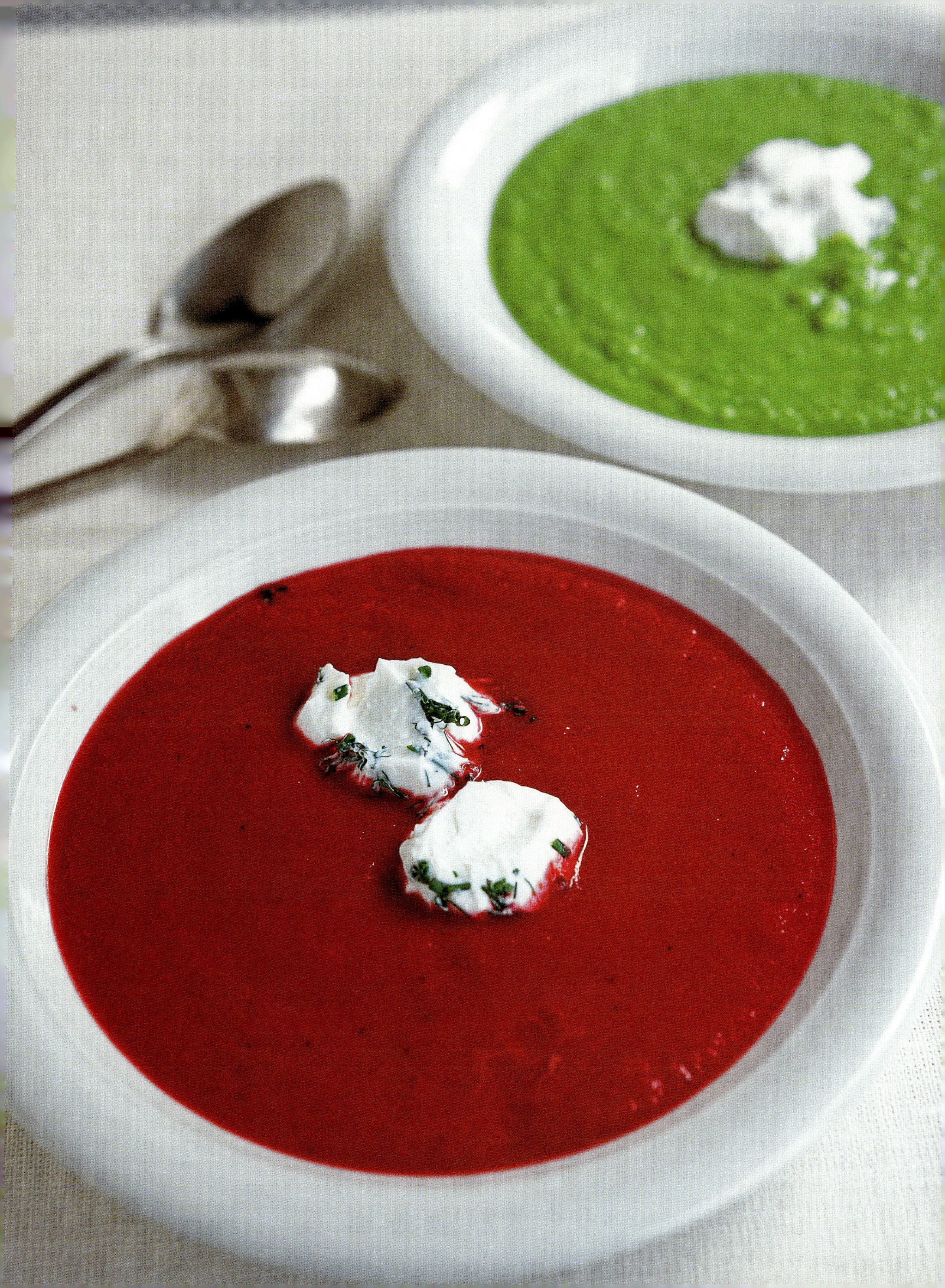

# 軽い食事

チーズは、食品としても軽い食事の材料としても最高だ。
それ自体がホールフード(まるごと食べられる食材)なので、いくつか材料を足すだけで食事になる。
組みあわせはいい加減にするのではなく、熟考して欲しい。
高品質のチーズを使えば、それだけおいしくなることをお忘れなく。

## チーズ入りクラブサンドイッチ

クラブサンドイッチにはふつうチーズは入れないが、本書で得た情報をいかして、あらゆるタイプのチーズやパンを試してみよう！

ホワイトブレッド
- 適当にスライスしたチェダー、ブランストンピックル（瓶詰ピクルス）と、ぱりっとしたサラダ向け葉物野菜
- 適当にスライスしたチェダー、マーマイト[*1]とクレソン

バゲット
- エメンタール、スライスしたハム、ブリ、薄切りサラミ、ロケット
- 山羊乳のチーズ、ローストしてスライスしたビーツ、みじん切りにしたタイムとロケット

クルミパン
- コンテ、加熱済モルトーソーセージの薄切り、ホワイトチコリーのスライスとセルリアック[*2]入りレムラード[*3]に、クレームフレッシュと粒マスタードを混ぜたもの
- 薄切りにした山羊乳チーズのガローチャ、オリーブオイルでニンニクと焼いたパプリカ、辛めのサラダ向け葉物野菜

ライ麦黒パン
- トリプルクリームチーズ、ビネグレットソースにつけたメロンとブドウ、クレソン
- 山羊乳チーズのローヴ・デ・ガリッグ、スモークサーモン、ディル入りスイートビネグレットソースとあえたキュウリのサラダ、トレビス
- ティルジッター、カリカリのスモークベーコン、クリームチーズかクワルク、キュウリのピクルス

[*1] イギリスで昔からあるイーストと野菜エキスのペースト
[*2] セロリの品種でカブのような肥大根を食べる
[*3] マヨネーズベースで、香料やピクルスを刻んだものを混ぜた冷たいソース

## クロックムッシュ

私はふだん、できあがりを冷凍することを決して奨励しないが、このレシピならうまくいく。いっぺんにいくつか作っておけば、空腹をおさえきれないとき、いつでも食べられる。

### 材料：10個分

中ぐらいの厚さのパン・ド・ミかミルクブレッド
.................................................20枚（前日のものでもよい）
中ぐらいの厚さに切った加熱ハム..................20枚
エメンタールとグリュイエール.... 300gずつ（下ろして混ぜておく）

ベシャメルソース：

無塩バター.................................................125g
無漂白の中力粉（薄力粉も可）.................125g
牛乳.................................................だいたい500㎖
粒マスタード.................................................大さじ1杯
ひいた生のナツメグ.................................................少々
あら塩とひきたてのブラックペッパー.................................................適量

1 ベシャメルソースを作る。底が厚いソースパンでバターを中火でふつふつと溶かす。中力粉をふるいで入れて、弱い中火でルーを作る。ほんのりキツネ色になってトーストのような匂いがしてくるまで、3-4分、混ぜつづける。ここが重要なポイント。
2 あらかじめ鍋で温めておいた牛乳を1に少しずつ注ぎながら、絶えずかき混ぜ、やわらかいクリームチーズに似たなめらかでとても濃厚なペーストにする。マスタードとナツメグも混ぜて、味つけをする。ボウルに移し、そのままにして冷ます。
3 パンに2のソースをへらで広げてハムを乗せ、下ろしたチーズを振りかけ、もう1枚パンをかぶせ、さらに上からチーズをたっぷりと散らす。保存するなら、ラップをしてアルミホイルで包む。1から3をくり返してさらにたくさん作り、火を通さないで冷凍し、あとから食べてもよい。
4 オーブンを180℃予熱する。天板にパンを置いて10-15分、表面がキツネ色になって、チーズがふつふつと泡立ってくるまで焼く。

## チーズトースト

チーズトーストは昔、「貧しい人の食事」などと考えられていたが、かなりおしゃれな軽食に様変わりした。バリエーションも豊かだ。

**作りかた**

グリルを強めの中火で予熱しておく。パンの片面を焼く。ホワイトブレッドや黒パン、全麦のパン、サワー種のパンでもよい。焼いていない面にバターを軽く塗ってからマスタードを薄く広げる。熟成したリンカンシャー・ポーチャー・チーズを厚めに切って乗せる。このチーズはチェダーに似ているが、独特のうま味がある。オーブンに入れ、チーズにふつふつと泡が出てきて、うっすらと焼き色がついたらできあがり。

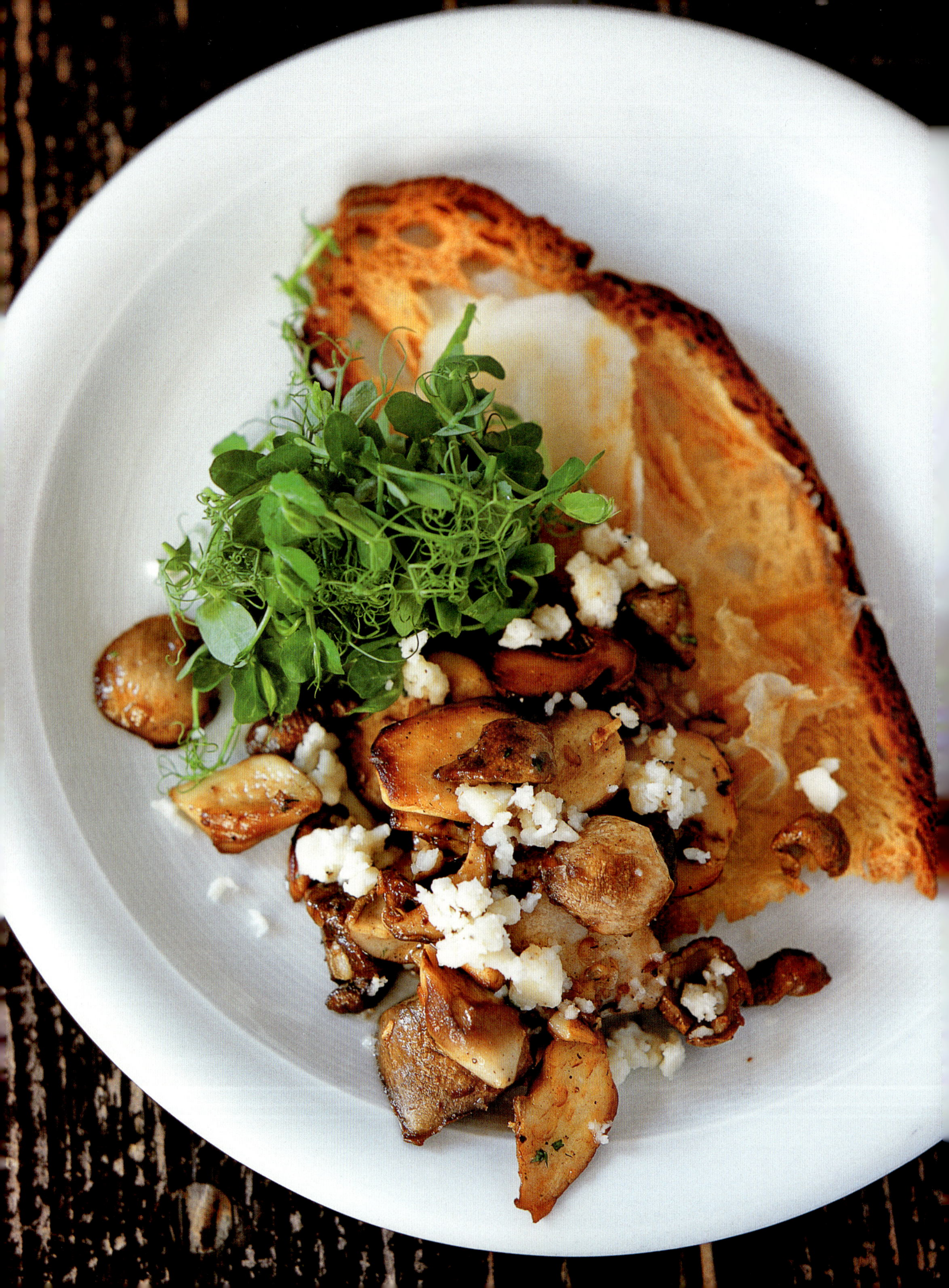

## ラルドを塗ったパニョッタ*¹ トースト ポルチーニとトリュフ・ペコリーノ添え

パニョッタはとても大きな丸いパンで、伝統的に薪のオーブンで焼いていた。皮は固くてパリパリしていて、噛みごたえがある目のあらいパンだ。手に入らないときは、サワー種のパンや田舎風パン、皮が厚くて固めのバゲットでも代用できる。

生のポルチーニは秋の初め、早ければ8月の終わりから、店頭に並ぶ。代わりのキノコを探すなら、ジロール*²、シャントレル*³がぴったりで、カサが茶色いキノコでもかまわない。だがこの料理はポルチーニのどっしりとした味があってこそ、際だつ一品になる。

ラルドは豚の皮の真下にある分厚い脂肪の層だ。イタリアで「コンチェ」と呼ばれる大理石の器を使い、ハーブとスパイスにつけて保存する。こちらのごちそうがもっとも有名な地域はイタリアの北西部カララだが、イタリアアルプスのあるアオスタも知られている。

### 作りかた：2人分（前菜として）

フライパンで大さじ2-3杯の良質のオリーブオイルを熱し、フレッシュなポルチーニかそれ以外のマッシュルームの薄切りをひと握り加えて、強火で1-2分炒める。マッシュルームからジュージューという音がしなくなったら火を止める。長く炒めすぎると、水分が出てしまって固くなる。

トーストした熱々のパン一面に、ごく薄くスライスしたラルドを乗せ、その上にスプーンでポルチーニを乗せ、熟成していないトリュフ・ペコリーノを砕いてかける。

ひきたてのブラックペッパーで味をととのえる。トーストの付けあわせには、辛めでぴりっとしたサラダ用葉物野菜に、エキストラバージン・オリーブオイルとバルサミコ酢をかけて出す。

#### クッキングメモ

- トリュフ・ペコリーノ以外に、フレッシュタイプの山羊乳のチーズか、熟成していないパルメザンやウェンズリーデールも使える。とはいえ、ポルチーニとラルド両方と抜群の相性を誇っているのは、ペコリーノに入ったまろやかなトリュフの味だ。

## ミッション・フランシュ＝コンテ

フランスのフランシュ＝コンテ地方の南端、ブシュー高原の名物料理だ。扇形にカットして温かいうちに、シャルドネのジュラワインや、ドイツのシュペトレーゼといっしょに出す。スナックやアペリティフとしても最高で、私が出会ったレシピでも、もっとも古いものの1つに入るだろう。

### 作りかた：6-8人分

無漂白の中力粉（薄力粉でも可）300gに、やわらかくしなやかなペースト状になるまで水を加え、控えめに塩で味つけをする。特に熟成したコンテのときは塩分量に注意。薄切りのコンテを350g入れてかき混ぜる。

熱したフライパンにバターを軽く塗り、チーズペーストを流しこみ、厚いパンケーキくらいの大きさに広げる。クレープの要領で、チーズがふつふつと泡立ち、裏を見てうっすらキツネ色になるまで焼く。ひっくり返してもよいが、難しそうなら熱したグリルで表面に焦げめをつける。4-6等分、扇形に切ってできあがり。

#### クッキングメモ

- コンテ地方には、チーズを使ったレシピがたくさんある。鶏肉のクリーミーチーズとアミガサタケ（モリーユ）のソース添えといった昔ながらのもの、溶かしたモルビエを乗せた伝統的なジャガイモ料理モルビフレッテ、ブルー・ド・ジェックス（個性的だがそれほど強い味ではないチーズ）のラクレットなどだ。この地方のタルト・オ・フロマージュは、カスタードフィリングにコンテ、卵、クリームを使用しており、おそらく、もっとも素晴らしいチーズフラン*といえるだろう。

\* チーズやクリームなどを詰めたタルトの類の菓子

---

*¹ イタリア家庭風の丸いパン
*² アンズタケ
*³ ジロールと同種だが形状が少し違う

## バノン・ド・シェーヴルのフランベ

　フランスの南東部のプロヴァンスは、小さなメダル型の山羊乳チーズで有名だ。バノンは栗の葉でくるまれたチーズで、職人たちが味をよくするために、少量のブランデーをさっと塗ってから包む。このメニューは、食事を締めくくるとびきりのごちそうだ。バノンは、熟成が進みすぎていると割れてしまうし、固くなりすぎてもだめなので、慎重にちょうどよいものを選んで欲しい。苦味のある葉のサラダと煎って砕いたヘーゼルナッツもいっしょに出す。

### 作りかた：2人分（シェアする）

　バノンを包む栗の葉をはがし、チーズを室温のまま置いておく。

　小さな鍋に、ピーナッツオイルなど味のついていないオイルをほんの少し塗って熱する。チーズを足し、両面を弱火で焼く。チーズのやわらかい皮が裂けないよう注意する。

　大さじ1杯ほどのブランデーを金じゃくしに入れ、ガスレンジの火に直にかざす。すぐにアルコールに火がつく。細心の注意を払い、そっとゆっくりと、燃えているブランデーを鍋のチーズにかけて、炎が表面を「なめる」ようにする。火がしずまったらチーズを取りだし、サラダの葉の上に乗せて、煎って砕いたヘーゼルナッツを散らし、すぐにいただく。

### クッキングメモ

● 苦味の強い葉でサラダを作る場合は、濃い味の酢は使わないようにする。チーズと合わないばかりか、消化機能も鈍ってしまう。なめらかでやわらかいチーズと酢をいっしょに口にすると、胃腸がゴロゴロいうことがある。ライトタイプのオリーブオイルとレモン汁かベル果汁、もしくは白ワインビネガーライトタイプを混ぜたドレッシングにしよう。

## ベークドヴァシュラン

　ヴァシュランを丸ごと焼くときは、簡単だが必須のルールがいくつかある。1つめ、チーズは常温に戻す。もし冷蔵庫にあるなら、料理するまで数時間待つ。2つめ、シンプルにすること。とにかくチーズとワインを少しミックスするだけで、ニンニクやハーブなどは入れない。

　切らずに蒸した新ジャガ（シャーロットがおすすめ）、蒸したブロッコリー、トーストしたバゲット、加熱済や塩づけなどにしたスモークハム、クルミオイルをかけてレモンをしぼっただけのグリーンサラダなどは、付けあわせとしては文句なしだろう。

　小型の箱のチーズは、軽食なら2人前、メインコースなら1人前だ。とりわけ冬には、体が暖まる優しい食べかただ。

### 作りかた：2人分（シェアする）

　オーブンを220℃に予熱しておく。小さな箱入りのヴァシュランのふたを外し、辛口の白ワインを皮につけてよくすりこむ。ふたをかぶせて、全体をホイルで包む。

　天板に乗せてオーブンで25-30分以上焼く。20分経ったらそっとホイルを開いて、ふたを持ちあげ、皮を刺して温度とやわらかさをチェックする。中身が皮からあふれでそうになっていたら出してもよい。まだならふたを閉じてホイルで包みなおし、オーブンに戻す。

　しあげに、ホイルとふたを取って、チーズの表皮を強く押す。すっと楽にはがせる。白ワインをもう少し注いで、ペッパーで味をととのえ、お好みの付けあわせと共にすぐにテーブルに運ぶ。

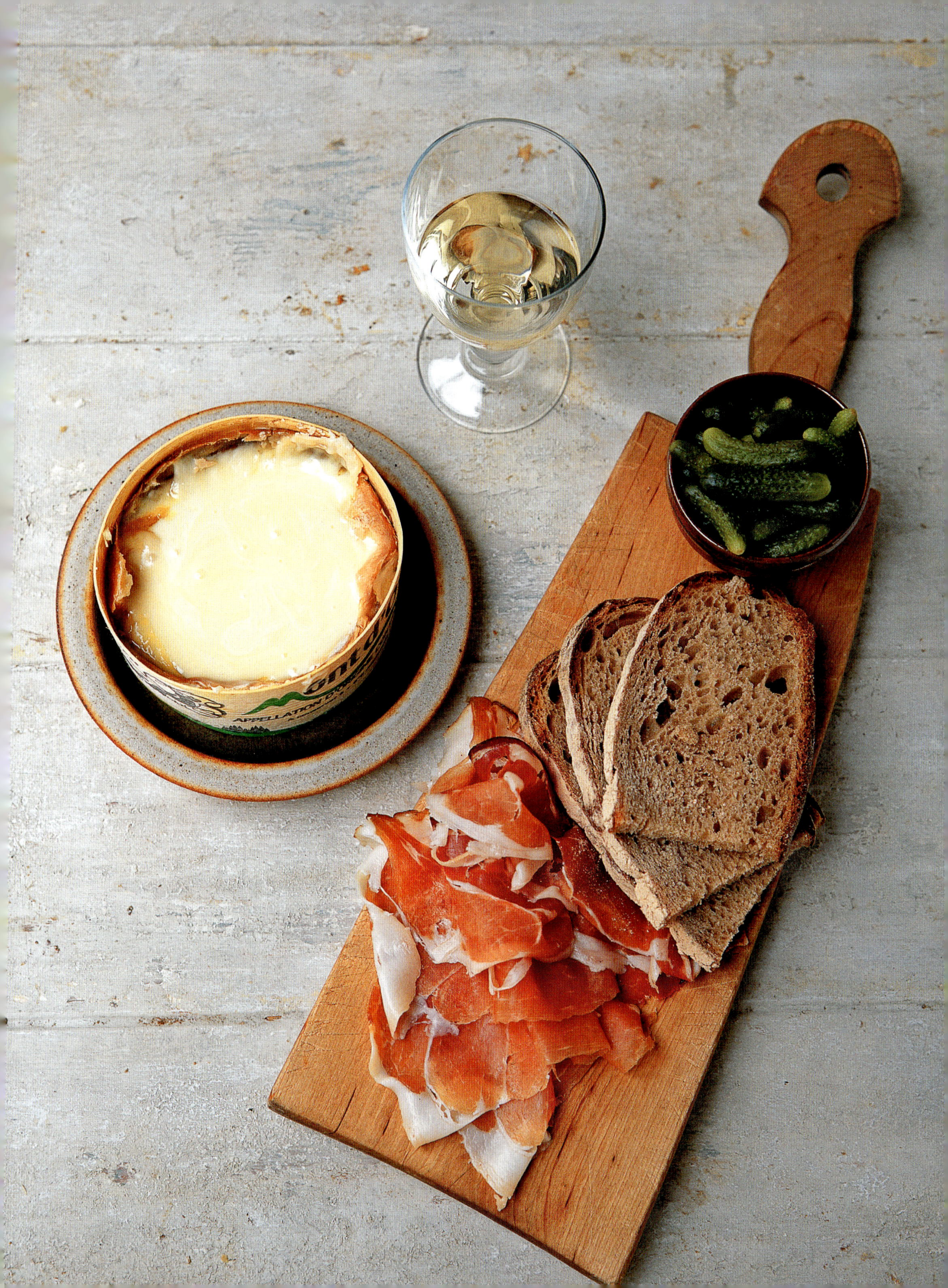
APPELLATION

1 オーブンを180℃に予熱する。ニンニクの上部を横に切る。下も少し切って、天板にまっすぐ立てるとよい。ニンニクをきちんと並べて、スープストックか水をスプーンでかけ、ワイン、ベル果汁か白ワインビネガーを注ぐ。塩とペッパーをたっぷりと振り、ローリエかミルティーユとタイムを散らす。

2 天板にホイルをかぶせ、オーブンの中段に入れる。30分焼いたらホイルを取り、再び焼き、ニンニクがキツネ色になって、焼き汁が少し減ったぐらいで止める。串にさしてみて、ニンニクがやわらかくなったら、オーブンから出して室温に置く。

3 皮の固いサワー種のパンか軽くトーストしたホワイトブレッドを皿に乗せ、オリーブオイルを振りかけ、新鮮なカードをスプーンで添え、塩とひいたブラックペッパーで軽く味つけする。ニンニクも皿に乗せ、シロップのようになった焼き汁をスプーンで少々かけてから出す。

**クッキングメモ**

初夏に出まわる旬のフェンネルでも作れる。大きめのフェンネルなら1/4に、小さめなら半分に切って天板に置き、ワインかベル果汁をスプーンでかける。刻んだ赤唐辛子を1本、タイムやマジョラム、オレガノやコリアンダーといったハーブを散らす。フェンネルがやわらかくキツネ色になるまで30分焼く。

## ニンニクのスローロースト フレッシュカードのトースト添え

イタリアニンニクの旬の季節は、3月の最初にやってくる。ふだん、店頭で見かけるニンニクの球根とはまったく違い、茎が太い大きなスプリングオニオンに似ている。舌に残る刺激と甘みがあり、オリーブオイルや白ワインをかけて低温でゆっくり焼いたり、貯蔵にしたりしても、その風味は素晴らしい。軽く口あたりなめらかな山羊乳や羊乳のカードと、サワー種のパンのトーストを添えて温かいうちに出す。まさに新しい季節を告げる味で、新鮮なのにコクがある。

**材料：6人分**

| | |
|---|---|
| 新ニンニク | 6個 |
| チキンスープストック (p.238) または水 | 250㎖ |
| 辛口の白ワインかベル果汁 もしくは白ワインビネガーライトタイプ | 200㎖ |
| 生のローリエを3-4枚かミルティーユ[*1] | |
| 生のタイム | 3-4本 |
| あら塩とひきたてのブラックペッパー | 適量 |

**こちらも添えて**

良質のエキストラバージン・オリーブオイル
薄切りのサワー種のパンかホワイトブレッド
室温に置いた新鮮なカード[*2]

[*1] ブルーベリーのこと。小ぶりで甘いものを選ぶ
[*2] 山羊乳、牛乳、羊乳、水牛乳のもの

## グラブラクス プティ・スイス添え

　自家製グラブラクス(サーモンのマリネ)は時間がかかるが、何回か作ってみれば楽にできるようになる。パーティーの目玉の一品にしても、クリスマス料理の前菜にしてもよいだろう。お祝いごとがあると、我が家の食卓にも必ず登場するメニューだ。

**材料：10-12人分**

| | |
|---|---|
| サーモン | 1尾[*1] |
| あら塩 | 大さじ2杯(お好みで) |
| グラニュー糖 | 大さじ2杯 |
| 白コショウ | 大さじ2杯(軽くつぶす) |
| コリアンダーシード | 大さじ2杯(煎ってから、つぶす) |
| 大きめのレモンの皮 | 2個分(すり下ろす) |
| 生ハーブ | 両手にこんもり盛るぐらい[*2] |
| ウォッカ | 125㎖ |
| 白ワイン | 125㎖ |

**こちらも添えて**
プティ・スイスを1人に1つずつ
ひきたてのブラックペッパー
くし形に切ったレモン

1. 大きな盛り皿にラップを長めに敷き、身を上にしてサーモンの半身を置く。もう片方はラップを敷かずに、同じようにして置く。
2. 塩、砂糖、白コショウ、コリアンダーシード、レモンの皮を合わせて、サーモンの半身それぞれにまんべんなく塗る。ハーブを混ぜて2つにわけ、同じようにすりこむ。ウォッカとワインを合わせてかける。
3. ラップに乗っていないサーモンを、乗っているサーモンの上に、サンドイッチの要領で、身と身が合わさるようにそっと重ねる。ウォッカやワインをさらに上からかける。
4. 3をラップでしっかり包む。強く押して、サーモンが隠れる大きさの皿を上に置く。缶詰などのおもりを乗せる。冷蔵庫で一晩保存する。12時間後、ラップをはがし、サーモンの半身それぞれをひっくり返す。ウォッカやワインをかけ、再びラップをして、おもりを乗せる。これを24時間ごとに3日間くり返す。
5. 4日め、ラップを開いたら、ハーブやペッパーの大部分を取りのぞく。風味が豊かなので、少し残しておいてもよい。ゆすって余分なウォッカやワインを落とす。よく切れるナイフを斜めにあて、皮がつかないようにしながら、サーモンを薄切りにする。皮を上にして切らないほうがよい。
6. プティ・スイスとくし形のレモンを各自に添えて出す。プティ・スイスには塩とペッパーで味をつける。

[*1] 2.25kgぐらいのもの。はらわたを出し、3枚に下ろし、骨を取る。頭と尾は捨てる
[*2] ディル、コリアンダー、チャービルなど

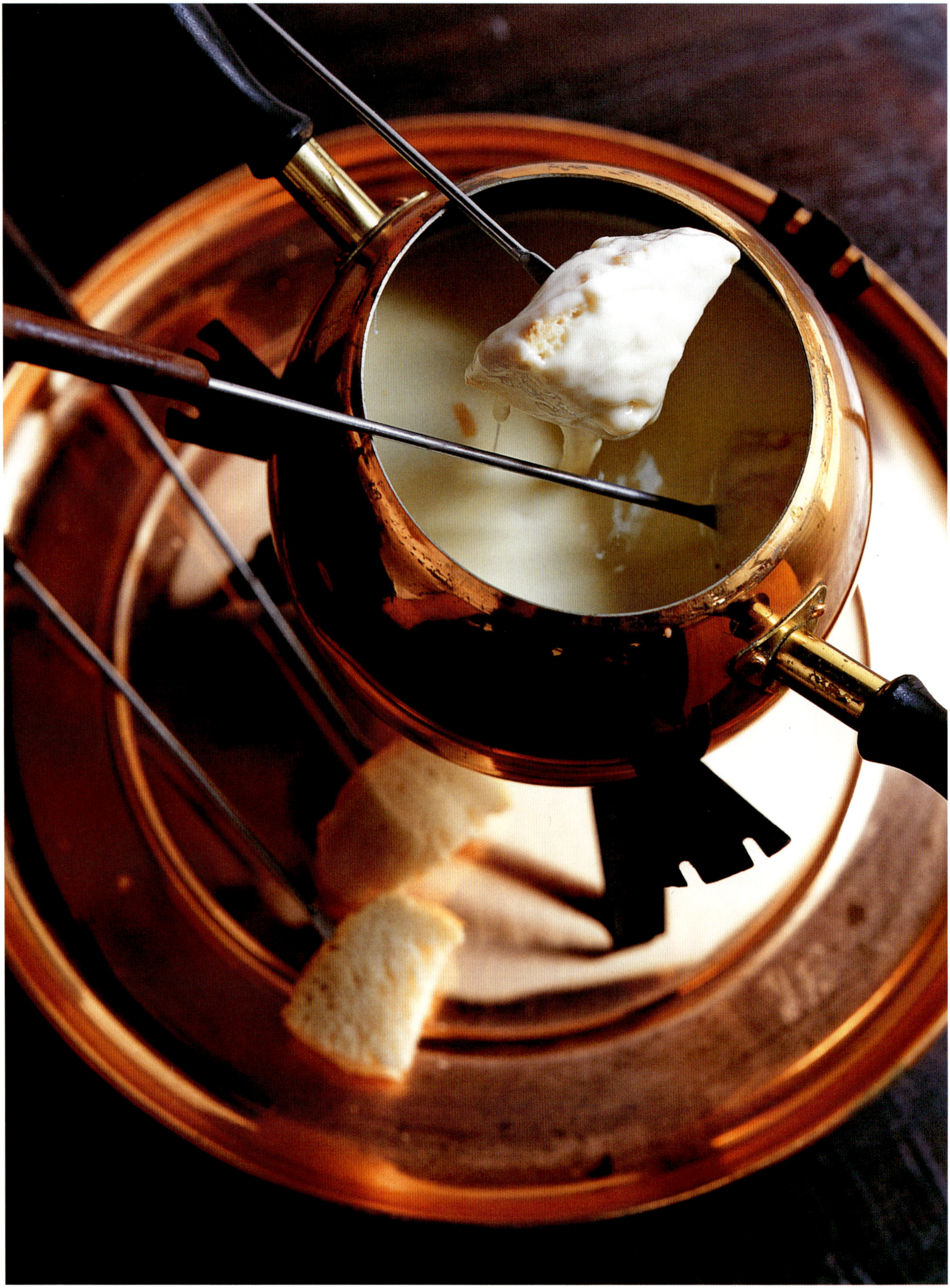

# メインの食事

メインの料理の材料にチーズを加えればボリュームのある前菜も、食後のこってりしたプディングも、必要ない。チーズだけで満腹になるので、残りのメニューは軽くして、前菜は簡単なサラダ、最後は果物のコンポートとショートブレッドビスケットで締めればよいだろう。

## フォンデュ

このフォンデュを作るときは、自分の好きなチーズを組みあわせて欲しい。アルプスの章で取りあげたチーズを中心に、本書でふれているチーズのほとんどを使うことができる。アイルランドや英国産のものでもうまくいく。

フォンデュを作るときに、覚えておきたい重要なポイントがいくつかある。上質のチーズを選んで室温に置くこと。チーズを下ろしてから、底が厚いソースパンで加熱し、8の字にていねいにかき混ぜ、まんべんなく合わせること。

必要な量は1人あたり350gで計算し、皮は取りのぞく。私は、2年半以上熟成したコンテ（p.84参照）、熟成したグリュイエール（p.95参照）、同じく熟成したボーフォール・シャレ・ダルパージュ（p.86参照）、エメンタール（p.97参照）などを、ルブロション（p.89参照）と合わせるのが気にいっている。

1 コンテ、グリュイエール、ボーフォール・シャレ・ダルパージュ、エメンタールのどれかと、ルブロションをボウルでミックスする。フォンデュはまず、レンジで下ごしらえをしておくと時間が短縮できるし、チーズの溶け具合も調整しやすい。底が厚い大型のソースパンの中を、大きめのニンニクの断片でこする。鍋の内側でニンニクをたたいてつぶし、大きなかたまりは捨てる。小さなかけらは残しておく
2 鍋を中火にかけ、大きめのコップに辛口の白ワインを2-3杯、6人分で400mℓ注ぐ。ワインが泡立つまで熱し、ひとつかみのチーズを一度に入れて混ぜる。木のスプーンで8の字にかき混ぜる（上記）。チーズが溶けたら次を加え、1で混ぜたチーズがなくなるまでくり返す。チーズが溶けて濃厚なソースになり、スプーンですくえるようになったらちょうどよい。ソースが濃すぎるようだったら、ワインをもっと足す。
3 最後にルブロションの上の皮を取りのぞき、中身をスプーンでかき出し、2に加える。こうするとフォンデュに美味しそうな照りが出るし、さらになめらかになる。お好みで塩とひきたてのブラックペッパーで味をととのえ、オーブンで温めておいたフォンデュポットに流しこむ。食卓で小さなコンロにフォンデュポットを乗せ、キルシュ*を1-2杯注いで混ぜる。古くなった角切りのバゲット、一口大の皮つきのふかしたジャガイモ、蒸したブロッコリーをディップしていただく。＊さくらんぼ果汁から作る無色の蒸留酒

## ラクレット

ラクレットとはチーズの名前でもあり、料理の名前でもある。元は農民の食事だったが、どういうわけかグルメ向きのごちそうになり、今は特にスキー場で出されている。ラクレットは"racler"「削りとる」という言葉から派生している。伝統的な食べかたは、半分にしたチーズをだんろの前で溶かし、削りとって、厚めの扇形やくし形に切ったパンやジャガイモにつける。

ラクレットを出すときのアドバイスをいくつかあげておこう。

1 スライス済みのチーズの場合、オーブンに入れる前に少量の白ワインをさっと塗る。卓上用電気ラクレットグリル*¹を持っているなら、付属の小さなフライパンにチーズを入れてワインを少々塗り、グリルプレートの下にセットする。昔ながらの器具を使うときは、チーズを1/4か半分用意し、白ワインを皮にすりこむ。ただし、ワインでびしょびしょにならないようにすること。少しねばねばしてくるまで、よくもむようにする。チーズが泡立つまで、数分火を通す。
2 ラクレットと相性のよい食べものを色々準備する。バイヨンヌなどの塩づけハムのスライス、スペック*²、薫製ハム、様々な種類のサラミ、薄く切った皮の固いパン、蒸したブロッコリーやふかした新ジャガ、コルニッションと呼ばれる小さめのガーキン*³など。ピクルスにした小タマネギもよいが、ローストにしてオリーブオイルとバルサミコ酢をかけたものでもかまわない。溶かしたラクレットを、ベークドポテトにかけてもよいだろう。
3 チーズを1/4もしくは半分だけ使うなら、全部食べきること。溶けたチーズの残骸はかなり惨めなものだ。冷めると固くなるし、口にできるような代物ではない。

＊1 プレートで野菜などを焼く。その下の小さなフライパンにチーズを入れる。日本でもネット通販などで売っている。
＊2 イタリア産薫製生ハム　＊3 若い小さなキュウリ

## タルティフレット

ボリューム満点のこの冬の料理は、グリーンサラダを添えれば、家族の昼食にぴったりだ。

### 材料：4-6人分

| | |
|---|---|
| デジレーポテト[4] | 2kg（こすってよく洗い、皮はつけたまま）|
| オリーブオイル | 大さじ1杯 |
| 大きめのタマネギ | 2個（薄くスライス）|
| パンチェッタ | 500g（厚めに切ってから、さいの目切り）|
| サボワワインの白[5] | 小さめのコップ1杯 |
| 大きめのニンニク | 1片（皮をむいておく）|
| クレームフレッシュ | 大さじ8杯 |
| アベイ・ド・タミエかルブロション | 1kgを1個（表皮が乾いていたら取りのぞき、短冊状に切っておく）|
| 無塩バター | 50g |
| コンテ | 125g（下ろしておく）|
| パルメザン | 125g（下ろしておく）|

1 ジャガイモを15-20分、形が崩れないよう注意しながら、蒸すかゆでて、中がやわらかくなるまで火を通す。できあがったら皮をむいて、1cmぐらいの厚さに切る。ジャガイモが多少崩れても気にしないこと。脇によけておく。

2 フライパンでオリーブオイルを熱し、タマネギを5分、キツネ色になるまで炒める。穴あきスプーンですくって取りだし、側に置いておく。同じフライパンにパンチェッタを入れて（オリーブオイルは足さない）、焦がさないようにしながら、キツネ色になるまで強い中火で炒める。穴あきスプーンでキッチンペーパーの上に乗せ、余分な油を取りのぞいておく。

3 同じフライパンに1のジャガイモと2のタマネギを加え、静かにゆすりながら2分炒める。白ワインを注いで1-2分、弱い中火にかける。

4 四角いキャセロールかオーブン耐熱性の皿の内側を、ニンニクの断片でていねいにこすってから、ニンニクを押しつぶして加える。クレームフレッシュをスプーンですくって、容器の底に薄く塗り、3のジャガイモとタマネギを入れ、次に2のパンチェッタを散らし、さらにアベイ・ド・タミエかルブロションのスライスを重ねる。これをくり返し、最後はジャガイモとタマネギが1番上にくるようにする。チーズやパンチェッタでじゅうぶん味がついているので、塩やペッパーは足さなくてもよいが、必要ならば加える。ただし量は控えめに。

5 バターを所々に置き、クレームフレッシュを少したらし、下ろしたコンテとパルメザンをかける。200℃に予熱しておいたオーブンで25分、チーズが泡立ちこんがりキツネ色になるまで焼く。

## カルボナーラ

ほっとする冬のメニューだ。グリーンサラダといっしょに食べれば、立派な夕食になる。ローストした肉の付けあわせにして出してもよいだろう。

### 材料：2人分

| | |
|---|---|
| エキストラバージン・オリーブオイル | 大さじ2杯 |
| 薫製パンチェッタ[1] | 250g（さいの目切り）|
| 大きめのニンニク | 1片（つぶしておく）|
| 生のイタリアンパセリ | ひとつかみ（あらみじん切り）|
| 有機飼育の放し飼いの卵 | 全卵2個、黄身2個 |
| ペコリーノ・ロマーノかペコリーノ・シチリアーノかペコリーノ・サルドカネストラート | 大さじ山盛り4杯（細かく下ろす）|
| ダブルクリーム[2] | 150㎖ |
| あら塩とひきたてのブラックペッパー | 適量 |
| パスタ[3] | 250g |

1 フライパンでオリーブオイルを熱し、パンチェッタがキツネ色になるまで5分炒め、皿にいったん置く。ニンニクとパセリを加えて1分炒め、取りだしてよけておく。

2 卵と卵黄、チーズ、クリームをボウルで混ぜて、ひきたてのブラックペッパーをたっぷり入れて味つけする。

3 ソースパンでパスタをゆで、ゆで汁を捨てたらすぐにパスタを鍋に戻す。弱火にかけ、1のパンチェッタ、ニンニク、パセリを足し、火を止める。

4 2を入れ、パスタがソースにからまるまで、よくかき混ぜる。パスタの熱で卵に火が通るが、熱すぎるとスクランブルエッグになってしまうので気をつけること。ソースがまだ温まっていないようなら、少しの間、鍋をごく弱い火にかける。下ろしたチーズ（分量外）を振りかけていただく。

[1] イタリア料理に多く用いられる生のベーコン、パンチェッタの薫製
[2] 乳脂肪濃度の高いクリーム
[3] スパゲティ、タリアテッレ、ペンネなどがよい
[4] 皮がピンク色のじゃがいも。煮くずれにくい。日本で見かけるレッドムーン、ジャガキッズレッドなども赤皮でタイプが似ている
[5] サボワ地方のワイン。同類の辛口でフルーティーな白ワインを使ってもよい

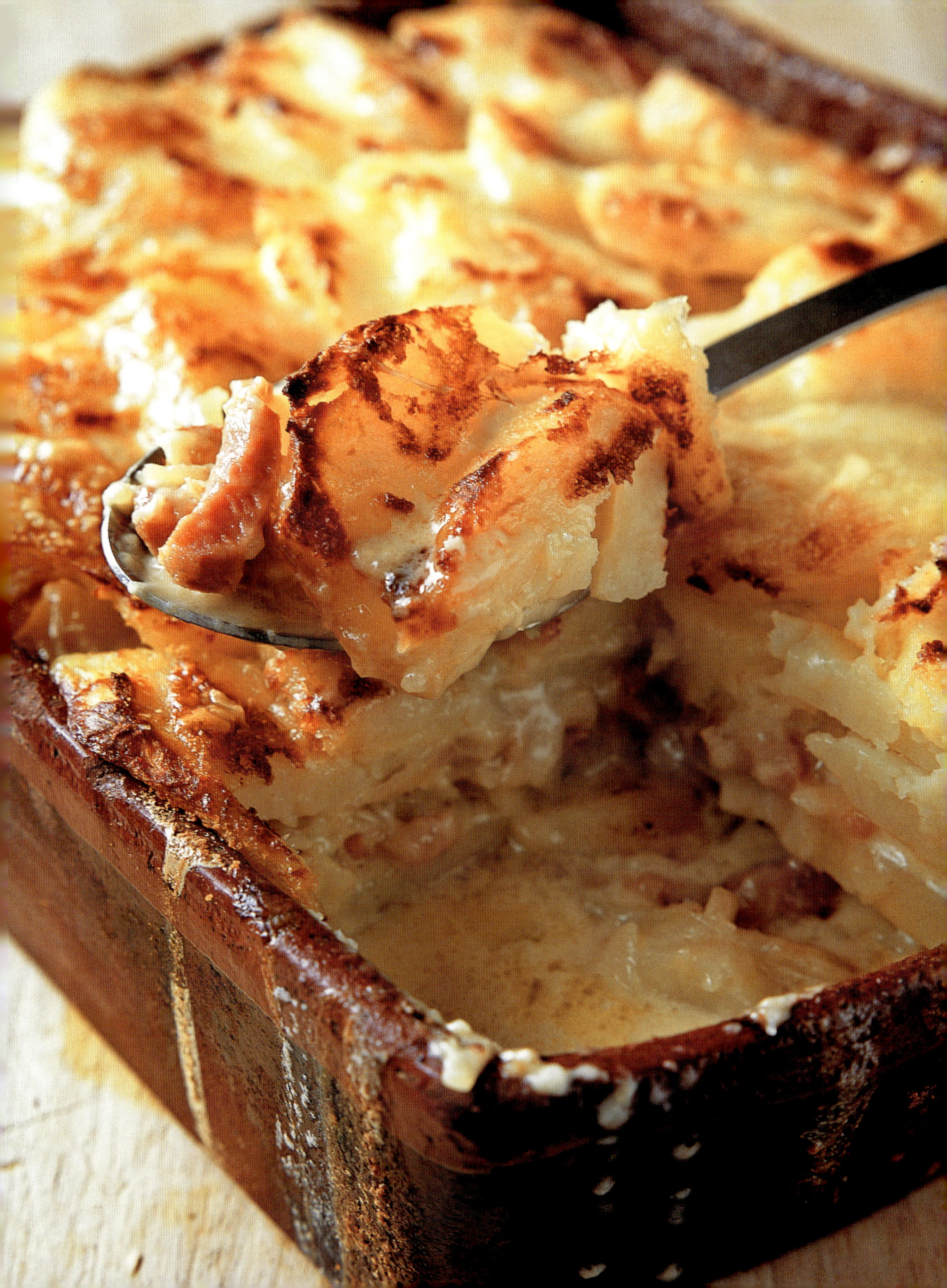

## カリフラワーチーズ

カリフラワーチーズなしのサンデーロースト*¹など、私には考えられない。カリフラワーが食べごろの冬の数ヵ月は、心や体が温まるこんな一品が最適だろう。キャベツとジャガイモ入りのグラタンも同様だ。

### 材料：4-6人分

| | |
|---|---|
| 大きめのカリフラワー | 1個（大きな房にわけて切る） |
| 無塩バター | だいたい100g |
| 中力粉（薄力粉も可） | 大さじ2杯（ふるいにかけておく） |
| 牛乳 | だいたい600㎖ |
| タマネギ | 1個（皮をむいてクローブを6-8本刺しておく） |
| ローリエ | 1枚（ちぎっておく） |
| モンゴメリーズ・チェダー*² | 350g（あらく下ろしておく） |
| クレームフレッシュ | 150g |
| ディジョンマスタード | 大さじ1杯 |
| ひきたてのナツメグ | 適量（お好みで） |
| パルメザン | 50g（細かく下ろす） |
| あら塩とひきたてのブラックペッパー | 適量 |

1 カリフラワーを少し固めに塩ゆでする。ゆで汁を捨てたらカリフラワーを鍋に戻し、中火にかけてそっと揺らし、水分を蒸発させる。バターを塗ったオーブン皿に移す。

2 ルーを作る。鍋でバターを中火で溶かしたら火を少し弱め、中力粉を足して絶えずかき混ぜて、粉っぽさをなくす。

3 その前にタマネギとローリエが入った牛乳を温め、こしてピッチャーに注いでおく。2の火を止めて、牛乳を少し加え、クリーム状のルーにする。再び火にかけて、残りの牛乳を少しずつ入れながら、とろりとしてくるまでかき混ぜる。

4 ひとつかみ弱のチェダーチーズを足してよく混ぜてから、さらにチーズをひとつかみ散らす。味見をして塩とペッパーで風味をつけ、火から下ろし、クレームフレッシュとディジョンマスタードを加えてしっかり混ぜあわせ、ひいたナツメグを少々かける。

5 4を1に入れ、残りのチェダーとパルメザンも散らす。ひいたナツメグをもう一度かけて、220℃に予熱したオーブンで10分焼く。表面がふつふつと泡立ち、こんがり焼きあがったらできあがり。

*¹ 英国の伝統的な食事で、日曜日の昼食のことを指す
*² その他、風味豊かな農家製のチェダーチーズなら何でもよい

## マカロニ・アンド・チーズ

米国発、平日のこの定番メニューは、実に満足感がある。ちょっと工夫すれば、ありふれた料理が、とびきりのごちそうに変身する。

### 材料：4人分

| | |
|---|---|
| マカロニ*¹ | 450g |
| 無塩バター*² | 大さじ4杯 |
| 小麦粉 | 大さじ4杯 |
| 牛乳 | 1.2ℓ（温めておく） |
| 塩 | 小さじ1/2 |
| ひきたてのブラックペッパー | 小さじ1/2 |
| 粉末のイングリッシュマスタード | 小さじ山盛り1杯 |
| 匂いの強い農家製のチェダー*³ | 450g（下ろしておく） |
| 乾燥パン粉*⁴ | 450g（溶かしたバターと軽く混ぜておく） |
| ストリーキーベーコン*⁵ | 8枚 |
| | （薄切りをグリルでカリカリに焼く。お好みで） |

1 マカロニをアルデンテにゆでてお湯を切り、バターを少し入れてキャセロールの皿に移す。ルーを作るには、鍋でバターを中火で溶かして火を少し弱め、小麦粉を足して2分間、絶えずかき混ぜる。

2 火を止めて、ルーに牛乳を少し加えて、クリーム状にする。再び火にかけて、残りの牛乳を少しずつ入れながら、とろりとしてくるまでかき混ぜる。

3 鍋を火から下ろし、塩、ペッパー、マスタード、下ろしたチーズを足してよく混ぜ合わせる。火に戻し、チーズが溶けるまで休まずかき混ぜる。できあがったら1のマカロニにかけて、しっかりとからめる。

4 パン粉を上から散らして、200℃に予熱したオーブンで6-15分焼く。お好みで、ベーコンをかけて出してもよい。

*¹ ショートパスタのエルボでもよい
*² 肉汁やベーコンの脂も必要なら使う
*³ リンカンシャー・ポーチャーなど。パルメザンとチェダーのミックスでもよい
*⁴ 買ってきてから1-2日経った乾いたパンで作る。トーストはしないこと
*⁵ 脂肪と肉が筋状になっているベーコン

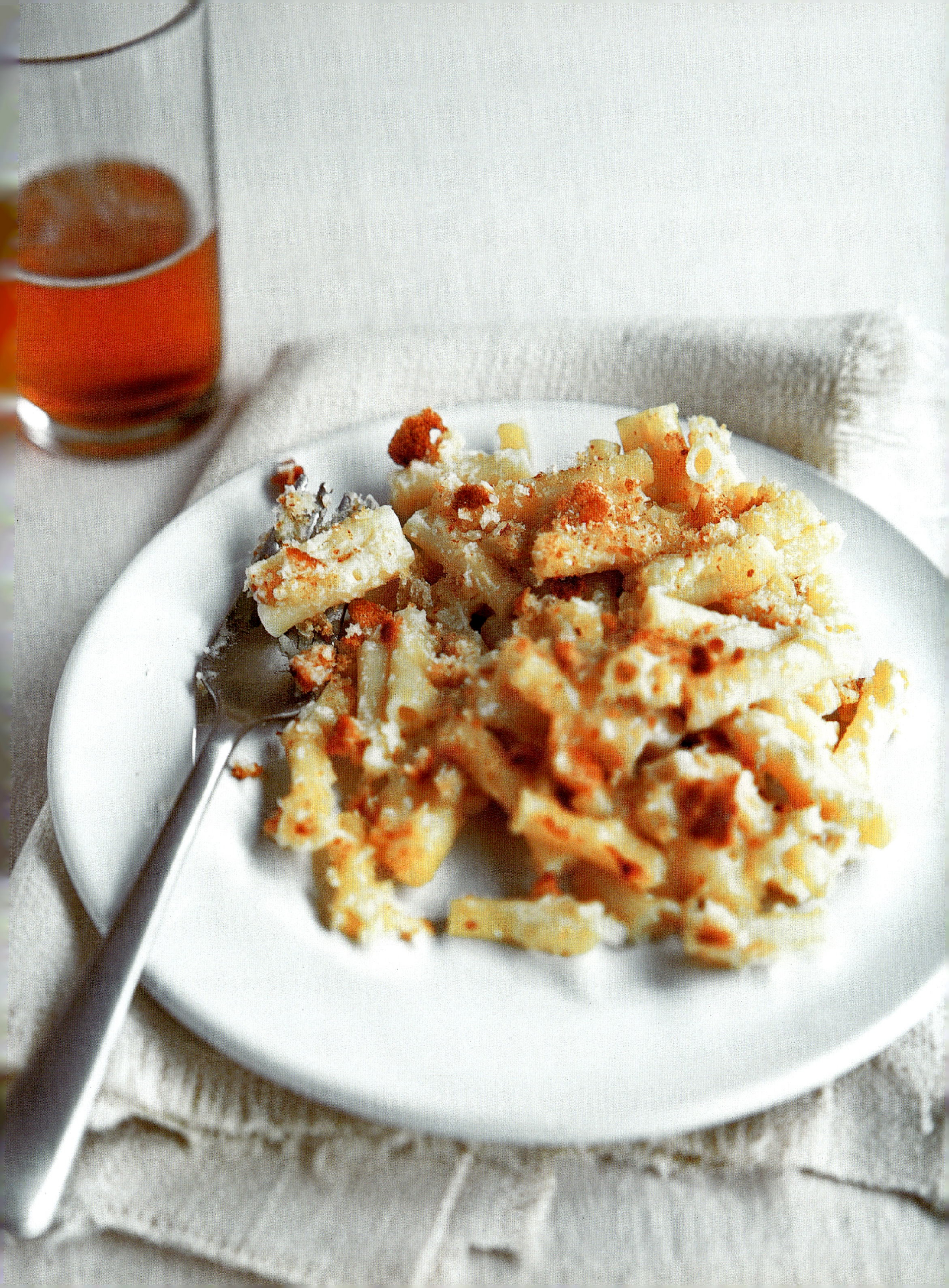

## ボローニャソーセージと
## フォンティーナソースのラザニア

　幸運にも私たちの店ラ・フロマジェリーには、濃厚で果実にも似た味わいを湛えるできたてのボローニャソーセージが、イタリアから直送されてくる。昨今、合い挽き肉を使用しないこのソーセージを、独自の方法で作る肉屋も増えてきた。ここに載っている材料だけで調味はじゅうぶん事足りるので、ニンニクは入れない。苦味のある葉物野菜の淡泊なサラダと楽しむ。

### 材料：4-6人分

| | |
|---|---|
| オリーブオイル | 大さじ 2-3杯ぐらい |
| 紫タマネギ | 2個（薄くスライス） |
| 新鮮な粗びきのイタリアンソーセージ*1 | 5-6本、約500g（細かい輪切り） |
| パンチェッタ | 250g（さいの目切り） |
| 赤ワイン | 250㎖（フルーティーなものを!） |
| 乾燥ラザニア用パスタ | 500g |
| フォンティーナ | 250g（あらく下ろしておく） |
| パルメザン | 250g（下ろしておく） |

### トマトソース

| | |
|---|---|
| 無塩バター | 50g |
| オリーブオイル | 大さじ1杯 |
| 大きめのタマネギ | 1個（あらみじん切り） |
| 太めのニンジン | 1本（あらみじん切り） |
| セロリ | 1本（あらみじん切り） |
| サン・マルツァーノ・トマト*2 | 1kg（あらみじん切り） |
| 生のマジョラム、セージ、タイム | 大さじ1杯（みじん切り） |

### ベシャメルソース

| | |
|---|---|
| 無塩バター | 100g |
| 無漂白の中力粉（薄力粉も可） | 大さじ4杯 |
| 牛乳 | 850㎖（温めておく） |
| ひきたてのナツメグ | 適量（お好みで） |
| ローリエ | 1枚（ちぎっておく） |
| あら塩とひきたてのブラックペッパー | 適量 |

1 フライパンでオリーブオイルを熱して紫タマネギを入れ、しんなりするまで5分炒める。ソーセージとパンチェッタを加え、アメ色になってくるまで炒め、ワインを注ぐ。ワインがシロップのようになるまで約5分、煮つめる。フライパンを火から下ろし、脇に置く。

2 たっぷりのお湯に塩を入れ、ラザニアを2～3枚ずつゆでる。アルデンテにするか、やわらかくなる直前で引きあげる。くっつかないようにするには、お湯に油を少々たらすとよい。穴あきスプーンでラザニアを上げたらよけておき、残りも同じようにゆでる。ゆで終わったあと、ラザニアを重ねると貼りついてしまうので注意。

3 トマトソースを作る。ソースパンでバターとオリーブオイルを中火で熱し、ふつふつとなってきたら、タマネギ、ニンジン、セロリを、しんなりしてキツネ色になるまで炒める。トマトを足し、ひと煮たちさせ、すぐに弱火にする。塩とペッパーで味つけをしてハーブも加え、30分以上じっくり煮る。濃厚なピューレのような、コクと深みのあるソースにする。できあがったら側に置いておく。

4 ベシャメルソースを作る。底が厚いソースパンでバターを溶かし、中力粉を入れ2-3分、絶えずかき混ぜながら、焦がさないようにする。温めた牛乳をルーにそっと注ぎつづけ、休まずかき混ぜて、とろみのあるおいしそうなクリームにする。塩、ペッパー、ナツメグ少々で味をととのえる。ローリエも加え、ごく弱い火で15分煮る。頻繁にかき混ぜる。

5 オーブン耐熱性の深めの皿*3の内側に、軽くオリーブオイルを塗る。ベシャメルソースを少し底に塗り、その上にラザニアを乗せ、1を半分入れ、次に3のトマトソースも半分加える。再びラザニア、ベシャメルソースと入れたら、フォンティーナとパルメザンを半分散らす。これをくり返し、最後はベシャメルソース、残りのフォンティーナとパルメザンをかけてしあげる。

6 190℃に予熱したオーブンの中段に入れ、表面がふつふつと泡立ち、キツネ色になるまで40-45分焼く。

*1 合い挽き肉を使っていないものにする
*2 加工用で有名なイタリア産トマト。缶詰を使ってもよい
*3 大きさは20-30cm×25cmのもの。ガラス製でもテラコッタでもよい

## ジャガイモを添えたシェパード（コテージ）パイとランカシャーマッシュ

私はシェパードパイ*1に羊挽き肉と牛挽き肉の両方を使うのがとても好きで、この料理名も2つを組み合わせた。料理名に2つを組み合わせたのは、それが理由だ。分量などを変えてお好みの味にできる家庭料理だが、我が家流の作りかたもご披露しておこう！

### 材料：6-8人分

| | |
|---|---|
| オリーブオイル | 大さじ2-3杯 |
| 大きめのタマネギ | 2個（薄切り） |
| 太めのニンジン | 2本（あらみじん切りか下ろしておく） |
| 牛挽き肉 | 600g |
| 羊挽き肉 | 400g |
| トマトピューレ | 大さじ1杯 |
| 無塩バター | ひとかたまり |
| クレミニマッシュルーム | 5個 |
| もしくはポルトベロマッシュルーム | 4個（スライス） |
| ウスターソース | 大さじ2杯 |
| マッシュルームケチャップ*2 | 大さじ1杯 |
| ひきたてのナツメグ | 適量（お好みで） |
| 生タイム | 大さじ1杯（みじん切り） |
| 塩とひきたてのブラックペッパー | 適量 |

### マッシュ

| | |
|---|---|
| デジリーポテト | 1.5kg（皮をむいて厚切り） |
| 太めのセロリ | 1本（皮をむいて厚切り） |
| 牛乳 | 250㎖ |
| 無塩バター | 150g |
| ランカシャーチーズ | 500gと大さじ山盛り4杯（下ろしておく） |
| ダブルクリーム | 150㎖ |

1 大きめのフライパンにオリーブオイルを熱し、タマネギとニンジンを中火でしんなりするまで加熱する。牛と羊の挽き肉を足して、スプーンの裏でほぐしながら、キツネ色になるまで炒める。トマトピューレを注ぎ、かき混ぜながら数分煮る。

2 別の鍋に無塩バターを泡立つまで熱し、マッシュルームを加える。強火で数分炒め、マッシュルームから水分が出てきたら、火から下ろす。穴あきスプーンで取りだし、ゆすって水気をできるだけ切る。

3 2を1に入れて、ウスターソースとマッシュルームケチャップを足して混ぜる。ナツメグを細かくひいて加える。ナツメグのかけすぎに注意する。味見をして、必要ならもっと振りかける。タイムを入れ、塩とペッパーをお好みで味をととのえる。すぐに火を弱め、フライパンにふたをし、さらに8分とろ火で煮る。

4 その間、ジャガイモとセロリをやわらかくなるまで蒸す（お湯でゆでるよりよい）。ちょうどよいかどうか、串を刺してみること。火から下ろし、蒸し器のお湯を捨て、ジャガイモとセロリを空になった鍋に戻し、弱火に1-2分ぐらいかけて「乾燥」させる。鍋を火から下ろす。

5 小さな鍋で牛乳とバターを加熱し、煮たつ直前の温かい状態で、4のジャガイモに静かにかけ、砕いてかき混ぜる。牛乳とバターがよく混ざり、全体がなめらかになるまで続ける。チーズを加えて混ぜ、クリームを入れて、塩とペッパーで味をつける。

6 3を30cm×5cmのオーブン耐熱性の深めの皿に入れて、上にマッシュポテトになった5を乗せる。フォークを使って小さな溝を作り、残りのチーズ大さじ山盛り4杯を散らす。200℃に予熱したオーブンで25-30分焼く。表面がキツネ色になり、中身もふつふつとなってきたらできあがり。

*1 シェパードパイはイギリスの伝統的な料理で子羊の挽き肉を使う。コテージパイは牛挽き肉を使う

*2 ステーキやキドニーパイ、キドニープディングの味つけに使われる。イギリスではかつてトマトケチャップよりポピュラーだった。インターネットなどで入手可能

## エスカロプのタレッジョ添えバジル風味

ローズヴィール*1の肉は繊細な味わいだ。かつて人々がその飼育方法を嫌悪し、買うのを控えたホワイトヴィール*2と混同してはいけない。こちらの牛肉は食べても罪悪感を抱かずに済む。タレッジョといった塩気が強いクリーミーなチーズと相性がよいが、山羊乳チーズを使えば簡単だ。

### 作りかた：1人分

薄切り肉を木べらか木製フライ返しで平たく伸ばす。薄くスライスした加熱ハムかプロシュート・ディ・パルマを上に乗せ、次に薄く切ったタレッジョ（熟成させていないものがベスト）、最後にセージを1-2枚重ねる。

肉をくるくると巻き、カクテルスティック1-2本で留めて、中身が出てこないようにする。味をつけた小麦粉を振りかけ、まんべんなくまぶし、溶き卵につける。取りだして軽く振り、再び小麦粉の中に入れて、むらなくつけるようにする。

フライパンで、オリーブオイルかひまわり油を大さじ2-3杯熱し、無塩バターを50g溶かす。中火で先ほど巻いた肉を焼く。だいたい5-8分、ていねいに転がしながら、キツネ色になるまでしっかり火を通す。

キッチンペーパーに乗せて油を切り、ジャガイモとインゲンのソテーといっしょにいただく。うま味があって濃厚で風味豊かなトマトソースでもよい。こちらは1人前の量なので、人数分増やして材料を用意すること。

*1 8ヵ月齢超、12ヵ月齢以下の若い牛。
*2 ホワイトヴィールとは乳飲み子牛のことで、脱脂粉乳などで肥育し、生後数週間で屠殺される。肉色が淡いことから「ホワイトヴィール」と呼ばれる

## ブラウントラウトのソテー、アルプス風

ラ・グランド・シャルトルーズ修道院は、シャルトルーズにある国立公園の山中にひっそりとたたずんでいる。あの大変香り高い緑のリキュール「シャルトルーズ」は、修道士によってこの地で生みだされた。自然の美が保護されているこの地域は、1年中、観光客を引きつけている。勢いよく流れる川はマスの生息地で、釣りやピクニックをすれば1日楽しく過ごせる。これはシャルトルーズを物語る単純明快なレシピだ。

### 作りかた：1人分

| | |
|---|---|
| ブラウントラウト*1 | 1本（内臓を取りだし、鱗も取る） |
| 無塩バター | 100g |
| 輪切りのレモン | 1枚 |
| パセリ、ローリエ、マジョラム、タイムなどの生ハーブ | ひとつかみ弱 |
| ニンニク | 1片 |
| クルトン*2 | 適量 |
| ひまわり油 | 適量 |
| バントレーシュ*3かストリーキーベーコンかパンチェッタ | 1枚、約85g（厚めに切っておく） |
| 小麦粉 | 適量 |
| ボーフォール・シャレ・ダルパージュ | 50g（室温に戻す。さいの目切り） |
| あら塩とひきたてのブラックペッパー | 適量 |

1 トラウトを流水ですすぎ、ペーパーなどで軽く押さえて水気を切る。中に塩を塗って、バター少々、レモンの輪切りとハーブも少々入れる。

2 ニンニクをナイフでつぶす。ニンニクとやや大きめのかたまりのバターをフライパンで熱し、泡が立ってきたらクルトンを入れ、キツネ色でカリカリになるまで炒める。穴あきスプーンで取りだし、キッチンペーパーに乗せて油を切って、脇によけておく。

3 フライパンに油があまり残っていないようなら、ひまわり油を少量たらして熱する。バントレーシュ、もしなかったらストリーキーベーコンかパンチェッタを加え、こんがりキツネ色でカリカリになるまで炒める。穴あきスプーンで取りだし、キッチンペーパーに乗せて油を切り、側に置いておく。

4 ベーコンの焼き汁が残るフライパンにバターをたっぷり加え、中火にかけ、ふつふつ泡立つまで待つ。トラウトに軽く小麦粉を振りかけてからフライパンに入れ、両面を約2分、溶けたバターをかけながら焼く。焼き時間は魚の大きさによって異なる。

5 フライ返しでトラウトを取りだし、余分な油を切る。皿に乗せ、中のハーブとレモンを注意深く取りのぞく。フライパンに残った汁を少々かける。

6 2のクルトンと3のベーコンをフライパンですばやく火を通す。穴あきスプーンですくい、トラウトのまわりに置く。最後にボーフォールを散らし、冷やしたグラスに注いだシニャンベルジェロン*4と共にいただく。

*1 日本ではニジマスなどで代用できる
*2 ブリオッシュなどの甘めのミルクブレッドで作る
*3 フランスの薫製していないベーコン
*4 スイスとイタリア、両国境に近いフランス南西部の産地、シニャン村で造られるベルジュロン＝ルーサンヌのブドウを使用したワイン。

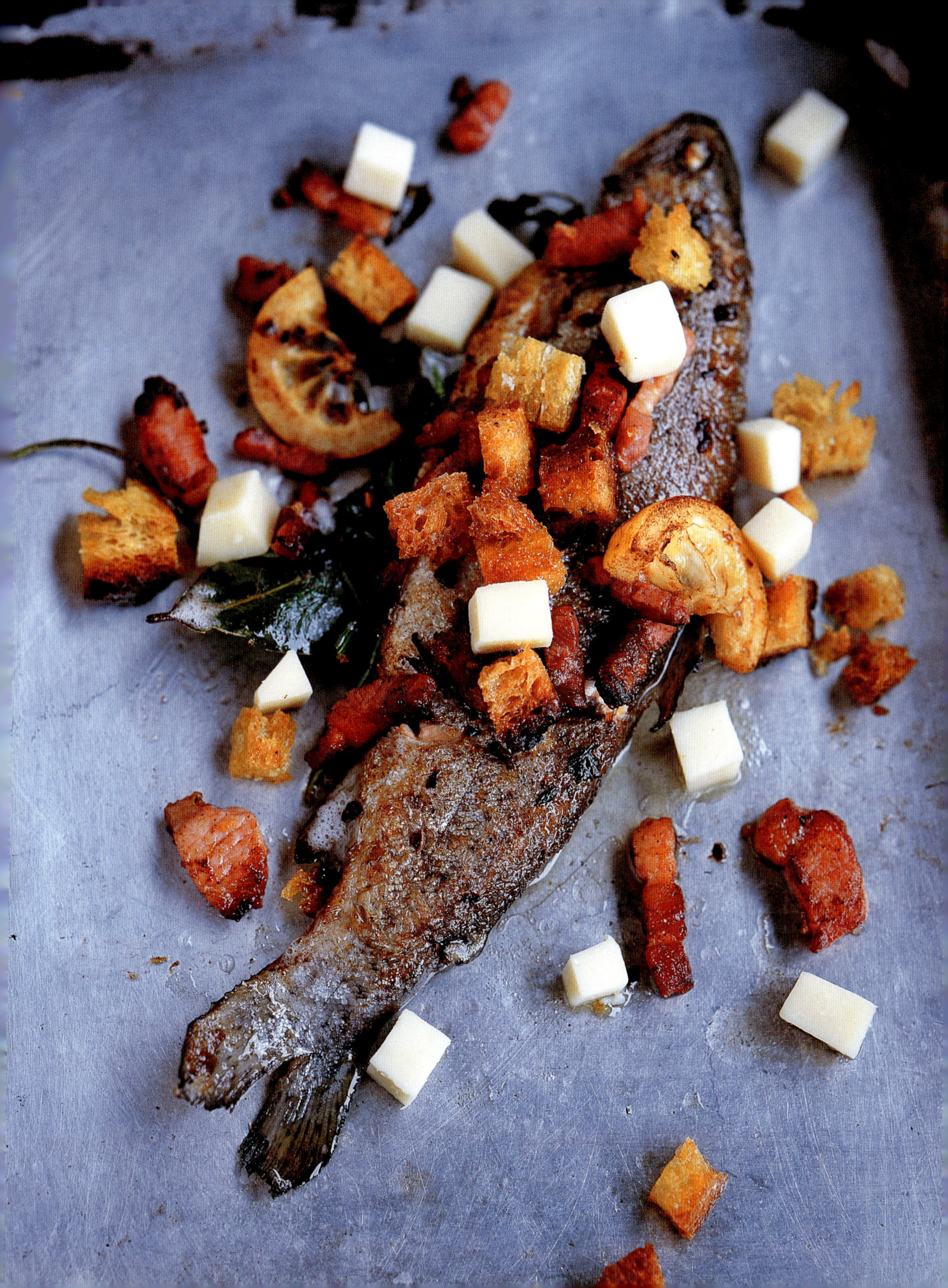

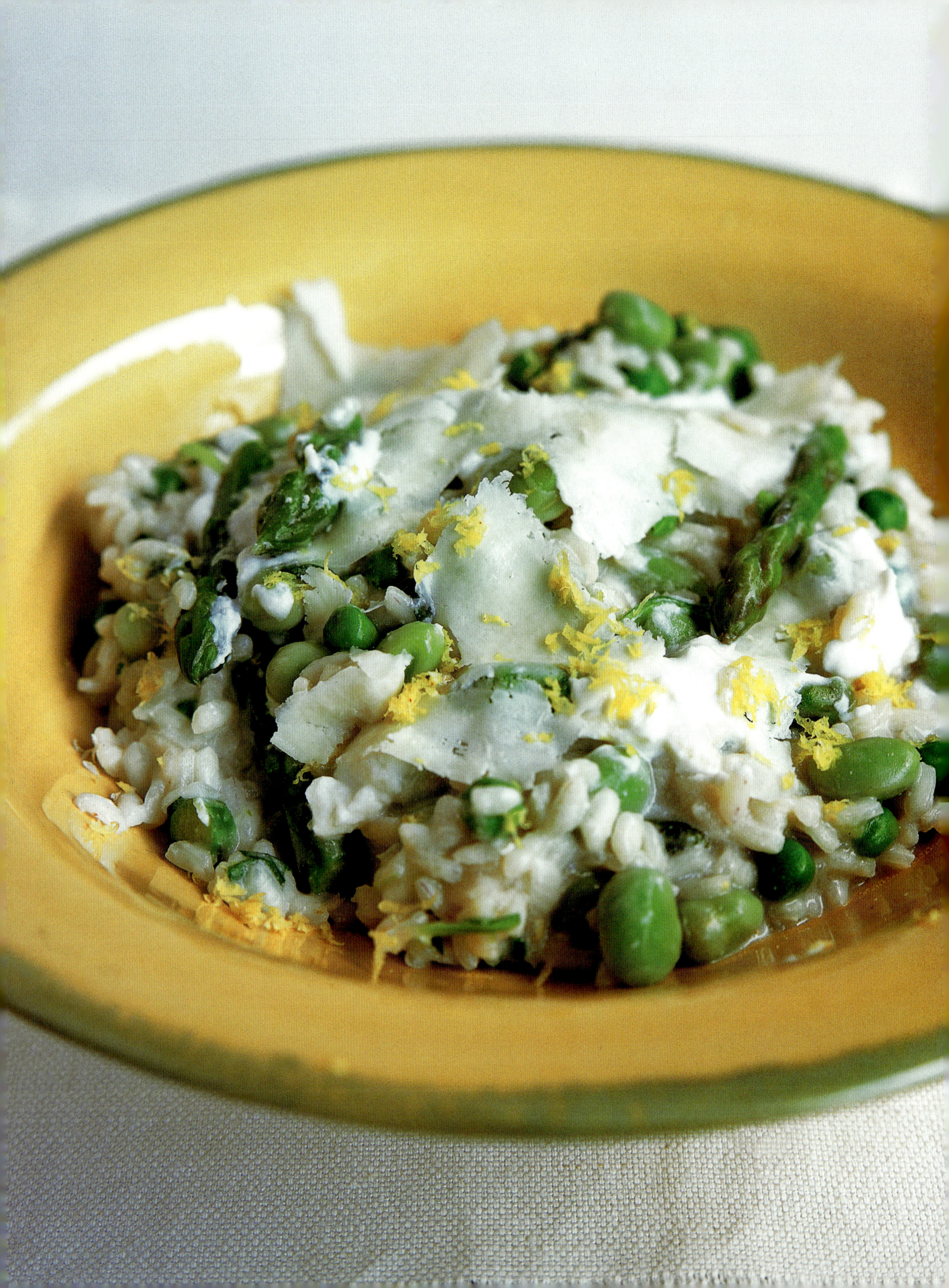

# 季節のリゾット

チーズはリゾットと非常によく合う。伝統的なこのイタリア料理に、チーズは様々な形で使われている。いくつかご紹介する。すべて季節ごとにチーズのタイプは違うが、マスカルポーネが入っていないことに気づくだろう。あれはリゾットにはしつこすぎると考えている。上質のチーズを使えば、マスカルポーネを加える必要はない。

## 春のリゾット

イースターが近づくと、もしくは4月上旬より少しあと、アスパラガスが出まわり始める。また、ヨーロッパ大陸からは春のハーブ、エンドウ、ソラマメも登場するので嬉しい限りだ。こちらの緑いっぱいのリゾットの作りかたに正確に従って、最高に芳しく風味の利いた一品を作ってみよう。手順4で、まだ米が生煮えだと感じたら、火を止めずにそのまま加熱することもどうかお忘れなく。うまくいくと信じてやってみよう!

### 材料：6-8人分

- エンドウ[*1] ... 3kg (さやを取っておく)
- ソラマメ ... 両手にあふれるぐらい (さやを取り、皮をむく)
- アスパラガス ... 2束、約600g (根元を少し切る。斜め切りで3等分)
- 生のミント ... 大さじ2杯 (みじん切り)
- 無塩バター ... 250g
- チポロッティオニオンか太めのネギ ... 500g (ざっと刻んでおく)
- 大きめのニンニク ... 2片 (みじん切り)
- カルナローリ米[*2] ... 450g
- 温めたチキンスープストック(p.238) ... 1.5ℓ [*3]
- 生バジル ... ひとつかみ弱
- 辛口の白ワインかベルモット ... 150mℓ
- セイラスの羊乳のリコッタか、水牛のリコッタか、フレッシュな牛乳のリコッタ ... 100g (細かくしておく。p.228)
- 大きめのレモンの皮 ... 2個分 (細かく下ろす)
- トスカーナ産ペコリーノかサルデーニャ産ペコリーノ ... 片手にあふれるぐらい (ざっと下ろしておく)
- あら塩とひきたてのブラックペッパー ... 適量

[*1] プチポワという小粒で香りのよいグリーンピースの冷凍品でもよい
[*2] アルデンテ状態を長く保てるリゾットに向いているイタリア米
[*3] ブイヨンのキューブを1個使ってもよい

1. エンドウ、ソラマメ、アスパラガス、ミントを半分、少し固めに数分塩ゆでする。水切りするとき、100mℓだけゆで汁を残しておく。その中に野菜とミントを入れ、脇に置いておく。
2. 底の厚い大きめのソースパンでバターを半分溶かし、タマネギを約8分、しんなりするまで炒める。ニンニク、米を足す。木のスプーンで数分混ぜて、米がバター風味のタマネギとからむようにする。
3. 温めたスープストックを注ぐ。おたま1杯ずつ入れてかき混ぜる。米がストックを吸収したら、再びおたま1杯分を加える。これをくり返して、だいたい8-10分火にかける (このままソースパンで米を煮つづけること)。
4. 1のエンドウ、ソラマメ、アスパラガスとゆで汁の残りをソースパンに入れ、バジルをちぎって足して、ワインかベルモットを注ぐ。
5. 半分に砕いたリコッタ、残りのバターを加えかき混ぜる。バターが米の上で溶けるまで、数分、加熱する。味見をして、中心に少し芯が残るアルデンテ状態で、やわらかくなければよい。残りのミントを混ぜる。
6. リゾットを皿に盛りつけ、残りのリコッタを振りかけ、レモンの皮とペコリーノも散らす。最後にあら塩とブラックペッパーで味をととのえ、できあがり。

### クッキングメモ

- ミントの代わりにネトルを使ってもよいが、最初にゆでて「トゲ」をほとんど取る。力強く刺激的な味が、野菜とよく合う。この時期はラムソンも旬だ。小川や牧草地でたくさんはえているのを見かける。辛味が強いが、ほんの少しリゾットに入れてみて欲しい。特にローストチキンといっしょに出すとよいだろう。

## 夏のリゾット

晩夏から売りに出るやわらかなベビーアーティチョークを用いたリゾットだ。余分な部分を切るなどの下準備もほとんどいらない。塩の利いたさわやかな味わいで、砕くのが簡単なペコリーノと組みあわせてみよう。

### 作りかた：6-8人分

大きめのタマネギを3個使ってリゾットを作る。最初に、バターとオリーブオイルでみじん切りにしたタマネギをしんなりするまで炒め、米とスープストックを足して、あとは春のリゾットと同じようにする。盛りつける前に、ベビーアーティチョークかアーティチョークの芯をスライスして少量の油で炒めて加え、片手にあふれるぐらいの下ろしたペコリーノ・ビラネットを入れる。このチーズはトスカーナのもので、ぼそぼそした食感だが、こってりとしてクリームのような風味がある。

### クッキングメモ
- 水牛の乳からできたリコッタ・サラータは、ペコリーノの代わりとしては最適だろう。塩気あるがクリーミーで口あたりもよく、下ろせばリゾットに使える便利なハードチーズで、生バジルたっぷりのトマトリゾットとの相性は抜群だ。

## 秋のリゾット

実に見事な味のリゾットだ。しあがりはこの上なくなめらかで、深みのある黄金色になり、しっかりとした味わいのチーズが、カボチャの甘みを存分に引きたてている。最後に、歯ごたえのよい芳醇なセージの葉をかければ完成だ。

### 作りかた：6-8人分

乱切りのカボチャ、レモンの皮、みじん切りの唐辛子を、オーブンで油を少し使って焼く。あとは春のリゾットと同じにするが、盛りつけ前にカボチャとチーズを入れてかき混ぜる。濃くしたければ、砕いたゴルゴンゾーラ・ナチュラーレ、もう少しまろやかな風味にしたければ、ゴルゴンゾーラ・ドルチェにする。米とよく混ざるようにしながら、チーズが溶けるまで弱火で加熱し、カリカリにしたセージの葉を散らしていただく（キツネ色になるまで、少量のオリーブオイルで炒める）。

### クッキングメモ
- 秋の初めに豊富に手に入る野生キノコは、「森」と「土」の味と香りがして、リゾットにぴったりだ。ポルチーニまたはセップ[*1]は独特な味わいがあるが、値段が張るので、ジロールとクリタケを利用してみよう。キノコ、やわらかなプリモサーレ[*2]か新鮮な牛乳のリコッタ、みじん切りにした生のタイムを大さじ1杯、リゾットに混ぜあわせる。パルメザンの代わりに、熟成したグラーナをかけてから出す。

[*1] ポルチーニのこと。フランスではセップという
[*2] 塩分が少ないフレッシュタイプに近いチーズ

## 冬のリゾット

私は、深緑色の葉のイタリア産黒キャベツ、カーボロネロに目がない。肉料理にも魚料理にも合う野菜だが、前述のオリジナルレシピに従って作ったリゾットを使って、以下を続ければ、限りなく芳しく美味しい一皿ができるだろう。

### 作りかた：6-8人分

大きめの鍋に、薄切りにしたカーボロネロ、オリーブオイル、少量の水、薄くスライスしたニンニク、生のローズマリーのみじん切り、塩とペッパーを入れて蒸し煮する。調理時間は1-2分（カーボロネロに火が通ったら、鍋から蒸気の音がしなくなる）。できあがったらリゾットと混ぜて、細かく下ろしたパルミジャーノ・レッジャーノを山ほどかけてからいただく。

### クッキングメモ
- 1月や2月は肌寒い月だが、それでもまだハーブはある。トレビサーナ（イタリア産レッドチコリー）とカステルフランコ（一見レタスのようだが、赤い斑点が美しい緑のチコリー）を、みじん切りの生のタイムやイタリアンパセリ、角切りのパンチェッタと合わせ、舌を刺すような味のペコリーノ・トスカーノをたくさん入れれば、うま味が出る。ペコリーノ・トスカーノは、冬になる前に生産された前年11月のものを使用すること。

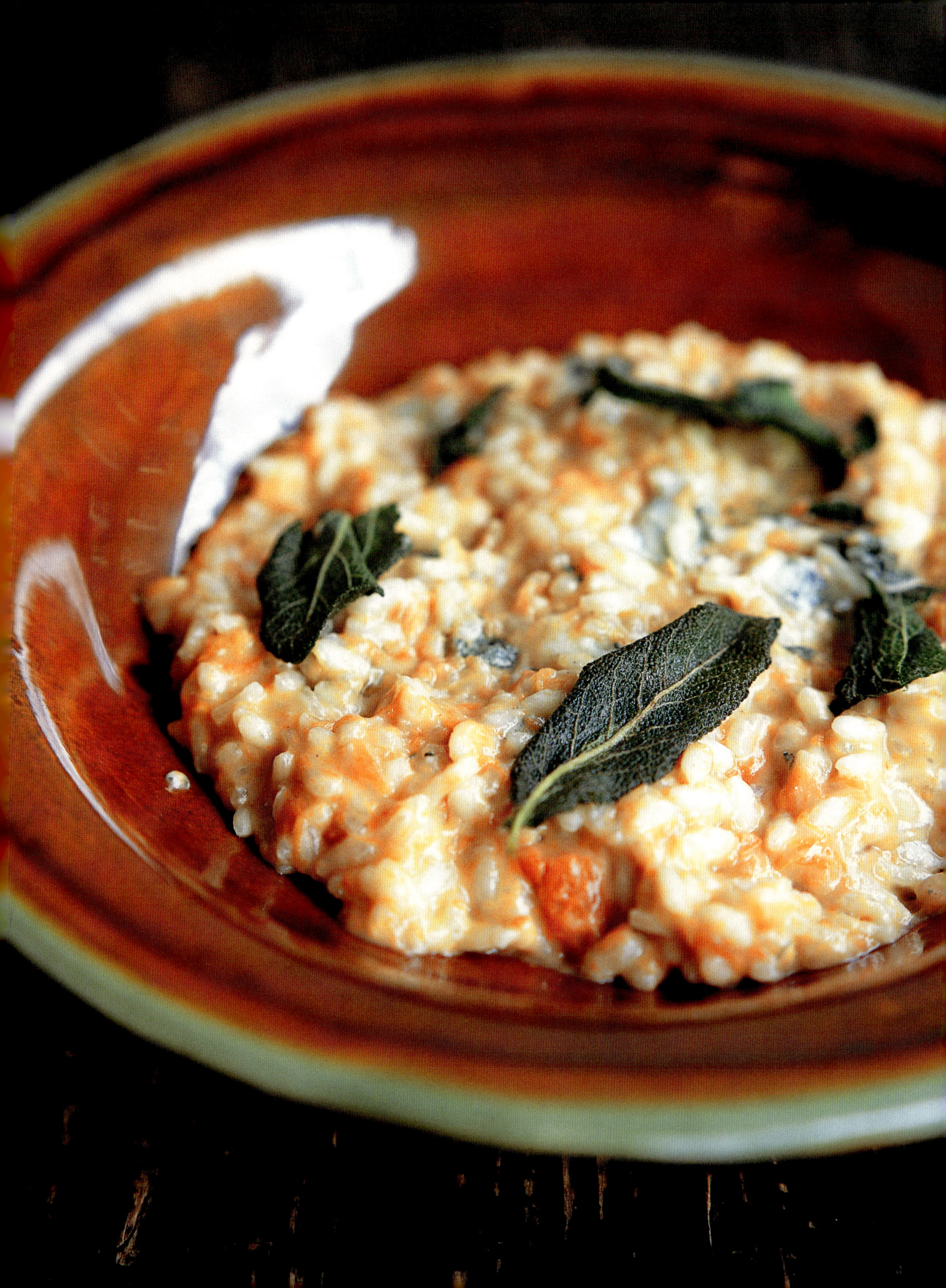

# キッシュ、パイ、タルト

ラ・フロマジェリーのキッチンがお届けする名物料理を1つあげるとしたら、風味豊かなキッシュやパイやタルトだ。様々な種類のチーズで飾られた一品で、毎日12時半になると、昼食用にいくつかできあがってくる。たとえ「Quiche（キッシュ）」という言葉が「キッチュ（低俗な）」を連想させても、味わいのあるキッシュ、パイ、タルトは永遠に存在するといっても差し支えない。旬を迎えた野菜をフィリングにして、季節が運ぶまたとない贈りものを満喫しよう。

## セイボリー*1タルト

セイボリータルトのアレンジは数え切れないほどあるが、大切なことは、フラン*2を作るときにフィリングに使用するチーズは、他の材料の風味を損なわないようにするためにも濃い味のものは避けることだ。このページとp.269にいくつかのバリエーションをあげておくが、すべて、下記のショートクラストペストリー*3やセイボリータルトのカスタードフィリング用の基本的なレシピが共通して使われている。

### 材料：6人分
**ショートクラストペストリー**

| | |
|---|---|
| 冷やしてある無塩バター | 85g（小さく切る） |
| 中力粉（薄力粉も可） | 175g（ふるいにかけておく） |
| 塩 | ひとつまみ強（ふるいにかけておく） |
| 有機飼育の放し飼いの卵 | 全卵1個、白身1個（両方共、軽く泡立てておく） |
| 水 | 少々 |

**塩味カスタードフィリング**

| | |
|---|---|
| ダブルクリーム | 300mℓ |
| 有機飼育の放し飼いの大きめの卵 | 2個（軽く泡立てておく） |
| あら塩 | 小さじ1/4 |
| ひきたてのブラックペッパー | 小さじ1/4 |

1 ショートクラストペストリーを作る。バターを切りこみながら中力粉と混ぜ、細かいパン粉のようにさらさらにする。塩、全卵、水少々を入れて、両手で1つにまとめる。軽くこねて生地のかたまりを作り、ラップで包み、冷蔵庫で10-15分寝かせる（もしくは、フードプロセッサーで生地を作ってもよい）

2 オーブンを200℃に加熱しておく。25cmの底が抜けるフランの焼き型の内側に、バター（分量外）を薄く塗って中力粉をまぶし、傾けて余分な粉を振りはらう。軽く粉をはたいた調理台で1の生地を麺棒で伸ばしたあと、型に敷く。裂けていたり穴が開いていないか、きちんと確認する。はみ出した生地を切りとって、型の底にパラフィン紙を置き、パイ用重石を入れる。

3 オーブンの中段で10分焼き、重石とパラフィン紙を取りのぞく。卵白をさっと塗り（皮を固定させる役目）、再び3-5分、うっすらキツネ色になるまで焼く。オーブンから取りだしてあら熱を取る。このあと、塩味のカスタードフィリングを入れる。

4 フィリングは、大きめのクリームジャグで材料を混ぜればできあがり。味つけは、右のレシピやp.269のレシピから選んで決めればよい。

*1 口直しとして食べる塩味の料理や菓子のこと
*2 チーズやクリームなどを詰めたタルト類の菓子のこと
*3 甘くないさくっとしたパイ生地

## トマトとセル＝シュール＝シェールのキッシュ

私は楕円形のサン・マルツァーノ・トマトが大好物だ。シンプルなトマトソースを作ったり、ハーブとオリーブオイルをかけてオーブンで焼き、ステーキとフライドポテトに添えて温かいうちに出したりと、驚くほど使い勝手がよい。極めて風味豊かなトマトで、実が崩れない。皮をむく必要もないし、丸ごと利用できる。格別の味を楽しもう。

| | |
|---|---|
| 大きめのサン・マルツァーノ・トマト | 5個（半分に切る） |
| オリーブオイル | 適量（風味づけが強くないもの） |
| セル＝シュール＝シェール*1 | 175gを2個（扇形に切る） |
| 無塩バター | 100g |
| 大きめのタマネギ | 2個（薄切り） |
| 生のバジル | ひとつかみ弱（ざっとちぎっておく） |
| 生のタイム | 大さじ1杯（みじん切り） |
| あら塩とひきたてのブラックペッパー | 適量（お好みで） |

1 左のレシピを参考に、ペストリーを作る。オーブンを180℃に予熱する。トマトを天板に乗せ、オリーブオイルを少々振りかけ、塩もかけてオーブンで10分、トマトがやわらかくなり、縁がほんのりアメ色になるまで焼く。脇によけておく。

2 セル＝シュール＝シェールを1/4つぶし、左記の塩味カスタードフィリングに入れて混ぜる。

3 フライパンでバターが泡立つまで熱し、タマネギをしんなりするまで炒める。冷ましてから、ペストリーにスプーンで入れる。生地を天板に置く（ここでオーブンに移しておいたほうが楽）。

4 2のフィリングを半分、生地に入れ、1のトマト、残りのセル＝シュール＝シェールを重ねる。バジルとタイムを散らし、お好みで塩とペッパーで味をととのえる。残りの塩味カスタードフィリングを流しこむ。

5 オーブンの中段に入れ、30分焼く。もしくは表面がキツネ色になったらできあがり。

*1 これ以外にも、砕けやすいフレッシュタイプの山羊乳チーズならよい

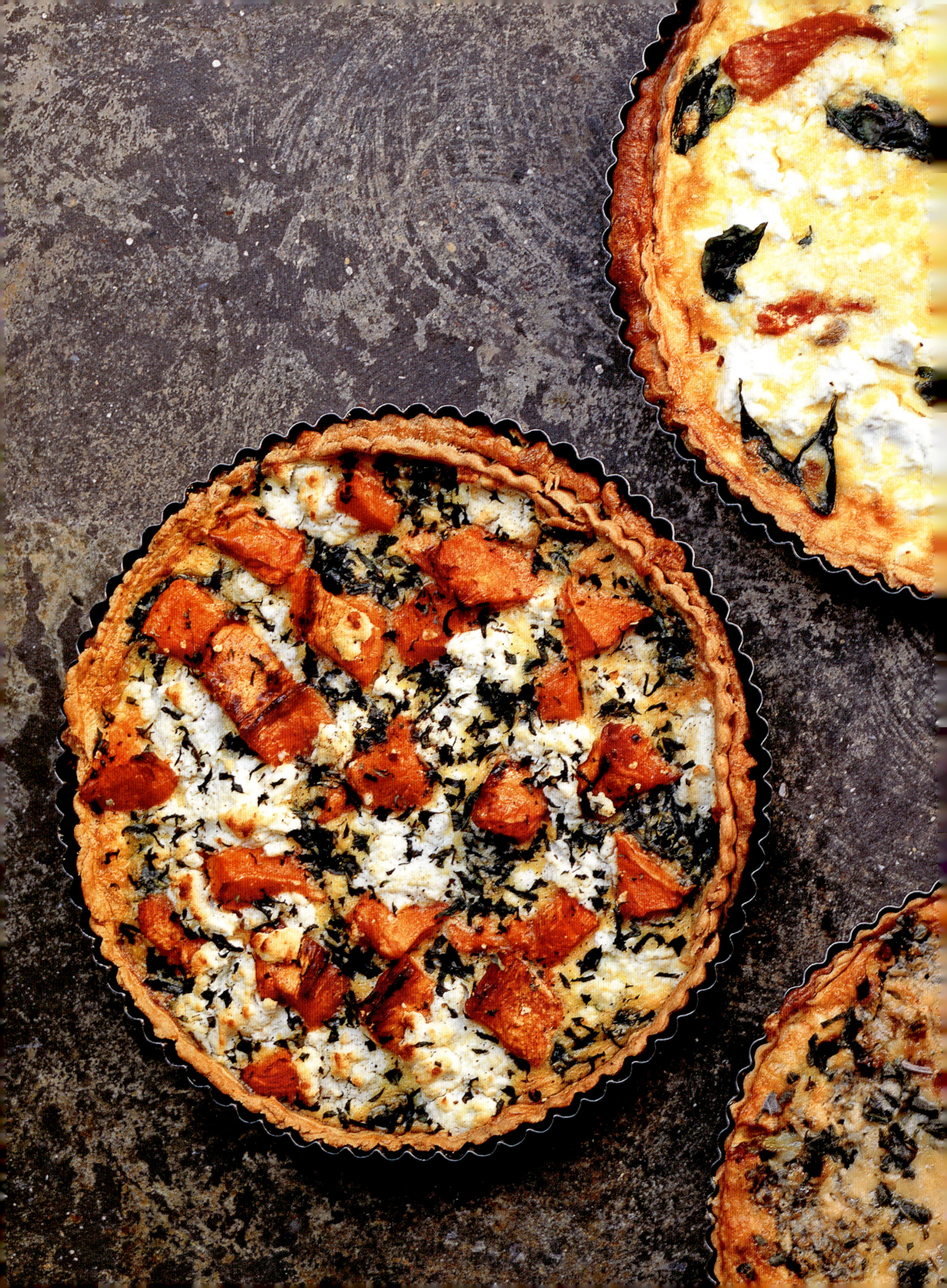

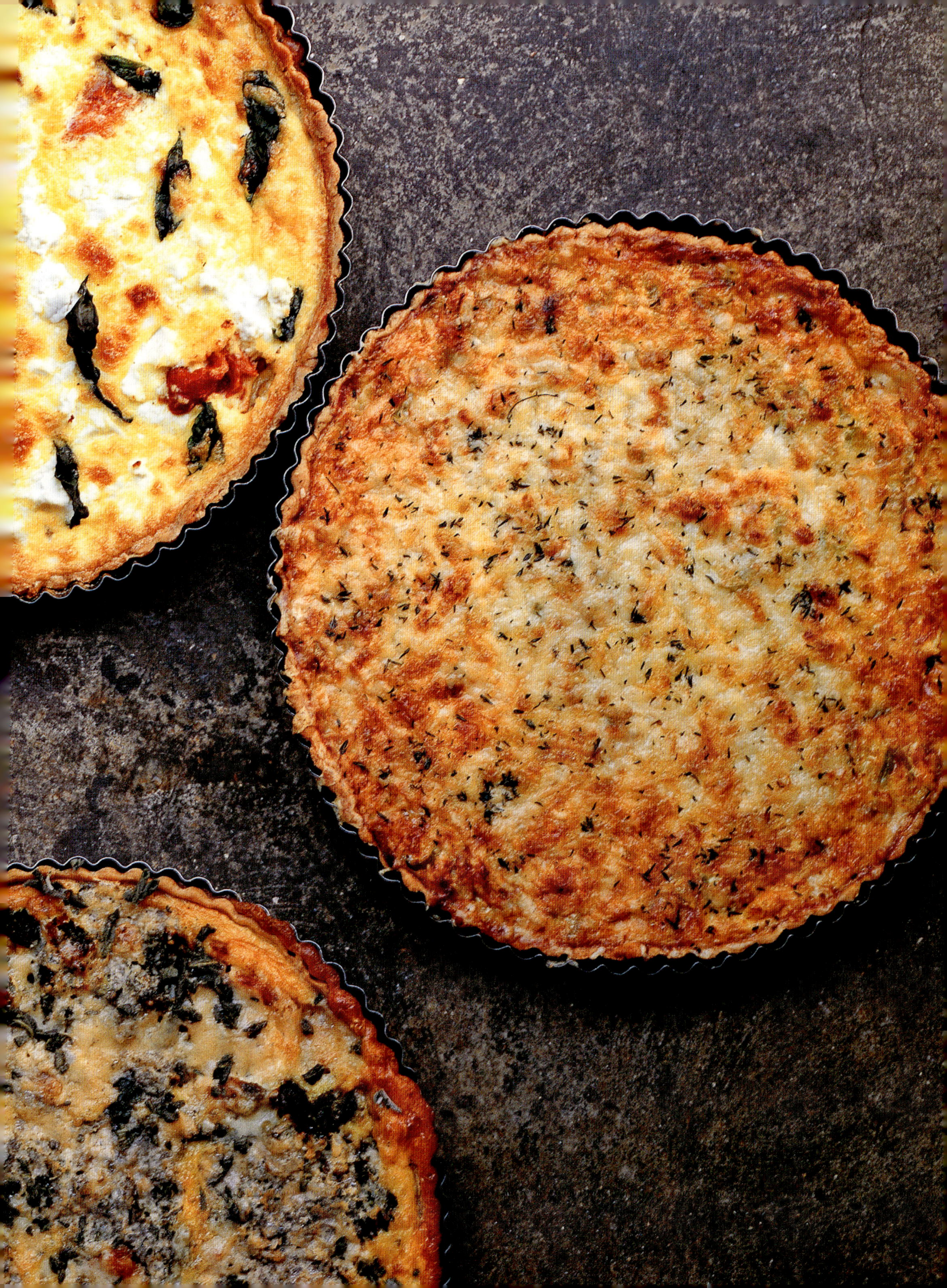

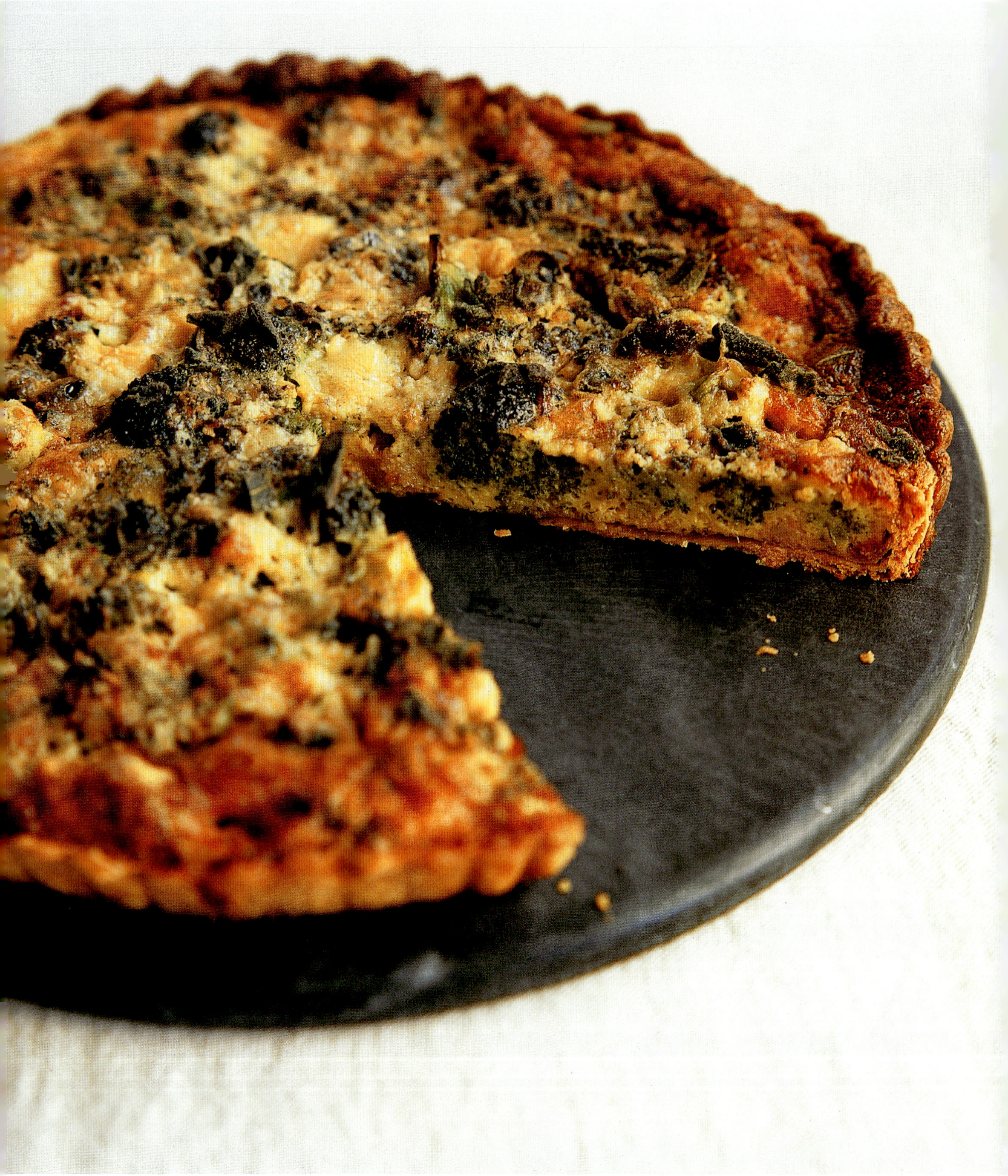

## ブロッコリーとブルー・デ・コースのキッシュ

| | |
|---|---|
| 無塩バター | 100g |
| エシャロット | 500g (薄切り) |
| 薫製パンチェッタ | 250g (さいの目切り) |
| ブロッコリー | 300g (一口大に切る) |
| ブルー・デ・コース*1 | 300g (崩しておく) |
| 生のセージ | 大さじ1杯 (あらみじん切り) |
| あら塩とひきたてのブラックペッパー | 適量 (お好みで) |

1 p.265のレシピを参考に、ペストリーを作る。オーブンを200℃に予熱しておく。フライパンでバターが泡立つまで熱し、エシャロットがキツネ色になるまで炒め、パンチェッタを加え、ベーコンがカリカリになるまで炒める。ブロッコリーを足して炒め、少し固いぐらいで火を止める。室温で冷ます。

2 ペストリーにエシャロット、ベーコン、ブロッコリーを入れ、天板に置く（ここでオーブンに移しておいたほうが楽）。塩味カスタードフィリングを流しこみ（p.265）、ブルーチーズとセージを散らす。お好みで塩とペッパーで味つけをし、20-25分、表面がキツネ色になるまで焼く。

*1 もしくは強い味のブルーチーズなら何でもよい

## 赤パプリカとリコッタのキッシュ

| | |
|---|---|
| 大きめの赤パプリカ | 3個 (種を取りのぞき、厚切り) |
| 無塩バター | 100g |
| 大きめのタマネギ | 2個 (薄切り) |
| セイラスの羊乳のリコッタか、水牛のリコッタか、牛乳のリコッタ | 300g (崩しておく) |
| 生バジル | ひとつかみ (ざっとちぎっておく) |
| あら塩とひきたてのブラックペッパー | 適量 (お好みで) |

1 p.265のレシピを参考に、ペストリーを作る。オーブンを200℃に予熱しておく。赤パプリカを天板に乗せ、皮が黒くなるまで15分焼く。ボウルに移し、ラップで覆いをする。じゅうぶんに冷めたら、こすりながら皮をむく。

2 大きめのフライパンでバターが泡立つまで熱し、タマネギがしんなりするまで炒める。室温で冷まし、スプーンでペストリーに入れる。生地を天板に置く。

3 2の上に1を重ねる。塩味カスタードフィリングを流しこみ（p.265）、崩したリコッタとバジルを散らす。お好みで塩とペッパーで味をととのえる。表面がキツネ色になるまで20-25分焼く。

## カボチャと山羊乳チーズのキッシュ

| | |
|---|---|
| カボチャ*1 | 500g (種を取りのぞき、一口大に切る) |
| エキストラバージン・オリーブオイル | 大さじ2杯 |
| 生のマジョラム | 大さじ1杯 (みじん切り) |
| 唐辛子 | 1本 (種を取りのぞき、みじん切り) |
| ホウレンソウ | 500g |
| 皮のないフレッシュカプリーニか、ライフィールドの山羊乳チーズ | 250g (砕いておく) |
| あら塩とひきたてのブラックペッパー | 適量 (お好みで) |

1 p.265のレシピを参考に、ペストリーを作る。オーブンを200℃に予熱しておく。オーブン皿にカボチャを入れ、オリーブオイルを振りかけ、マジョラムと唐辛子を散らす。塩とペッパーで味をととのえる。オーブンで25-30分、カボチャがやわらかくなって、ほのかに焦げめがつくまで焼く。取りだして室温で冷ます。

2 大きめのフライパンでオリーブオイルを少量熱し、ホウレンソウがしんなりするまで炒める。室温で冷ましてから、スプーンでペストリーに入れる。その上にカボチャを乗せる。

3 2を天板に置く（ここでオーブンに移しておいたほうが楽）。塩味カスタードフィリングを流しこみ（p.265）、山羊乳チーズとマジョラムを少々かける。最後にお好みで塩とペッパーで風味づけをし、表面がキツネ色になるまで20-25分焼く。

*1 日本カボチャ、バターナッツといった種類がよい

## リーキとボーフォールのキッシュ

| | |
|---|---|
| 太めのリーキ | 2個 (緑の部分はほとんど切りおとす。洗って薄切り) |
| 無塩バター | 100g |
| 大きめのエシャロット | 4個 (薄切り) |
| ボーフォール・シャレ・ダルパージュ | 300g (ざっと下ろしておく) |
| ひきたてのナツメグ | 適量 |
| 生のタイム | 小さじ1杯 (みじん切り) |
| あら塩とひきたてのブラックペッパー | 適量 |

1 p.265のレシピを参考に、ペストリーを作る。オーブンを200℃に予熱しておく。リーキを軽くペーパーなどで押さえて水気を切る。大きめのフライパンでバターが泡立つまで熱し、エシャロットを加え、しんなりするまで炒める。リーキも入れて、しんなりしてキツネ色になるまで炒めつづける。

2 エシャロットとリーキを室温で冷まし、あら熱を取ったペストリーにスプーンで入れる。生地を天板に置く（ここでオーブンに移しておいたほうが楽）。

3 塩味カスタードフィリングを流しこみ（p.265）、ボーフォールを散らす。最後にお好みで、ひいたナツメグを小さじ1/4かけて、タイムも振りかけ、お好みで塩とペッパーで味つけをする。表面がキツネ色になるまで20-25分焼く。

## 二度焼きミモレットスフレ

スフレは作り置きして冷蔵庫や冷凍庫で保存しておけば、必要なときにたった数分で、立派な軽食やアペタイザーを用意できる。私はフランドル地方のハードチーズ、ミモレットを使っている。きれいなオレンジ色がスフレに温かみを添えるからだ。

**材料：6個分**

| | |
|---|---|
| 無塩バター | 50g |
| 熟成したミモレット | 280g |
| 牛乳 | 225㎖ |
| 小さめのエシャロット | 1個 |
| （皮をむいてクローブを2本刺しておく） | |
| ローリエ | 1枚 |
| 粒のブラックペッパー（黒粒コショウ） | 6粒 |
| 無漂白の中力粉(薄力粉も可) | 40g |
| 有機飼育の放し飼いの大きめの卵 | 4個 |
| （黄身と白身をわけておく） | |
| パルメザン | 85g（細かく下ろしておく） |
| あら塩とひきたてのブラックペッパー | 適量 |

1. 6cm×7.5cm×4cmの深めのラムカン皿の内側に、やわらかくなったバターを軽く塗ったあと、冷蔵庫に入れる。これをもう一度くり返す。細かく下ろしたミモレット85gで、内側をコーティングする。再び皿を冷蔵庫で冷やして、その間にスフレを準備する。

2. 牛乳にエシャロット、ローリエ、黒粒コショウを入れ、中くらいのソースパンで沸騰させるまで熱する。ピッチャーでこして、かたまりがあったら捨てる。ソースパンをさっと洗う。

3. バターをソースパンで熱して中力粉を加え、弱い中火で約3分、炒める。ほんのりキツネ色のスムーズなペーストになるまで、かき混ぜつづける。2の牛乳を少しずつ足し、ペーストが濃いソースになり、鍋の内側にくっつかなくなるまで泡立てる（小さな泡立て器を使う）。軽く味つけをし、できるだけ弱い火にして2分、時々かき混ぜながら加熱する。ペーストが固すぎると感じたら、温めた牛乳を少々加える(他にも足す材料があるので、この時点でやわらかくなりすぎないように)。

4. オーブンを180℃に予熱する。ソースパンを火から下ろして少し冷ましてから、卵黄をいっぺんに入れて泡立てる。あらく下ろした残りのミモレットを115g入れて、ほぼ溶けるまでかき混ぜる。

5. 大きめの金属製のボウルで卵白を泡立て、8分立てのメレンゲにする。スプーン1杯分をすくって4に加え、少しなじませ、残りのメレンゲのボウルにそっと戻す。底から返し切るように混ぜる。

6. 5を複数のラムカン皿に平等にわける。オーブンの中段の天板に乗せ、お湯を注いでラムカン皿が半分ぐらい浸るようにする。スフレを20分焼いたら、金網に乗せる(冷めるにつれ、少ししぼんでしまっても、2回目に焼くときにふくらんでくるので問題はない)。

7. ほぼ冷めたら、小型のパレットナイフをラムカン皿の縁にそって回しいれ、気をつけながらスフレを外して手のひらに乗せる。軽くバター（分量外）を塗った天板に、焼けている面を上にして置く。このまま冷蔵庫で最大24時間、保存できる。ワックスペーパーを軽く2枚かけ、ラップをふわりと上に乗せる。

8. スフレを温めなおす。オーブンを180℃に予熱する。冷蔵庫から取りだして、室温に戻るまでそのままにする。パルメザンと残りのミモレットを混ぜ、スフレの上に散らし、オーブンの上段に入れて30分、キツネ色になってふくらむまで焼く。

**クッキングメモ**

- 毎回絶対に失敗しないスフレを焼くためのコツを、いくつかご紹介する。
- 卵白は大きめの泡立て器で泡立てる。もしくは、電動泡立て器を使ってから、しあげは手でする。こうするとしあがりに明らかな差が出る。
- できれば、卵白を泡立てるときは金属製のボウルを使う。油が一切残っていない、きれいなものを必ず選ぶ。必要なら半分に切ったレモンで内側をこすり、中和させておく
- スフレをふくらませるには準備が大切だ。ラムカン皿などにやわらかくなったバターを塗るときは、ハケをはねあげるようにする。一度塗ったら皿を冷やして、再び塗る。次に、細かく下ろしたパルメザンや、このレシピにあるように熟成したミモレットなどで内側をコーティングする。また皿を冷やしてから、スフレの生地を注ぐ。
- 必ずオーブンを予熱して、スフレを焼くための用意をしておく。焼く前に、正しい温度にしておくことが非常に重要だからだ。
- むらなく焼くためには、まず、生地の入ったラムカン皿を天板に並べ、オーブンの中段に置く。やかんからお湯をそっと注ぎ、ラムカン皿が半分ぐらい浸るようにして、湯せんをする。

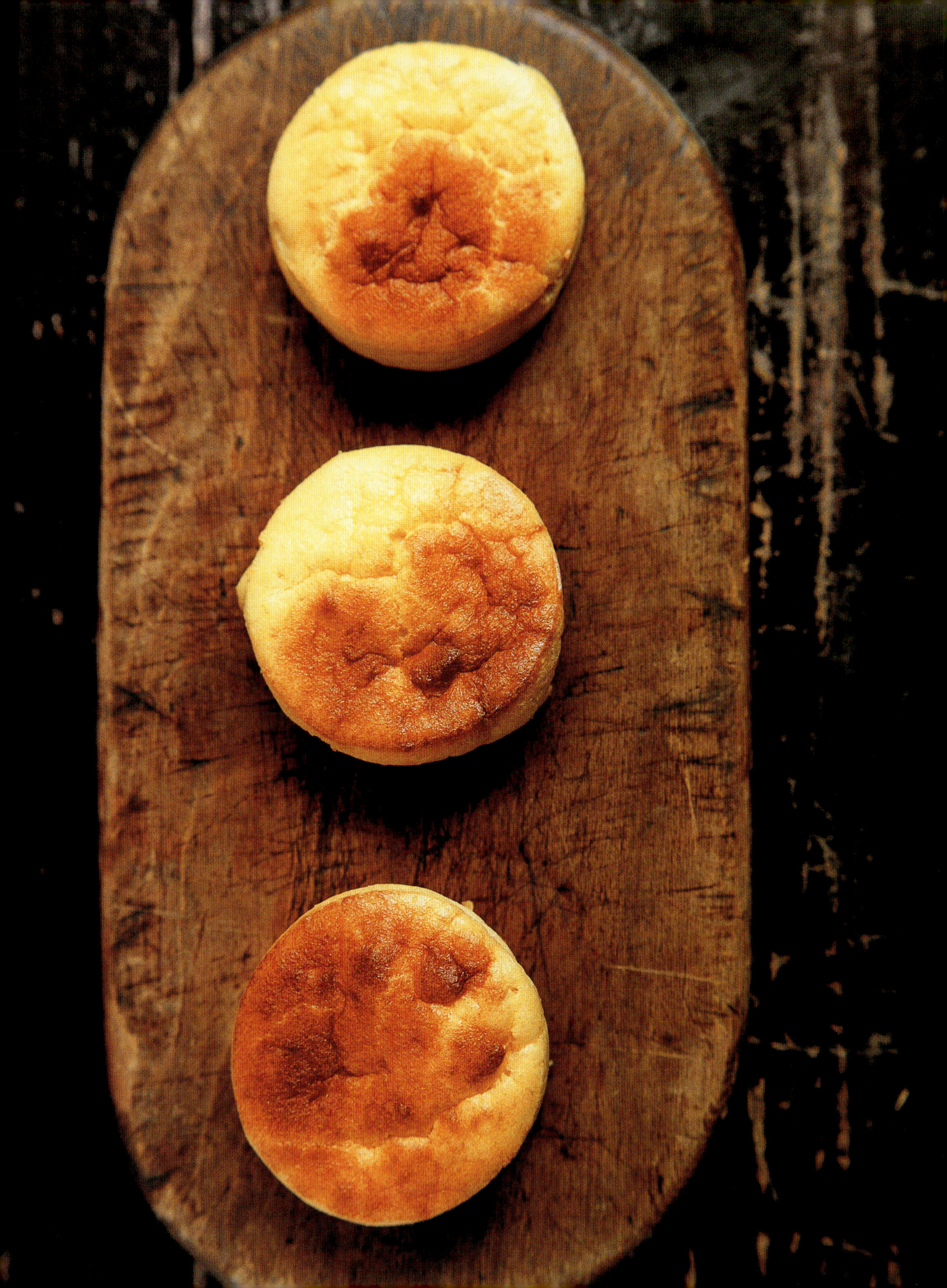

## エシャロットとペルシエ・デュ・マレのタタン

こちらのタタンのバリエーションは山ほどある。簡単で手間をかけずにできるからだ。小さなタタンは、カナッペ代わりにも最適で、理想的な前菜にもなる。取り皿サイズの大きめのタタンは、昼食やコースの最初の一品としていただこう。おしゃれなピザのようだ！

### 材料：2-4人分

| | |
|---|---|
| 市販のパイ生地 | 200g |
| 小麦粉 | 適量 |
| 無塩バター | 100g |
| 中ぐらいのエシャロット | 500g（半分に切っておく） |
| バルサミコ酢 | 小さじ1杯 |
| 生タイム | 大さじ1杯（あらみじん切り） |
| ペルシエ・デュ・マレもしくはロックフォール | 175g |

1 オーブンを200℃に予熱しておく。薄く粉をふった調理台でパイ生地を伸ばし、深さ15cmのオーブン用フライパンか鍋のサイズにぴったり合うように切る。生地を外して、涼しい場所に置く。

2 鍋でバターを熱する。泡立ってきたらエシャロットを加え、バターとよくからませ、アメ色になるまで中火で炒める。

3 バルサミコ酢を注ぎ、鍋をゆすってエシャロットとなじませ、タイムを振りかける。

4 タルトタタンを作るときのように、1を3の鍋にきっちりかぶせて縁を押さえる。鍋をオーブンの中段に入れ、キツネ色になるまで15分焼いたら、ていねいにひっくり返して盛り皿に乗せ、ざっと砕いたペルシエ・デュ・マレかロックフォールを散らしてから出す。

## ピサラディエール

屋台で売っている代表的な食べものピサラディエール。手軽に作れる上に、季節に合わせてトッピングも変えられる。伝統的なものには、アメ色に炒めたタマネギ、アンチョビー、ニース産の小さなブラックオリーブが入っている。食卓に運ぶときは、四角形か三角形の特大サイズにカットしてからにする。お上品にほんの少しだけ、というのはここでは禁止だ！

### 作りかた：9個分

市販のパイ生地（バターでできた生地を探して手に入れる）250gを伸ばして薄い四角形にし、軽く油を敷いた天板に乗せる。端から1cmのところに印をつけて溝を作る。

フライパンでたっぷりのバター55gぐらいと大さじ1杯のオリーブオイルを、ふつふつとなるまで熱する。薄切りにしたタマネギをキツネ色になるまで炒め、さらにほぼアメ色になるようにしたら冷ます。パイ生地の上に厚めに乗せる。タマネギは惜しみなくたくさん乗せるとよい。

コンテをだいたい300g、薄切りにしてタマネギにかける。ここでも思いきり、とことんチーズを使うこと。生地がキツネ色になり、表面がふつふつとして、焦げめがつくまで15分焼く。室温で冷ましてから切る。

### クッキングメモ

- アメ色に炒めたタマネギとローストしたミニトマトと種なしブラックオリーブに、熟成していない新鮮な山羊乳チーズを砕いてかけるというパターンもある。フォンティーナやマンチェゴを使ってみてもよいだろう。

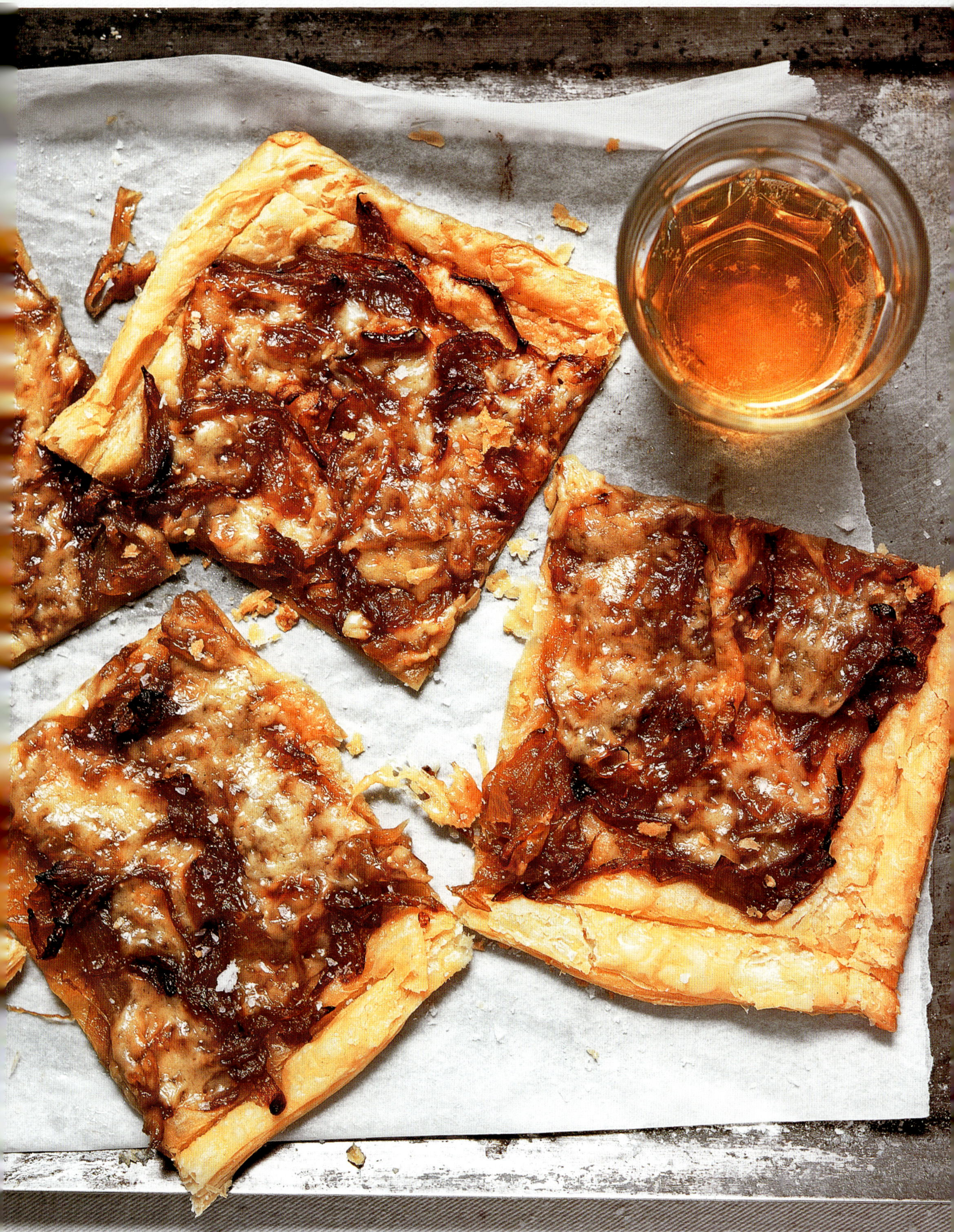

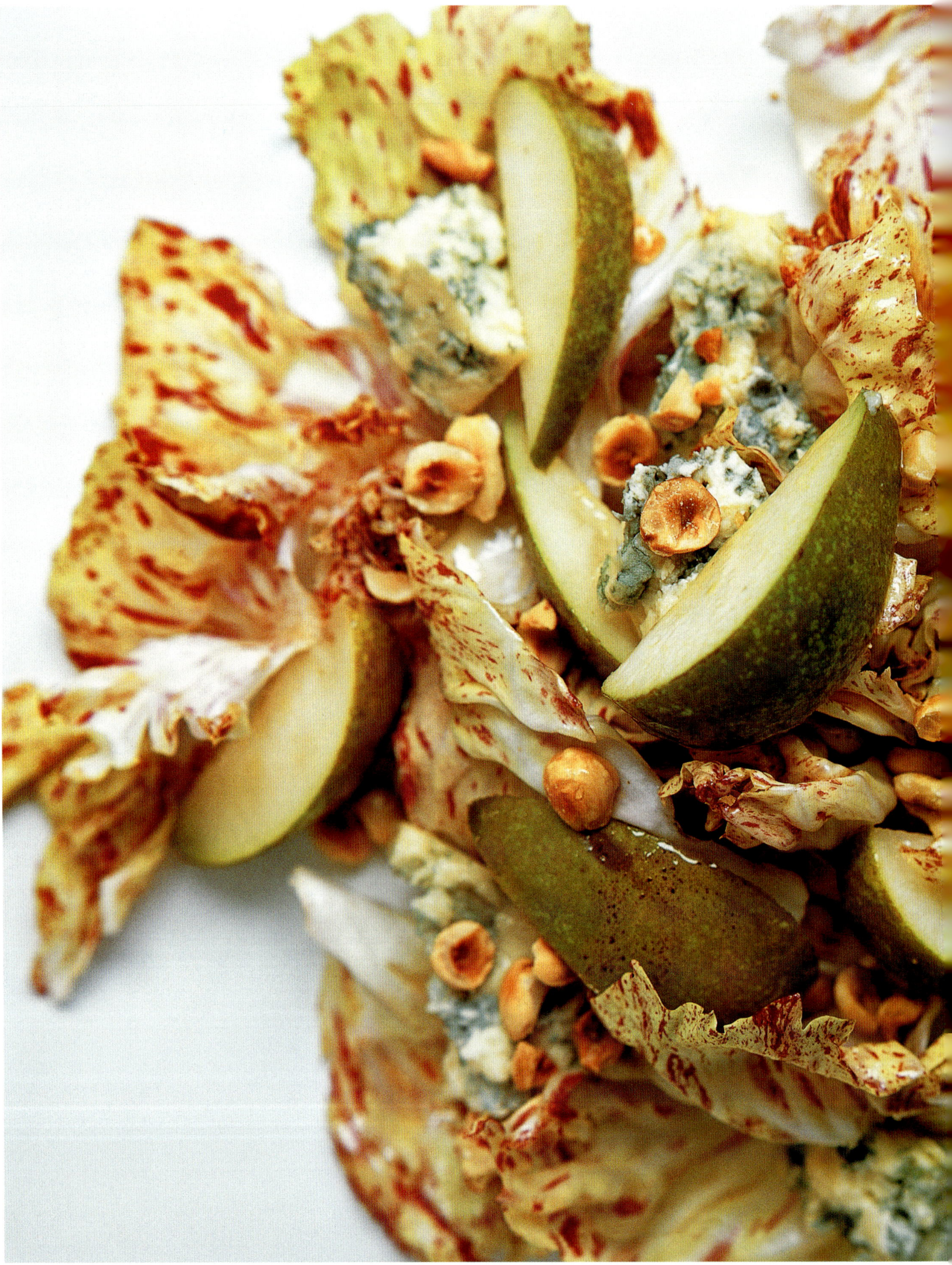

# サラダとサイドメニュー

料理でもっとも重要な点は、材料について理解し、調和させてまとまりのある味にすることだ。サラダは実際、「調理」することはあまりないが、食材を選んで合わせよう。その場合、バランスが取れているだけでなく、驚きや満足が与えられる食感や味わいで、皿に盛れば見栄えのするようなものにする。

### カステルフランコのサラダ、キャッシェル・ブルーと洋ナシ添え

カステルフランコはベニス周辺で栽培されており、かつては野生のものも見かけられた。淡緑色とクリーム色が混じる繊細な葉には、まるで絵の具で描いたような赤い斑点があり、チコリーとトレビス（ラディッキョに似ている）がいっしょになったような味で、苦味とナッツのような風味がある。洋ナシといった甘い果物と合わせるとうま味が引きたつ。イタリア人が好む「アグロドルチェ」（甘酸っぱい味）で、メインの魚や鶏肉のアペタイザーのサラダとして完璧だ。

**材料：2人分**

| | |
|---|---|
| ヘーゼルナッツか生のコブナッツ[*1] | 12-16個（殻を取っておく） |
| カステルフランコ | 丸ごと1個 |
| リグリア産またはプロヴァンス産のエキストラバージン・オリーブオイル | 大さじ2杯 |
| ベル果汁か白ワインビネガーライトタイプ | 大さじ2杯 |
| ローリエ | 1枚（ちぎっておく） |
| 洋ナシ[*2] | 1個（1/4に切る。芯は取りのぞき、皮はつけたまま） |
| キャッシェル・ブルー・チーズかバヴァリアン・ブルー[*3] | 60g |
| あら塩とひきたてのブラックペッパー | 適量 |

1 ヘーゼルナッツか生のコブナッツを熱したフライパンに入れ、うっすらキツネ色になるまで数分間、煎る。必要ならば茶色い薄皮をこすって取る。ざっと砕いておく。

2 カステルフランコの葉をちぎる。切ったり刻んだりするよりこのほうが見ためがよいし、歯ごたえをより保つことができ、風味豊かになる。

3 オリーブオイル、ベル果汁か白ワインビネガー、ローリエを小さめのボウルで混ぜあわせ、塩とペッパーで味をととのえる。カットした洋ナシをドレッシングに少々浸し、カステルフランコの上に乗せる。

4 キャッシェル・ブルー・チーズを砕いてかけ、ナッツを散らす。3のドレッシングを大さじ1杯ぐらいかけ（ローリエは取りだすこと）、全体に軽くなじむようにする。ドレッシングまみれにしないこと。すぐにいただく。

[*1] セイヨウハシバミの亜種でヘーゼルナッツの一種
[*2] コミスや、ピエモンテ産の小さな品種マルティンセックを使う
[*3] ドイツの代表的なブルーチーズ。これ以外のマイルドなブルーチーズでもよい

レシピ 275

## オレンジ入り冬のリーフサラダ

　12月中旬になると、いよいよ冬の旬のサラダが作れると思うだけで、私は喜びに包まれる。こちらのレシピは、クリスマスの家族の昼食のアペタイザーや初めの一品としていただきたい。

### 材料：4-6人分
野生のクレソン ................................................ 片手にあふれるぐらい
バルブ・ド・カプシン*1 .................................... 片手にあふれるぐらい
中ぐらいのトレビスの葉 ................................................................ 2枚
大きめのカステルフランコ ................................................... 丸ごと1個
タロッコオレンジ*2 .......................................................................2-3個
ヘーゼルナッツ ............ ひとつかみ弱（お好みで。殻を取っておく）
カプレッタのセミハード山羊乳チーズ .......... 200-250g（薄切り）
**ドレッシング**
トスカーナ産エキストラバージン・オリーブオイル*3 ........... 大さじ4杯
ベル果汁か白ワインビネガーライトタイプ ..................... 大さじ2杯

1. クレソンとバルブ・ド・カプシンの固い茎を取り、流水で葉を洗い、ゆすって余計な水分を切ったあと、キッチンペーパーで軽く押さえる。トレビスを細長く切り、カステルフランコの葉を大きめにちぎる。浅めの盛りつけ用ボウルにまとめて乗せる。

2. よく切れる小型のナイフで、オレンジの皮をはがし、内側の白い部分も取りのぞく。房ごとにわかれるように切り、オレンジの袋から果肉を取りだして別のボウルに入れて、袋をしぼって残った果汁も出しておく。

3. ヘーゼルナッツを使う場合、熱したフライパンを時々揺らしながら、ほんのりキツネ色になるまで煎る。きれいなふきんで包んで、麺棒で強くたたき、ざっと砕く。ナッツの歯ごたえをじゅうぶんに楽しみたいなら、あまりたたきすぎないように。ナッツをボウルに入れて、脇に置く。

4. 1にオリーブオイルと、ベル果汁か白ワインビネガーをしっかりかける。ただし多すぎないように。野菜をかき混ぜてなじませる。2のオレンジを散らし、果汁もかける。野菜の皮むき器かチーズ「シェーバー」*4で、山羊乳チーズを薄くスライスして上に乗せ、必要ならば煎ったヘーゼルナッツを最後にあしらう。

*1 サラダ用冬野菜としてフランス人に好まれている。チコリーの仲間。水菜の茎を少し太くしたようで、歯ごたえと苦味がある。
*2 シチリア島原産でブラッドオレンジとも呼ばれる。元々大きいオレンジではないので、分量はサイズによって変えること
*3 その年に収穫したオリーブで作るエキストラバージン・オリーブオイルにする。12月初旬から、自家栽培の新物のオイルが入手できる。
*4 日本ではチーズスライサーという名称が一般的

## コブサラダ

こちらの有名なサラダのアレンジ版は多数ある。元はロサンゼルス、ハリウッドのレストラン「ブラウンダービー」のオリジナル特製料理で、考案者であるロバート・H・コブにちなんで名づけられた。私のオリジナルバージョンをご紹介する。特にクリスマスのあと、残りものがたくさんあれば使えるので便利だ！　私は混ぜあわせるよりも、具を重ねていくサラダのほうが好きだ。

**作りかた：4人分**

ホウレンソウと、ぱりっとしたサラダ向け葉物野菜をざっとちぎって、浅めのガラス製のサラダボウルか白い盛り皿に入れる。切ったアボガド（変色を防ぐためレモン汁を軽くつけておく）、調理済みの鶏肉のローストや七面鳥のローストを乗せる。

トマトを湯むきする。わかしたばかりのお湯に2-3分浸してすくい上げ、優しく皮を押せば簡単にむける。トマトを半分に切って種を取り、乱切りにする。残りの具を入れ、最後にトマトを上に乗せる。

ビネグレットソースを作る。小さなボウルに、エキストラバージン・オリーブオイルを大さじ6杯、ディジョンマスタードを小さじ1杯、白ワインビネガーを大さじ3杯、バルサミコ酢を少々、下ろしたレモンの皮を入れる。あらみじん切りのマジョラムとタイムを加え、塩とひきたてのブラックペッパーで味つけをする。よくかき混ぜて、サラダに振りかける。

最後に、ざっと砕いたやわらかいブルーチーズ150g（ローグ・リバーが最適。もしくはバーモント州のジャスパー・ヒル・ファームのベイリー・ヘイゼン・ブルーでもよい）を散らし、カリカリに焼いたスペックの薄切りを6-8枚、横に並べるようにして置く。

## アスパラガスとプロシュートと
## ソラマメの春のサラダ

イングリッシュアスパラガスが最初に登場するのはイースターのあたり、もしくは天候にもよるが、それを少し過ぎた頃だ。イタリアソラマメ、新鮮なエンドウ、紫バジルなどもすべて、新たな季節を告げるものだ。長く暗い冬が明け、おいしくて空腹を満たすシチューではなく、いきがよくてパリパリしたサラダを再び食べられるようになると、本当に心からほっとする。私はグラスに注いだプロセッコを飲みながら楽しむ。これはぜひともお伝えしておきたいが、発泡性飲料は、塩気があってみずみずしいサラダの風味に非常にマッチする。

エンドウやソラマメのさやを取って、1-2分さっと湯がく。ソラマメの固い皮を強く押すようにすれば、中から輝く緑の実が表れる。アスパラガスも歯ごたえを残すには、ほんの数分ゆでるだけでよい。確信を持っていえるのは、やはりとれたての野菜は、生のままでも味わい深いということだ。

**作りかた：4人分**

新鮮なエンドウ、ソラマメ、アスパラガスをひとつかみ、エキストラバージン・オリーブオイルの中に入れる。オイルはトスカーナ産でもプロヴァンス産でもお好みで選ぶ。あらみじん切りしたミント、紫バジル、デリケートな香りを放ち甘いアニシードのような味のチャービルを加え、下ろしたレモンの皮とフレッシュなレモン汁をたっぷり足す。かき回して混ぜあわせる。

オーブンでプロシュートを数枚、カリカリに焼く（香ばしい匂いにがまんできなくなるほどだ。キッチンに漂い、さらに遠くまで届く香りは、実に芳しい）。サラダの上にあつあつのプロシュートを乗せ、最後にトスカーナ産のペコリーノを砕いてかける。

## マリネにしたフェタチーズとスイカ、フェンネル、ミントのサラダ

6ヵ月以上熟成させる樽熟成のフェタは、プラスチック包装されたタイプとはまったく別ものだ。時間をかけて伝統的な方法でチーズを作ると、味と質感に実際どれだけ大きな違いが出るかを示す格好の例だろう。

### 材料：6-8人分

| | |
|---|---|
| 樽熟成のフェタ | 800g |
| （砕いたりせずそのままで。水気を切っておく） | |
| ひまわり油 | 適量 |
| ピスタチオ | 大さじ2杯（塩味がついてないもので、殻は取る） |
| ニゲラの種子[*1] | 小さじ1杯 |
| 生のイタリアンパセリ | 両手いっぱい |
| （固い茎は取りのぞき、葉は全部残す） | |
| フェンネルの球根 | 2個（野菜スライサーかピーラーで薄切り） |
| 生のミント | 大さじ1杯（みじん切り） |
| 小さめのスイカ | 約1kg（皮と種を取る。4cmの角切り） |

### ドレッシング

| | |
|---|---|
| フルーティーな自家栽培のオリーブオイル | 大さじ6-8杯 |
| ベル果汁か白ワインビネガーライトタイプ | 大さじ2杯 |
| あら塩とひきたてのブラックペッパー | 適量 |

### マリネ液

| | |
|---|---|
| コリアンダー、ミント、タイム、オレガノ | 大さじ1杯ずつ |
| （生のもの。みじん切り） | |
| 小さめの赤唐辛子 | 1本（種を取りのぞき、みじん切り） |
| レモンの汁と皮 | 2個分 |
| フルーティーな自家栽培のオリーブオイル | 大さじ6杯 |
| ベル果汁か白ワインビネガーライトタイプ | 大さじ2杯 |
| ひきたてのブラックペッパー | 適量 |

1. チーズを浅めのボウルに入れる。マリネードの材料を混ぜあわせ、ペッパーで味をととのえ、チーズにかける。チーズをひっくり返しながら、よくなじませる。ボウルにラップをかけて、冷蔵庫で1-2時間冷やし、マリネにする。
2. 少量のひまわり油をフライパンに軽く塗り、ピスタチオに少し焼き色がつくまで数分炒める。フライパンから取りだし、ニゲラも同じように炒める。ピスタチオを麺棒でざっと砕き、ニゲラと合わせる。脇に置いておく。
3. 浅めの大きなサラダボウルに、イタリアンパセリ、フェンネル、ミント、スイカを置く。ドレッシングは、オリーブオイル、ベル果汁、白ワインビネガーを混ぜ、お好みで塩とペッパーで味つけをする。
4. 3の野菜にドレッシングをかけ、手でゆっくりとかき混ぜてなじませる。1のフェタを取りだし、大きめに砕き、サラダにかけ、ピスタチオとニゲラを散らす。

[*1] クロタネソウ。ヨーロッパ南部原産。種はスパイスにする。ごまのような形状

## トリュファード・ドーベルニュ

フランスのオーベルニュに古くから伝わる、やわらかいのジャガイモのガレットだ。カンタルチーズ（チェシアチーズと口あたりがさっぱりとしたランカシャーチーズを合わせたようなチーズ）の薄切りを、焼いたジャガイモの上に乗せてからひっくり返す。多少見ためがぐちゃぐちゃになっても、気にしないこと。全部この料理の魅力なのだから！

### 材料：4人分

| | |
|---|---|
| ジャガイモ | 1kg |
| （野菜スライサーかピーラーで、皮をむいて薄切り） | |
| 無塩バター | 300g |
| オリーブオイル | 大さじ3杯 |
| パンチェッタかストリーキーベーコン | 100g（あらみじん切り） |
| 大きめのニンニク | 1片（みじん切り） |
| 熟成していないカンタル・ライオルかトミー・ド・サボワ、 | |
| チェシアか熟成したランカシャー | 175g（薄切り） |
| あら塩とひきたてのブラックペッパー | 適量 |

1. スライスしたジャガイモのでんぷんを、たっぷりの水で洗いながす。キッチンペーパーで軽くふいて水気を取る。
2. 底が厚いフライパンにバターとオイルを熱し、ふつふつとなってきたらパンチェッタかベーコン、ニンニクを2-3分炒める。穴あきスプーンで取りだし、脇に置いておく。ジャガイモを焼くのに足りないようなら、バターとオイルを少量加える。
3. フライパンに1のジャガイモを、ガレット（丸いパンケーキ）の形になるように並べる。中火で約5分焼き、表面がキツネ色になったらへらでひっくり返す。2のパンチェッタかベーコン、ニンニクを足してふたをする。5分後、再びひっくり返してふたをし、さらに5分焼く。このあたりで、ジャガイモがしんなりして、こんがりキツネ色になる。
4. スライスしたチーズをジャガイモに散らし、塩とペッパーで味をととのえる。ふたをして、さらに5-10分、ジャガイモが完全にやわらかくなるまで焼く。火を消し、再びひっくり返してチーズとからむようにし、ふたをする。チーズがすべて溶けるまで、5分間そのままにする。
5. ローストした牛肉や焼いたソーセージを添えていただく。

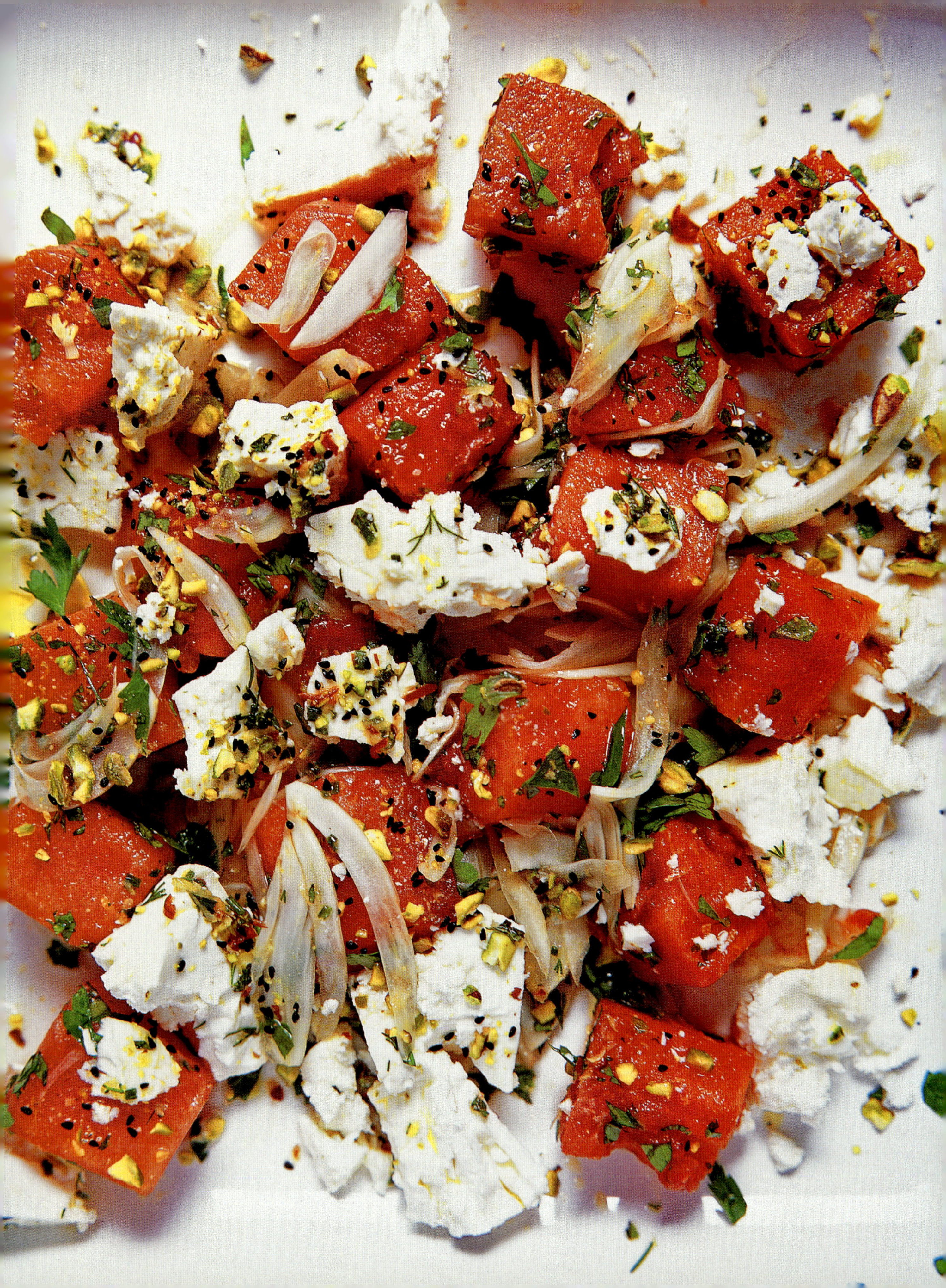

## 冬野菜の
## ローストサラダリコッタ・サラータ添え

自然な甘みのある野菜をじっくり焼いた冬の温野菜サラダは、とりわけとびぬけて風味豊かだ。ファーマーズマーケットでは、紫やピンクなど様々な色の伝統野菜のニンジンを売っていることが多い。リコッタ・サラータは、塩からい味が香辛料の役目を果たし、人気のあるチーズだ。水牛や羊の乳から作り、軽い砕けやすい食感のハードチーズで、ローストした野菜にかけると特に合う。地元で買うのが無理ならば、フェタなどのセミハードの山羊乳チーズを代わりに使おう。

### 材料：4-6人分

プーリア産かトスカーナ産
　　フルーティーなオリーブオイル............大さじ 4-5 杯
果肉がオレンジのカボチャ、伝統野菜のニンジン、紫タマネギなど
　野菜色々[*1]............2-3kg
生のタイム............大さじ 1 杯（みじん切り）
リコッタ・サラータかフェタ............200g（水気をよく切っておく）
あら塩とひきたてのブラックペッパー[*2]............適量

1　オーブンを180℃に予熱する。天板にオリーブオイルを少量塗り、準備した野菜を重ならないように広げる。オリーブオイルを振りかけ、野菜になじませるようにする。ただしかけすぎないこと。

2　塩とペッパーで味をみて、タイムを散らす。オーブンの中段に入れ、だいたい20分、野菜がやわらかくなって端がアメ色になるまで焼く。大きさによっては、さらに10-15分必要な場合もある。串で刺し、固くないかどうか確かめる。

3　オーブンから出し、室温で冷ます。熱すぎず温かいぐらいになればよい。浅めの盛り皿に移し、削ったリコッタか砕いたフェタをトッピングする。ローストした牛肉のサイドメニューで出すか、最初の一品として、トーストした皮の固いパンにフルーティーなオリーブオイルをさっとかけたものといっしょに出す。

[*1] カボチャはくし形に切り、種は取りのぞくが皮はそのままにする。
　　ニンジンは縦長の乱切り、パースニップは表面をこすって洗うが、
　　皮はむかず、縦長の乱切りにする。紫タマネギは、皮をむいて4等分する
[*2] チーズに塩気があるので、大量に入れないよう注意

## ローストしたビーツのサラダ

まっ赤なビーツを、異なった色のビーツといっしょにすくきは、調理したら別のボウルに入れておくほうが賢明だろう。赤色が他の色と混じってしまうのを防ぐため、あえるのは食卓に運ぶ寸前でよい。

私はトスカーナにあるブドウ園「ボルパイア」のワインビネガーを、好んで使っている。そこではブドウを搾って独自の酢が作られている。ベル果汁で代用してもかまわない。ワイン用のブドウ果汁を発酵させないでしあげたまろやかな調味料で、赤も白もある。熟しきっていない状態で収穫して圧搾し、新鮮で果実に似た酸味があり、酢ほどはすっぱくない。

### 材料：4-6人分

様々な色のビーツ[*1]............500g
　（こすって洗い、必要なら緑色の部分は切りとる）
白ワインビネガーライトタイプかベル果汁............大さじ 6 杯
エキストラバージン・オリーブオイル............大さじ 6 杯
ニンニク............1片（細かいみじん切り）
タイム、マジョラム、コリアンダーなどの生ハーブ............大さじ 3 杯
　（3種をミックスしてもよい。あらみじん切り）
ひまわり油............少々
クルミ............ひとつかみ（半分に切る）
ライフィールドのような皮のないフレッシュタイプの
　山羊乳チーズ............200g（崩しておく）
あら塩とひきたてのブラックペッパー............適量

1　オーブンを180℃に予熱する。オーブン皿の底にビーツを敷きつめ、ひたひたの水を入れる。塩で味をつける。

2　ホイルでしっかり覆いをして約40-45分、焼く。完全に火が通ればよい。串で刺し、固くないかどうか確かめる。さわれるぐらいの温度になるまで冷ます。

3　2のビーツの上の部分と根を切り、皮を指でこすって取る。くし形もしくは半分に切る。サイズが小さければそのままでもよい。白ワインビネガーかベル果汁を少々かけて、オリーブオイル、ニンニク、ハーブを加える。お好みで塩とペッパーで味をととのえる。

4　フライパンにひまわり油をほんの少量塗って、クルミに軽く焼き色がつくまで数分炒め、あらく砕く。3に散らし、細かくした山羊乳チーズをトッピングしてからいただく。

### クッキングメモ

- 山羊乳チーズは、このサラダにかける代わりに、クロスティーニ[*2]にしてもよい。斜めに切ったバゲットにニンニクをこすりつけ、オーブンでパリパリになるまで焼く。ざっとつぶした山羊乳チーズを塩とペッパーで味つけをし、バゲットに乗せる。
- 苦味のあるサラダ向け葉物野菜をオリーブオイルと白ワインビネガーであえ、ビーツに添えて出すとよい。

[*1] 赤、黄色、白、切り口が渦巻きキャンディのようなものなど、
　　バラエティーに富んだ色をファーマーズマーケットで探してみる。
　　日本では赤や黄色が入手可能
[*2] イタリアのおつまみ。オリジナルは、
　　トーストしたパンにレバーペーストを塗って、上に様々な具を乗せる

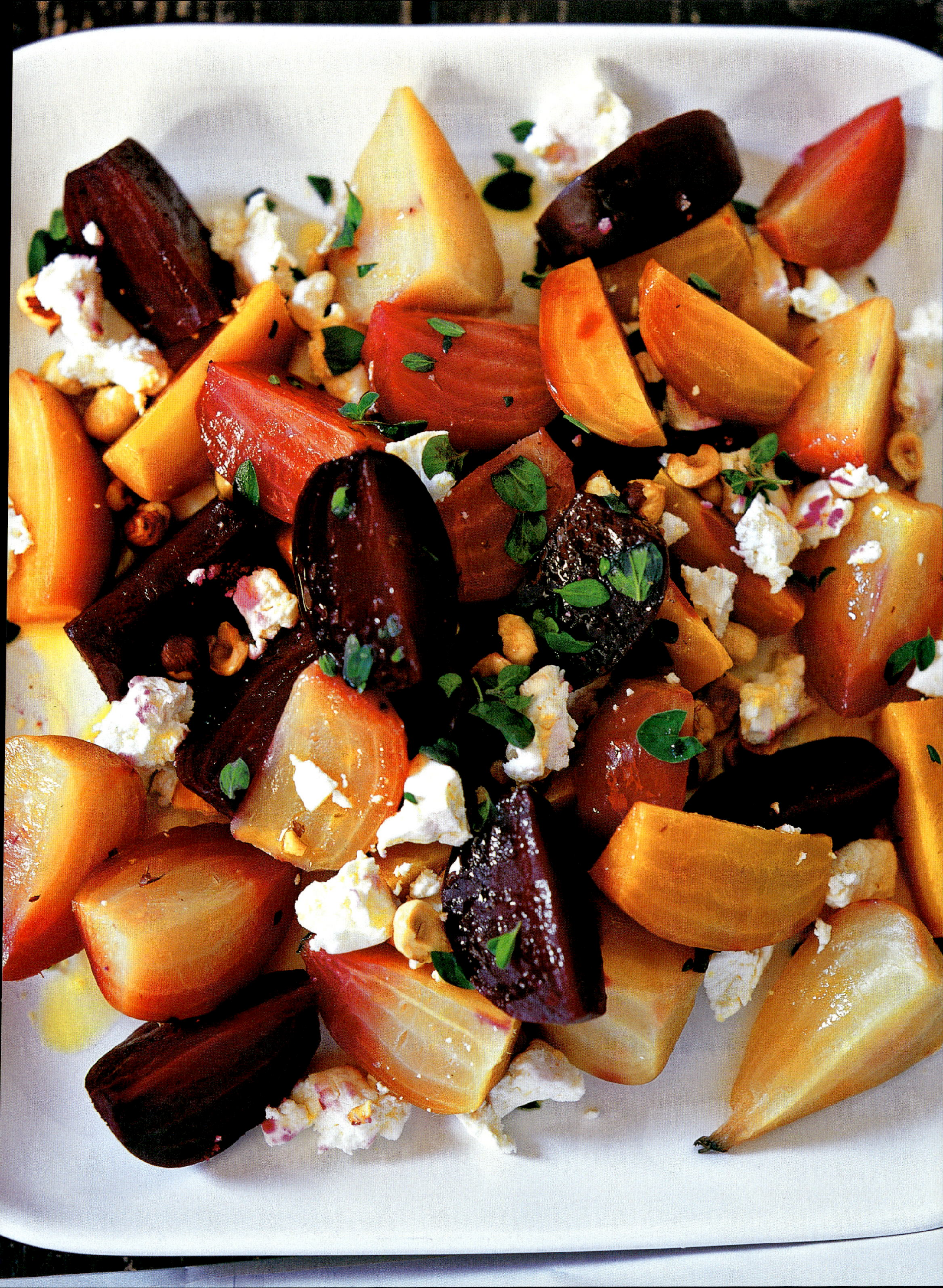

## ニンジン、紫タマネギ、トレビスのバルサミコロースト、ビーンリー・ブルーチーズがけ

　ゆっくりローストすると、ニンジンやタマネギの本来の甘さがぐんと増す。温かいサラダにして、ビーンリーのような匂いと風味の強いブルーチーズを加えて出せば、コースの最初の立派な一品になる。軽食にしても、ローストもしくはバーベキューにした肉の付けあわせにしてもよい。春になり、束になった小さなニンジンが登場したら、切らずに丸ごとローストできる。

### 材料：4-6人分

| | |
|---|---|
| 大きめのニンジン*1 | 4本（長めのくし形に切る） |
| 大きめのタマネギ | 3個（そのまま使うか、4-6等分する） |
| トレビスの葉 | 4枚（そのまま使うか、2-4等分する） |
| エキストラバージン・オリーブオイル | 適量 |
| バルサミコ酢 | 大さじ1-2杯（お好みで） |
| 大きめのニンニク | 2片（軽くつぶしておく） |
| 生のセージの葉 | 数枚 |
| タイム | 数本 |
| 赤唐辛子 | 1本（種を取りのぞき、みじん切り） |
| レモンの皮 | 1個分 |
| ビーンリー・ブルー*2 | 300g（あらく砕く） |
| イタリアンパセリ | 大さじ1杯（みじん切り） |
| あら塩とひきたてのブラックペッパー | 適量（お好みで） |

1　オーブンを220℃に予熱する。ニンジン、タマネギ、トレビスを大きめのボウルに入れる。オリーブオイルとバルサミコ酢をかける。ただしかけすぎないこと。お好みで塩を加え、手で混ぜあわせながら、なじませる。

2　1を大きめの天板か浅めのオーブン用フライパンに広げる（野菜をひっくり返すときに手間がかかるので、深さがあるものは避ける）。ニンニク、ハーブ、唐辛子、レモンの皮を上からかける。

3　10-15分焼き、野菜をひっくり返し、再びオーブンに戻す。30分も焼けばよいが、時々串で刺してやわらかくなったかどうか確認する。野菜が固くならないようにするためにも、高めの温度でローストすることが重要。オーブンから取りだし、室温で冷ます。

4　野菜と焼き汁を浅めの盛り皿に移し、ビーンリー・ブルーなどのブルーチーズを振りかける。パセリを散らして、必要なら塩を少々かける。

*1 もしくはベビーキャロットなら8-10本、切らずにそのまま使う
*2 これ以外でも匂いのきついブルーチーズなら何でもよい

## 赤唐辛子のペコリーノをあしらったチーマ・デ・ラパのニンニク炒め

　チーマ・デ・ラパ*1 は、葉が細長く房が小さめのブロッコリーの一種で（ブロッコリーラベとも呼ばれる）、晩冬か初春、イタリアから届いて店頭に並ぶ。イギリスでも栽培されているが、種はオンラインでも購入できるので、もはや世界中で見かけるともいえる。冬に根菜を飽きるほど食べたあとに、大喜びで迎えたいほっとする緑の野菜だ。ローストした肉や魚の付けあわせになり、魅力的な温野菜サラダにも変身する。市場や青果物店にある紫のブロッコリーでも、同じようにうまくできる。

### 作りかた：4-6人分

　チーマ・デ・ラパか紫のブロッコリーを1kg、洗って切る。大きめのソースパンに入れて、水を少し注ぐ。これで4-6人分の量。ふたをして強火にかけ、なべを時々ゆする。沸騰して最初のうちはシューシューと音がするが、そのうちにしずまる。固めに歯ごたえが残るぐらいまでゆでる。ブロッコリーを取りだし、水気を出来るだけ切る。

　大きめのフライパンで、オリーブオイルを大さじ1-2杯熱し（最高級のものでなくてもよい）、ごく薄切りにしたニンニクを弱火で1-2分、しんなりしてほんのりキツネ色になるまで炒める。ブロッコリーを足してよくかき混ぜ、ニンニクの香りのついたオイルにからませる。火から下ろして、盛り皿に重なるように入れる。

　フルーティーなエキストラバージン・オリーブオイルを、大さじ2-3杯かける（ドレッシングになるので、いちばんよいものを使う）。ピーラーかチーズ・シェーバーで、唐辛子入りのトスカーナ産のペコリーノを薄く削って乗せる。もっと強い味のチーズが好みなら、同じく唐辛子入りのサルデーニャ産かシチリア産のハードチーズを使う。

*1 イタリアのなばなともいえる野菜で、葉とつぼみの部分を食べる。日本でも栽培されている。

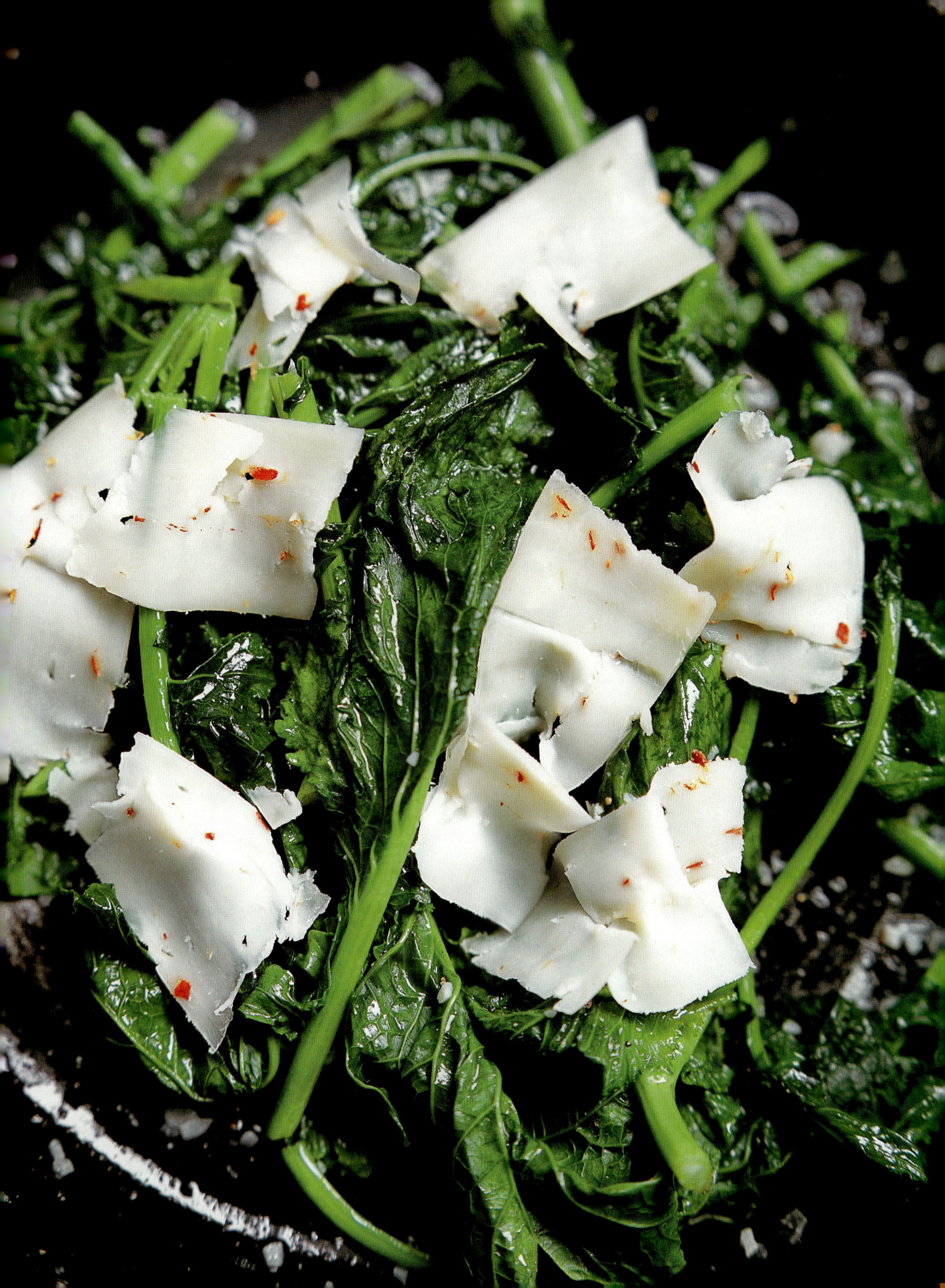

## アスパラガスのパルメザンバター炒め、カリカリパン粉がけ

　イギリスではアスパラガスの季節が4月頃からだが、イタリアは3月、フランスはその数週間あとからだ。短い期間のようだが、ヨーロッパ大陸のアスパラガスの時期が終わる頃に、イギリスのアスパラガスが盛りになるので、初春から夏の初めまで楽しめ、素晴らしい。バター風味のパン粉を添えていただくとアスパラガスの味がいかされ、辛めのパルメザンチーズを加えれば完璧になる。

### 作りかた：2人分

　オーブンを180℃に予熱する。前日のトスカーナなどの淡泊なホワイトブレッドをパン粉にする。カップ1杯につき、細かく下ろしたパルメザンを1/2カップ加える。パン粉とチーズを混ぜあわせて、天板に広げ、オーブンで数分、パン粉が色づき、少しカリッとするまで加熱する。

　ソースパンにチーズとパン粉を入れ、バターをひとかたまり足して、パン粉がキツネ色になるまで中火で炒める。さらにバターをひとかたまり加え、パン粉が完全にバターとからむまでかき混ぜる。

　アスパラガスを2-3束、お湯でさっとゆでる。盛り皿に重なるように乗せ、バター風味のパン粉を穂先にかける。いただくときは手で。

#### クッキングメモ

- アスパラガスをゆでてお湯を捨てたら、キッチンペーパーで軽く押さえて水分を取る。少量のオリーブオイルで、うっすらキツネ色になるまで炒める。

## リコッタチーズの スタッフド・ズッキーニ・フラワー

　初夏から秋にかけて、ズッキーニの花は非常に珍重されている。オレンジ色のマリゴールドのランタンのようで、詰めものに実にふさわしい。少し骨の折れる作業があるが、努力のかいはあるはずだ。コースの最初の一品として、やわらかい葉やチャービルやフェンネルなどが入ったミニサラダといっしょに出す。サラダには、ライトタイプのオリーブオイルと白ワインビネガーかベル果汁をかける。香り豊かに口あたりは軽くしあげたい。

### 作りかた：12-16人分

　まずズッキーニが大きい場合は、茎の部分を少し残し、花を切りとる。ズッキーニが小さいなら、花はつけたままにする。

　みじん切りにした生のマジョラム（もしくはやわらかい葉のかぐわしいハーブ。チャービル、タイム、タラゴンの単品かミックス）約大さじ2杯と、種を抜いた小さめの赤唐辛子を1本、ボウルに入れる。レモンの皮と、ザルで水気を切った新鮮なリコッタ300gも加える。リコッタは牛乳でも、水牛乳でも、羊の乳でもかまわない。見つからなければ、鮮度の非常に高い皮なしの山羊乳チーズか、かなりあっさりしたクリームチーズにする。塩とひきたてのペッパーで味をつけてかき混ぜる。中型の口金をつけたしぼり袋に入れる（a）。

　ズッキーニの花をそっとひらいて（おしべを取りだせるならそのほうがよいが、花が小さければそのままにする）（a）をしぼりだし、半分か3/4ぐらいのところまで入れる。花を静かに閉じ、調理している間に中身がもれないよう、上の部分をひねる。

　天板にパラフィン紙を敷いて、ズッキーニの花をだいたい12-16本（花の大きさによって異なる）乗せ、プロヴァンス産のエキストラバージン・オリーブオイルを少々かけ（もしくはそれほど味がきつくないオイル）、180℃に予熱したオーブンで5-8分焼く。花がついたままで、少し歯ごたえが残るぐらいにする。

## アリゴ

　フランス南西部に古くから伝わる巡礼者向けのレシピ。作りたての表皮のないカンタルチーズであるトムフレッシュを使うのが理想だ。チーズ専門店で取りよせてくれるだろう。

### 材料：4人分

| | |
|---|---|
| 無塩バター | 100g |
| 大きめのニンニク | 2片 |
| （いきのよい新ニンニクがあればなおよい） | |
| デジリーポテト*1 | 1kg |
| 濃いクリーム*2 | 150㎖ |
| トムフレッシュか熟成していないランカシャーかチェシアか　ウェンズリーデールかカンタル | 400g（下ろしておく） |
| あら塩 | 適量 |

1 ソースパンにバターを溶かしてニンニクを入れ、そのままにする。バターをニンニクに染みこませ、やわらかくする。ニンニクをつぶしてバターと合わせて脇に置く。その間にジャガイモを調理する。

2 ジャガイモの皮をつけたまま、中がやわらかくなるまで蒸す（串で刺し、固くないかどうか確かめる）。皮をむき、水ですすいで乾かしてから、ソースパンに戻す。ごく弱火でジャガイモの水気を飛ばしたら、ポテトマッシャーかフォークでつぶして、ほぼペースト状態にする。1のニンニクを入れて混ぜる。

3 2のソースパンを弱火にかけてクリームを注ぎ、大きめの木のスプーンで混ぜあわせる。できれば平たくて丸いスプーンを使う（手に入らない場合は普通の木のスプーンでよい）。フォンデュのときのように、クリーミーな質感になるまで、手首の力を抜いて8の字にかき混ぜる。

4 そのままかき混ぜながら、チーズを少しずつ足し、持ちあげるようにしながら練る。チーズが伸びて戻るようになればよい。チーズをすべて加え、味見をし、必要なら塩を足す。ローストした肉か薫製ハムに添えていただく。

*1 これ以外でもマッシュポテトにふさわしいジャガイモならよい
*2 小ビンに入ったもの。ダブルクリームでもシングルクリームでも。できれば低温殺菌していないジャージー牛乳原料のもの

## ローストしたカボチャ、ジロールと パルメザンチーズクリームがけ

秋の色が美しい完璧な温野菜サラダだ。甘みのあるカボチャ、素朴な味わいのジロール、塩気とコクがあるパルメザンの魅力的な組みあわせだ。これだけで立派な昼食になるし、ローストした子牛の付けあわせにしてもよい。

### 材料：4人分

| 果肉がオレンジのカボチャ | 1.5kg |
| --- | --- |
| （皮はつけたまま。種を取りのぞき、くし形に切る） | |
| オリーブオイル | 大さじ1-2杯 |
| 生のセージの葉 | 大さじ2杯（みじん切り） |
| 無塩バター | 50g |
| ジロール*1 | 300g |
| 熟成したパルメザン | 150g |
| 低温殺菌していない（手に入れば）ジャージー牛乳のダブルクリーム | 300㎖ |
| ニンニク | 1片（細かいみじん切り） |
| あら塩とひきたてのブラックペッパー | 適量 |

1 オーブンを180℃に予熱する。カボチャを天板に乗せ、オリーブオイルをかけ（分量外）、セージの葉を半分散らし、塩とペッパーで味をととのえる。

2 カボチャがやわらかくなり、縁がアメ色になるまで35-40分焼く。串でまん中を刺して固くないことを確かめ、全体にもきちんと火が通っているかを見る。オーブンから出して、さわれるぐらいの温度になるまで冷ます。

3 フライパンに、バターとオリーブオイル大さじ1-2杯を熱し、ふつふつとしてきたらジロールを炒める（キノコに火が通ると、ジュージューという音が突然おさまる）。穴あきスプーンで取りだし、側に置いておく。

4 同じフライパンに下ろしたパルメザン、ニンニク、残りのセージの葉を入れ、チーズが溶けて全体が温かくなるまで熱する。熱くなりすぎないように。お好みでペッパーで味つけをする。

5 各自の皿に2と3を盛りつけ、クリームソースになった4を少しかける。ピーラーかチーズ「シェーバー」で残りのパルメザンを薄く削って乗せる。苦味のある葉物野菜と、トーストしたパニョッタ*2 やチャパタといった田舎風パンにオリーブオイル（分量外）を少々かけたものを添えて、すぐにいただく。

*1 これ以外でも野生のマッシュルームならよい。好きなものを選ぶ
*2 イタリアの丸パン

286 レシピ

# デザート、パン、ビスケット

私はこってりしたクリームのデザートが非常に好きだが、みなさんにはぜひとも、上等なクリームやマスカルポーネを買うことをおすすめする。できれば、いっさい加工されていないものがよい。美味しいパンやビスケットは、本当に簡単に作ることができる。

## ティラミス

ザバイヨン（マルサラワインで作られた、ヴェニスに伝わる温かいエッグカスタード）、ペストリークリーム、マスカルポーネクリーム、サボイアルディ*1 ビスケットを合わせて、濃いエスプレッソコーヒーをかけるというのが従来のやりかただが、私は多少邪道でもかまわないと考えている。このレシピは少し簡略化されているが、濃厚さは変わらない。

### 材料：8人分

- グラニュー糖……小さじ1杯
- 非常に濃いエスプレッソコーヒー……小さめのカップに2杯（冷ましておく）
- ブランデー……少々
- サボイアルディかレディフィンガー*2……大きめなら24本、小さめなら36本
- 上質なココアパウダー……適量（お好みで。できればヴァローナ社*3のもの）

### サバイヨン

- 有機飼育の放し飼いの大きめの卵……卵黄4個
- グラニュー糖……大さじ4杯
- マルサラワイン……小さなワイングラスに1杯（またはアマレットでもよい）
- バニラエキス*4……小さじ1/2杯
- レモンの皮……2個分（下ろしておく）

### マスカルポーネクリーム

- 新鮮なマスカルポーネ……750g
- グラニュー糖……大さじ山盛り1杯
- バニラエキス……少々（または生のバニラから取りだしたバニラビーンズ）
- ダブルクリーム……425ml

1 二重鍋（ソースパンにお湯を入れて火にかけ、沸騰させる。中にボウルを重ねるが、このとき底がお湯につかないようにする）にサバイヨンの材料を入れる。弱火にかけながら3-5分、カスタードが濃くなり、スプーンですくえるようになるまで、泡立てつづける。火から下ろして冷ます（冷蔵庫に一晩入れてもよい）。

2 マスカルポーネクリームを作る。ダブルクリーム以外の材料をボウルに入れてかき混ぜ、なめらかにする。別のボウルで8分立てにしておいたダブルクリームを加え、切るように混ぜる。

3 浅めの皿で、グラニュー糖小さじ1杯とコーヒーとブランデーを混ぜ、フィンガービスケットをちょっと浸し（ビスケット全部をいっぺんにやること）、軽くつく程度にする。浸しすぎると、ティラミスの土台の部分がぐしょぐしょになってしまうので注意。小さめのボウルか大きめの盛り皿に、フィンガービスケットをすき間なく詰めて並べる。

4 1を3にたっぷりと入れてから、フィンガービスケットをさらに乗せる。次に2を重ね、表面をなめらかにする。数時間から一晩、冷蔵する。お好みで、ココアパウダーと砂糖（分量外）を少々振りかけてからいただく。

### クッキングメモ

- このようなシンプルなデザートには、可能な限り最良の材料を使って欲しい。農家で作られたマスカルポーネが手に入り、エスプレッソをいれられるコーヒーマシーンが家にあれば、できあがりのティラミスの味は予想以上のものになるだろう。

*1 イタリアのフィンガービスケット。日本でも入手可能
*2 サボイアルディと同じくフィンガービスケット
*3 フランス老舗のチョコレートメーカー。日本でも入手可能
*4 アルコールにバニラを漬けこんで香りや成分を移したもの。バニラエッセンスとは違う

## プラムのクワルク添え

ドイツのバイエルンの美しいアルプス山脈地域、イスニーにあるワイルド夫人の酪農場で手製のクワルクに出会ったとき、伝統的なタイプのものが今なお存在していると知り、大喜びしたのと同時に安心したのを覚えている。

クワルクはそのままでも、ピューレにした果物や刻んだナッツを加えても口あたりがよい。プラムのように砂糖づけにしたり焼いたりした果物は、最高の付けあわせになる。果物の甘酸っぱい味は、やわらかいフレッシュチーズのスムーズで絹のような食感とぴったり合う。

これはありきたりなプラムのレシピではない。私はある発見をしたからだ。イタリアのマルケ州産のビスキオラータという、小さなサクランボ（クロサクランボに味も形も似ている）が原料の甘口の果実酒が、晩夏の濃い色のプラムをつけるのに最適なデザートワインだということを。

### 作りかた

大きめのガラスの密閉ビンかキルナージャーに、きれいなプラムを入れる。表面にキズや裂けめがないものにする。ビンの中でつぶさなくて済むように、あまりにも大粒のものは避ける。プラムが浸るぐらいまでビスキオラータワインを注ぎ、シナモンスティックとスターアニスをビンの中ほどに入れる。ふたを閉めて、日の当たらない涼しい棚に置く。

翌日、ワインをさらに足して、プラムに吸収されて減った分を補う。これを2日、くり返す。最後の日、ワインを入れ、ふたがしっかり閉まっていることを確認し、日の当たらない棚に2週間置く。

冷やしたやわらかくまろやかなクワルクをスプーンでたっぷりと盛り、プラムを添えて手軽なデザートとしていただく。

## 秋のベリータルト、クワルク添え

秋はベリーを最大限に活用しよう。旬の時期が短く、一度霜が降りてしまえば、もう収穫は終わってしまうからだ。秋のベリーは、風味豊かなだけでなく、すっぱくてみずみずしい。とびきりのジャムやゼリー、パイやタルトになる。時間があれば、タルト生地を前もって焼いて冷凍しておく。そうすれば、やわらかいチーズと果物を入れて出すだけで済む。

### 材料：6人分

| | |
|---|---|
| 無塩バター | 100g |
| グラニュー糖 | 90g |
| 塩 | 小さじ1/4杯 |
| バニラエキス | 小さじ1/4杯 |
| 有機飼育の放し飼いの卵 | 卵黄1個 |
| 無漂白の中力粉（薄力粉も可） | 125g（ふるいにかけておく） |
| グラニュー糖 | 適量 |

### フィリング

| | |
|---|---|
| クワルク | 200g（乾燥のカードに似た乾燥クワルクにする。または低脂肪か中脂肪のクリームチーズ。水気を切っておく） |
| 粉砂糖 | 適量（お好みで） |
| ブラックベリー | 300g（洗ってヘタを取る） |
| グラニュー糖 | 大さじ2杯 |

1 ボウルでバターと砂糖をかき混ぜて、クリーム状にする。塩、バニラエキス、卵黄を混ぜ、中力粉も入れて合わせ、なめらかな生地を作る（手でもよいし、フードプロセッサーでやってもよい）。生地をボール状にしてラップで包み、2時間から一晩、冷蔵庫の野菜室で休ませる。

2 オーブンを200℃に予熱する。6cm×8cmの底が抜けるパイの焼き型か、20cmの底が抜けるタルトの焼き型に、軽くバターを塗る（分量外）。

3 薄く粉をふった調理台でパイ生地を伸ばし、型に敷き、底にフォークなどで穴を開ける。生地の上に丸く切ったパラフィン紙を置き、パイ用重石を入れ、オーブンでだいたい10分、生地の側面がキツネ色になるまで焼く。オーブンから出して、重石とパラフィン紙を取りのぞき、再び数分、底がうっすらキツネ色になるまで焼く。オーブンから取りだしてあら熱を取る。

4 クワルクをボウルに入れ、お好みで粉砂糖で甘みをつける。脇によけておく。ソースパンにブラックベリーとグラニュー糖を入れて2-3分、砂糖が溶けてブラックベリーが少しやわらかくなるまで煮る。そのままにして冷ます。

5 クワルクを3に入れ、上から4のブラックベリーをかける（汁はかけない）。ブラックベリーから出た汁を鍋に入れ、煮つめてとろみをつける。冷ましたあと、タルトに振りかける。

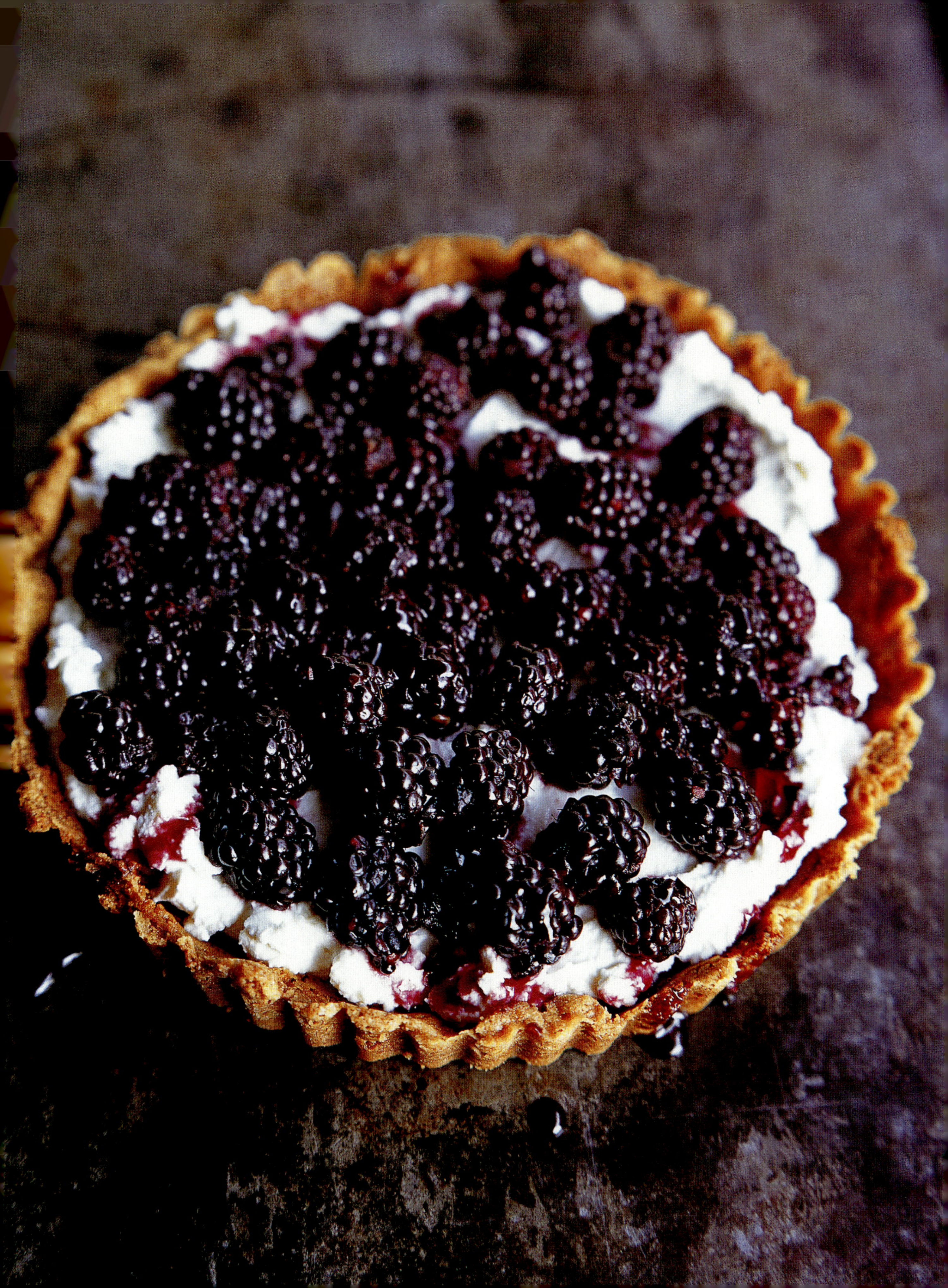

## ブリヤ・サヴァランのチーズケーキ

ナッツの風味とコクがあり、バターのような食感のこのトリプルクリームチーズを使った、ぜいたくなチーズケーキだ。当然ながら、カロリーには目をつぶらなくてはならない。しかし、このこってりとしたお菓子なら、そんなに大量に食べなくてもよいだろう。ブリヤ・サヴァランは1年中手に入るが、春か夏の終わりがベストだ。じゅうぶん冷やしてからベリーや果物のコンポートといっしょに出せば、格別の味だ。

### 材料：8-10人分
| | |
|---|---|
| バター | 適量 |
| 小麦粉 | 適量 |
| ブリヤ・サヴァラン | 250g |
| 農家製のマスカルポーネ | 100g |
| バニラのさや | 1/2本 |
| （縦に半分に切って、バニラビーンズを取りだしておく） | |
| レモンの皮 | 1/2個分（下ろしておく） |
| 有機飼育の放し飼いの卵 | 卵黄2個 |
| グラニュー糖 | 50g |
| 有機飼育の放し飼いの卵 | 卵白1個（8分立てにしておく） |
| 煮こんだ冬のルバーブ[*1]か | |
| 果物のコンポートか生のベリー | 適量（出すときに） |

### チーズケーキの土台
| | |
|---|---|
| ビスケット[*2] | 200g（砕いておく） |
| 無塩バター | 100g（溶けたもの） |
| ハチミツ | 小さじ1杯（液状のもの） |

1 底が抜けるもしくは側面が外せる20cmのケーキの焼き型に、バターを塗って小麦粉を振る。ケーキの土台を作る。砕いたビスケット、バターとハチミツをボウルで混ぜあわせ、焼き型に入れて表面をならし、押しかためる。冷蔵庫に1時間、お好みで一晩置く。

2 オーブンの火を一番弱くして予熱する。フィリングを作る。ブリヤ・サヴァラン、マスカルポーネ、バニラビーンズ、レモンの皮を数分、ミキサーにかけるか、泡立て器を使う。

3 卵黄と砂糖を混ぜてから2に足し、ミキサーに数分かけるか、泡立て器を使う。ボウルに移し、数分そのままにし、別に泡立てておいた卵白をそっと混ぜいれる。

4 冷蔵庫から1を取りだし、天板に乗せる。3を流しこみ、オーブンで30-40分、固くなるまで焼く。オーブンの扉を少し開けておき、室温で冷ましてから、冷蔵庫に入れる。

5 カップかボウルの上に4を乗せ、縁の部分を少しずつ押しながら型を外す。ケーキの土台と型の底の間にパレットナイフを入れて外し、ケーキを皿に移す。煮こんだ冬のルバーブ、酸味のある果物のコンポートや、新鮮なベリーを添えていただく。

[*1] 日に当てずに育てたまっ赤な色のルバーブ。従来の緑色のものよりやわらかく酸味が少ない。日本でも「クリムゾンルバーブ」という赤い品種が栽培されているが、酸味は強い

[*2] 全麦のビスケットでもクラッカーでもよい

## ベイクドチーズケーキ

チーズケーキといえば、ありとあらゆる種類をあげることができるが、私はあっさりとしていて味わい深いこちらをご紹介したい。ノルマンディー産トリプルクリームチーズ、ブリヤ・サヴァランで作ったかなりおしゃれで豪華なチーズケーキとは別ものだ（左記参照）。

私は、チーズケーキの土台に砕いたビスケットを使うのも非常に好きなのだが、好みをいえば、あらかじめ焼いておくパイ生地がよい。中身がしっかりと収まるからだ。美味しいチーズケーキの秘けつは、ダマができないようにフィリングをよくかき混ぜること、低温で焼くこと、火を止めたオーブンの中でそのままにして完全に冷ますこと。辛抱強さが実を結ぶ作業だ。

### 材料：8人分
| | |
|---|---|
| 無塩バター | 115g（角切り） |
| 無漂白の中力粉（薄力粉も可） | 200g |
| グラニュー糖 | 大さじ2杯 |
| 下ろしたレモンの皮 | 小さじ1/2杯 |
| バニラエキス | 小さじ1/2杯 |
| 氷水 | 大さじ1杯 |
| 塩 | ひとつまみ |
| クレームフレッシュと生のイチゴ | 適量 |
| （お好みで。出すときに） | |

### フィリング
| | |
|---|---|
| ライフィールドのようなマイルドなフレッシュタイプの山羊乳チーズ | 400g |
| （皮は取りのぞく。新鮮な山羊乳のカードでもよい） | |
| マスカルポーネ | 200g |
| グラニュー糖 | 85gと大さじ2杯 |
| バター | 60g（溶かしたもの） |
| 大きめのレモンの皮と汁 | 1/2個分 |
| ひいたアーモンド | 大さじ2杯 |
| バニラエキス | 小さじ1/4杯 |
| 有機飼育の放し飼いの大きめの卵 | 2個 |
| （卵黄と卵白をわけておく） | |

1 底が抜けるもしくは側面が外せる23cmのケーキの焼き型に、バターを塗って中力粉を振る（分量外）。中力粉、バター、砂糖、レモンの皮、バニラエキス、氷水、塩ひとつまみをフードプロセッサーに入れてざっとかけ、細かなパン粉のようにする。

2 ボウルに移し、手でこねて、ボール状のスムーズな生地を作る。薄く粉をふった調理台で生地を伸ばし、1の型に敷く。生地を薄めにスライスして、手のひらで型に押すようにつけてもよい。型を冷蔵庫に30分入れる。

3 オーブンを200℃に予熱する。2を12分、ほんのり色が変わって、さわると乾いている状態になるまで焼く。オーブンから取りだして冷ます（クリームチーズのフィリングを、熱いパイ生地に直接入れないこと）。

4 その間にフィリングを作る。山羊乳チーズを砕いてボウルに入れ、マスカルポーネ、グラニュー糖85g、溶かしたバター、レモンの皮と汁、ひいたアーモンド、バニラエキス、卵黄を加えてなめらかになるまでかき混ぜる。

5 オーブンを180℃に下げる。きれいな油汚れなどついていないボウルで、卵白を10分立てにし、残りのグラニュー糖を混ぜいれる。4と混ぜあわせて、3の生焼けのパイ生地に入れて45分、表面がうっすらキツネ色になるまで焼く。

6 オーブンの火を止めて扉を少し開けて、チーズケーキを15分そのままにし、完全に冷ます。お好みでクレームフレッシュを塗って生のイチゴを飾る。

## チーズサブレ

簡単にできるチーズビスケット。最高の品質のパルメザンや強い味のハードチーズなどで作れば、うま味が増す。

### 作りかた：10-15枚分

    無漂白の中力粉(薄力粉も可) ............................................ 200g
    パルメザンもしくは風味のあるハードチーズ ................. 125g
                                        (細かく下ろしておく)
    カイエンペッパー .............................................. ふたつまみぐらい
    無塩バター ........................ 115g (角切りにしてやわらかくしておく)
    有機飼育の放し飼いの大きめの卵 ................................ 卵黄1個

1 オーブンを200℃に予熱する。天板にバターを塗って中力粉を振る(分量外)。ボウルで中力粉、パルメザン、カイエンペッパーを混ぜる。バターを加え、パン粉のようになるまで指先でかき混ぜる。
2 卵黄を混ぜ入れて、固めの生地にする。ラップで包み、冷蔵庫の野菜室で30分以上休ませる。
3 軽く粉をはたいた調理台で生地を伸ばして、1cmの厚さにする。ワイングラスか5cmのクッキー型で丸い形にくりぬき、天板に乗せる。再び生地を丸めて伸ばし、同じことをくり返す。天板をオーブンのまん中に入れて15分、サブレがキツネ色になるまで焼く。

## パルメザンチップス

あっという間に作れる薄いレースのようなチップス。なくなってしまっても、冷凍庫に細かく下ろしたパルメザンがあれば準備は万端だ。この上なく素晴らしいアペリティフになり、冷やしたプロセッコや白ワインと特に相性がいい。忘れてはならないのは、熟成が進んだパルメザンを使うことだ。若いチーズだと、フルーティーな味わいに欠け、ぱりっとした食感にならない。

### 作りかた

オーブンを230℃に予熱する。天板にパラフィン紙を敷く。細かく下ろしたパルミジャーノ・レッジャーノ250gを、小さな山のようにして天板に盛る。または5cmのクッキーの型の中にチーズを振りいれれば、より凹凸のない円形ができあがる。調理をしている間にチーズが溶けて広がるので、間隔をじゅうぶんに取ること。この分量でだいたい12-15枚分。

あらみじん切りにした生の唐辛子や粉末パプリカをチーズに加えれば、辛口のチップスになるが、熟成したパルメザンを使えば、それだけで風味豊かだ。チーズがレースのように広がり、キツネ色に変わるまで数分焼く。天板でそのままにして、さわれるぐらいの温度になるまで冷ます。パレットナイフで盛り皿に移す。

# チーズスティック

このレシピには、材料リストをわざわざ書く必要もないだろう。できるだけ高品質のパイ生地を手に入れ、長方形に伸ばす。パルメザンかチェダー、同じタイプの砕けやすいハードチーズ（それらをミックスしてもよい）を下ろしてボウルに入れる。伸ばした生地にチーズをたっぷりかけ、上から押す。お好みで、塩とひきたてのブラックペッパーで味つけをする。

別のボウルにカイエンペッパー、イングリッシュ・マスタード・パウダーをデザートスプーン[*1]1杯ずつ混ぜ、チーズのかかった生地にふりかけ、スプーンの裏で押す。オーブンを200℃に予熱する。生地を20cm×2.5cmの長さのスティックに切り、ひねってらせん状にし、バターを塗った天板に乗せる。オーブンで約5分、キツネ色になってぱりっとするまで焼く。金網に移して冷ます。

### クッキングメモ

- ごく薄く切ったパルマハムやバイヨンヌハム[*2]を、チーズをかけた生地に乗せて、同じようにひねるというバージョンもある。または、ケシの実とキャラウエーシードをかけてもよい。

*1 小さじと大さじの中間の大きさのスプーン

*2 パルマハムは、イタリアのハムの一種で通常料理しないで生のまま食べる。バイヨンヌハムはフランスのハムで、唐辛子で味つけされている

## グジェール

夕食会の前菜やパーティーのカナッペにもってこいの一品。濃密な味のハードチーズが小片になってあまったとき、使いきるのにぴったりのレシピだ。

### 材料：約24個分

| | |
|---|---|
| 真水 | 125㎖（できればフィルターを通したもの） |
| 有機牛乳 | 125㎖ |
| 無塩バター | 50g |
| 無漂白の中力粉（薄力粉も可） | 200g |
| 有機飼育の放し飼いの大きめの卵 | 4個 |
| エメンタールフランセか、少しあっさりしたタイプのグリュイエール | 100g（下ろしておく） |
| ひいたナツメグ | ひとつまみ強 |
| あら塩とひきたてのブラックペッパー | 適量 |

1 オーブンを200℃に予熱する。2枚の天板にベーキングシートを敷く。中ぐらいの大きさの底が厚いソースパンに水、牛乳、バター、塩を入れ、ゆっくりと沸騰させる。

2 火から下ろして中力粉を加え、木製スプーンでかき混ぜる。再び火に戻し、弱い中火にかけながら混ぜつづけ、なめらかな生地にする。弱火にしたら1-2分、生地が鍋肌にくっつかなくなるまで加熱する。

3 生地をボウルに移し、数分間冷ます。卵をいっぺんに入れ、4個すべてをしっかりかき混ぜる。ここがポイント。生地が分離するように見えても問題はないので気にせず、とにかくかき混ぜて卵と合わせる。下ろしたチーズを55g残して入れ、ペッパーとナツメグをひとつまみ強入れる。

4 しぼり袋に生地を入れ、1cmの平たく丸い口金をつける。大きめのグジェールにしたかったら、口金も大きくする。天板に5cmの間隔で、生地を小さくしぼりだす。残りのチーズをかけ、15-20分、生地がこんがりキツネ色になるまで焼く。

5 できたての熱々をいただく。冷ましてから覆いをして、冷蔵庫に保存してもよい。そのときは温めてからいただく。

**クッキングメモ**

♥ グジェールは作り置きもできる。天板にしぼり出し、そのまま冷凍する。完全に凍ったら、くっつかないようにして冷凍用バッグに入れる。解凍するには袋から取りだして天板に乗せ、室温に戻す。チーズを振りかけて、上記のように焼く。

## 山羊乳チーズ入りコーンブレッド

私は、トウモロコシの皮がついたままのポレンタ粉[*1]を使って、舌触りのあらいパンを作るのがお気にいりだ。カボチャのスープ付けあわせにしても素晴らしいし、シンプルなサラダといっしょに出してもよいだろう。

### 材料：約10-12個分

| | |
|---|---|
| 無塩バター | 50g（溶かしておく） |
| 牛乳 | 225㎖ |
| 有機飼育の放し飼いの卵 | 1個 |
| 無漂白の中力粉（薄力粉も可） | 100g |
| ベーキングパウダー | 大さじ1杯 |
| 塩 | 小さじ1杯弱 |
| 黄色い粗粒のポレンタ粉かコーンミール | 100g |
| 赤唐辛子 | 1-2本（種を取りのぞき、みじん切り） |
| 生のバジルかコリアンダー | ひとつかみ弱（みじん切り） |
| カプリーニなどやわらかいフレッシュタイプの山羊乳チーズ | 100-125g（刻んでおく） |

1 オーブンを220℃に予熱する。25cmの正方形の焼き型にバター（分量外）を塗る。ピッチャーに牛乳を注ぎ、卵を入れて混ぜる。側に置いておく

2 ふるいにかけた中力粉、ベーキングパウダー、塩、ポレンタ粉をボウルに入れ、中央にくぼみを作る。1の牛乳を入れ、なめらかになるまでよくかき混ぜる。溶かしたバター、唐辛子とハーブを足し、山羊乳チーズを混ぜいれる。

3 1の焼き型に流しこみ、オーブンで20分、表面がキツネ色になり、金属の串を刺して何もついてこなくなるまで焼く。まだ焼けてないようなら、オーブンに戻してさらに数分焼く。焼き型に入れたまま少し冷まし、ひっくり返して金網に置いてさらに冷ます。薄切りにするか、大きめのキューブ形に切って出す。

[*1] ポレンタは、トウモロコシをひいた粉を練ったイタリア料理。ポレンタ粉は専用のトウモロコシの粉。日本でも入手可能

## パルメザンチーズスコーン

　塩味のスコーンは本当に手間なく作れるし、朝食や昼食、アフタヌーンティーでも夕食でも、温かいまま出せばおいしくいただける。ピクニックの食事にもちょうどよい。ハーブ入りの山羊乳チーズのフィリングの上に、カリカリに焼いた甘辛いスペックの薄切を乗せたのが、私の好きな食べかただ。

### 材料：約10個分

| | |
|---|---|
| ベーキングパウダー入りの小麦粉 | 250g |
| ベーキングパウダー | 小さじ1/2 |
| 塩 | ふたつまみぐらい |
| パルメザン | 50g（細かく下ろしておく）|
| カイエンペッパー | ひとつまみ強（お好みで）|
| イングリッシュ・マスタード・パウダー | 小さじ1杯（お好みで）|
| 無塩バター | 60g |
| （固すぎないぐらいの冷たい状態で。さいの目切り） | |
| 牛乳 | 大さじ5杯 |
| プレーンヨーグルト | 大さじ5杯 |
| 有機飼育の放し飼いの大きめの卵 | 2個（軽く混ぜておく）|

### フィリング

| | |
|---|---|
| スペックや薫製ハム | 8枚 |
| フレッシュタイプの皮のない山羊乳チーズか山羊乳のカード | 250g |
| ベビーケッパー | 小さじ1杯（水ですすいで乾かしておく）|
| チャイブ、チャービル、バジル、パセリなどのハーブ | 大さじ1杯（みじん切り）|
| レモンの皮 | 小さじ1杯（下ろしておく）|

1　オーブンを180℃に予熱する。スペックかハムを天板に乗せ、カリカリになるまで焼き、脇によけておく。

2　小麦粉、ベーキングパウダー、塩をいっしょにふるいにかけ、大きめのボウルに入れる。パルメザン、カイエンペッパー、マスタードパウダーも使うなら足す。バターを加えてすりこみ、細かいパン粉のようにする。まん中にくぼみを作る。

3　牛乳、ヨーグルト、軽く混ぜた卵（焼く前に表面をコーティングするのに使うので、その分を少し残しておく）を合わせ、2に少しずつたらしてかき混ぜ、粘り気のある生地を作る。ベーキングシートを敷いた天板をオーブンで数分温め、側に置いておく。

4　3の生地をボウルから取りだし、軽く粉をはたいた調理台でなめらかになるまでこねる。小麦粉を上から少し振りかけ（分量外）、小麦粉をまぶした麺棒で2cmぐらいの厚さに伸ばす。7cmの菓子用の型抜きかコップの縁に小麦粉を少しつけ、生地をくりぬき、10個のスコーンを作る。必要ならば、再び生地を丸めて伸ばす。温めておいた天板に乗せる（生地を大きな円形にして、三角形の切れめを入れてもよい）。

5　残った卵液をスコーンに塗り、オーブンで約8分、ふくらんでキツネ色になるまで焼く。金網で少し冷ましたあと、温かいうちに出すのがベスト。

6　フィリングを作る。山羊乳チーズ、ケッパー、ハーブ、レモンの皮、塩ひとつまみを、なめらかになるまでかき混ぜる。スコーンを2つに割り、片方にフィリングを塗り、カリカリに焼いたハムを何枚か乗せ、もう片方ではさむ。

# チーズディレクトリ

[凡例]
チーズ英語名　チーズ日本語名
生産者名、生産地
重さ、脂肪分、掲載ページ

　　　　　　　　　　　　　　　　牛乳
　　　　　　　　　　　　　　　　山羊乳
　　　　　　　　　　　　　　　　羊乳
　　　　　　　　　　　　　　　　水牛乳

## THE UK
## 英国

**Alderwood**　オルダーウッド
Cranbourne Chase Cheese、
ドーセット、アッシュモア
重さ/2kg、脂肪分/45％、P.19

**Appleby's Cheshire**
アップルビーズ・チェシャー
Appleby's Farm、シュロップシャー、
ウェストンアンダーレッドキャッスル
重さ/2-8kg、脂肪分/45％、P.26

**Beenleigh Blue**
ビーンリー・ブルー
Ticklemore Cheese、デヴォン、
トットネス
重さ/3kg、脂肪分/50％、P.16

**Berkswell**　バークスウェル
Ram Hall Farm、
ウェスト・ミッドランド、バークスウェル
重さ/3kg、脂肪分/48％、P.24

**Caboc**　カボック
Highland Fine Cheeses、
ロス・アンド・クロマーティ、タイン
重さ/1.1kg、脂肪分/69％、P.36

**Cardo**　カルド
Sleights Farm、サマセット、タイムズバリー
重さ/1.2kg、脂肪分/45％、P.19

**Colston Bassett Stilton**
コルストン・バセット・スティルトン
Colston Bassett Dairy、ノッティンガムシャー、コルストン・バセット
重さ/7.5kg、脂肪分/45-48％、P.28

**Cornish Yarg**
コーニッシュ・ヤーグ
Lynher Dairy、コーンウォール、リスカード
重さ/3kg、脂肪分/45％、P.19

**Devon Blue**　デヴォン・ブルー
Ticklemore Cheese、デヴォン、
トットネス
重さ/3kg、脂肪分/48％、P.16

**Doddington**　ドディントン
North Doddington Farm、
ノーサンバーランド、ウーラー
重さ/5-15kg、脂肪分/45％、P.33

**Dunsyre Blue**
ダンシャーブル
Walston Braehead Farm、
ラナークシャー、カーンワス
重さ/3kg、脂肪分/45-48％、P.34

**Gorwydd Caerphilly**
ゴーウィズ・ケアフィリー
Gorwydd Farm、ケレディジョン、
トレガロン
重さ/2kg、脂肪分/45％、P.30

**Harbourne Blue**
ハルボーン・ブルー
Ticklemore Cheese、デヴォン、
トットネス
重さ/3kg、脂肪分/50％、P.16

**Hurdlebrook**
ハードルブルック
Olive Farm、Babcary、バブカリー、
サマセット
重さ/3kg、脂肪分/45％
砕けやすいケアフィリースタイルのチーズと、触り心地のよい外皮を持つやわらかめのチェダー、2種類のチーズを作っている。

**Innes Button**　イネス・バトン
Innes Cheeses at Highfields Farm
Dairy、スタフォードシャー、タムワース
重さ/80g、脂肪分/45％、P.25

**Isle of Mull**
アイル・オブ・マル
Sgriob-ruadh Farm、マル島、トバモリー
重さ/25kg、脂肪分/45％、P.36

**Keen's Farmhouse Cheddar**
キーンズ・ファームハウス・チェダー
Moorhayes Farm、サマセット、
ウィンカントン
重さ/28-30kg、脂肪分/45％、P.20

**Kirkham's Lancashire**
カーカムズ・ランカシャー
Kirkham's Farm、ランカシャー、
プレストン付近、グースナロー
重さ/11kg、脂肪分/45％、P.34

**Lincolnshire Poacher**
リンカンシャー・ポーチャー
Ulceby Grange Farm、リンカンシャー、アルフォード
重さ/6-7kg、脂肪分/45％、P.31

**Montgomery's Cheddar**
モンゴメリーズ・チェダー
Manor Farm、サマセット、
ノース・キャドベリー
重さ/26kg、脂肪分/45％、P.20

**Richard Ⅲ Wensleydale**
リチャード3世
ウェンズリーデール
Fortmayne Farm、
ノース・ヨークシャー、ビデール
重さ/2.5kg、脂肪分/45％、P.33

**Shropshire Blue**
シュロップシャー・ブルー
Colston Bassett Dairy & Long Clawson
Dairy、ノッティンガムシャーとレスターシャー
重さ/8kg、脂肪分/45％、P.26

**Single Gloucester**
シングル・グロスター
Smarts Farm、Churcham、
グロスター、チャーチャム
重さ/3.4kg、脂肪分/45％、P.23

**Stichelton**　スティッチェルトン
Stichelton Dairy、ノッティンガムシャー、
ウェルベック・エステイト
重さ/7kg、脂肪分/45％、P.29

**Stinking Bishop**
スティンキング・ビショップ
Laurel Farm、グロスター、ダイモック
重さ/1.8kg、脂肪分/45％、P.23

**Ticklemore**　ティクルモア
Sharpham Creamery、デヴォン、
トットネス
重さ/1.8kg、脂肪分/45％、P.19

**Tunworth**　タンワース
Hampshire Cheeses at Hyde Farm、
ハンプシャー、ハリヤード
重さ/250g、脂肪分/45％、P.22

**Waterloo**　ワーテルロー
Wigmore Dairy、バークシア、リズレー
重さ/400-500g、脂肪分/45％、P.22

**Wigmore**　ウィグモア
Wigmore Dairy、Riseley、
バークシア、リズレー
重さ/400-500g、脂肪分/45％、P.22

## IRELAND
## アイルランド

**Ardrahan**　アードラハン
Ardrahan Farmhouse Cheese、
コーク県、カンターク
重さ/200gまたは1.5kg、脂肪分/45％、
P.42

**Cashel Blue**　キャッシェル・ブルー
J&L Grubb ltd.、ティペラリ県、
フェサード
重さ/2kg、脂肪分/48％、P.39

**Coolea**　クーリー
Coolea Farmhouse Cheese、
コーク県、マクルーム
重さ/1-10kg、脂肪分/45％、P.40

**Crozier Blue**
クロウジャー・ブルー
J&L Grubb ltd.、ティペラリ県、
フェサード
重さ/2kg、脂肪分/48-50％、P.40

**Dilliskus**　ディリスカス
Maja Binder、ケリー県、
キャッスルグレゴリー
重さ/1kg、脂肪分/45％、P.41

**Durrus**　デュラス
Durrus Farmhouse Cheese、
コーク県、デュラス、コームキーン
重さ/1.5kg、脂肪分/45％、P.43

**Gabriel & Desmond**
ガブリエルとデズモンド
West Cork Natural Cheese Company、
コーク県、シュル
重さ/6-8kg、脂肪分/45-48％、P.41

**Gubbeen**　ガビーン
Gubben Cheese、コーク県、シュル
重さ/1.3kg、脂肪分/45％、P.43

**Kilcummin**　キルカミン
Maja Binder、ケリー県、
キャッスルグレゴリー
重さ/1kg、脂肪分/45％、P.41

**Ryefield**　ライフィールド
Fivemiletown Creamery Cooperative、
カバン県、ベイリーバラ
重さ/1kg、脂肪分/45％、P.39

**St Gall**　セント・ゴール
Fermoy Natural Cheese Company、
コーク県、ファーモイ
重さ/4kg、脂肪分/45％、P.40

**St Tola**　セント・トラ
Inagh Farmhouse Cheese、
クレア県、インアー
重さ/1kg、脂肪分/45％、P.39

## FRANCE
## フランス

**Abbaye de Trois Vaux**
アベイ・デ・トロワ・ヴォウ
Abbaye de Trois Vaux、オー・アルトワ
重さ/1.2kg、脂肪分/45％、P.54

**Anneau du Vic Bilh**
アノー・デュ・ヴィック・ビル
Fromage de zone de Montagne、
ピレネー
重さ/180-200g、脂肪分/45％、P.75

**Ardi Gasna**　アルディガスナ
Fromage de zone de Montagne、
ピレネー・アトランティック
重さ/2-2.5kg、脂肪分/45-48％
マンチェゴのようなハードタイプの
スペインチーズに似ているが、
もう少しもろくて風味も強い。

**Banon Feuille**
バノン・フォイユ
Romain Ripert、プロヴァンス
重さ/60g、脂肪分/45％、P.73

**Bethmale**　ベットマール
Jean Faup、アリエージュ
重さ/4-5kg、脂肪分/45-48％、P.74

**Bethmale**　ベットマール
Jean Faup、アリエージュ
重さ/4kg、脂肪分/45-48％、P.74

**Bleu d'Auvergne**
ブルー・ドーヴェルニュ
Morin、オーベルニュ
重さ/2.5kg、脂肪分/50％、P.68

**Bleu des Causses**
ブルー・デ・コース
Fromagerie des Causses et Auvergne、
アヴェロン/オーベルニュ
重さ/2.5-3kg、脂肪分/45％、P.68

**Bonde de Gâtine**
ボンド・ド・ギャティヌ
Fromagerie Bonde de Gâtine、ポワトゥー
重さ/180-200g、脂肪分/45％、P.64

**Boulette d'Avesnes**
ブーレット・ダヴェーヌ
Via Philippe Olivier、ブローニュ/
フォーケ・ティエラシュ
重さ/150-200g、脂肪分/45％、P.49

**Bouton d'Oc**　ブートン・ドック
Pic、タルヌ
重さ/30g、脂肪分/45％、P.80

**Brie de Meaux**
ブリ・ド・モー
Donge、イル・ド・フランス
重さ/3kg、脂肪分/45％、P.56

**Brie de Melun**
ブリ・ド・ムラン
Rouzaire、イル・ド・フランス
重さ/1.5kg、脂肪分/45％、P.57

**Brillat-Savarain**
ブリヤ・サヴァラン
Ferme Lepetit、ノルマンディー
重さ/550g、脂肪分/70％、P.52

**Brin d'Amour**
ブラン・ダムール
Pierucci、コルシカ(オー)
重さ/600g、脂肪分/45-48％、P.81

**Brique du Larzac**
ブリク・デュ・ラルザック
Bergers du Larzac、タルヌ
重さ／180-200g、脂肪分／45％、P.78

**Buchette de Banon**
ブシェット・ド・バノン
Ripert、プロヴァンス
重さ／150g、脂肪分／45％、P.73

**Cabécou du Rocamadour**
カベクー・デュ・ロカマドゥール
SAS Les Fermiers du Rocamadour、ロット
重さ／45g、脂肪分／45％、P.78

**Camembert Fermier Durand**
カマンベール・フェルミエ・デュラン
Ferme de la Héronnière, Normandy、ノルマンディー
重さ／250g、脂肪分／45％、P.52

**Cantal Laguiole**
カンタル・ライオル
Plateau of Aubrac、オーブラック
重さ／35kg、脂肪分／45％、P.70

**Casinca** カザンカ
Pierucci、コルシカ(オート)
重さ／350g、脂肪分／45％
ウォッシュした表皮のセミソフトの山羊乳チーズ。若いうちは繊細で果実味が感じられ、熟成させるとコクのあるどっしりとした山羊乳らしい味わいになる。

**Cathare** カタリ
Local central market、カルカッソンヌ、ロゼ
重さ／180-200g、脂肪分／45％、P.79

**Cendré de Niort**
サンドレ・ド・ニオール
Fromagerie Bonde de Gatine、ポワトゥ
重さ／200g、脂肪分／45％、P.64

**Chabichou** シャビシュー
Fromagerie Bonde de Gatine、ポワトゥ
重さ／180g、脂肪分／45％、P.64

**Chaorce** シャウルス
Fromagerie Lincet、シャンパーニュ
重さ／250gまたは450g、脂肪分／50％、P.59

**Charolais** シャロレ
Domaine de Saulnieres、バーカンディ
重さ／180g、脂肪分／45％、P.59

**Chenette** シュネット
Local central market、モンタストリュ・ラ・コンセイエ
重さ／180g、脂肪分／45％
自然の表皮を持つ小さなレンガ型の山羊乳チーズで、オーク(シェーヌ)の葉をトッピングしている。ねっとりとした食感で美味だ。

**Coeur de Neufchâtel**
クール・ド・ヌーシャテル
Gaec Brianchon、ノルマンディー
重さ／200g、脂肪分／45％、P.52

**Coulommiers** クロミエ
Donge、イル・ド・フランス
重さ／500g、脂肪分／45％、P.57

**Crayeux de Roncq**
クライユ・ド・ロンク
Via Philippe Olivier、ブローニュ、オー・アルトワ／フェラン・ウェップ
重さ／550g、脂肪分／45％、P.49

**Crottin de Chavignol**
クロタン・ド・シャヴィニョル
Dubois-Boulay、サンセール
重さ／60-70g、脂肪分／45％、P.63

**Crottin Maubourguet**
クロタン・モーブルゲ
Fromage zone de Montagne Pyrénées
重さ／80g、脂肪分／45％
ずんぐりとした食感の山羊のクロタンで、ロワールのものより濃厚な味だ。

ペイ・ドックスタイルの赤ワインと相性がよい。

**Crottin Pic de Bigorre**
クロタン・ピク・ド・ビゴール
Fromage de zone de Montagne、アリエージュ
重さ／100g、脂肪分／45％
高山の山羊乳クロタン。口の中で心地よく崩れる甘い風味と食感のチーズで、長く残る後味も魅力的だ。赤ワインのよいパートナーだ。

**Epoisses** エポワス
Fromagerie Gaugry、バーカンディ
重さ／250g、脂肪分／45-48％、P.60

**Estibere** エスティベル
Via Gabriel Bachelet、ベアルン
重さ／750g、脂肪分／45％
ウォッシュした表皮の羊乳チーズ。すばらしいうま味と絹のような食感、魅力的な野趣味がある。

**Explorateur**
エクスプロラトゥール
Fromagerie Le Petit Morin、イル・ド・フランス
重さ／250g、脂肪分／75％、P.54

**Fleur de Chèvre**
フルール・ド・シェーヴル
Fromagerie Bonde de Gâtine、ポワトゥ
重さ／200g、脂肪分／45％、P.64

**Fougeru** フージェル
Rouzaire、イル・ド・フランス
重さ／500g、脂肪分／45％、P.55

**Fourme d'Ambert**
フルム・ダンベール
Morin、オーベルニュ
重さ／1.8kg、脂肪分／50％、P.68

**Gaperon a l'ail**
ガプロン・ア・レ
Patricia Ribier、モンガコン、オーベルニュ
重さ／250g、脂肪分／45-48％、P.67

**Haut Barry** オー・バリー
Bergers Larzac、ラルザック
重さ／3kg、脂肪分／45％、P.74

**Langres** ラングル
Schertenleib Saulxures、シャンパーニュ
重さ／150-180g、脂肪分／50％、P.61

**L'ami du Chambertin**
ラミ・デュ・シャンベルタン
Fromagerie Gaugry、バーカンディ
重さ／200g、脂肪分／45％、P.61

**Le Gabiétout**
ル・ガビエトゥ
Via Gabriel Bachelet、ピレネー
重さ／2kg、脂肪分／45％、P.74

**Lingot Saint Nicolas de la Monastère** ランゴ・サン・ニコラ・デ・ラ・モナステール
Monastery at La Dalmerie、エロー、ラ・ダルムリー
重さ／100g、脂肪分／45％、P.78

**Livarot** リヴァロ
Graindorge、ノルマンディー
重さ／500g、脂肪分／45％、P.52

**Lou Bren** ルー・ブロン
Bergers Larzac、アヴェロン
重さ／2kg、脂肪分／45％、P.78

**Louvie** ルヴィ
Via Gabriel Bachelet、ピレネー
重さ／300g、脂肪分／45％、P.79

**Maroilles** マロワール
Philippe Olivier/Syndicat des Fabricants de Maroilles、ティエラッシュ
重さ／700-800g、脂肪分／45％、P.48

**Mascares** マスカル
Ripert、プロヴァンス
重さ／150g、脂肪分／45％
自然の表皮を持つやわらかい四角形のチーズ。なめらかな味わいとぼそぼそとした食感で、熟成させるとナッツの風味が増してくる。

**Mimolette** ミモレット
Maison Losfeld、フランドル
重さ／3kg、脂肪分／40％、P.50

**Mothais** モテ
Fromagerie Bonde de Gatine、ポワトゥ
重さ／250g、脂肪分／45％、P.64

**Munster** マンステール
Siffert Freres or Haxaire、アルザス
重さ／500gもしくは250g、脂肪分／45％、P.47

**Napoleon Montréjeau**
ナポレオン・モンレジョ
Bouchat、オート＝ピレネー
重さ／4kg、脂肪分／48-48％、P.74

**Olivet** オリヴェ
Fromagerie d'Onzain、ノース・オルレアネ
重さ／200g、脂肪分／45％、P.55

**Ossau** オッソー
Fromage zone de Montagne、ピレネー
重さ／5.5kg、脂肪分／48％、P.75

**Pechegos** ペシュゴ
Pic、タルヌ
重さ／300g、脂肪分／45％、P.80

**Pelardon** ペラルドン
Co-operative de Pelardon les Cevennes、セヴェンヌ
重さ／60g-100g、脂肪分／45％、P.69

**Pérail** ペライユ
Bergers Larzac、ラングドック
重さ／150g、脂肪分／48％、P.78

**Persillé du Marais**
ペルシエ・デュ・マレ
Charente-Poitou cheese association、ヴァンデとポワトゥ
重さ／1.5kg、脂肪分／48％、P.66

**Picodon** ピコドン
Co-operative de Picodon de la Drome、ドローム
重さ／80-100g、脂肪分／45％、P.69

**Pont l'Évêque**
ポン・レヴェック
Pere Eugene/Graindorge、ノルマンディー
重さ／250g、脂肪分／45％、P.52

**Pouligny-Saint-Pierre**
プーリニィ＝サン＝ピエール
Syndicat des Producteurs de Fromages de Pouligny-Saint-Pierre、ベリー
重さ／250g、脂肪分／45％、P.62

**Rollot** ロロ
Via Philippe Olivier、ピカルディ
重さ／230g、脂肪分／45％、P.47

**Roquefort Carles**
ロックフォール・カルル
Carles、ルエルグ
重さ／1.3kg、脂肪分／48％、P.77

**Roquefort Papillon**
ロックフォール・パピヨン
Papillon、ルエルグ
重さ／1.3kg、脂肪分／45-48％、P.77

**Rouelle** ルエル
Fromagerie Pic、タルヌ
重さ／200g、脂肪分／45％、P.78

**Rove des Garrigues**
ローヴ・デ・ガリッグ
Compagnons Bergers de Languedoc、ミディ＝ピレネー、ロット
重さ／100g、脂肪分／45％、P.78

**Saint Félicien**
サン＝フェリシアン
L'Etoile de Vercours、ドーフィネ／イゼール
重さ／180g、脂肪分／40％、P.69

**Saint Marcellin**
サン＝マルスラン
L'Etoile de Vercours、ドーフィネ／イゼール
重さ／80-100g、脂肪分／35％、P.69

**Sainte-Maure** サント・モール
Fromagerie Hardy、トゥーレーヌ
重さ／250g、脂肪分／45％、P.62

**Sainte-Nectaire**
サン＝ネクテール
Morin、オーベルニュ
重さ／1.5-1.7kg、脂肪分／45％、P.67

**Salers d'Estive**
サレール・デスティヴ
Plateau of Aubrac、オーブラック
重さ／35kg、脂肪分／45％、P.70

**Selles sur Cher**
セル＝シュール＝シェール
Ets Jacquin、ロワール／シェール
重さ／140-160g、脂肪分／45％、P.62

**Somaintrain** スーマントラン
Ferme Lorne、バーカンディ
重さ／250-280g、脂肪分／45％、P.61

**Soum d'Aspe** スム・ダスプ
Fromage de zone de Montagne、ピレネー
重さ／100g、脂肪分／45％
背の低い円柱形のチーズで、山羊乳のしっかりとした味、薄い自然の表皮、もろい食感が楽しめる。高い丘陵地の孤立した農場で作られる。

**Tomme d'Aydius**
トム・デディウス
Hillside cabins in Valle d'Aspe、ベアルン
重さ／3kg、脂肪分／45％、P.75

**Tomme de Cabrioulet**
トム・ド・カブリューレ
Fromagerie col de Fach、アリエージュ
重さ／3kg、脂肪分／45％、P.75

**Tomme de Cléon**
トム・ド・クレオン
Via Gabriel Bachelet、ペイ・ナンテ、ペイ・ド・ラ・ロワール
重さ／3-4kg、脂肪分／45-48％、P.66

**Tomme Corse** トム・コルス
Pierucci、コルシカ
重さ／3kg、脂肪分／45％、P.81

**Tomme Fraîche**
トム・フレッシュ
Morin、オーベルニュ／オーブラック
重さ／300gもしくは1kg、脂肪分／45％、P.67

**Val de Loubières**
ヴァル・ド・ルビエール
(Resineux de Loubiéres レジヌー・ド・ルビエール)
Fromagerie col de Fach、アリエージュ
重さ／400g、脂肪分／48％、P.75

**Valençay** ヴァランセ
Moreau、ベリー／アンドル
重さ／200g、脂肪分／45％、P.62

**Vieux Boulogne**
ヴィユー・ブローニュ
Via Philippe Olivier、パ＝ド＝カレー
重さ／350g、脂肪分／45％、P.49

**Zelu Koloria** ゼル・コロリア
Fromage zone de Montagne、ペイズ・バスク
重さ／6kg、脂肪分／48％、P.75

# ALPINE
アルプス

## ALPINE　フランスアルプス

**Abbaye de Tamié**
アベイ・ド・タミエ 🐄
Abbaye de Tamié、オー＝サヴォア
重さ／500g-1.3kg、脂肪分／35％、P.89

**Abondance**　アボンダンス 🐄
La Cooperative de Vacheresse、
オー＝サヴォア
重さ／10kg、脂肪分／48％、P.92

**Beaufort Chalet d'Alpage**
ボーフォール・シャレ・ダルパージュ
🐄
Caves Cooperatives du Beaufort de
Haute Montagne、サヴォア
重さ／28-30kg、脂肪分／55％、P.86

**Besace**　ブサス 🐐
サヴォア
重さ／200g、脂肪分／45％、P.92

**Bleu de Gex**
ブルー・ド・ジェックス 🐄
Syndicat Interprofessionnel du Bleu de
Gex-Haut-Jura-Septmoncel、
オー・ジュラ
重さ／5.4kg、脂肪分／50％、P.89

**Bleu de Termignon**
ブルー・ド・テルミニョン 🐄
Chalets in Parc de la Vanoise、
オー＝サヴォア
重さ／7-10kg、脂肪分／40％、P.90

**Chevrotin des Aravis**
シュヴロタン・デザラヴィ 🐐
Cooperative Thones、オー＝サヴォア
重さ／300g、脂肪分／35％、P.89

**Comté d'Estive**
コンテ・デスティヴ 🐄
Comté Interprofessionnelle de Gruyere
de Comté、コンテ
重さ／4kg、脂肪分／50％、P.84

**Emmental de Savoie Surchoix**
エメンタール・デ・サヴォア・
スーショワ 🐄
Syndicat des fabricants et affineurs d'
Emmentals Traditionnels、サヴォア
重さ／80kg、脂肪分／45％、P.89

**Grand colombiers de Aillons**
グラン・コロンビエール・
デザイヨン 🐄 🐐
Chalet huts and Ecole and Chatelard
markets、サヴォア
重さ／1.5kg、脂肪分／35％、P.93

**Grataron d'Arêches**
グラタロン・ダレッシュ 🐄 or 🐐
Le Groupement Pastoral du Cormet
d'Areches、サヴォア
重さ／200g、脂肪分／35％、P.92

**Morbier**　モルビエ 🐄
Association des Fabricants de
Veritable Morbier au lait cru de
Franche- Comté、フランシュ＝コンテ
重さ／3-9kg、脂肪分／45％、P.89

**Persille de Tignes**
ペルシェ・ド・ティーニュ 🐐
Mountain chalets、サヴォア
重さ／1.5kg、脂肪分／35％、P.93

**Reblochon**　ルブロション 🐄
La Cooperative Agricole des
Producteurs de Reblochon、サヴォア
重さ／500g、脂肪分／45％、P.89

**Tarentais**　タラント 🐐
Mountain chalets、サヴォア
重さ／200g、脂肪分／30％、P.92

**Tomme de Savoie**
トム・デ・サヴォア 🐄
Fromagerie Cooperative Thones、
サヴォア
重さ／1.2kg、脂肪分／33％ -40％、P.89

**Vacherin**　ヴァシュラン 🐄
Syndicat Interprofessionnel de Defense
du Fromage Mont d'Or ou Vacherin de
Haut-Doubs、オー＝ダプス
重さ／500g-3kg、脂肪分／50％、P.90

## SWISS ALPINE
スイスアルプス

**Alp Bergkäse**
アルプ・ベルグケーゼ 🐄
Mountain Collective、
グラウビュンデン州クール
重さ／23-33kg、脂肪分／50％、P.96

**Alp Kohlschlag**
アルプ・コーシュラッグ 🐄
Mountain chalet、ザンクト・ガレン州
重さ／7kg、脂肪分／48％、P.97

**Alpkäse Luven**
アルプカーゼ・ルーヴェン 🐄
Dani Duerr、グラウビュンデン州
重さ／5kg、脂肪分／48％、P.95

**Château d'Erguel**
シャトー・デルゲール 🐄
Fromagerie、クルトラリー、
ベルン州バーニーズ・ジュラ
重さ／7kg、脂肪分／48％、P.96

**Emmentaler**
エメンタール（エメンターラー）🐄
Mountain collective、ベルン州
重さ100kg、脂肪分／45％、P.97

**Etivaz Gruyère**
エティヴァ・グリュイエール 🐄
Farm collectives、ヴォー州
重さ／18kg、脂肪分／48％、P.96

**Fleurettes des Rougemont
(Tomme Fleurette)**
フルレット・デ・ルージュモン
（トム・フルレット）🐄
Michel Beroud、ヴォー州
重さ／170g、脂肪分／45％、P.97

**Gruyère**　グリュイエール 🐄
Jean Marie Dunand、
ル・クレ・スル・セムサール、フリブール州
重さ／32-40kg、脂肪分／45-48％、P.95

**Le Sous-Bois**　ル・スー＝ボワ 🐄
Henchoz Farm、ヴォー州
重さ／150g、脂肪分／45％、P.96

**Raclette**　ラクレット 🐄
Alp Luser-Schlössli mountain dairies、
グラールス州
重さ／2kg、脂肪分／45％、P.97

**Stillsitzer Steinsalz**
スティルシッツァー・
シュタインザルツ 🐄
Stefan Buhler、トッゲンブルグ、
ゲーヴィル
重さ／4kg、脂肪分／48％、P.97

**Unterwasser**
ウンテルヴァッサー 🐄
The Stadelmann family、
ザンクト・ガレン州
重さ／8kg、脂肪分／50％、P.97

## ITALIAN ALPINE
イタリアアルプス

**Asiago Pressato**
アジアーゴ・プレッサート 🐄
Consorzio Tutela Formaggio Asiago、
ヴィチェンツァ／トレント
重さ／12kg、脂肪分／45％、P.100

**Bastardo del Grappa/
Morlacco del Grappa**
バスタード・デル・グラッパ／
モルラッコ・デル・グラッパ 🐄
Alpine and valley dairies、
モンテ・グラッパ山地
重さ／6-7kg、脂肪分／45％。P.102

**Branzi**　ブランツィ 🐄
Cooperativa Agricola Saint' Antonio in
Valtaleggio、ロンバルディア
重さ／12kg、脂肪分／45％、P.99

**Carnia Altobut Vecchio**
カルニア・アルトブット・ヴェッキオ
🐄
Mountain and valley dairies、パドラ
重さ／6kg、脂肪分／45％、P.100

**Fontina**　フォンティーナ 🐄
Cooperativa Produttori Latte e
Fontina、アオスタ
重さ／8-12kg、脂肪分／45％、P.104

**Formai de Mut**
フォルマイ・デ・ムット 🐄
Cooperativa Agricola Saint' Antonio in
Valtaleggio、ロンバルディア
重さ／8-12kg、脂肪分／45％、P.99

**Franzedas Alpeggio**
フランツェダス・アルペジオ 🐄
Mountain huts、ヴィチェンツァ／トレント
重さ／2kg、脂肪分／45％、P.100

**Grana Val di Non
(Trentingrana)**
グラーナ・ヴァル・ディ・ノン
（トレンティングラーナ）🐄
Consorzio per la tutela del Formaggio
Grana Padano、トレンティーノ
重さ／35-40kg、脂肪分／35-40％、P.100

**Grasso d'Alpe Buscagna**
グラッソ・ダルプ・ブカーニャ 🐄
Mountain huts、
ヴェーリャ・デヴェーロ公園
重さ／5-7kg、脂肪分／45％、P.102

**Monte Veronese Grasso**
モンテ・ヴェロネーゼ・グラッソ 🐄
Latteria in and around Verona、
ヴェローナ
重さ／6-9kg、脂肪分／45％、P.102

**Scimudin**　シムディン 🐄 🐐
Latteria Agricola Cooperativa Livignesi、
ソンドリオ
重さ／1kg、脂肪分／70％、P.99

**Stanghe di Lagundo**
スタンゲ・ディ・ラグンド 🐄
Mountain dairies、トレヴィーゾ
重さ／2kg、脂肪分／45％、P.103

**Toma Ossolana Alpeggio**
トーマ・オッソラーナ・アルペジオ
🐄
Mountain huts、
ヴェーリャ・デヴェーロ公園
重さ／5-7kg、脂肪分／45％、P.102

**Toma Ossolana Rodolfo**
トーマ・オッソラーナ・ロドルフォ
🐄
Mountain huts、
ヴェーリャ・デヴェーロ公園
重さ／5-7kg、脂肪分／45％、P.102

## GERMAN & AUSTRIAN ALPINE
ドイツとオーストリアの
アルプス

**Adelegger Urberger**
アデレガー・ウルバーガー 🐄
Isny Cheeses Dairy、
バイエルン（バヴァリア）
重さ／7kg、脂肪分／45％、P.107

**Alp Bergkäse**
アルプ・ベルクケーゼ 🐄
Sennalpe Spicherhalde Dairy、
バルターシュヴァング
重さ／23-28kg、脂肪分／50％、P.107

**Barvarian Blue**
バーヴァリアン・ブルー 🐄
Obere Muehle Co-operative、
バート・オーバードルフ
重さ／2.5kg、脂肪分／48％、P.107

**Butterkäse**　ブッターケーゼ 🐄
Co-operative Bremenried、
バイエルン南西部
重さ／6-8kg、脂肪分／50％、P.107

**Emmentaler**　エメンタール
（エメンターラー）🐄
Käserei Bremenried Co-operative、
アルガウ
重さ／90kg、脂肪分／35-40％、P.108

**Rasskass**　ラスカス 🐄
Dorfsennerei Langenegg Co-operative、
フォアアールベルク／プレゲンツ・フォレッツ
重さ／6.5kg、脂肪分／45％、P.109

**Romadur**　ロマドゥール 🐄
Käserei Bremenried Co-operative、
アルガウ
重さ／650g、脂肪分／40-45％、P.107

**Tilsiter**　ティルジッター 🐄
Sibratsgfäll Co-operative、プレゲンツ
重さ／3.5-5kg、脂肪分／30-60％、P.109

**Weisslacker**　ヴァイスラッカー 🐄
Sibrtsgfall Co-operative、
ヴァンゲン・イム・アルガウ
重さ／280g、脂肪分／40-45％、P.108

**Zigorome**　ジゴロム 🐐
Ziegenhof Leiner Farm、アルガウ
重さ／150g、脂肪分／40％、P.108

# ITALY
イタリア

**Blu di Langa**
ブルー・ディ・ランガ 🐄 🐐 🐑
Alta Langa、ピエモンテ
重さ／1kg、脂肪分／50％、P.112

**Burrata**　ブーラッタ 🐄
Nuzzi、モリーゼ／プーリア
重さ／300-500g、脂肪分／60％、P.125

**Capretta di Toscano**
カプレッタ・ディ・トスカーノ 🐐
Azienda Agricole La Querchette、
トスカーナ
重さ／2.5kg、脂肪分／45％、P.125

**Caprini Freschi**
カプリーニ・フレスキ 🐐
La Bottera、ピエモンテ
重さ／100g、脂肪分／45％、P.116

**Caprino Tartufo**
カプリーノ・タルトゥフォ 🐐
La Bottera、ピエモンテ
重さ／100g、脂肪分／45％、P.116

**Caprino delle Langhe**
カプリーノ・デッレ・ランゲ 🐐
Alta Langa、ピエモンテ
重さ／90g、脂肪分／45％、P.116

**Caprino Sardo al Caprone**
カプリーノ・サルド・アル・
カプローネ 🐐
Associazione Regionale Allevatori della
Sardegna、サルデーニャ
重さ／2kg、脂肪分／45％、P.133

**Casciotta Etrusca**
カショッタ・エトルスカ 🐐

Latteria in and around Sienna、
トスカーナ
重さ／1.5kg、脂肪分／45％、P.125

**Castagnolo** カスタニョーロ
Latteria、トスカーナ
重さ／1kg、脂肪分／45％、P.125

**Castelmagno**
カステルマーニョ
Marco Arneodo、ピエモンテ、クネオ
重さ／2-7kg、脂肪分／35-40％、P.114

**Castelrosso** カステルロッソ
Luigi Rosso Farm、ピエモンテ、ビエラ
重さ／5-6kg、脂肪分／40％、P.114

**Fiore di Langhe**
フィオレ・ディ・ランゲ
Alta Langa、ピエモンテ
重さ／180g、脂肪分／45％、P.116

**Formaggio di Fossa**
フォルマッジョ・ディ・フォッサ
Latteria in hills、ウンブリア
重さ／3kg、脂肪分／40％、P.129

**Formaggio Piacentinu Ennese**
フォルマッジョ・ピアチェンティヌ・エネッセ
Casalgismondo Farm、シチリア
重さ／4kg、脂肪分／45％、P.132

**Gorgonzola Dolce**
ゴルゴンゾーラ・ドルチェ
Consorzio per total formaggio di Gorgonzola、ロンバルディア
重さ／8kg、脂肪分／48％、P.119

**Gorgonzola Naturale**
ゴルゴンゾーラ・ナチュラーレ
Consorzio per total formaggio di Gorgonzola、ロンバルディア
重さ／12kg、脂肪分／48％、P.119

**Grana Padano**
グラーナ・パダーノ
No. 205 Dairy、ロンバルディア
重さ／35kg、脂肪分／32％、P.117

**Maccagnette alle Erbe**
マッカニェッテ・アッレ・エルベ
Melo Grand Renato、
ピエモンテ、ビエラ
重さ／500-1kg、脂肪分／45％、P.114

**Mozzarella di Bufala**
モッツァレラ・ディ・ブッファラ
Cooperativa Allevatori Bufalini Salernitani、カンパニア
重さ／250g、脂肪分／45％、P.130

**Parmigiano Reggiano**
パルミジャーノ・レッジャーノ
Consorzio di Parmigiano Reggiano、エミリア＝ロマーニャ
重さ／35kg、脂肪分／32-35％、P.122

**Pecorino Affinato in Vinaccia in Visciola** ペコリーノ・アフィナート・イン・ヴィナッチア・イン・ヴィショラ
Hillside dairies、
ウンブリア、アペニンの丘陵地帯
重さ／500g、脂肪分／45％、P.129

**Pecorino Marzolino Rosso**
ペコリーノ・マルツォリーノ・ロッソ
Caseificio Sociale Manciano、トスカーナ
重さ／1.2kg、脂肪分／45％、P.125

**Pecorino Montefalco**
ペコリーノ・モンテファルコ
Montefalco farm、ウンブリア
重さ／1.2kg、脂肪分／45％、P.129

**Pecorino Muffa Bianca**
ペコリーノ・ムッファ・ビアンカ
Hillside farms、

ウンブリア、アペニンの丘陵地帯
重さ／1.8kg、脂肪分／45％、P.129

**Pecorino Peperoncino**
ペコリーノ・ペペロンチーノ
トスカーナ
重さ／500g、脂肪分／45％、P.126

**Pecorino Saraceno**
ペコリーノ・サラセーノ
Associazione Regionale Allevatori della Sardegna、サルデーニャ
重さ／3-6kg、脂肪分／48％、P.133

**Pecorino Siciliano**
ペコリーノ・シチリアーノ
Casalgismondo Farm、シチリア
重さ／10-12kg、脂肪分／45-48％、P.132

**Pecorino Siciliano Fresco**
ペコリーノ・シチリアーノ・フレスコ
Casalgismondo Farm、シチリア
重さ／10-12kg、脂肪分／45-48％、P.132

**Pecorino Siciliano Peperoncino**
ペコリーノ・シチリアーノ・ペペロンチーノ
Casalgismondo Farm、シチリア
重さ／10-12kg、脂肪分／45-48％、P.132

**Pecorino Tartufo**
ペコリーノ・タルトゥーフォ
Latteria in and around Siena、トスカーナ
重さ／500g、脂肪分／45％、P.126

**Pecorino Tinaio Moresco**
ペコリーノ・ティナイオ・モレスコ
Hillside farms、サルデーニャ
重さ／3kg、脂肪分／45-48％、P.133

**Pecorino Ubriaco**
ペコリーノ・ウブリアーコ
トスカーナ（トレビーゾで仕上げる）
重さ／1kg、脂肪分／45％、P.120

**Pecorino Vilanetto Rosso**
ペコリーノ・ヴィラネット・ロッソ
Caseificio Sociale Cooperativo Tuscany、トスカーナ
重さ／3kg、脂肪分／40-45％、P.126

**Pecorino Vinaccia**
ペコリーノ・ヴィナッチア
Small dairies、ウンブリア、ペルージャ
重さ／4kg、脂肪分／48％、P.126

**Provola di Bufala Affumicata**
プロヴォラ・ディ・ブッファーラ・アッフミカータ
Cooperativa Allevatori Bufalini Salernitani、カンパニア
重さ／300g、脂肪分／45％、P.130

**Provolone del Monaco**
プロヴォローネ・デル・モナコ
Vico Equense、カンパニア
重さ／3kg、脂肪分／45％、P.130

**Puzzone di Moena**
プッツォーネ・ディ・モエーナ
Caseificio Sociale di Predazzo e Moena、トレント
重さ／9kg、脂肪分／45％、P.120

**Ragusano** ラグザーノ
Rosario Floridia、シチリア
重さ／10-16kg、脂肪分／45％、P.132

**Ricotta Carena**
リコッタ・カレナ
Angelo Carena、
ピアチェンツァ、ロンバルディア
重さ／1kg、脂肪分／35-40％、P.117

**Ricotta Salata**
リコッタ・サラータ
Latteria、プーリア、シチリア、サルデーニャ
重さ／300g、脂肪分／30-35％、P.130

**Robiola delle Langhe**
ロビオラ・デレ・ランゲ
Alta Langa、ピエモンテ
重さ／300g、脂肪分／45％、P.116

**Seirass del Fieno**
セイラス・デル・フィエノ
Mountain communities、ピエモンテ
重さ／2-5kg、脂肪分／45％、P.114

**Seirass Fresca**
セイラス・フレスカ
Fratelli Giraudi、ピエモンテ
重さ／350g、脂肪分／45％、P.113

**Sottocenere al Tartufo Veneto**
ソットチェネレ・アル・タルトゥーフォ・ヴェネト
La Casearia、トレヴィーゾ
重さ／3kg、脂肪分／45％、P.120

**Strachitund** ストラキトゥンド
Communita Montana Valle Brembana、ロンバルディア
重さ／4kg、脂肪分／48％、P.120

**Taleggio** タレッジョ
Communita Montana Valle Brembana、ロンバルディア
重さ／1.7kg、脂肪分／48％、P.120

**Toma Maccagno**
トーマ・マッカーニョ
Luigi Rosso、ピエモンテ、ビエラ
重さ／3kg、脂肪分／45％、P.114

**Truffle Cheese
(Tuma Trifulera)**
トリュフ・チーズ
（トゥマ・トリフレラ）
La Bottera、ピエモンテ
重さ／500g、脂肪分／45％、P.116

**Vezzena Vecchio**
ヴェッツェナ・ヴェッキオ
Caseificio Sociale di Lavarone、トレンティーノ／ヴェニス
重さ／8-10kg、脂肪分／45-48％
熟成された姿が美しいアジアーゴ風ハードタイプのチーズだ。噛みごたえがありながらぽろっと崩れる食感が、フルーティーで芳醇な味わいを引きたてている。

# SPAIN
スペイン

**Arzúa Ulloa Arquesan**
アルスア・ウジョア・アルケサン
Queseria Agro Despensa、ガリシア
重さ／500g-2.5kg、脂肪分／45％、P.139

**Bauma Madurat**
バウマ・マデュラ
Bauma Farm、カタルーニャ
重さ／1kg、脂肪分／45％、P.138

**Cabrales** カブラレス
Small Dairies、アストゥリアス、ペナメレラ・アルタ
重さ／2.5kg、脂肪分／48％、P.140

**Garrotxa** ガローチャ
Bauma Farm、カタルーニャ
重さ／1kg、脂肪分／45％、P.136

**Idiazábal** イディアサバル
J. Aranburu Elkartea、カゼリオ・オンダラムイーノ、バスク／ナバラ
重さ／1.4kg、脂肪分／45％、P.139

**Mahón** マオン
Via Ardai cheese specialists、メノルカ
重さ／2.5kg、脂肪分／45％、P.143

**Manchego** マンチェゴ
Dehesa de los Llanos、ラ・マンチャ
重さ／1.5kg、脂肪分／57％、P.144

**Montsec** モンセック
Via Ardai cheese specialists、

カタルーニャ
重さ／300g、脂肪分／45％、P.138

**Murcia al Vino**
ムルシア・アル・ビノ
Via Ardai cheese specialists、ムルシア
重さ／2.5kg、脂肪分／45％、P.143

**Perazola Azul**
ペラゾラ・アスル
Via Ardai cheese specialists、アストゥリアス
重さ／2kg、脂肪分／48％、P.140

**Picos de Europa (Valdeón)**
ピコス・デ・エウロパ
（バルデオン）
Via Ardai cheese specialists、カンタブリア
重さ／2.5kg、脂肪分／48％、P.140

**Roncal** ロンカル
Queso Larra SL、ナバラ
重さ／1-3kg、脂肪分／45-50％、P.138

**San Simón** サン・シモン
Via Ardai cheese specialists、ガリシア
重さ／375g-1.5kg、脂肪分／45％、P.139

**Tetilla** テティージャ
Via Ardai cheese specialists、ガリシア
重さ／375g-1.5kg、脂肪分／45％、P.139

**Turo del Convent**
トゥロ・デル・コンベント
Formatges Monber、カタルーニャ
重さ／400g、脂肪分／45％、P.138

**Vall de Meranges Cremos**
ヴァル・デ・メランジェス・クレモス
Via Ardai cheese specialists、カタルーニャ
重さ／480g、脂肪分／48％、P.138

# PORTUGAL
ポルトガル

**Azeitão** アゼイタオン
Small Dairies、アゼイタオン
重さ／250g、脂肪分／48％、P.148

**Barrão** バラオ
Small Dairies、
アルト・ド・ション、アレンテホ
重さ／150g、脂肪分／48％、P.148

**Cabra Transmontano**
カブラ・トランスモンターノ
Quinta dos Moinhos Novos、
ヴィラ・ヴェルデ、ポルトガル北西部
重さ／200g、脂肪分／45％、P.148

**Castelo Branco**
カシュテロ・ブランコ
Meimoa Co-operative、
ベイラ・バイシャ、中部地方
重さ／1.5kg、脂肪分／48％、P.148

**Évora** エヴォラ
Small Dairies、アランドロアルと
ヴィラ・ヴィソーザ、アレンテホ
重さ／120-200g、脂肪分／48％、P.148

**Graziosa** グラッショーザ
Small Dairies on Island、イラ・グラシオーザ、アゾレス
重さ／10kg、脂肪分／40-45％、P.148

**Nisa** ニサ
Monforqueijo Co-operative、アレンテホ
重さ／300g、脂肪分／48％、P.148

**Quinta dos Moinhos Novos Serrano** キンタ・ドス・モイーニョス・ノヴォス・セラーノ
Quinta dos Moinhos Novos、
ヴィラ・ヴェルデ、ポルトガル北西部
重さ／500g、脂肪分／48％、P.148

São Jorge　サン・ジョルジェ
Cooperativa de Leitaria da Beira、
サン・ジョルジェ、アゾレス
重さ／8-15kg、脂肪分45％、P.148

Serpa　セルパ
Small Dairies、ベージャ、アレンテホ南部
重さ／120-500g、脂肪分／50％、P.148

Serra da Estrela　セラ・ダ・エストレア
Mountain communities、セラ・エストレラ自然公園、ポルトガル北部
重さ／500g-1.2kg、脂肪分／50％、P.147

Terrincho　テリンショ
Small farms and dairies、トラス・オス・モンテス、ドウロ渓谷北部、ポルトガル北東部
重さ／800g-1.2kg、脂肪分／48％、P.147

# THE REST OF EUROPE
# ヨーロッパのその他の国々

## THE NETHERLANDS
## オランダ

Edam　エダム
Co-operative、エダム・フォレンダム
重さ／500g、脂肪分／30-50％
表皮をワックス加工したボール型のチーズ。セミハードでおだやかな塩気があり、熟成させるともっと強い味わいになる。

Gouda　ゴーダ
Small dairies、ゴーダ
重さ／20kg、脂肪分／45％、P.150

Leiden　ライデン
Small dairies、ライデン
重さ／3.6-9kg、脂肪分／20-40％
最初のクミンチーズ。違い鍵の紋章がある赤い表皮の農家製を探してみよう。

Maasdam　マースダム
Small dairies、オランダ全土
重さ／15kg、脂肪分／45％
スイスのエメンタール風。大きな穴がいくつか開いていて、なめらかで噛みごたえのある食感だ。

Mimolette　ミモレット
Small dairies、オランダ北西部
重さ／3kg、脂肪分／45％
フランスのミモレットに風味が似ている。

Old Amsterdam　オールドアムステルダム
Small dairies、オランダ北部
重さ／10kg、脂肪分／45％
ボエレンカースより大きな酪農場で作られているゴーダ。

Smoked Cheese　スモークチーズ
Small dairies、オランダ全土
重さ／250g-1kg、脂肪分／45％
ソーセージ形のチーズで、薄く切ってサラダやサンドイッチに入れたり、ソーセージといっしょに食べたりする。

## SWEDEN　スウェーデン

Greve　グレーベ
ファルビグデン
重さ／15kg、脂肪分／30-45％、P.153

Kryddost　キュリドスト
ファルビグデン
重さ／12kg、脂肪分／40％、P.153

Svecia　スベチア
ファルビグデン
重さ／12-15kg、脂肪分／28％、P.153

## DENMARK　デンマーク

Havarti　ハバティ
Havarthigaard、コペンハーゲン、エーベレズ
重さ／4.5kg、脂肪分／45％、P.153

## POLAND　ポーランド

Bundz　ブンズ
Artisans、ポトハレ
重さ／500g-1kg、脂肪分／40％
なめらかでやわらかいカッテージチーズ

Golka & Oscypek　ゴルカ・アンド・オシペック
Artisans、タトラ山地
重さ／500g-1kg、脂肪分／40％
編みカゴ模様がついた紡錘形の型で作る。塩が利いた噛みでのある食感だ。

Redykolka　レディコルカ
Artisans、タトラ山地
重さ／500g-1kg、脂肪分／40％
鳥の形のアルチザンチーズ。味はオシペックに近い。

Ser Korycinski "Swojski"　セル・コリチンスキー「スボイスキー」
Agnieszka Gremza、コリチン
重さ／2kg、脂肪分／40％、P.154

## GREECE　ギリシア

Anthotiros　アンソティロス
ギリシア全土
重さ／1-2kg、脂肪分／40-65％
羊か山羊乳、もしくは両方を混ぜて作る。若いうちは優しい口あたりで砕けやすく、熟成させると塩辛くなり口あたりもさっぱりとしてくる。

Feta　フェタ
Mt Vikos、テッサリア
重さ／50kgの樽詰め、脂肪分／30％、P.154

Formaella of Parnassos　フォルマエラ・オブ・パルナソス
パルナソス
重さ／2kg、脂肪分／33％
羊乳か山羊乳もしくは両者の混合が原料。濃厚で辛味のあるセミハードチーズで、テーブルチーズにしても揚げてもよい。

Galotiri　ガロティリ
エピロス、テッサリア
重さ／2kg、脂肪分／14％
羊と山羊乳のミックスかどちらか単独で作るチーズ。風味が強く刺激味があり、ソフトでスプレッドにもなる。

Graviera of Crete　クラビエラ・オフ・クリート
クレタ島
重さ／2kg、脂肪分／40％
羊乳、山羊乳が原料だが、両方を混ぜたものもある。熟成期間は5カ月で、心地よい野性味とどっしりとした味が備わったチーズ。

Kalathaki of Limnos　カラサキ・オブ・リムノス
リムノス島
重さ／2kg、脂肪分／25-30％
羊乳に山羊乳を少々加えている。舌に残るぴりっとした味わいで、すっぱさを感じるときと塩気を感じるときがある。

Kasseri　カセリ
マケドニア地方、テッサリア地方、ミティリニ島、クサンチ
重さ／1-2kg、脂肪分／25％
羊乳や山羊乳だけを使って作るタイプと、双方を混ぜるタイプがある。モッツァレラに似た食感で、パイのトッピングにして溶かしたりサラダに入れたりする。

Manouri　マヌリ
マケドニアまたはテッサリア中部と西部
重さ／1-2kg、脂肪分／45％
羊乳か山羊乳、もしくは両方を混ぜた表皮のないチーズ。スムーズな食感とコクのある豊かな味わいだ。

## GERMANY　ドイツ

Allgäuer Emmentaler　アルゴイヤー・エメンターラー
Bremenried Co-opeartive、バイエルン州南西部、バイラー
重さ／80kg、脂肪分／45％
通常はだいたい5-7カ月のものが売られているが、運がよいと数少ない14カ月熟成のものに出会えるだろう。こってりとしたナッツの風味が幾重にも感じられ、味に広がりが生まれている。

Bachensteiner　バッヘンシュタイナー
Gunzesried Co-operative、バイエルン州、ブライヒャッハ・バレー
重さ／200g、脂肪分／45％、P.154

Limburger　リンバーガー
Zurwies Co-operative、バーデン・ビュルテンベルク州
重さ／200g、脂肪分／45％、P.154

Münster　ミュンスター
Zurwies Co-operative、バーデン・ビュルテンベルク州東部、バンゲン
重さ／200-500g、脂肪分／45％、P.154

## BALKANS　バルカン諸国

Kashkaval　カシュカバル
重さ／500g-1kg、脂肪分／45％
典型的なセミハードの羊乳チーズだ。砕けやすく塩からい。

## HUNGARY　ハンガリー

Liptauer　リプタウワー
Large production、ハンガリー全土
重さ／200g-1kg、脂肪分／30-40％
塩気があってなめらかでやわらかい。スプレッドにもなるチーズ。

## ROMANIA　ルーマニア

Aldermen　アルデルメン
ルーマニア
重さ／1-2kg、脂肪分／45％
崩れやすい食感の水牛乳のチーズ

# USA
# 米国

Amablu　アマブルー
Faribault Dairy、ミネソタ州、ファリボー
重さ／2.7kg、脂肪分／45-48％、P.178

Avondale Truckle　アボンデールトラックル
Brunkow Cheese Co-op、ウィスコンシン州、ダーリントン
重さ／9-10kg、脂肪分／45％、P.174

Battenkill Brebis　バッテンキルブレビス
Three-Corner Field Farm、ニューヨーク州、シャスハン
重さ／2.7kg、脂肪分／45％、P.200

Bayley Hazen Blue　ベイリー・ヘイゼン・ブルー
Jasper Hill Farm、バーモント州、グリーンズボロ
重さ／3.4kg、脂肪分／48％、P.185

Big Eds　ビッグエッズ
Saxon Homestead Creamery、ウィスコンシン州、クリーブランド
重さ／7kg、脂肪分／45％、P.176

Bijou　ビシュー
Vermont Butter & Cheese Company、バーモント州、ウェブスタービル
重さ／55g、脂肪　45％、P.190

Birch Hill Cakes　バーチ・ヒル・ケークス
Hillman Farm、マサチューセッツ州、フランクリン郡、コルレン
重さ／225g、脂肪分／45％、P.194

Bleu Mont Cloth Cheddar　ブルー・モン・クロス・チェダー
Bleu Mont Dairy、ウィスコンシン州、デーン郡、ブルーマウンズ
重さ／5kg、脂肪分／45-48％、P.172

Bonne Bouche　ボン・ブーシェ
Vermont Butter & Cheese Company、バーモント州、ウェブスタービル
重さ／115g、脂肪分／45％、P.190

Boucher Blue　バウチャー・ブルー
Boucher Family Farm、バーモント州、ハイゲートセンター
重さ／1.5kg、脂肪分／48-50％、P.190

Bridgewater　ブリッジウォーター
Zingerman's Creamery、ミシガン州、アナーバー
重さ／200g、脂肪分／45％、P.182

Brigid's Abbey　ブリジッズアビー
Cato Corner Farm、コネチカット州、コルチェスター
重さ／1.5kg、脂肪分／45％、P.198

Bûche　ブッシュ
Juniper Grove、オレゴン州、レッドモンド
重さ／150g、脂肪分／45％、P.168

Cabot Clothbound Cheddar　キャボット・クロスバウンド・チェダー
Cabot Creamery、バーモント州、キャボット
重さ／17kg、脂肪分／45-48％、P.187

Cadence　ケイデンス
Andante Dairy、カリフォルニア州、ペタルーマ
重さ／80g、脂肪分／45％、P.164

California Crottin　カリフォルニアクロタン
Redwood Hill Farm and Creamery、カリフォルニア州、ソノマ
重さ／150g、脂肪分／45％、P.162

Camellia　カメリア
Redwood Hill Farm and Creamery、カリフォルニア州、ソノマ
重さ／200g、脂肪分／45％、P.162

Carmody　カーモディー
Bellwether Farms、カリフォルニア州
重さ／1.4kg、脂肪分／45-48％、P.161

Cavatina　カヴァティーナ
Andante Farm、カリフォルニア州、ペタルーマ
重さ／100-200g、脂肪分／45％、P.164

City Goat　シティーゴート
Zingerman's Creamery、ミシガン州、アナーバー
重さ／80g、脂肪分／45％、P.182

Classic Blue Log　クラッシック・ブルー・ログ
Westfield Farm、マサチューセッツ州、ハブバーズトン
重さ／125g、脂肪分／45％、P.195

Cloth-bound 18-month-Aged Cheddar　クロス・バウンド・エイティーン・マンス・エイジド・チェダー
Fiscalini Farm、

スタニスラウス郡、カリフォルニア州
重さ／24kg、脂肪分／45-48％、P.160

### Constant Bliss　コンスタントブリス 🐄
Jasper Hill Farm、
バーモント州、グリーンズボロ
重さ／200g、脂肪分／45％、P.185

### Coupole　クーポール 🐐
Vermont Butter & Cheese Company、
バーモント州、ウェブスタービル
重さ／185g、脂肪分／45％、P.190

### Dafne　ダフネ 🐐
Goat's Leap、
カリフォルニア州、セントヘレナ
重さ／200g、脂肪分／45％、P.162

### Dante　ダンテ 🐑
Wisconsin Sheep Dairy Co-op、
ウィスコンシン州、スプーナー
重さ／3.6kg、脂肪分／45-48％、P.176

### Detroit Street　デトロイトストリート 🐐
Zingerman's Creamery、
ミシガン州、アナーバー
重さ／470g、脂肪分／45％、P.182

### Dorset　ドーセット 🐑
Consider Bardwell Farm, Pawlett、
バーモント州、ワシントン郡、ポーレット
重さ／1.2kg、脂肪分／45％、P.192

### Drunken Hooligan　ドランクンフーリガン 🐄
Cato Corner Farm、
コネチカット州、コルチェスター
重さ／600g、脂肪分／45％、P.198

### Dry Jack Special Reserve　ドライ・ジャック・スペシャル・リザーブ 🐄
Vella Cheese Company and Mertens Farm、カリフォルニア州、ソノマ
重さ／3.5kg、脂肪分／48％、P.159

### Dunbarton Blue　ダンバートンブルー 🐄
Roelli Cheese Haus、
ウィスコンシン州、シュルスバーグ
重さ／3kg、脂肪分／45％、P.174

### Dunmore　ダンモア 🐐
Blue Ledge Farm、
バーモント州、アディソン郡、ソールズベリー
重さ／500g、脂肪分／45％、P.192

### Eclipse　エクリプス 🐐
Goat's Leap、
カリフォルニア州、セントヘレナ
重さ／180-200g、脂肪分／45％、P.162

### Edelweiss　エーデルワイス 🐄
Edelweiss Creamery、
ウィスコンシン州、モンティセロ
重さ／85kg、脂肪分／45-48％
巨大なこのチーズは圧搾して手でウォッシュしたあと、週2回ひっくり返しながら塩水でこすり、なめらかな表皮を保つ。フォンデュにぴったりだ。

### El Dorado Gold　エル・ドラド・ゴールド 🐐
Matos Cheese Factory、
カリフォルニア州、サンタローザ
重さ／1.4kg、脂肪分／45％
塩水とホエイでウォッシュし、さらにこすりつけて、白カビが散在するなめらかで薄い表皮を生みだしたトム。噛みごたえのある食感。

### Elk Mountain　エルクマウンテン 🐐
Pholia Farm、オレゴン州、ローグリバー
重さ／2.5-3kg、脂肪分／45％、P.168

### Everona Piedmont　エベロナピードモント 🐑
Everona Dairy、バージニア州、ラピダン
重さ／2kg、脂肪分／45％、P.202

### Ewe's blue　ユーズブルー 🐑
Old Chatham Sheepherding Company、
ニューヨーク州、オールドチャタム
重さ／1.3kg、脂肪分／48％、P.198

### Feta　フェタ 🐑
Three-Corner Field Farm、
ニューヨーク州、シャスハン
重さ／1kg、脂肪分／45％、P.200

### Figaro　フィガロ 🐐🐑
Andante Farm、
カリフォルニア州、ペタルーマ
重さ／100g、脂肪分／45％、P.164

### Flagship Reserve　フラッグシップリザーブ 🐄
Beecher's、ワシントン州、シアトル
重さ／7.5kg、脂肪分／45-48％、P.171

### Fleuri Noir　フルリノワール 🐐
Fantôme Farm、
ウィスコンシン州、リッジウェー
重さ／180g、脂肪分／45％、P.174

### Flora Pyramid　フローラピラミッド 🐐
Hillman Farm、マサチューセッツ州、フランクリン郡、コルレイン
重さ／175g、脂肪分／45％、P.194

### Fresh Chevre　フレッシュシェーヴル 🐐
Redwood Hill Farm and Creamery、
カリフォルニア州、ソノマ
重さ／150g、脂肪分／35％、P.162

### Fresh logs　フレッシュログズ 🐐
Vermont Butter & Cheese Company、
バーモント州、ウェブスタービル
重さ／100g、脂肪分／45％、P.190

### Garlic with Chives　ガーリック・ウィズ・チャイブズ 🐐
Zingerman's Creamery, Ann Arbor、
ミシガン州、アナーバー
重さ／80g、脂肪分／45％、P.182

### Grayson　グレーソン 🐄
Meadow Creek Dairy、
バージニア州、ガラックス、グレーソン
重さ／2kg、脂肪分／45％、P.202

### Great Hill Blue　グレイト・ヒル・ブルー 🐄
Great Hill Dairy、
マサチューセッツ州、プリマス郡、マリオン
重さ／2.7kg、脂肪分／45％、P.195

### Great Lakes Cheshire　グレイト・レイクス・チェシア 🐄
Zingerman's Creamery、
ミシガン州、アナーバー
重さ／2.2kg、脂肪分／45％、P.182

### Harvest Cheese　ハーベストチーズ 🐐
Hillman Farm、マサチューセッツ州、フランクリン郡、コルレイン
重さ／3.5kg、脂肪分／45％、P.194

### Haystack Peak　ヘイスタックピーク 🐐
Haystack Mountain Goat Dairy、
コロラド州、ナイウォット
重さ／160g、脂肪分／45％、P.183

### Hillis Peak　ヒリスピーク 🐐
Pholia Farm、オレゴン州、ローグリバー
重さ／1kg、脂肪分／45％、P.168

### Hooligan　フーリガン 🐄
Cato Corner Farm、
コネチカット州、コルチェスター
重さ／600g、脂肪分／45％、P.198

### Hopeful Tomme　ホープフルトム 🐐
Sweet Grass Dairy、
ジョージア州、トマスビル
重さ／2.25kg、脂肪分／45％、P.202

### Humboldt Fog　フンボルトフォッグ
Cypress Grove、
カリフォルニア州、マッキンリービル
重さ／470g-2.3kg、脂肪分／45％、P.166

### Hyku　ハイク 🐐
Goat's Leap、
カリフォルニア州、セントヘレナ
重さ／150-180g、脂肪分／45％、P.162

### Hyku Noir　ハイクノワール 🐐
Goat's Leap、
カリフォルニア州、セントヘレナ
重さ／180g、脂肪分／45％、P.162

### Julianna　ジュリアナ 🐐
Capriole Farmstead Goat Cheese、
インディアナ州、グリーンビル
重さ／350g、脂肪分／45％、P.181

### Kiku　キク 🐐
Goat's Leap、
カリフォルニア州、セントヘレナ
重さ／85-110g、脂肪分／45％、P.162

### Krotovina　クロトビナ 🐐🐄
Prairie Fruits Farm、
イリノイ州、シャンペーン郡
重さ／200g、脂肪分／45％、P.178

### Kunik　クニック 🐐🐄
Nettle Meadow Farm、
ニューヨーク州、サーマン
重さ／250-275g、脂肪分／45％、P.199

### La Mancha　ラマンチャ 🐐
Locust Grove Farm、
テネシー州、ノックス郡
重さ／3kg、脂肪分／48％、P.202

### Lil Wil's Big Cheese 🐄
Bleu Mont Dairy、
ウィスコンシン州、デーン郡、ブルーマウンズ
重さ／1kg、脂肪分／45％、P.172

### Lincoln Log　リンカーンログ 🐐
Zingerman's Creamery、
ミシガン州、アナーバー
重さ／900g、脂肪分／45％、P.182

### Little Bloom　リトルブルーム 🐐
Prairie Fruits Farm、
イリノイ州、シャンペーン郡
重さ／175g、脂肪分／45％、P.178

### Little Darling　リトルダーリン 🐄
Brunkow Cheese Co-op、
ウィスコンシン州、ダーリントン
重さ／1.5kg、脂肪分／45％、P.174

### Little Napoleon　リトルナポレオン 🐐
Zingerman's Creamery、
ミシガン州、アナーバー
重さ／80g、脂肪分／45％、P.182

### Maggie's Round　マギーズラウンド 🐄
Cricket Creek Farm、マサチューセッツ州、パークシャー郡、ウィリアムズタウン
重さ／500g、脂肪分／45％、P.195

### Manchester　マンチェスター 🐐
Consider Bardwell Farm、
バーモント州、ワシントン郡、ポーレット
重さ／1.2kg、脂肪分／45％、P.192

### Manchester　マンチェスター 🐐
Zingerman's Creamery、
ミシガン州、アナーバー
重さ／100g、脂肪分／45％、P.182

### Marieke Foenegreek Gouda　マリイケ・フオエンフリーク・ゴーダ 🐄
Holland's Family Farm、
ウィスコンシン州、ソープ
重さ／8kg、脂肪分／45％、P.176

### Minuet　メヌエット 🐐🐄
Andante Farm、
カリフォルニア州、ペタルーマ
重さ／200g、脂肪分／45％、P.164

### Mobay　モベイ 🐐🐑
Carr Valley Cheese Company、
ウィスコンシン州、ラバレ
重さ／2kg、脂肪分／45％、P.174

### Mont St Francis　モント・セント・フランシス 🐐
Capriole Farmstead Goat Cheese、
インディアナ州、グリーンビル
重さ／350g、脂肪分／45％、P.181

### Moreso　モレソ 🐐
Fantôme Farm, Ridgeway、
ウィスコンシン州、リッジウェー
重さ／150g、脂肪分／45％、P.174

### Mount Tam　マウントタム 🐄
Cowgirl Creamery、カリフォルニア州、ポイント・レイズ・ステーション
重さ／250-300g、脂肪分／60％、P.161

### Nancy's Camembert　ナンシーズカマンベール 🐑
Old Chatham Sheepherding Company、
ニューヨーク州、オールドチャタム
重さ／900g、脂肪分／45％、P.199

### O'Banon　オバノン 🐐
Capriole Farmstead Goat Cheese、
インディアナ州、グリーンビル
重さ／175g、脂肪分／45％、P.181

### Old Kentucky Tomme　オールド・ケンタッキー・トム 🐐
Capriole Farmstead Goat Cheese、
インディアナ州、グリーンビル
重さ／1.3-2.25kg、脂肪分／45％、P.181

### Old Liberty　オールドリバティー 🐐
Goat Lady Dairy、ノースカロライナ州、クライマックス
重さ／1.5kg、脂肪分／45％、P.202

### Pawlet　ポーレット 🐄
Consider Bardwell Farm、バーモント州、ワシントン郡、ポーレット
重さ／4.5kg、脂肪分／45％、P.192

### Petit Frère　プチ・フレール 🐄
Crave Brothers Farmstead Cheese、
ウィスコンシン州、ウォータールー
重さ／250g、脂肪分／45％、P.176

### Piper's Pyramide　パイパーズピラミッド 🐐
Capriole Farmstead Goat Cheese、
インディアナ州、グリーンビル
重さ／200g、脂肪分／45％、P.181

### Pleasant Cow　プレザントカウ 🐄
Beaver Brook Farm、
コネチカット州、ライム
重さ／800g、脂肪分／45％
4-5ヵ月熟成のチーズ。まろやかなバターのようでマイルドな刺激がある。さらに熟成させると、煎ったヘーゼルナッツのようなキツネ色の縁になる。

### Pleasant Ridge Reserve　プレザント・リッジ・リザーブ 🐄
Uplands Cheese、
ウィスコンシン州、マジソン
重さ／4.5kg、脂肪分／45％、P.177

### Point Reyes 'Original' Blue　ポイントレイズ「オリジナル」ブルー 🐄
Giacominis Farm、
カリフォルニア州、ポイントレイズ
重さ／2.5kg、脂肪分／45％、P.160

### Pondhopper　ポンドホッパー 🐐
Tumalo Farms、オレゴン州、ベンド
重さ／4kg、脂肪分／45％、P.168

### Prairie Breeze　プレーリーブリーズ 🐄
Milton Creamery、アイオワ州、ミルトン
重さ／9-18kg、脂肪分／45％、P.178

### Pyramid　ピラミッド 🐐
Juniper Grove、オレゴン州、レッドモンド
重さ／150g、脂肪分／45％、P.168

チーズディレクトリ　301

**Queso de Mano**
ケソ・デ・マノ
Haystack Mountain Goat Dairy、
コロラド州、ナイウォット
重さ/1.8kg、脂肪分/45%、P.183

**Rawson Brook Fresh Chevre**
ローソン・ブルック・フレッシュ・
シェーヴル 🐐
Rawson Brook Farm, Monterey、
マサチューセッツ州、モントレー
重さ/200gまたは450g、脂肪分/35%、
P.196

**Red Hawk** レッドホーク 🐄
Cowgirl Creamery、カリフォルニア州、
ポイント・レイズ・ステーション
重さ/250g、脂肪分/60%、P.160

**Ridgeway Ghost**
リッジウェーゴースト 🐐
Fantôme Farm Ridgeway、
ウィスコンシン州、リッジウェー
重さ/150g、脂肪分/45%、P.174

**Ripened Disc**
ライプンドディスク 🐐
Hillman Farm、マサチューセッツ州、
フランクリン郡、コルレイン
重さ/140g、脂肪分/45%、P.194

**Rita** リタ 🐄
Sprout Creek Farm、
ニューヨーク州、ポキプシー
重さ/200g、脂肪分/45%、P.199

**Rogue River Blue**
ローグ・リバー・ブルー 🐄
Rogue Creamery、
オレゴン州、セントラルポイント
重さ/2.3kg、脂肪分/45-48%、P.168

**Roxanne** ロクサーヌ 🐐
Prairie Fruits Farm、
イリノイ州、シャンペーン郡
重さ/180-200g、脂肪分/45%、P.178

**Sally Jackson**
サリージャクソン 🐄🐐🐑
Sally Jackson、ワシントン州、オロビル
重さ/300g-1kg、脂肪分/45%、P.171

**San Andreas**
サンアンドレアス 🐑
Bellwether Farms、
カリフォルニア州、ペタルーマ
重さ/1.4kg、脂肪分/45%、P.161

**Sandy Creek**
サンディークリーク 🐐
Goat Lady Dairy、
ノースカロライナ州、クライマックス
重さ/120g、脂肪分/35%、P.202

**San Joaquin Gold**
サン・ホアキン・ゴールド 🐄
Fiscalini Farm、
カリフォルニア州、スタニスラウス郡
重さ/12.27kg、脂肪分/45%、P.160

**Sarabande** サラバンド 🐄
Dancing Cow Cheese、
バーモント州、アディソン郡、ブリッドポート
重さ/225g、脂肪分/45%、P.187

**Seastack** シースタック 🐄
Mount Townsend Creamery、
ワシントン州、ポートタウンゼント
重さ/150g、脂肪分/45%、P.171

**Shenandoah** シェナンドア 🐑
Everona Dairy、バージニア州、ラピダン
重さ/2kg、脂肪分/45%、P.202

**Shushan Snow**
シャスハンスノー 🐐
Three-Corner Field、
ニューヨーク州、シャスハン
重さ/225-600g、脂肪分/45%、P.200

**Sierra Mountain Tomme**
シエラ・マウンテン・トム 🐐
La Clarine Farm、
カリフォルニア州、サマセット
重さ/1.2kg、脂肪分/45%、P.166

**Small Plain Chevre**
スモール・プレイン・シェーヴル 🐐
Fantôme Farm、
ウィスコンシン州、リッジウェー
重さ/80-100g、脂肪分/45%、P.174

**Smokey blue**
スモーキーブルー 🐄
Rogue Creamery、
オレゴン州、セントラルポイント
重さ/2.3kg、脂肪分/48%、P.168

**Snowdrop** スノードロップ 🐐
Haystack Mountain Goat Dairy、
コロラド州、ナイウォット
重さ/175g、脂肪分/45%、P.183

**Sofia** ソフィア 🐐
Capriole Farmstead Goat Cheese、
インディアナ州、グリーンビル
重さ/250g、脂肪分/45%、P.181

**Sophie** ソフィー 🐐
Sprout Creek Farm、
ニューヨーク州、ポキプシー
重さ/200g、脂肪分/45%、P.199

**St George** サン・ジョルジェ 🐄
Matos Cheese Factory、
カリフォルニア州、サンタローザ
重さ/5-10kg、脂肪分/45-48%、P.167

**St Pete's Select**
セント・ピーツ・セレクト 🐄
Faribault Dairy、ミネソタ州、ファリボー
重さ/2.7kg、脂肪分/45-48%、P.178

**Sumi** スミ 🐐
Goat's Leap、カリフォルニア州、セントヘレナ
重さ/200g、脂肪分/45%、P.162

**Summer Snow** サマースノー 🐑
Woodcock Farm、
バーモント州、ウィンザー郡、ウェストン
重さ/200g、脂肪分/45%、P.193

**Summertomme** サマートム 🐐
Willow Hill Farm、
バーモント州、チッテンデン郡、ミルトン
重さ/225g、脂肪分/45%、P.190

**Ten-Year Aged Cheddar**
テン・イヤー・エイジド・チェダー 🐄
Hook's Cheese Company、
ウィスコンシン州、ミネラルポイント
重さ/20kg、脂肪分/45%、P.174

**Tarentaise** タロンテーズ 🐄
Thistle Hill Farm、
バーモント州、ノースポムフレット
重さ/9kg、脂肪分/45-48%、P.189

**Thomasville Tomme**
トマスビルトム 🐄
Sweet Grass Dairy、
ジョージア州、トマスビル
重さ/2.5kg、脂肪分/45%、P.202

**Three Sisters**
スリーシスターズ 🐄🐐🐑
Nettle Meadow Farm、
ニューヨーク州、サーマン
重さ/115g、脂肪分/45%、P.199

**Timberdoodle**
ティンバードゥードル 🐄
Woodcock Farm、
バーモント州、ウィンザー郡、ウェストン
重さ/800g、脂肪分/45%、P.193

**Trade Lake Cedar**
トレード・レイク・シーダー 🐄
Lovetree Farmstead、
ウィスコンシン州、グランツバーグ
重さ/2.7kg、脂肪分/45-48%、P.176

**Truffle Tremor**
トリュフ・トレモール 🐐
Cypress Grove、
カリフォルニア州、マッキンリービル
重さ/1.3kg、脂肪分/45%、P.166

**Tumalo Tomme** トゥマロトム 🐐
Juniper Grove、オレゴン州、レッドモンド
重さ/1.5kg、脂肪分/45%、P.168

**Twig Farm Square**
ツイッグ・ファーム・スクエア 🐐
Twig Farm、バーモント州、アディソン郡、
ウェストコーンウォール、ミドルベリ
重さ/900g、脂肪分/45%、P.188

**Twig Farm Tomme**
ツイッグ・ファーム・トム 🐐
Twig Farm、バーモント州、アディソン郡、
ウェストコーンウォール、ミドルベリ
重さ/1kg、脂肪分/45%、P.189

**Twig Farm Washed-Rind Wheel** ツイッグ・ファーム・
ウオッシュト・リンド・ホイール 🐐
Twig Farm、バーモント州、アディソン郡、
ウェストコーンウォール、ミドルベリ
重さ/500g、脂肪分/45%、P.189

**Two-year Cheddar Block**
ツー・イヤー・チェダー・ブロック 🐄
Shelburne Farms、
バーモント州、シェルバーン
重さ/1kg、脂肪分/45%、P.190

**Up In Smoke**
アップ・イン・スモーク 🐐
River's Edge Chèvre、
スリー・リング・ファーム、オレゴン州、
ログスデン
重さ/150g、脂肪分/45%、P.168

**Vermont Ayr**
バーモントエアー 🐄
Crawford Family Farm、
バーモント州、アディソン郡、ホワイティング
重さ/1.8kg、脂肪分/48%、P.187

**Vermont Shepherd**
バーモントシェパード 🐑
Vermont Shepherd Farm、バーモント州、
ウィンダム郡、ウェストミンスターウェスト、
パトニー
重さ/2.7-3.5kg、脂肪分/48%、P.189

**Wabash Cannonball**
ウォバッシュキャノンボール 🐐
Capriole Farmstead Goat Cheese、
インディアナ州、グリーンビル
重さ/80g、脂肪分/45%、P.181

**Weston Wheel**
ウェストンホイール 🐑
Woodcock Farm、バーモント州、
ウィンザー郡、ウェストン
重さ/2.25kg、脂肪分/48%、P.193

**Weybridge** ウェイブリッジ 🐄
Scholten Family Farm, Middlebury、
バーモント州、ミドルベリ
重さ/225g、脂肪分/45%、P.187

**Widmer** ウィドマー 🐄
Widmer Cheese Cellar、
ウィスコンシン州、テレサ
重さ/450g-2kg、脂肪分/45%
大量生産のチーズのように見えるが、
独特の風味ともちり食感がある。
伝統的なレシピに基づき、すべての生産作業を
手で行うことに徹底的にこだわっているからだ。
少ししっとりとして適度な酸味がありながら、
口の中に入れるとすぐに砕け、
ナッツを思わせる味わいが感じられる。

# CANADA
カナダ

**Avonlea Clothbound Cheddar**
アボンリー・クロスバウンド・チェダー 🐄
Cow's Creamery、プリンスエドワード島、
シャーロットタウン近く
重さ/10kg、脂肪分/45%、P.205

**Bleu Bénédictin**
ブルー・ベネディクタン 🐄
Fromagerie de L'Abbaye St Benoît、
ケベック州、サン・ブノワ・デュ・ラク
重さ/1.5kg、脂肪分/48%、P.206

**Blue Juliette**
ブルージュリエット 🐐
Salt Spring Island Cheese Company、
ブリティッシュコロンビア州、
ソルトスプリング島、ラックルパーク
重さ/200g、脂肪分/45%、P.207

**Brebette** ブルベット 🐑
Ewenity Dairy Co-Op、
オンタリオ州、コーン
重さ/250g、脂肪分/45%、P.206

**Cow's Creamery Extra Old Block** カウズ・クリーマリー・
エキストラ・オールド・ブロック 🐄
Cow's Creamery、
プリンスエドワード島、シャーロットタウン
重さ/200g-2.25kg、脂肪分/45%、P.205

**Dragon's Breath Blue**
ドラゴンズ・ブレス・ブルー 🐄
That Dutchman's Farm、
ノバスコシア州、アッパーエコノミー
重さ/300g、脂肪分/45%、P.205

**Eweda Cru** ユーダ・クリュ 🐑
Ewenity Dairy Co-Op、
オンタリオ州、コーン
重さ/3kg、脂肪分/48%、P.206

**Frère Jacques**
フレール・ジャック 🐄
Fromagerie de L'Abbaye St Benoît、
ケベック州、サン・ブノワ・デュ・ラク
重さ/1.5kg、脂肪分/45%、P.206

**Gouda** ゴーダ 🐄
That Dutchman's Farm、
ノバスコシア州、アッパーエコノミー
重さ/6kg、脂肪分/45%、P.205

**Le Moutier** ル・ムーティエ 🐐
Fromagerie de L'Abbaye St Benoît、
ケベック州、サン・ブノワ・デュ・ラク
重さ/1kg、脂肪分/45%、P.206

**Marcella** マルセラ 🐐
Salt Spring Island Cheese Company、
ブリティッシュコロンビア州、
ソルトスプリング島、ラックルパーク
重さ/95g、脂肪分/45%、P.207

**Marinated Fresh Goat Chesses**
マリネイテッド・フレッシュ・ゴート・
チージーズ 🐐
Salt Spring Island Cheese Company、ブ
リティッシュコロンビア州、ソルトスプリング島、
ラックルパーク
重さ/140g、脂肪分/45%、P.207

**Montaña** モンターニャ 🐐
Salt Spring Island Cheese Company、
ブリティッシュコロンビア州、
ソルトスプリング島、ラックルパーク
重さ/4kg、脂肪分/48%、P.207

**Mouton Rouge**
ムトン・ルージュ 🐑
Ewenity Dairy Co-op、
オンタリオ州、コーン
重さ/1-3kg、脂肪分/48%、P.206

**Old Growler**
オールドグローラー 🐄
That Dutchman's Farm、
ノバスコシア州、アッパーエコノミー
重さ/5.4kg、脂肪分/48%、P.205

**Pied-de-Vent** ピエ・ド・バン 🐄
Fromagerie Pied-de-Vent、
ケベック州、マドレーヌ諸島
重さ/1.2kg、脂肪分/45%、P.205

**Romelia** ロメリア 🐐
Salt Spring Island Cheese Company、
ブリティッシュコロンビア州、
ソルトスプリング島、ラックルパーク

重さ／200g、脂肪分／45%、P.207
**Sheep in the Meadow**
シープ・イン・ザ・メドー 🐑
Ewenity Dairy Co-op、
オンタリオ州、コーン
重さ／280g、脂肪分／45%、P.206

# AUSTRALIA
オーストラリア

**Annwn**　アンヌーン 🐄
Ballycroft Cheeses、サウスオーストラリア州、
バロッサバレー、グリーノック
重さ／1kg、脂肪分／45%、P.210

**Big B**　ビッグビー 🐐
Tongola Goat Dairy、タスマニア州、
ワットルグローブ、シグネット
重さ／800g、脂肪分／45%、P.210

**Billy**　ビリー 🐐
Tongola Goat Dairy、タスマニア州、
ワットルグローブ、シグネット
重さ／150-250g、脂肪分／45%、P.210

**Brinawa**　ブリナワ 🐄
Marrook Farm、
ニューサウスウェールズ州、タリー北西部
重さ／3kg、脂肪分／45%、P.209

**Bulga**　バルガ 🐄
Marrook Farm、
ニューサウスウェールズ州、タリー北西部
重さ／10kg、脂肪分／45%、P.209

**Capris**　カプリーズ 🐐
Tongola Goat Dairy、
タスマニア州、ワットルグローブ、シグネット
重さ／120g、脂肪分／45%、P.210

**Cheddar**　チェダー 🐄
Pyengana Cheese Dairy:St. Helen's、
タスマニア州、セントヘレンズ
重さ／1-14.5kg、脂肪分／45%、P.210

**Curdly**　カードリー 🐐
Tongola Goat Dairy、
タスマニア州、ワットルグローブ、シグネット
重さ／250g、脂肪分／45%、P.210

**Edith**　イーディス 🐐
Woodside Cheese Wrights、
サウスオーストラリア州、アデレードヒルズ
重さ／250g、脂肪分／40%、P.209

**Etzy Ketzy**
エッジーケッジー 🐄🐐
Woodside Cheese Wrights、
サウスオーストラリア州、アデレードヒルズ
重さ／125g、脂肪分／25%、P.209

**Fromart**　フロマート 🐄
Fromart Cheeses、クイーンズランド州、
ユードロ
重さ／4-8kg、脂肪分／45-48%、P.210

**Gympie Chèvre**
ギンピーシェーヴル 🐐
Gympie Farm Cheese、
クイーンズランド州、ギンピー
重さ／115g、脂肪分／45%、P.211

**Ironstone**　アイアンストーン 🐄
Piano Hill Farm、ビクトリア州、ギプスランド
重さ／5kg、脂肪分／45%、P.209

**La Luna(Holy Goat)**
ラ・ルナ（ホーリーゴート） 🐐
Sutton Grange Organic Farm、
ビクトリア州中心部
重さ／150g、脂肪分／45%、P.209

**Molon Gold**
モルトンゴールド 🐄
Gympie Farm Cheese、
クイーンズランド州、ギンピー
重さ／250g、脂肪分／45%
1867年のクイーンズランド州の
ゴールドラッシュにちなんで名づけられた
チーズは、バターのようなやわらかさで

薄い白カビの表皮を持つ。

# NEW ZEALAND
ニュージーランド

**Curio Bay Pecorino**
キューリオ・ベイ・ペコリーノ 🐑
Blue River Dairy、
南島、サウスランド、ブルーリバー
重さ／3kg、脂肪分／45%、P.212

**Galactic Gold**
ギャラクティック・ゴールド 🐄
Over the Moon Dairy、
北島、ワイカト地方北部
重さ／240g、脂肪分／45%
粘着性のあるウオッシュした
表皮の牛乳チーズで、どことなく
ポン・レヴェックに似ているが
こちらはより濃厚な食感だ。
リースリング種のワインといっしょに
出てくることが非常に多い。

**Gouda**　ゴーダ 🐄
Mercer Cheese、北島、ワイカト地方北部
重さ／1-12kg、脂肪分／40-45%、P.212

**Gruff Junction**
グラフジャンクション 🐐
Greenpark Farm、北島、クライストチャーチ
重さ／100g、脂肪分／17-25%
こちらで売られている大きなゴーダは
自然のままの強い風味があるが、
どの山羊乳チーズにも必須の熟成過程を
経ることで、まろやかな味になる。

**Joie**　ジョワ 🐄
Cloudy Mountain Cheese、
北島、ワイカト地方、ピロンギア
重さ／200g、脂肪分／45%、P.213

**Kaipaki Gold**
カイパキゴールド 🐄
Cloudy Mountain Cheese、
北島、ワイカト地方、ピロンギア
重さ／300g、脂肪分／45%、P.213

**Pirongia Blue**
ピロンギアブルー 🐄
Cloudy Mountain Cheese、
北島、ワイカト地方、ピロンギア
重さ／300g、脂肪分／45-48%、P.213

**Rich Plain & Cumin Gouda**
リッチ・プレーン・アンド・クミン・
ゴーダ 🐐
Aroha Organic Goat Cheese、
北島、テアロハ
重さ／450-900g、脂肪分／38%、P.212

**Ricotta**　リコッタ 🐃
Clevedon Valley Buffalo Company、北島
重さ／200g、脂肪分／35-40%、P.213

# THE REST OF WORLD
その他の国々

## JAPAN　日本

**Selection of Farmhouse Cheeses**　セレクション・オブ・ファームハウス・チージーズ 🐄
共働学舎新得農場、北海道上川郡新得町
重さ／250g-3kg、脂肪分／35-45%
チーズ生産者の宮嶋望氏は、
軽い口あたりのゴーダ、カマンベール、
ブルーカマンベール、モッツァレラ、
スモークチーズの5種類のチーズを作っている。

大雪山の混じり気のないわき水と
きれいな空気が、牧草地とチーズ生産に
最適な環境を生みだしている。

## CHINA　中国

**Gouda**　ゴーダ 🐄
Yellow Valley Cheese Dairy、
山西省、太原
重さ／3kg、脂肪分／30-40%
オランダ人チーズ生産者
マルク・デ・ライターは、
黄寨地域の小さな家族経営の農場から
牛乳を取りよせ、とびきりのチーズを作っている。
昔ながらのレシピに従っており、オランダで
見かけるチーズにまったく引けをとらないだろう。

## NEPAL　ネパール

**Chhena(Chhana)**
チェーナ（チャーナ） 🐄🐃
Local dairies、ネパールやバングラデシュ、
インド周辺部
重さ／300-500g、脂肪分／30%
フレッシュタイプの熟成させない
カッテージチーズで、イタリアのリコッタに近い。
やわらかくクリーミーなチーズで
甘いデザートの原料に使われる。
セモリナ粉にチェーナを混ぜて
小さなボール状にし、砂糖を少し入れた
シロップで煮るラスグッラなどがそうだ。

**Ragya Yak**　ラグヤヤック 🐂
Nomadic tribes、ネパール
重さ／500g、25-35%
少しざらついた食感の濃密過ぎないチーズで、
中身は濃いベージュ色だ。
自然の表皮から漂うナッツのような
土くさい香りがチーズに趣を添えている。

## TIBET　チベット

**Hand-made cheese, Yak's**
ハンドメード・ヤク・チーズ 🐂
Small isolated communities、
チベット高原地帯
重さ／200g、脂肪分／35%
作るときは、型に押しこんだチーズのカードを
屋根のない風通しのよい小屋で乾燥させる。
チーズは日光を浴び、風の流れを受ける。
かなり強い味だ。

## PHILIPPINES　フィリピン

**Kesong Puti**　ケソンプティ 🐃
Small communities、
ラグナ州、ブラカン州、サマール島、セブ島
重さ／300g、脂肪分／25-30%
フィリピンのカッテージチーズとしても知られる
素朴なフレッシュタイプ。
家畜化された東南アジア産の水牛カラバオから
とった脂肪分が高いミルクで作っている。
塩が利いていてソフトだが、時折酸味もある。

## INDIA　インド

**Bandel (Bandal)**
バンデル（バンダル） 🐄
Small dairies or Artisan、
東インド、バンデル
重さ／200g、脂肪分／25-30%
熟成させない塩味のついたやわらかくて
芳しいチーズ。小型のバスケットで
形を作って水気を切り燻製にする。
バスケットから出したら、たいてい平べったい
円形にし、できたてをすぐ売りに出す。

**Paneer (Panir)**
パニール（パニル） 🐄
Small Dairies or Artisan、インド全域
重さ／100g、脂肪分／25%
アジアのチーズの中でもっとも有名と思われる。
伝統的なセミソフトチーズで、
インド料理のレシピで多く使われている。
レモン汁で熟成させたり固めたりする。
できあがったものは豆腐や圧搾した
リコッタに近い食感だ。

チーズディレクトリ　303

ガイアブックスは
地球(ガイア)の自然環境を守ると同時に
心と体内の自然を保つべく
"ナチュラルライフ"を提唱していきます。

---

**All photography © Lisa Linder excluding the following:**

15 top Bill Kevan, bottom Patricia Michelson; 16 left Patricia Michelson, right David Hughes – Fotolia.com; 20 left James Montgomery, right Stephen Keen; 24 top Brynteg – Fotolia.com; 29 top left Noriko Maegawa, top right Noriko Maegawa; 33 Springfield Gallery – Fotolia.com; 37 Jeff Reade; 39 Brian Lary – Fotolia.com; 42 top row left and right Stephen Pennells, top row middle Giana Ferguson, bottom row Jeffa Gill; 45 Patricia Michelson; 46 top Chambre d'agriculture Nord-Pas de Calais; 50 Chambre d'agriculture Nord-Pas de Calais; 59 C. Bon. Fromagerie Gaugry; 60 top C. Bon. Fromagerie Gaugry; 64 top Daniel Combaud – Fotolia.com, bottom Patricia Michelson; 67 top Groupe Salers Evolution; 70 Angelique Menu; 73 top Patricia Michelson; 77 Carles artisan fromager à Roquefort; 82 Patricia Michelson; 83 Patricia Michelson; 84 top David Hughes – Fotolia.com; 86 top Patricia Michelson, bottom left Patricia Michelson; 95 Patricia Michelson; 99 top row Patricia Michelson; 104 top left Claudio Colombo – Fotolia.com, top right gioppi – Fotolia.com; 107 Patricia Michelson; 110 Patricia Michelson; 111 Patricia Michelson; 113 Patricia Michelson; 119 top and middle row Andrea Resmini – Consorzio per la tutela del gorgonzola; 122 left Giuliano Ð Fotolia.com, right Martin Bock Ð Fotolia.com; 125 top Patricia Michelson; 135 Patricia Michelson; 136 Patricia Michelson; 143 Arturo Limón – Fotolia.com; 144 left Manchego Casa del Bosque, right Franck Boston – Fotolia.com; 147 Vincent – Fotolia.com; 150 Alexander – Fotolia.com; 153 Andres Gradin – Fotolia.com; 156 left Vanessa Yap Einbund, right Wil Edwards; 157 Wil Edwards; 158 Vanessa Yap Einbund; 159 Wil Edwards; 160-161 Wil Edwards; 163 Wil Edwards; 164 Vanessa Yap Einbund; 165 top Wil Edwards, bottom Vanessa Yap Einbund; 166 Wil Edwards; 167 Wil Edwards; 168 Wil Edwards; 169 Wil Edwards; 170 Wil Edwards; 171 Wil Edwards; 172 Krzysztof Wiktor – Fotolia.com; 173 top row Wil Edwards, bottom three anonymous; 174 Wil Edwards; 175 Wil Edwards; 176 Wil Edwards; 177 Wil Edwards; 178 Wil Edwards; 179 Will Edwards; 180 Wil Edwards; 181 Judy Schad; 182 Wil Edwards; 183 Wil Edwards; 184 Wil Edwards; 185 left finnegan – Fotolia.com, right Wil Edwards; 186 Wil Edwards; 187 Wil Edwards; 188 Wil Edwards; 189 Wil Edwards; 190 Wil Edwards; 191 Wil Edwards; 192 Wil Edwards; 193 Wil Edwards; 194 Wil Edwards; 195 Wil Edwards; 196 Wil Edwards; 197 Wil Edwards; 198 Wil Edwards; 199 Wil Edwards; 200 Wil Edwards; 201 Wil Edwards; 202 sborisov – Fotolia.com; 203 Wil Edwards; 204 Elenathewise – Fotolia.com; 205 Wil Edwards; 206 Wil Edwards; 207 Wil Edwards; 208 top Laurie Gutteridge, bottom Louise Conboy; 209 Adrian Lander; 210 top Robyne Cuerel, bottom Adrian Lander; 211 Adrian Lander; 212 top Blue River Dairy Products NZ, bottom Inge Alfernik; 213 top left and middle John and Jeanne Van Kuyk, top right Murray Helm, bottom all Pete Lang.

Jacket: All photography © Lisa Linder excluding the following: back cover, top: Vanessa Yap Einbund

---

# CHEESE
## 世界極上 アルチザンチーズ図鑑

| | |
|---|---|
| 発　　行 | 2011年2月15日 |
| 発行者 | 平野 陽三 |
| 発行元 | ガイアブックス |
| | 〒169-0074 東京都新宿区北新宿 3-14-8 |
| | TEL.03(3366)1411　FAX.03(3366)3503 |
| | http://www.gaiajapan.co.jp |
| 発売元 | 産調出版株式会社 |

Copyright SUNCHOH SHUPPAN INC. JAPAN2010
ISBN978-4-88282-778-8 C0077

落丁本・乱丁本はお取り替えいたします。
本書を許可なく複製することは、かたくお断わりします。
Printed in China

**著　者**：パトリシア・マイケルソン (Patricia Michelson)
ロンドンを拠点とするチーズ、高級食材、カフェを備えるショップ「ラ・フロマジェリー」のオーナー。小規模な独立生産者による厳選したアルチザンチーズを取り扱う店として定評がある。パトリシア自身にも世界中にファンが多く、チーズに対する熱意と知識は他の追随を許さず世界中に大きな影響を与え続けている。

**翻訳者**：玉嵜 敦子 (たまざき あつこ)
関西学院大学法学部卒業。訳書に『ハーブ薬膳クックブック』『ワインソースを活かすクッキング』、共訳書に『死ぬ前に味わいたい1001食品』(いずれも産調出版)など。

**森泉 亮子** (もりいずみ りょうこ)
東京外国語大学卒業。主な訳書に『自宅でできるボールエクササイズ』『タロット』(いずれも産調出版)など。